Michael Talbot, in Grand Rapids, Michigan, geboren, hat bisher sechs Bücher veröffentlicht, in denen er teils Grenzbereiche der Physik, teils paranormale Phänomene darstellt und zu erklären versucht.

Lieber LEONARDO!

Ich wünsche Dir viele interessante Stunden mit diesem Buch! Ich finde es toll, daß Du nach immer neuer Erkenntnis strebst!

Ich bin sehr glücklich darüber, daß wir uns in letzter Zeit so gut verstehen und die Verbindung tiefer wird.

Ich bin sehr stolz auf meinen großen Bruder!

Deine Schwester Gaby

Weihnachten 1997

Vollständige Taschenbuchausgabe September 1994
Droemersche Verlagsanstalt Th. Knaur Nachf., München
© 1992 für die deutschsprachige Ausgabe
Droemersche Verlagsanstalt Th. Knaur Nachf., München
Das Werk einschließlich aller seiner Teile ist urheberrechtlich
geschützt. Jede Verwertung außerhalb der engen Grenzen des
Urheberrechtsgesetzes ist ohne Zustimmung des Verlages
unzulässig und strafbar. Das gilt insbesondere für Vervielfältigungen,
Übersetzungen, Mikroverfilmungen und die Einspeicherung und
Verarbeitung in elektronischen Systemen.
Titel der Originalausgabe »The Holographic Universe«
© 1991 Michael Talbot
Originalverlag Harper Collins, New York
Umschlaggestaltung Agentur ZERO, München
Umschlagfoto The Image Bank/Mitchell Funk
Druck und Bindung Ebner Ulm
Printed in Germany
ISBN 3-426-77120-9

5 4 3 2

Michael Talbot

Das holographische Universum

Die Welt in neuer Dimension

Aus dem Amerikanischen
von Siegfried Schmitz

*Alexandra, Chad,
Ryan, Larry Joe und Shawn
in Liebe zugeeignet*

Die neuen Befunde sind von so weitreichender Bedeutung, daß sie unser Verständnis der menschlichen Psyche, der Psychopathologie und des therapeutischen Prozesses revolutionieren könnten. Einige Beobachtungen sprengen in ihrer Signifikanz den Rahmen von Psychologie und Psychiatrie und stellen eine ernsthafte Herausforderung für das gegenwärtige newtonisch-kartesianische Paradigma der westlichen Wissenschaft dar. Sie könnten unsere Vorstellung von der Natur des Menschen, von Kultur und Geschichte, ja von der Realität, generell tiefgreifend verändern.

Stanislav Grof
über holographische Phänomene in
The Adventure of Self-Discovery

Inhalt

Einführung 11

Erster Teil:
**Eine neue Sicht der Wirklichkeit
19**
1 Das Gehirn als Hologramm 21
2 Der Kosmos als Hologramm 43

Zweiter Teil:
**Geist und Körper
67**
3 Das holographische Modell und die Psychologie 69
4 »Ich singe den Leib, den holographischen …« 92
5 Eine Handvoll Wunder 131
6 Holographisches Sehen 176

Dritter Teil:
**Raum und Zeit
209**
7 Die zeitlose Zeit 211
8 Reisen im Superhologramm 244
9 Rückkehr in die Traumzeit 303

**Anmerkungen
321**

**Danksagung
341**

**Register
343**

Einführung

In dem Film *Krieg der Sterne* beginnen Luke Skywalkers Abenteuer damit, daß ein Lichtstrahl aus dem Roboter Artoo-Detoo hervorschießt und ein verkleinertes dreidimensionales Bild der Prinzessin Leia projiziert. Gebannt verfolgt Luke, wie die geisterhafte Lichtskulptur ein Wesen namens Obi-Wan Kenobi um Beistand bittet. Das Bild ist ein *Hologramm*, eine dreidimensionale Darstellung, die mit Hilfe eines Lasers entsteht. Die technischen Mittel, die für die Verfertigung solcher Bilder vonnöten sind, sind schon verblüffend genug, noch erstaunlicher aber ist, daß inzwischen einige Wissenschaftler sogar der Ansicht sind, daß das Universum selbst eine Art Riesenhologramm ist, eine wunderbar detaillierte Illusion, nicht realer und nicht weniger real als das Bild der Prinzessin Leia, durch das Lukes Suche ausgelöst wird.

Anders ausgedrückt: Einiges deutet darauf hin, daß es sich bei unserer Welt und allem, was in ihr existiert – bei Schneeflocken und Ahornbäumen ebenso wie bei Meteoren und wirbelnden Elektronen –, gleichfalls nur um Geisterbilder handelt, um Projektionen einer Realitätsebene, die die unsere so weit übersteigt, daß sie sich buchstäblich außerhalb von Raum und Zeit befindet.

Die Hauptbegründer dieser phantastischen Theorie sind zwei der bedeutendsten Denker der Gegenwart: der Physiker David Bohm von der University of London, ein ehemaliger Protegé Einsteins und einer der angesehensten Quantenphysiker der Welt, sowie Karl Pribram, Neurophysiologe in Stanford und Verfasser des neuropsychologischen Standardwerks *Languages of the Brain*. Bemerkenswert ist, daß Bohm und Pribram unabhängig voneinander und auf ganz unterschiedlichen Forschungswegen zu ihren Erkenntnissen gelangt sind. Bohm gewann seine Überzeugung von der holographischen Natur des Universums erst nach langen Jahren der Enttäuschung über die Unfähigkeit der Standardtheorien, sämtliche Phänomene zu erklären, die in der Quantenphysik auftreten. Im Falle Pribrams war es die Einsicht, daß die gängigen Gehirntheorien vielerlei neurophysiologische Rätsel nicht zu lösen vermochten.

Sehr bald schon erkannten Bohm und Pribram, daß man mit Hilfe des holographischen Modells auch vielen anderen Geheimnissen auf die Spur kommen konnte; so zum Beispiel der offenkundigen Unfähigkeit aller Theorien – mögen sie auch noch so umfassend sein –, jemals sämtlichen Naturerscheinungen gerecht zu werden, etwa der Tatsache, daß ein Mensch, der auf einem Ohr taub ist, gleichwohl die Richtung, aus der ein Geräusch kommt, bestimmen kann, oder dem Umstand, daß wir das Gesicht einer Person, die wir viele Jahre nicht gesehen haben, wiederzuerkennen vermögen, auch wenn es sich seither stark verändert hat.

Das aufregendste am holographischen Modell aber war, daß mit seiner Hilfe plötzlich eine Vielzahl von Phänomenen gedeutet werden konnte, die so schwer faßbar sind, daß sie sich nach allgemeiner Einschätzung dem wissenschaftlichen Verständnis entziehen. Dazu gehören die Telepathie, die Präkognition, das mystische Gefühl des Einswerdens mit dem Universum und sogar die Psychokinese, also die Fähigkeit des Geistes, Gegenstände in Bewegung zu versetzen, ohne daß man sie berührt.

Den immer zahlreicher werdenden Wissenschaftlern, die sich mit dem holographischen Modell befaßten, wurde sehr schnell klar, daß es imstande ist, nahezu alle paranormalen und mystischen Erfahrungen zu erklären, und in den letzten Jahren hat es die Forscher in zunehmendem Maß fasziniert und bislang rätselhafte Phänomene aufgehellt. Einige Beispiele:

– Der Psychologe Kenneth Ring von der University of Connecticut stellte 1980 die These auf, mit dem holographischen Modell ließen sich todesähnliche Erlebnisse erklären. Ring, der Präsident der International Association for Near-Death Studies ist, geht davon aus, daß solche Erfahrungen und auch der Tod selbst in Wirklichkeit nichts anderes sind als der Übergang des menschlichen Bewußtseins von einer Stufe des Realitätshologramms zu einer anderen.

– Stanislav Grof, Leiter der psychiatrischen Forschungsabteilung am Maryland Psychiatric Research Center und Assistenzprofessor für Psychiatrie an der medizinischen Fakultät der Johns Hopkins University, veröffentlichte 1985 ein Buch, dessen Fazit lautete, die bestehenden neurophysiologischen Gehirnmodelle seien unzulänglich und nur ein holographisches Modell könne archetypische Erfahrungen, Begegnungen mit dem kollektiven Unbewußten und andere ungewöhnliche Phänomene, die in veränderten Bewußtseinszuständen auftreten, erklären.

– Auf dem Jahreskongreß der Association for the Study of Dreams 1987 in Washington, hielt der Physiker Fred Alan Wolf einen Vortrag, in dem er darlegte, daß das holographische Modell sogenannte »lichte Träume« zu erklären vermag; das sind ungewöhnlich lebhafte Träume, in denen der Träumende sein Wachbewußtsein beibehält. Wolf zufolge sind solche Träume in Wahrheit Ausflüge in parallele Wirklichkeiten, und mittels des holographischen Modells werden wir eines Tages eine »Physik des Bewußtseins« entwickeln können, die es uns ermöglicht, diese in anderen Dimensionen angesiedelten Daseinsebenen gründlicher zu erforschen.

- In seinem 1987 erschienenen Buch *Synchronicity: The Bridge Between Matter and Mind* vertritt F. David Peat, ein Physiker an der Queen's University in Kanada, die Ansicht, daß sich Synchronizitäten (Koinzidenzen, die so außergewöhnlich und psychologisch so bedeutsam sind, daß man sie offensichtlich nicht allein dem Zufall zuschreiben kann) mit dem holographischen Modell deuten lassen. Peat glaubt, daß derartige Koinzidenzen in Wirklichkeit »Fehler im Gewebe der Realität« sind und eine innigere Verbindung unserer Denkprozesse mit der physikalischen Welt enthüllen, als man bisher angenommen hat.

Dies sind nur einige der Denkanstöße, die in dem vorliegenden Buch erörtert werden sollen. Viele dieser Ideen sind Gegenstand höchst kontroverser Debatten. Ja, das holographische Modell selbst ist äußerst umstritten und wird keineswegs von der Mehrheit der Wissenschaftler akzeptiert. Doch wir werden sehen, daß viele maßgebliche und einflußreiche Denker es unterstützen und der Auffassung sind, daß es möglicherweise das zuverlässigste Bild der Wirklichkeit darstellt, das wir bis heute kennen.

Das holographische Modell wird zudem durch einige eindrucksvolle Experimente bestätigt. Auf dem Gebiet der Neurophysiologie haben zahlreiche Untersuchungen verschiedene Aussagen Pribrams über die holographische Natur von Erinnerung und Wahrnehmung erhärtet. 1982 hat ein bahnbrechendes Experiment, durchgeführt von einem Forscherteam unter der Leitung des Physikers Alain Aspect am Institut für theoretische und angewandte Optik in Paris, den Nachweis erbracht, daß das Gefüge der subatomaren Teilchen, die unser physikalisches Universum ausmachen – also der eigentliche Grundstoff der Realität –, offensichtlich eine »holographische« Beschaffenheit besitzt. Auch diese Befunde werden im folgenden diskutiert.

Neben den experimentell gewonnenen Belegen verleihen noch verschiedene andere Aspekte der Holographie-Hypothese Gewicht. Der wohl wichtigste ist der Charakter und der Rang der beiden Männer, die diese Idee in die Welt gesetzt haben. Schon früh in ihrer wissenschaftlichen Laufbahn und noch bevor das holographische Modell in ihrer Gedankenwelt auftauchte, haben sie Leistungen vollbracht, die vermutlich die meisten Forscher bewogen hätten, sich für den Rest ihres akademischen Lebens auf ihren Lorbeeren auszuruhen. In den vierziger Jahren legte Pribram Pionierarbeiten zum Limbischen System vor, einer Hirnregion, die für Gefühle und Verhaltensweisen zuständig ist. Ebenso gelten die Arbeiten Bohms zur Plasmaphysik aus den fünfziger Jahren als Meilensteine der Forschung.

Noch bedeutsamer aber ist, daß sich beide auch in ganz anderer Weise hervorgetan haben. Es handelt sich dabei um Leistungen, deren sich nur wenige Männer und Frauen rühmen können, denn sie beruhen nicht allein auf Intelligenz oder Begabung, sondern auf dem Mut und der Selbstlosigkeit, die man aufbringen muß, wenn es gilt, angesichts einer überwältigenden Opposition für die eigenen Überzeugungen einzustehen. Nach seinem Examen arbeitete Bohm als Assistent bei Robert Oppenheimer. Als dann Oppenheimer 1951 in die Mühlen von Senator Joseph McCarthys Ausschuß für unamerikanische Umtriebe geriet, sollte Bohm gegen ihn aussagen, doch er weigerte sich. Daraufhin verlor er seine Stelle in Princeton, und er lehrte nie wieder in den Vereinigten Staaten. Er übersiedelte zunächst nach Brasilien und dann nach London.

Pribram hatte am Anfang seiner Karriere eine ähnliche Bewährungsprobe zu bestehen. Der portugiesische Psychiater Egas Moniz entwickelte 1935 eine angeblich perfekte Behandlungsmethode für Geisteskrankheiten. Er entdeckte, daß man selbst die ungebärdigsten Patienten ruhigstellen kann, wenn man ein chirurgisches Instrument durch die Schädeldecke einführte und den präfrontalen Kortex vom übrigen Gehirn abtrennte. Das von ihm als »präfrontale Lobotomie« bezeichnete Verfahren fand in den vierziger Jahren eine so weite Verbreitung, daß er 1949 mit dem Nobelpreis belohnt wurde. In den fünfziger Jahren setzte die Lobotomie ihren Siegeszug fort, und sie wurde – ähnlich wie der McCarthy-Untersuchungsausschuß – zu einem Instrument für die Ausmerzung von unerwünschten Verhaltensformen. Ihre Anwendung zu diesem Zweck war so allgemein akzeptiert, daß der Chirurg Walter Freeman, der lautstärkste Befürworter des Verfahrens in den USA, ungeniert schreiben konnte, aus gesellschaftlich Unangepaßten, »aus Schizophrenen, Homosexuellen und Radikalen«, könnten die Lobotomien »gute amerikanische Bürger« machen.

In dieser Zeit betrat Pribram die medizinische Szene. Im Gegensatz zu vielen seiner Fachkollegen hielt er es für verwerflich, so rücksichtslos mit dem Gehirn anderer Menschen umzugehen. Davon war er so fest überzeugt, daß er als junger Neurochirurg in Jacksonville, Florida, der damals gültigen medizinischen Lehrmeinung widersprach und sich weigerte, in der ihm unterstehenden Abteilung Lobotomien durchführen zu lassen. Auch später in Yale beharrte er auf seinem Standpunkt, und wegen seiner zunehmend radikalen Ansichten hätte er beinahe seine Professur verloren.

Daß Bohm und Pribram bereit sind, ohne Rücksicht auf die Folgen für ihre Überzeugungen einzustehen, zeigt sich auch beim holographischen Modell. Wie wir noch sehen werden, entschieden sie sich nicht gerade für den leichtesten Weg, als sie sich mit ihrem nicht unbeträchtlichen Ansehen für dieses umstrittene Konzept stark machten. Sowohl der Mut als auch die visionäre Kraft, die sie in der Vergangenheit bewiesen haben, verleihen der Idee der Holographie zusätzliches Gewicht.

Ein letztes Indiz für die Stichhaltigkeit des holographischen Modells ist das Vorhandensein des Paranormalen. Dieses Argument darf nicht unterschätzt werden, denn in den letzten Jahrzehnten sind erstaunlich viele Belege zusammengetragen worden, die darauf hindeuten, daß unser herkömmliches Wirklichkeitsverständnis, jenes ebenso solide wie beruhigende Weltbild, das uns allen im naturwissenschaftlichen Unterricht beigebracht wurde, falsch ist. Weil sich aber diese Erkenntnisse durch keines unserer wissenschaftlichen Standardmodelle erklären lassen, werden sie von der Wissenschaft weitgehend ignoriert. Inzwischen hat jedoch das Belegmaterial einen derartigen Umfang angenommen, daß diese Einstellung nicht mehr vertretbar ist.

Dafür nur ein Beispiel: 1987 ließen der Physiker Robert G. Jahn und die wie Jahn in Princeton tätige klinische Psychologin Brenda J. Dunne verlauten, sie hätten bei zehnjährigen, streng überwachten Experimenten in ihrem Princeton Engineering Anomalies Research Laboratory unzweideutige Beweise dafür gesammelt, daß der Geist durch übersinnliche Kräfte auf die physikalische Realität einwirken kann. Anders formuliert: Jahn und Dunne haben herausgefunden, daß Menschen allein durch geistige Konzentration imstande sind, die Funktionsweise bestimmter Maschinen zu beeinflussen.

Das ist eine verblüffende Entdeckung, die sich mit den Begriffen unseres gängigen Wirklichkeitsverständnisses nicht erfassen läßt, wohl aber mit holographischen Vorstellungen. Da andererseits paranormale Vorgänge mit unseren heutigen wissenschaftlichen Methoden nicht erklärt werden können, verlangen sie nach einer neuen Sicht des Universums, einem neuen wissenschaftlichen Paradigma. Dieses Buch führt nicht nur den Beweis, daß das holographische Modell das Paranormale zu deuten vermag, sondern es geht auch der Frage nach, warum die ständig wachsenden Beweise für das Paranormale offenkundig die Existenz eines solchen Modells notwendig machen.

Die Tatsache, daß das Paranormale mit unserem gegenwärtigen wissenschaftlichen Weltbild nicht erklärt werden kann, ist nur einer der Gründe dafür, daß es, das Paranormale, nach wie vor so umstritten ist. Ein weiterer Grund ist, daß sich übersinnliche Phänomene vielfach nur sehr schwer im Laboratorium erfassen lassen, was viele Wissenschaftler dazu verleitet anzunehmen, diese Dinge würden nicht existieren – ein Problem, das in diesem Buch ebenfalls erörtert werden wird.

Ein besonders wichtiger Punkt aber ist, daß Wissenschaft, im Gegensatz zur landläufigen Auffassung, nicht vorurteilsfrei ist. Das wurde mir erstmals vor vielen Jahren bewußt, als ich einen bekannten Physiker nach seiner Meinung über ein bestimmtes parapsychologisches Experiment befragte. Der Physiker, der dafür bekannt war, daß er allem Paranormalen skeptisch gegenüberstand, sah mich an und erklärte kategorisch, die Resultate ergäben »keinen Hinweis auf irgendeinen übersinnlichen Vorgang«. Ich kannte die Ergebnisse nicht, aber aus Respekt vor dem geistigen Rang und der Reputation des Physikers akzeptierte ich sein Urteil widerspruchslos. Als ich sie dann später überprüfte, stellte ich zu meiner Verwunderung fest, daß das Experiment einen sehr überzeugenden Beweis für die Existenz übersinnlicher Fähigkeitengeliefert hatte. Damals wurde mir klar, daß selbst hochangesehene Wissenschaftler nicht frei von Voreingenommenheit und »blinden Flecken« sind.

Leider erlebt man dies häufig, wenn man sich mit der Forschung des Paranormalen befaßt. In einem vor wenigen Jahren erschienenen Aufsatz im *American Psychologist* hat der Yale-Psychologe Irvin L. Child untersucht, wie eine allgemeine bekannte Serie von ESP-Traumexperimenten (ESP = Extra-Sensory Perception; Außersinnliche Wahrnehmung), durchgeführt am Maimonides Medical Center in Brooklyn, New York, vom wissenschaftlichen Establishment aufgenommen wurde. Obwohl die Experimentatoren eindrucksvolle Belege für das Vorhandensein von ESP beigebracht hatten, fand ihre Arbeit, wie Child ermittelte, in der wissenschaftlichen Literatur kaum Beachtung. Noch deprimierender war, daß die wenigen wissenschaftlichen Publikationen, die sich zu einem Kommentar bereitgefunden hatten, die Forschungsergebnisse dermaßen »entstellten«, daß ihre Bedeutung völlig verdunkelt wurde.[1]

Wie ist so etwas möglich? Zum einen muß man bedenken, daß Wissenschaft nicht immer so objektiv ist, wie wir gerne glauben möchten. Wir betrachten Wissenschaftler mit einer gewissen Ehrfurcht, und wenn sie etwas verkünden, sind wir überzeugt, daß es wahr sein muß. Wir vergessen, daß sie auch nur Menschen sind und die gleichen religiösen, philosophischen und kulturellen Vorurteile haben wie wir alle. Das ist insofern bedauerlich, als es – wie in diesem Buch nachgewiesen wird – eine Fülle von Beweisen dafür gibt, daß das Universum sehr viel mehr umfaßt, als unser derzeitiges Weltbild wahrhaben will.

Warum aber sträubt sich die Wissenschaft so beharrlich gerade gegen das Paranormale? Das ist eine noch schwierigere Frage als die zuvor gestellte. Der Yale-Mediziner Bernie S. Siegel, der einen ähnlichen Widerstand gegen die unorthodoxen Ansichten, die er in seinem Bestseller *Love, Medicine, and Miracles* vertrat, zu spüren bekam, sieht die

Ursache darin, daß die Menschen ihren Überzeugungen geradezu verfallen sind. Wenn man jemanden von seiner Überzeugung abzubringen versucht, verhält er sich laut Siegel wie ein Süchtiger.

An Siegels Aussage scheint sehr viel Wahres zu sein, und sie benennt möglicherweise den Grund dafür, daß so viele bedeutende Erkenntnisse und Fortschritte anfangs auf so leidenschaftliche Ablehnung stießen. Wir sind tatsächlich abhängig von unseren Überzeugungen, und wir benehmen uns wie Süchtige, wenn uns jemand das Opium unserer Dogmen zu entziehen versucht. Und da die westliche Wissenschaft seit Jahrhunderten darauf besteht, nicht an das Paranormale zu glauben, wird sie ihre Sucht auch nicht so leicht aufgeben.

Ich dagegen bin in dieser Beziehung ein Glückspilz. Ich habe schon immer gewußt, daß es mit der Welt mehr auf sich hat, als man gemeinhin annimmt. Ich bin in einer ausgesprochen sensitiv begabten Familie aufgewachsen, und seit meiner Kindheit habe ich aus erster Hand viele der Phänomene kennengelernt, von denen in diesem Buch die Rede sein wird. Hin und wieder, wenn es für das jeweils behandelte Thema relevant ist, werde ich einige meiner persönlichen Erlebnisse mitteilen. Ihnen kommt zwar nur eine eher anekdotische Beweiskraft zu, für mich aber sind sie die stichhaltigsten Belege dafür, daß wir in einem Universum leben, das wir gerade erst auszuloten beginnen, und ich füge sie ein, weil sie gewisse Einsichten vermitteln.

Da das holographische Konzept noch immer in der Entwicklung begriffen ist und ein Mosaik aus vielen verschiedenen Ansichten und Befunden darstellt, halten manche dafür, man sollte es nicht als ein Modell oder als eine Theorie bezeichnen, solange diese disparaten Aspekte nicht zu einem geschlosseneren Ganzen verschmolzen sind. Aufgrund dessen sprechen einige Forscher von einem »holographischen Paradigma«. Andere ziehen Formulierungen wie »holographische Analogie« oder »holographische Metapher« vor. In dem vorliegenden Buch verwende ich, nicht zuletzt der Abwechslung wegen, alle diese Begriffe, also auch »holographisches Modell« und »holographische Theorie«, ohne damit sagen zu wollen, daß das holographische Konzept bereits den Rang eines Modells oder eine Theorie im strengsten Wortsinn erlangt hat.

In diesem Zusammenhang ist ein weiterer Hinweis angezeigt: Bohm und Pribram sind zwar die Väter der holographischen Idee, aber sie identifizieren sich nicht mit allen Ansichten und Schlußfolgerungen, die in meinem Buch zu lesen sind. Dieses wiederum beruft sich keineswegs nur auf die Thesen von Bohm und Pribram, sondern auch auf die Ideen und Äußerungen zahlreicher anderer Forscher, die sich von dem holographischen Konzept beeinflussen ließen und es auf ihre eigene, zuweilen kontroverse Weise interpretiert haben.

In meinem Buch werde ich gelegentlich Erkenntnisse der Quantenphysik erörtern, also jener physikalischen Disziplin, die sich mit subatomaren Teilchen (Elektronen, Protonen usw.) befaßt. Da ich über diesen Gegenstand schon früher einiges geschrieben habe, weiß ich, daß sich manche Leute durch den Begriff Quantenphysik einschüchtern lassen und befürchten, sie würden dadurch überfordert. Meine Erfahrung hat mir jedoch gezeigt, daß dies nur selten zutrifft. Sie müssen nichts von Mathematik verstehen, um die physikalischen Ideen zu begreifen, die in diesem Buch zur Sprache kommen. Sie brauchen nicht einmal eine naturwissenschaftliche Vorbildung. Es kommt nur darauf an, daß Sie sich nicht abschrecken lassen, wenn Sie beim Lesen auf einen wissenschaftlichen Ausdruck stoßen, den Sie nicht kennen. Ich habe mich bemüht, solche Fachausdrücke auf ein Minimum zu reduzieren, und wenn sie sich nicht vermeiden lassen, erkläre ich sie stets, bevor ich im Text fortfahre.

Nur Mut also! Sobald Sie Ihre Angst vor dem Sprung ins kalte Wasser überwunden haben, werden Sie viel müheloser, als Sie meinen, zwischen den ebenso fremdartigen wie faszinierenden Ideen umherschwimmen, die uns die Quantenphysik zu bieten hat. Ich glaube, auch Sie werden feststellen, daß bereits die Beschäftigung mit einem kleinen Teil dieses Gedankenguts geeignet ist, Ihre Sicht der Welt zu verändern, und ich hoffe, daß die in den folgenden Kapiteln ausgebreiteten Gedanken einen solchen Prozeß auslösen werden. Das ist der bescheidene Wunsch, den ich diesem Buch mit auf den Weg gebe.

Erster Teil

Eine neue Sicht der Wirklichkeit

Setz dich hin vor die Tatsachen wie ein kleines Kind, und sei bereit, alle vorgefaßten Meinungen aufzugeben, folge demütig der Natur, wohin und zu welchen Abgründen sie dich auch führen mag, denn sonst erfährst du nichts.

T. H. Huxley

1

Das Gehirn als Hologramm

Es ist nicht so, daß die Welt der Erscheinungen einen falschen Eindruck vermitteln würde; es ist nicht so, daß es dort draußen, auf einer bestimmten Wirklichkeitsebene, keine Objekte gäbe. Es ist vielmehr so, daß Sie, wenn Sie einen Durchbruch wagen und das Universum unter einem holographischen Aspekt betrachten, zu einer anderen Sicht, einer anderen Wirklichkeit gelangen. Und diese andere Wirklichkeit vermag Dinge zu erklären, die bislang wissenschaftlich nicht erklärbar waren: paranormale Phänomene, Synchronizitäten, die augenscheinlich sinnvolle Koinzidenz von Ereignissen.

Karl Pribram
in einem Interview in *Psychology Today*

Das Rätsel, das Pribram dazu brachte, das holographische Modell zu entwickeln, war die Frage, wie und wo Erinnerungen im Gehirn gespeichert werden. In den frühen vierziger Jahren, als er sich für dieses Problem zu interessieren begann, ging man allgemein davon aus, daß Erinnerungen im Gehirn lokalisiert sind. Jede Erinnerung eines Menschen, etwa die an den letzten Besuch der Großmutter oder die an den Duft einer Gardenie, den man als Sechzehnjähriger geschnuppert hat, ließ sich, so glaubte man, einem spezifischen Ort irgendwo in den Gehirnzellen zuordnen. Solche Gedächtnisspuren wurden als »Engramme« bezeichnet, und obgleich niemand wußte, wie ein Engramm beschaffen war – ob es sich dabei um ein Neuron oder vielleicht gar um ein spezielles Molekül handelte –, waren die meisten Wissenschaftler zuversichtlich, daß es nur eine Frage der Zeit sei, bis man eines aufspüren werde.

Für diese Zuversicht gab es gute Gründe. Forschungsarbeiten des kanadischen Neurochirurgen Wilder Penfield hatten in den zwanziger Jahren überzeugende Belege dafür erbracht, daß spezifische Erinnerungen tatsächlich spezifische Orte im Gehirn haben. Eine der ungewöhnlichsten Eigenschaften des Gehirns ist, daß es Schmerz nicht unmittelbar empfindet. Solange die Kopfhaut und die Schädeldecke örtlich betäubt sind, kann man bei einem Patienten, der bei vollem Bewußtsein ist, einen schmerzlosen gehirnchirurgischen Eingriff durchführen.

In einer wegweisenden Versuchsreihe machte sich Penfield diese Gegebenheit zunutze. Nachdem er das Gehirn seiner Patienten freigelegt hatte, reizte er mit einer elektrischen Sonde verschiedene Gehirnzellenbereiche. Er machte die erstaunliche Entdeckung, daß die Versuchspersonen bei einer Stimulierung ihrer Schläfenlappen die Erinnerung an längst vergangene Ereignisse aus ihrem Leben in allen Einzelheiten heraufbeschworen. Ein Mann vergegenwärtigte sich plötzlich ein Gespräch, das er mit Freunden in Südafrika geführt hatte; ein Junge hörte die Stimme seiner Mutter am Telefon, und nach mehreren Reizungen durch Penfields Elektrode konnte er wortwörtlich wiederholen, was sie gesagt hatte; eine Frau fand sich in ihre Küche zurückversetzt und hörte draußen ihren Sohn spielen. Selbst wenn Penfield seine Patienten irrezuführen versuchte, indem er ihnen vormachte, daß er einen anderen Bereich stimulierte, stellte er fest, daß er bei der Berührung derselben Stelle stets dieselbe Erinnerung auslöste.

In seinem Buch *The Mystery of the Mind,* das er 1975 kurz vor seinem Tod veröffentlichte, schrieb er: »Es war offenkundig, daß es sich hierbei nicht um Träume handelte. Es waren elektrische Aktivierungen des systematischen Bewußtseinsarchivs, eines Archivs, das im früheren Leben des Patienten angelegt worden war. Der Patient ›durchlebte‹ noch einmal all das, was ihm in jenem früheren Zeitabschnitt bewußt gewesen war, wie in einer filmischen ›Rückblende‹.«[1]

Aus seinen Forschungen zog Penfield den Schluß, daß alles, was wir jemals erleben, in unserem Gehirn aufgezeichnet wird – jedes fremde Gesicht, das wir in einer Menschenmenge flüchtig gesehen haben, ebenso wie jedes Spinnennetz, das wir als Kind betrachtet haben. Dies war nach seiner Auffassung der Grund dafür, daß in seinen Experimenten so viele belanglose Erinnerungsbruchstücke auftauchten. Wenn unser Gedächtnis ein vollständiges Archiv selbst der unbedeutendsten Alltagserfahrungen darstellt, ist es nicht verwunderlich, daß sehr viele banale Informationen zum Vorschein kommen, sobald man aufs Geratewohl in einer so umfassenden »Chronik« herumstochert.

Der junge Neurochirurg Pribram sah keinen Anlaß, an Penfields Engrammtheorie zu zweifeln. Doch dann geschah etwas, das sein Denken grundsätzlich veränderte. 1946 wurde er Mitarbeiter des großen Neuropsychologen Karl Lashley am Yerkes Laboratory of Primate Biology, damals noch in Orange Park, Florida. Seit mehr als dreißig Jahren beschäftigte sich Lashley mit der Erforschung der subtilen Mechanismen, die für das Gedächtnis zuständig sind, und hier konnte Pribram die Ergebnisse von Lashleys Laborversuchen aus erster Hand kennenlernen. Aufregend war, daß Lashley nicht nur keinerlei Anhaltspunkte für die Existenz von Engrammen hatte finden können, sondern daß seine Forschungen offenbar allen Penfieldschen Hypothesen den Boden entzogen.

Lashley hatte Ratten für eine Vielzahl von Aufgaben abgerichtet, etwa für das Durchlaufen eines Labyrinths. Dann entfernte er durch einen chirurgischen Eingriff verschiedene Gehirnteile der Tiere, die er danach erneut testete. Sein Ziel war es, aus den Rattenhirnen den Sektor herauszuschneiden, der die Erinnerung an die Bewältigung des Labyrinthversuchs enthielt. Zu seiner Überraschung stellte er fest, daß er das Erinnerungsvermögen der Tiere nicht auszulöschen vermochte, gleichgültig, welchen Gehirnabschnitt er entfernte. Häufig wurden zwar die motorischen Fähigkeiten der Ratten beeinträchtigt, und die Versuchstiere stolperten ungeschickt durch das Labyrinth, aber selbst wenn sie erhebliche Teile ihres Gehirns eingebüßt hatten, blieb ihr Gedächtnis intakt.

Für Pribram waren das unglaubliche Entdeckungen. Wenn Erinnerungen an bestimmte Orte im Gehirn gebunden waren, so wie Bücher in den Regalen einer Bibliothek einen bestimmten Platz haben – warum hatten dann Lashleys chirurgische Schnitte keinerlei Auswirkungen auf sie? Die einzig plausible Antwort, die Pribram darauf zu geben vermochte, lautete, daß Erinnerungen nicht in spezifischen Gehirnregionen lokalisiert, sondern über das gesamte Gehirn verstreut oder verteilt sind. Das Problem freilich bestand darin, daß er keinen diesem Sachverhalt entsprechenden Mechanismus oder Prozeß kannte.

Lashley war sich seiner Sache noch weniger sicher und schrieb später: »Ich habe manchmal das Gefühl, wenn ich die Belege für die Lokalisation der Gedächtnisspuren überdenke, daß daraus die Schlußfolgerung gezogen werden muß, daß es so etwas wie Lernen eigentlich überhaupt nicht geben kann. Gleichwohl, trotz aller Gegenbeweise, kommt es gelegentlich vor.«[2] 1948 erhielt Pribram einen Ruf nach Yale, doch bevor er dorthin übersiedelte, half er mit, Lashleys monumentales Forschungswerk aus drei Jahrzehnten für die Veröffentlichung aufzubereiten.

Der Durchbruch

In Yale befaßte sich Pribram weiterhin mit der Idee, daß Erinnerungen über das ganze Gehirn verteilt sind, und je länger er darüber nachdachte, desto mehr war er von der Richtigkeit dieses Konzepts überzeugt. Immerhin büßten Patienten, denen man aus medizinischen Gründen Teile des Gehirns hatte entfernen müssen, niemals spezielle Erinnerungen ein. Die Entfernung eines großen Gehirnabschnitts konnte zwar eine allgemeine Beeinträchtigung des Erinnerungsvermögens nach sich ziehen, aber kein einziger Patient litt nach dem chirurgischen Eingriff an einem selektiven Gedächtnisverlust. Auch Personen, die bei einem Verkehrsunfall schwere Kopfverletzungen davongetragen hatten, vergaßen hinterher nicht einen Teil ihrer Familie oder die Hälfte eines Romans, den sie gelesen hatten. Selbst die partielle Entfernung der Schläfenlappen, also des Gehirnteils, der in Penfields Forschungsarbeit eine so entscheidende Rolle gespielt hatte, verursachte bei den Betroffenen keinerlei Gedächtnislücken.

Ungeachtet der sich häufenden Beweise für eine Verteilung der Erinnerungen konnte sich Pribram noch immer nicht erklären, auf welche Weise das Gehirn eine solche an Zauberei grenzende Leistung zu vollbringen vermochte. Doch dann las er Mitte der sechziger Jahre einen Aufsatz im *Scientific American,* in dem die Herstellung eines Hologramms beschrieben wurde – und da hatte er eine Erleuchtung. Das Holographiekonzept war nicht nur faszinierend, es lieferte auch eine Lösung des Rätsels, mit dem er sich so lange herumgeschlagen hatte.

Um Pribrams Aufregung verstehen zu können, muß man zunächst ein wenig mehr über Hologramme wissen. Die mathematischen Grundlagen, welche die Entwicklung des Hologramms ermöglichten, wurden erstmals 1947 von Dennis Gábor formuliert, der dafür später mit dem Nobelpreis ausgezeichnet wurde. Eine Voraussetzung der Holographie ist ein Phänomen, das Interferenz genannt wird. Interferenz ist das Überlagerungsmuster, das entsteht, wenn zwei oder mehr Wellen, zum Beispiel Wasserwellen, einander durchdringen. Wenn Sie beispielsweise einen Stein in einen Teich werfen, erzeugt er eine Reihe von konzentrischen Wellenringen, die sich nach allen Seiten ausdehnen. Werfen Sie zwei Steine gleichzeitig ins Wasser, so bilden sich zwei Wellenzüge, die sich ausweiten und einander schneiden. Die komplizierte Verteilung von Wellenbergen und -tälern, die sich bei solchen Überschneidungen ergibt, wird als Interferenzmuster bezeichnet.

Jedes Wellenphänomen kann ein Interferenzmuster hervorbringen, auch Licht- und Radiowellen. Da das Laserlicht eine extrem reine oder kohärente Form des Lichts ist, eignet es sich besonders gut für die Ausbildung von Interferenzmustern. Es stellt gleichsam den perfekten Stein und den perfekten Teich dar. Vor der Erfindung des Lasers waren deshalb Hologramme, wie wir sie heute kennen, nicht möglich.

Zur Herstellung eines Hologramms wird ein einziges Laserlicht in zwei getrennte Strahlen aufgeteilt. Der erste Strahl wird von dem abzubildenden Gegenstand zurückgeworfen. Dann wird der zweite Strahl losgeschickt, der mit dem reflektierten Licht des ersten kollidiert. Beim Zusammentreffen erzeugen beide ein Interferenzmuster, das sich auf einem Film abbildet (siehe Abb.1).

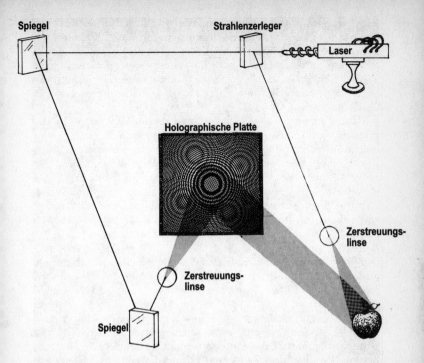

Abbildung 1: Ein Hologramm entsteht, wenn ein Laserstrahl in zwei getrennte Strahlen aufgespalten wird. Der erste Strahl wird vom Aufnahmeobjekt, in diesem Fall einem Apfel, reflektiert. Dann läßt man den zweiten Strahl mit dem reflektierten Licht des ersten kollidieren, und das dadurch entstehende Interferenzmuster wird auf den Film gebannt.

Für das bloße Auge hat das Bild auf dem Film keinerlei Ähnlichkeit mit dem photographierten Objekt. Ja, es gleicht im Grunde fast den konzentrischen Ringen, die entstehen, wenn man eine Handvoll Steine in einen Teich wirft (siehe Abb. 2). Doch sobald ein weiterer Laserstrahl (manchmal genügt auch ein helles Licht) den Film durchdringt, erscheint wieder ein dreidimensionales Abbild des ursprünglichen Objekts. Die Dreidimensionalität solcher Bilder mutet oft fast gespenstisch an. Man kann um eine holographische Projektion herumgehen und sie, wie einen realen Gegenstand, aus verschiedenen Blickwinkeln betrachten. Wenn man jedoch die Hand ausstreckt und das Bild zu berühren versucht, bewegt sich die Hand einfach hindurch, und man stellt fest, daß nichts da ist (siehe Abb. 3).

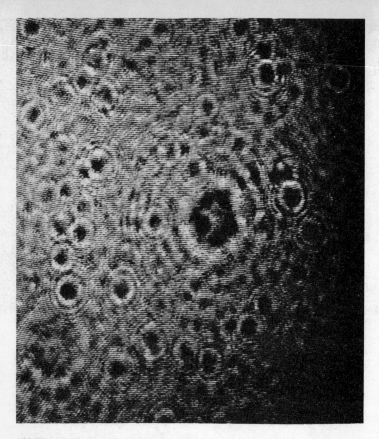

Abbildung 2: Ein holographischer Film mit einem kodierten Bild. Das Bild auf dem Film hat für das bloße Auge keinerlei Ähnlichkeit mit dem aufgenommenen Gegenstand; es besteht aus unregelmäßigen Wellenlinien, die als Interferenzmuster bezeichnet werden. Wird jedoch der Film mit einem anderen Laser durchleuchtet, erscheint ein dreidimensionales Bild des Aufnahmeobjekts.

Der räumliche Eindruck ist nicht die einzige Besonderheit von Hologrammen. Wenn ein holographischer Film, der das Bild eines Apfels zeigt, entzweigeschnitten und dann von einem Laser angestrahlt wird, enthält jede Hälfte noch das vollständige Bild des Apfels. Selbst wenn man die Hälften weiter zerteilt, kann aus jedem kleinen Filmschnipsel noch der gesamte Apfel rekonstruiert werden; die Bilder werden allerdings unschärfer, je kleiner die Teile sind. Im Unterschied zu normalen

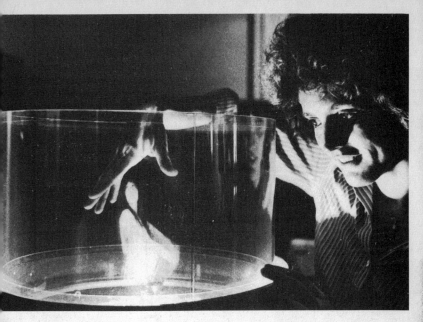

Abbildung 3: Die Dreidimensionalität eines Hologramms ist vielfach so unheimlich überzeugend, daß man um das Bild herumgehen und es aus verschiedenen Blickwinkeln betrachten kann. Doch wenn man die Hand ausstreckt und es zu berühren versucht, greift man ins Leere. (»Celeste Undressed«, ein holographisches Stereogramm von Peter Claudius, 1978. Photo von Brad Cantos, aus der Sammlung des Museum of Holography. Wiedergabe mit freundlicher Genehmigung.)

Photographien enthält jedes kleine Fragment eines holographischen Films alle Informationen, die der ganze Film aufgezeichnet hat (siehe Abb. 4).*

Genau das war der Aspekt, der Pribram dermaßen in Aufregung versetzte, denn er eröffnete ihm endlich eine Möglichkeit, zu verstehen, wie Erinnerungen im Gehirn verteilt – und nicht lokalisiert – sein könnten. Wenn es möglich war, daß jeder Teil eines holographischen Films sämtliche Informationen enthielt, die für die Herstellung eines vollstän-

---

* Hier sei angemerkt, daß diese erstaunliche Eigenschaft nur jene Teile eines holographischen Films aufweisen, deren Bilder für das bloße Auge unsichtbar sind. Wenn Sie in einem Laden ein Hologramm kaufen und ohne spezielle Beleuchtung ein dreidimensionales Bild erkennen können, sollten Sie es nicht zerschneiden. Sie hätten sonst nur noch Teile des ursprünglichen Bildes in der Hand.

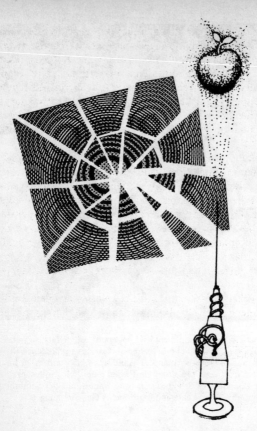

Abbildung 4: Im Unterschied zu einem konventionellen Photo enthält jedes Teilstück des holographischen Films alle Informationen des Ganzen. Wenn eine holographische Platte zerbrochen ist, kann man also mit jedem Bruchstück das vollständige Bild rekonstruieren.

digen Bildes notwendig waren, dann schien es auch möglich zu sein, daß jeder Teil des Gehirns all die Informationen enthielt, die für die Abrufung einer vollständigen Erinnerung erforderlich waren.

Auch das Sehen ist holographisch

Das Gedächtnis ist nicht die einzige Funktion, bei der das Gehirn möglicherweise holographisch verfährt. Lashley machte noch eine weitere Entdeckung, nämlich die, daß sich auch die Sehzentren des Gehirns als erstaunlich widerstandsfähig gegen chirurgische Schnitte erweisen. Selbst nachdem er einer Ratte 90 Prozent des visuellen Kortex (also der Region, die Seheindrücke des Auges empfängt und verarbeitet) entnommen hatte, stellte er fest, daß sie noch immer Aufgaben erfüllen konnte, die komplexe visuelle Fähigkeiten verlangten. Und Experimente anderer Forscher haben bewiesen, daß bei einer Katze, deren Sehnerven zu 98 Prozent durchtrennt worden waren, das Sehvermögen nicht ernsthaft beeinträchtigt war.[3]

Solche Resultate waren vergleichbar der Annahme, daß Kinobesucher selbst dann noch einen Film genießen können, wenn neun Zehntel der Leinwand fehlen, und sie stellten die gängige Lehrmeinung von der Funktionsweise des Gesichtssinnes ernsthaft in Frage. Der maßgeblichen Theorie zufolge bestand eine Eins-zu-eins-Entsprechung zwischen dem Bild, welches die Augen sehen, und der Art und Weise, wie dieses Bild sich im Gehirn darstellt. Mit anderen Worten: Wenn wir ein Quadrat betrachten, dann besitzt das elektrische Aktivitätsfeld in unserem visuellen Kortex angeblich gleichfalls die Form eines Quadrats (siehe Abb. 5).

Obwohl die Erkenntnisse Lashleys dieser Auffassung den Todesstoß zu versetzen schienen, gab sich Pribram damit noch nicht zufrieden. In

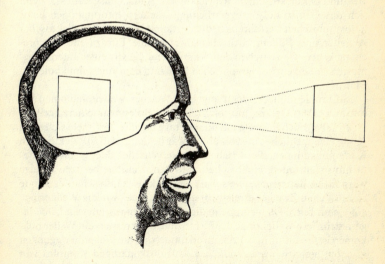

Abbildung 5: Die Sehforscher gingen früher davon aus, daß eine Eins-zu-eins-Entsprechung zwischen dem Bild, das vom Auge wahrgenommen wird, und der Wiedergabe des Bildes im Gehirn besteht. Pribram entdeckte, das dies nicht zutrifft.

Yale entwickelte er eine Versuchsreihe, um das Problem zu lösen. Sieben Jahre lang, maß er sorgfältig die Gehirnströme von Affen, während die Tiere verschiedene visuelle Aufgaben zu bewältigen hatten. Er entdeckte nicht nur, daß es keine Eins-zu-eins-Entsprechung gab, sondern auch, daß die Sequenz der Elektrodenaktivierung nicht einmal ein erkennbares Muster aufwies. In einer Zusammenfassung seiner Untersuchungen schrieb er: »Diese Versuchsergebnisse sind unvereinbar mit der These, daß gleichsam ein photographisches Bild auf die Kortexoberfläche projiziert wird.«[4]

Wie im Falle des Gedächtnisses ließ die Unanfälligkeit des visuellen Kortex für chirurgische Eingriffe den Schluß zu, daß auch das Sehvermögen über das Gehirn verteilt ist, und nachdem Pribram mit der Holographie bekannt geworden war, begann er sich zu fragen, ob nicht auch das Sehen holographisch sei. Das Wesen des Hologramms, das darin besteht, daß »das Ganze in jedem Teil« enthalten ist, schien eine Erklärung dafür zu sein, daß die Sehfähigkeit auch nach der weitgehenden Entfernung des visuellen Kortex erhalten blieb. Falls das Gehirn Bilder mit Hilfe eines inneren Hologramms verarbeitete, dann konnte selbst ein sehr kleines Teilstück des Hologramms immer noch den gesamten Seheindruck rekonstruieren. Dies war auch eine Erklärung für das Fehlen einer Eins-zu-eins-Entsprechung zwischen der Außenwelt und der elektrischen Gehirnaktivität. Anders ausgedrückt: Wenn sich das Gehirn bei der Verarbeitung visueller Informationen eines holographischen Verfahrens bediente, konnte es zwischen elektrischer Aktivität und Bildeindruck ebensowenig eine Eins-zu-eins-Entsprechung geben wie zwischen dem »sinnlosen« Gewirr eines Interferenzmusters auf einem holographischen Film und dem vom Film kodierten Bild.

Ein Problem blieb jedoch ungelöst: Welches Wellenphänomen benutzt wohl das Gehirn, um solche inneren Hologramme herzustellen? Doch sobald sich Pribram mit dieser Frage befaßte, zeichnete sich auch schon eine mögliche Antwort ab. Es war bekannt, daß die elektrischen Kommunikationen, die zwischen den Nervenzellen oder Neuronen des Gehirns stattfinden, nicht isoliert auftreten. Neurone besitzen Zweige wie winzige Bäumchen, und sobald eine elektrische Botschaft das Ende eines solchen Zweiges erreicht, breitet sie sich aus wie die Wellenringe auf einem Teich. Da Neurone so dicht zusammengedrängt sind, überlagern sich diese Wellenringe der Elektrizität, die ihrerseits ein Wellenphänomen ist, unaufhörlich. Pribram erkannte, daß die Wellenbewegungen offenbar einen schier unendlichen, kaleidoskopartigen Komplex von Interferenzmustern ausbildeten, die wiederum dem Gehirn seine holographischen Eigenschaften verleihen könnten. »Das Hologramm war in der Wellenfrontnatur der Gehirnzellenverbindungen schon immer vorhanden«, meint Pribram. »Wir waren nur nicht schlau genug, das zu erkennen.«[5]

Weitere Rätsel, die das holographische Gehirnmodell lösen kann

Seinen ersten Aufsatz über die mögliche holographische Beschaffenheit des Gehirns veröffentlichte Pribram 1966, und in den folgenden Jahren erweiterte und verfeinerte er seine Thesen. Dabei stellte sich – auch durch die Auseinandersetzung anderer Forscher mit seiner Theorie – sehr bald heraus, daß das Verteilungsschema des Gedächtnisses und des Sehvermögens nicht das einzige neurophysiologische Problem war, dem man mit Hilfe des holographischen Modells auf den Grund kommen konnte.

Die riesigen Dimensionen unseres Gedächtnisses

Das Holographiemodell erklärt auch, auf welche Weise unser Gehirn so viele Erinnerungen auf so kleinem Raum speichern kann. Der hervorragende, aus Ungarn stammende amerikanische Physiker und Mathematiker John von Neumann hat einmal ausgerechnet, daß das Gehirn im Laufe eines durchschnittlichen Menschenlebens etwa $2,8 \times 10^{20}$ (280 000 000 000 000 000 000) Bits an Information speichert. Das ist eine atemberaubende Menge, und die Gehirnforscher haben sich lange vergebens bemüht, einen Mechanismus ausfindig zu machen, der eine solche Fähigkeit erklären könnte.

Interessanterweise besitzen auch Hologramme eine phantastische Speicherkapazität für Informationen. Durch Veränderung des Winkels, in dem die beiden Laserstrahlen den holographischen Film treffen, lassen sich zahlreiche unterschiedliche Bilder auf derselben Oberfläche aufzeichnen. Jedes so entstandene Bild kann einfach dadurch abgerufen werden, daß man den Film mit einem Laserstrahl aufhellt, der den gleichen Winkel aufweist wie die beiden ursprünglichen Strahlen. Mittels dieses Verfahrens wurde nachgewiesen, daß eine Filmfläche von nur $2,5 \times 2,5$ cm eine Informationsmenge speichern kann, wie sie in fünfzig Bibeln enthalten ist.[6]

Die Fähigkeit des Sicherinnerns und Vergessens

Holographische Filme, die Mehrfachbilder der soeben beschriebenen Art enthalten, verschaffen uns auch die Möglichkeit, die Fähigkeit des Sicherinnerns und Vergessens zu verstehen. Wenn man einen solchen Film in einen Laserstrahl hält und nach vorn und hinten kippt, erscheinen und verschwinden die verschiedenen Bilder in einem glitzernden

Strom. Unser Erinnerungsvermögen könnte eine Analogie des Vorgangs sein, bei dem ein Laserstrahl auf einen derartigen Film gerichtet und ein bestimmtes Bild abgerufen wird. Wenn wir uns andererseits an etwas nicht erinnern können, so ist das so, als würden wir verschiedene Strahlen auf den Film richten, aber nicht den richtigen Winkel finden, um das gesuchte Bild bzw. die gesuchte Erinnerung abzurufen.

Assoziationsgedächtnis

In Prousts *Auf der Suche nach der verlorenen Zeit* bewirken ein Schluck Tee und der Biß in ein kleines muschelförmiges Gebäck, genannt *petite madeleine,* daß die Hauptfigur des Romans plötzlich von Erinnerungen überflutet wird. Der Ich-Erzähler ist zunächst verwirrt, doch dann fällt ihm ein, daß seine Großmutter ihm Tee und Madeleines vorzusetzen pflegte, als er noch ein kleiner Junge war, und es war diese Assoziation, die sein Gedächtnis aktivierte. Wir alle haben wohl schon ähnliches erlebt: Der Duft einer bestimmten Speise oder ein flüchtiger Blick auf einen längst vergessenen Gegenstand kann unvermittelt eine Episode aus unserer Vergangenheit wieder zum Leben erwecken.

Das holographische Konzept liefert auch eine Analogie für die Tatsache, daß unser Gedächtnis zu Assoziationen neigt. Das läßt sich durch eine weitere Spielart der holographischen Aufzeichnungstechnik veranschaulichen: Das Licht eines einzelnen Laserstrahls wird gleichzeitig von zwei Objekten zurückgeworfen, sagen wir, von einem Sessel und einer Tabakspfeife. Das von beiden Gegenständen zurückgestrahlte Licht trifft dann aufeinander, und das sich dabei ergebende Interferenzmuster wird auf einen Film gebannt. Daraufhin erscheint jedesmal, wenn der Sessel mit Laserlicht erhellt wird und das vom Sessel reflektierte Licht den Film durchdringt, ein dreidimensionales Bild der Pfeife. Umgekehrt erscheint ein Hologramm des Sessels, wenn man das gleiche mit der Pfeife macht. Falls unser Gehirn holographisch arbeitet, dürfte ein ähnlicher Vorgang dafür verantwortlich sein, daß bestimmte Objekte spezifische Erinnerungen wecken.

Die Fähigkeit, vertraute Dinge wiederzuerkennen

Auf den ersten Blick scheint unsere Fähigkeit, vertraute Dinge wiederzuerkennen, nichts Ungewöhnliches zu sein, doch die Gehirnforscher wissen schon seit langem, daß es sich dabei um eine ziemlich komplizierte Sache handelt. Die absolute Gewißheit beispielsweise, die sich bei uns einstellt, wenn wir in einer vielhundertköpfigen Menschenmenge ein vertrautes Gesicht erspähen, ist nicht bloß ein subjektives Gefühl, sondern wird offenbar bewirkt durch eine extrem schnelle und verläßliche Form der Informationsverarbeitung in unserem Gehirn.

In einer Abhandlung, die 1970 in der britischen Wissenschaftszeitschrift *Nature* erschien, versicherte der Physiker Pieter van Heerden, ein Holographietyp, der als »Rekognitionsholographie« bezeichnet wird, könne einen Zugang zum Verständnis dieser Fähigkeit eröffnen.[*] Bei diesem Verfahren wird ein holographisches Bild auf die übliche Weise hergestellt, nur mit dem Unterschied, daß der Laserstrahl von einer Art Brennspiegel zurückgeworfen wird, bevor er auf den unbelichteten Film auftrifft. Wenn ein zweites Objekt, das dem ersten ähnelt, aber nicht mit ihm identisch ist, in Laserlicht eingetaucht und das Licht von dem Spiegel auf den Film reflektiert wird, nachdem dieser entwickelt wurde, erscheint auf dem Film ein heller Lichtpunkt. Je heller und schärfer der Lichtpunkt ist, desto größer die Ähnlichkeit zwischen dem ersten und dem zweiten Objekt. Sind die beiden Objekte völlig verschieden, wird kein Lichtpunkt sichtbar. Wenn man hinter dem holographischen Film eine lichtempfindliche Photozelle einbaut, kann man die Anordnung in der Tat als mechanisches Wiedererkennungssystem verwenden.[7]

Eine ähnliche Technik, die sogenannte »Interferenzholographie«, vermag ebenfalls zu erklären, wie wir sowohl die vertrauten als auch die unvertrauten Merkmale eines Bildes erkennen, etwa das Gesicht eines Menschen, den wir seit Jahren nicht mehr gesehen haben. Hier wird ein Objekt durch einen holographischen Film betrachtet, der dessen Bild enthält. Dabei reflektiert jedes Merkmal des Gegenstandes, das sich seit der ursprünglichen Aufzeichnung des Bildes verändert hat, das Licht unterschiedlich. Diese Technik ist so »sensibel«, daß selbst der Druck eines Fingers auf einen Granitblock sofort zu sehen ist. Eine Person, die durch den Film hindurchschaut, erkennt im selben Augenblick, inwieweit das Objekt sich verändert hat und inwieweit es gleichgeblieben ist. Dieses Verfahren findet in der Industrie bei Materialprüfungen praktische Anwendung.[8]

Photographisches Gedächtnis

Die Harvard-Forscher Daniel Pollen und Michael Tractenberg konstatierten 1972, mit der holographischen Gehirntheorie ließe sich auch erklären, warum manche Menschen über ein photographisches Gedächtnis (auch eidetisches Gedächtnis genannt) verfügen. Solche Menschen brauchen das Bild, das sie sich einprägen wollen, nur ein paar Augenblicke lang genau zu betrachten. Wenn sie das Bild wieder vor sich sehen möchten, »projizieren« sie ein inneres Abbild davon, indem

---

[*] Van Heerden, ein an den Polaroid Research Laboratories in Cambridge, Massachusetts, tätiger Forscher, legte seine Version einer holographischen Gedächtnistheorie bereits 1963 vor, doch seine Arbeit fand kaum Beachtung.

sie entweder die Augen schließen oder auf eine leere Wand starren. Bei Versuchen mit einer einschlägig begabten Person, einer Harvard-Professorin für Kunstgeschichte namens Elizabeth, fanden Pollen und Tractenberg heraus, daß die inneren Abbilder, die sie projizierte, für sie so real waren, daß sie, wenn sie beispielsweise die Projektion einer Seite aus Goethes *Faust* las, die Augen hin und her bewegte, als ob sie eine echte Buchseite vor sich hätte.

Ausgehend von der Tatsache, daß das in einem Teilstück eines holographischen Films gespeicherte Bild um so mehr an Schärfe einbüßt, je kleiner das Teilstück wird, vermuten Pollen und Tractenberg, daß besagte Personen deshalb ein gesteigertes Erinnerungsvermögen besitzen, weil sie auf irgendeine Weise Zugang zu sehr großen Bereichen ihrer Gedächtnishologramme haben. Die meisten von uns haben wohl ein viel schlechteres Gedächtnis, weil ihr Zugriff auf kleinere Regionen der Gedächtnishologramme beschränkt ist.[9]

Die Übertragung von erlernten Fertigkeiten

Pribram glaubt, das holographische Modell könne auch Licht in unsere Fähigkeit bringen, erlernte Fertigkeiten von einem Teil unseres Körpers auf einen anderen zu übertragen. Legen Sie einmal eine kleine Lesepause ein, und versuchen Sie, mit dem linken Ellbogen Ihren Vornamen in die Luft zu schreiben. Wahrscheinlich werden Sie feststellen, daß das relativ leicht ist, und doch haben Sie mit ziemlicher Sicherheit so etwas noch nie gemacht. Wie aber schafft es das Gehirn, eine Fertigkeit, die Sie ursprünglich mit der Hand auszuführen gelernt haben, in Ihren Ellbogen zu verlagern? Das erscheint rätselhaft, wenn man von der gängigen Lehrmeinung ausgeht, wonach das Gehirn »fest verdrahtet« ist und die Verbindungen zwischen seinen Teilen festgelegt sind. Pribram hingegen legt dar, daß sich das Problem viel eleganter lösen läßt, wenn man voraussetzt, daß das Gehirn alle seine Gedächtnisinhalte, auch die Erinnerung an erlernte Fertigkeiten, wie etwa das Schreiben, in eine Sprache von interferierenden Wellenformen umwandelt. Ein solches Gehirn wäre sehr viel flexibler und könnte seine gespeicherten Informationen ebenso leicht umherschieben, wie ein geübter Pianist eine Melodie von einer Tonart in eine andere transponiert.

Ebendiese Flexibilität könnte erklären, wieso wir imstande sind, ein vertrautes Gesicht wiederzuerkennen, ohne Rücksicht auf den Winkel, unter dem wir es betrachten. Denn sobald sich das Gehirn ein Gesicht (oder jedes beliebige andere Objekt) eingeprägt und in die Sprache der Wellenformen übertragen hat, kann es gewissermaßen dieses innere Hologramm hin und her wenden und aus jeder gewünschten Perspektive überprüfen.

*Phantomschmerzen und die Konstruktion
einer »Außenwelt«*

Für die meisten Menschen ist es eine Selbstverständlichkeit, daß Empfindungen wie Liebe, Hunger, Wut usw. innere Realitäten und der Klang eines Orchesters, die Sonnenwärme, der Geruch eines frischgebackenen Brotes usw. äußere Realitäten sind. Nicht so klar ist indes, wie unser Gehirn uns befähigt, zwischen den beiden Kategorien zu unterscheiden. Pribram verweist darauf, daß sich beispielsweise das Bild eines Menschen, den wir anschauen, in Wirklichkeit auf der Oberfläche unserer Netzhaut befindet. Und doch nehmen wir die Person nicht auf unserer Netzhaut wahr, sondern in der »Welt da draußen«. Wenn wir uns die große Zehe anstoßen, spüren wir den Schmerz in der Zehe. Aber tatsächlich ist der Schmerz nicht in unserer Zehe. Er ist vielmehr ein neurophysiologischer Vorgang, der sich irgendwo in unserem Gehirn abspielt. Wie aber vermag uns das Gehirn vorzumachen, daß die zahllosen neurophysiologischen Prozesse, die sich ausschließlich als innere Erfahrungen manifestieren, teils in unserem Innern und teils außerhalb unseres Gehirns angesiedelt sind?

Die Erzeugung der Illusion, daß sich die Dinge dort befinden, wo sie nicht sind, ist das entscheidende Kennzeichen eines Hologramms. Wie gesagt, wenn Sie ein Hologramm betrachten, scheint es eine räumliche Ausdehnung zu besitzen, doch wenn Sie mit der Hand hineinfassen, merken Sie, daß dort nichts ist. Auch wenn uns unsere Sinne etwas anderes vorgaukeln – an der Stelle, an der das Hologramm zu schweben scheint, können wir mit keinem Instrument das Vorhandensein irgendeiner abnormen Energie oder Substanz nachweisen. Das hat seinen Grund darin, daß ein Hologramm ein *virtuelles* Bild ist, also ein Bild, das scheinbar dort ist und das ebensowenig eine räumliche Ausdehnung hat wie ein dreidimensionales Spiegelbild. So wie das Spiegelbild in der silbernen Rückseitenbeschichtung existiert, befindet sich das Hologramm immer nur in der photographischen Emulsion auf der Filmoberfläche.

Weitere Belege dafür, daß das Gehirn uns weismachen kann, innere Prozesse seien außerhalb des Körpers angesiedelt, stammen von dem Physiologen und Nobelpreisträger Georg von Békésy. In einer Versuchsreihe, die er in den späten sechziger Jahren durchführte, brachte er Vibratoren auf den Knien seiner Testpersonen an, denen vorher die Augen verbunden worden waren. Dann variierte er die Vibrationsgeschwindigkeit der Geräte. Dabei entdeckte er, daß er den Probanden den Eindruck vermitteln konnte, eine punktuelle Vibrationsquelle spränge von einem Knie auf das andere über. Er konnte sie sogar dazu bringen, die Vibrationsquelle in dem leeren Raum *zwischen* den Knien zu spüren. Kurzum, es gelang ihm zu demonstrieren, daß Menschen die

Fähigkeit besitzen, Sinneseindrücke an Orten im Raum wahrzunehmen, an denen sie absolut keine Sinnesrezeptoren haben.[10]

Für Pribram sind Békésys Forschungsergebnisse vereinbar mit der holographischen Theorie und ein Beitrag zur Lösung des Problems, wie interferierende Wellenfronten – oder, bei Békésy, interferierende physikalische Vibrationsquellen – das Gehirn in die Lage versetzen, einen Teil seiner Erfahrungen außerhalb der Grenzen des Körpers zu lokalisieren.

Er glaubt, dieser Vorgang könne auch das Phänomen des Phantomschmerzes erklären, also das Gefühl von Amputierten, daß ein fehlender Arm oder ein fehlendes Bein noch vorhanden sei. Solche Menschen verspüren in diesen Phantomgliedern häufig außergewöhnlich reale Krämpfe, Schmerzen und Stiche, doch was sie empfinden, ist möglicherweise die holographische Erinnerung an das amputierte Glied, die noch immer in den Interferenzmustern im Gehirn gespeichert ist.

Experimentelle Belege
für die holographische Natur des Gehirns

Für Pribram waren die zahlreichen Ähnlichkeiten zwischen Gehirn und Hologramm eine aufregende Entdeckung, doch er wußte, daß seine Theorie in der Luft hing, solange sie nicht durch handfestere Befunde untermauert wurde. Ein Forscher, der solche Befunde beibrachte, war der Biologe Paul Pietsch von der Indiana University. Kurioserweise war Pietsch zunächst ein heftiger Gegner von Pribrams Theorie. Mit besonderer Skepsis begegnete er Pribrams Behauptung, daß Erinnerungen nicht an spezifischen Stellen im Gehirn lokalisiert seien.

Um Pribram zu widerlegen, entwickelte Pietsch eine Versuchsreihe, und als Versuchstiere verwendete er Salamander. Schon in früheren Untersuchungen hatte er entdeckt, daß er einem Salamander das Gehirn entnehmen konnte, ohne ihn zu töten; das Tier verharrte zwar in einem Stupor, solange sein Gehirn fehlte, aber sobald es ihm wieder eingesetzt wurde, war auch das normale Verhaltensrepertoire neuerlich vollständig vorhanden.

Wenn das Freßverhalten eines Salamanders, so argumentierte Pietsch, nicht auf eine bestimmte Region im Gehirn beschränkt ist, dann kommt es nicht darauf an, wie sein Gehirn im Schädel plaziert ist. Wenn es aber darauf ankommt, wäre dies ein Beweis gegen Pribrams Theorie. Pietsch tauschte also die linke und die rechte Hemisphäre eines Salamanderhirns aus, doch zu seiner Enttäuschung nahm das Tier sehr bald sein normales Freßverhalten wieder auf, nachdem es aus seiner Benommenheit erwacht war.

Er nahm einen anderen Salamander und ordnete dessen Gehirn verkehrt herum an. Als sich das Tier erholt hatte, fraß es ebenfalls wie gewohnt weiter. Zusehends frustriert, entschloß sich Pietsch zu noch drastischeren Maßnahmen. In einer Serie von mehr als 700 Eingriffen zerschnitt, verdrehte, reduzierte und zerhackte er die Gehirne seiner bedauernswerten Versuchstiere, doch jedesmal, wenn er das, was von ihren Gehirnen übriggeblieben war, wieder einpflanzte, kehrten sie zu ihrem normalen Verhalten zurück.[11]

Diese und andere Ergebnisse machten aus dem Saulus Pietsch einen Paulus und erregten so viel Aufmerksamkeit, daß seine Forschungsarbeit sogar in einer Fernsehsendung gewürdigt wurde. Seine Erfahrungen und Experimente hat er ausführlich in einem lesenswerten Buch mit dem Titel *Shufflebrain* beschrieben.

Die mathematische Sprache des Hologramms

In den späten sechziger und frühen siebziger Jahren erhielt Pribrams Theorie eine noch überzeugendere experimentelle Unterstützung. Als Gábor anfing, sein Holographiekonzept zu entwickeln, dachte er noch nicht an Laser. Sein Ziel war die Verbesserung des Elektronenmikroskops, damals noch ein primitives und unzulängliches Instrument. Sein Ansatz war mathematisch, und die Mathematik, die er benutzte, war ein Rechenmodus, den der Franzose Jean B.J. Fourier im 18. Jahrhundert erfunden hatte.

Fouriers Errungenschaft war, einfach ausgedrückt, ein mathematisches Verfahren, das es erlaubt, jedes beliebige Muster, so komplex es auch sein mag, in eine Sprache einfacher Wellenformen umzuwandeln. Er wies zudem nach, wie sich diese Wellenformen wieder in das ursprüngliche Muster zurückverwandeln lassen. So wie eine Fernsehkamera ein Bild in elektromagnetische Frequenzen umsetzt und das Fernsehgerät diese Frequenzen wieder in das ursprüngliche Bild verwandelt, wird bei Fourier ein vergleichbarer Vorgang mathematisch dargestellt. Die Gleichungen, die Fourier entwickelte, um Bilder in Wellen um- und wieder zurückzuverwandeln, werden als »Fourier-Transformationen« bezeichnet.

Die Fourier-Transformationen gaben Gábor die Möglichkeit, das Bild eines Objekts in ein Gewirr von Interferenzmustern auf einem holographischen Film umzusetzen. Sie gestatteten ihm auch die Entwicklung eines Verfahrens, mit dem diese Interferenzmuster wieder in ein Bild des ursprünglichen Objekts zurückverwandelt werden konnten. Tatsächlich tritt die Besonderheit eines Hologramms, nämlich die Darstellung des Ganzen in allen Teilen, als ein Nebeneffekt in Erscheinung, wenn ein Bild oder Muster in die Fouriersche Wellenformsprache übertragen wird.

Ende der sechziger und Anfang der siebziger Jahre setzten sich verschiedene Forscher mit Pribram in Verbindung und teilten ihm mit, sie hätten Beweise dafür, daß das optische System wie eine Art Frequenzanalysator funktioniere. Da Frequenz die Zahl der Schwingungen einer Welle in der Zeiteinheit ist, war dies ein nachhaltiger Hinweis darauf, daß das Gehirn wie ein Hologramm arbeitet.

Doch erst 1979 machten die Neurophysiologen Russell und Karen DeValois aus Berkeley jene Entdeckung, die das Problem endgültig löste. Forschungen in den sechziger Jahren hatten gezeigt, daß jede Gehirnzelle im visuellen Kortex so »geschaltet« ist, daß sie auf ein anderes Muster reagiert – manche Zellen werden aktiv, wenn die Augen eine horizontale Linie wahrnehmen, andere bei einer vertikalen Linie, und so weiter und so fort. Daraus zogen viele Forscher den Schluß, daß das Gehirn Eingaben von diesen hochspezialisierten Zellen, den sogenannten »Merkmaldetektoren«, erhält und so zusammenfügt, daß unsere visuelle Wahrnehmung der Welt zustande kommt.

Obwohl diese Auffassung großen Anklang fand, hatten die beiden DeValois das Gefühl, das sei nur die halbe Wahrheit. Um ihre These zu überprüfen, wandelten sie Plaid- und Schachbrettmuster mit Hilfe von Fourierschen Gleichungen in einfache Wellenformen um. Dann untersuchten sie, wie die Gehirnzellen im visuellen Kortex auf diese neuen Bilder reagierten. Dabei stellte sich heraus, daß die Zellen nicht auf die verschiedenen Merkmale der Muster selbst reagierten, sondern auf die Fourier-Umsetzungen der Muster. Das ließ nur eine Schlußfolgerung zu: Das Gehirn bedient sich der Fourierschen Mathematik – derselben Mathematik, die in der Holographie zur Anwendung kommt –, um visuelle Eindrücke in die Fouriersche Sprache der Wellenformen umzusetzen.[12]

Die DeValois-Entdeckung wurde in der Folgezeit von zahlreichen Laboratorien in aller Welt bestätigt. Sie lieferte zwar noch keinen absoluten Beweis für die Hologrammeigenschaften des Gehirns, aber das Entdeckte überzeugte Pribram davon, daß seine Theorie richtig war. Angeregt von der Idee, daß der visuelle Kortex nicht auf Muster, sondern auf die Frequenzen unterschiedlicher Wellenformen reagiert, ging er der Frage nach, welche Rolle Frequenzen bei den anderen Sinnen spielen.

Schon bald wurde ihm klar, daß die Bedeutung dieser Rolle von der Wissenschaft des 20. Jahrhunderts übersehen worden war. Mehr als ein Jahrhundert vor der DeValois-Entdeckung hatte der deutsche Physiologe und Physiker Hermann von Helmholtz nachgewiesen, daß das Ohr ein Frequenzanalysator ist. Neuere Forschungen ergaben, daß unser

 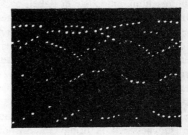

Abbildung 6: Der russische Forscher Nikolai Bernstein markierte Tänzer mit weißen Punkten und filmte sie dann, während sie vor einem schwarzen Hintergrund tanzten. Als er ihre Bewegungen in Wellenformen umwandelte, stellte er fest, daß sie sich mit Hilfe der Fourier-Transformationen berechnen ließen. Dasselbe mathematische Verfahren benutzte Gábor, als er das Hologramm erfand.

Geruchssinn möglicherweise auf sogenannten »Osmiumfrequenzen« basiert. Und Békésys Experimente hatten eindeutig demonstriert, daß unsere Haut empfindlich für Vibrationsfrequenzen ist, und er legte sogar gewisse Beweise dafür vor, daß auch der Geschmackssinn mit Frequenzanalysen arbeitet. Interessanterweise entdeckte Békésy gleichfalls, daß die mathematischen Gleichungen, mit deren Hilfe er voraussagen konnte, wie seine Probanden auf verschiedene Vibrationsfrequenzen reagieren würden, dem Fourierschen Typ angehörten.

Der Tanz als Wellenform

Die vielleicht aufregendste Erkenntnis, auf die Pribram stieß, war die Entdeckung des russischen Wissenschaftlers Nikolai Bernstein, daß selbst unsere Körperbewegungen im Gehirn nach Art der Fourierschen Wellenformen kodiert sein könnten. In den dreißiger Jahren kleidete Bernstein Versuchspersonen in schwarze Trikots und malte ihnen weiße Punkte auf Ellbogen, Knie und andere Gelenke. Dann stellte er sie vor einen schwarzen Hintergrund und machte Filmaufnahmen, während sie verschiedene Tätigkeiten wie Tanzen, Gehen, Springen, Hämmern und Tippen ausführten.

Auf dem entwickelten Film waren nur die weißen Punkte zu sehen, die sich in komplizierten, fließenden Bewegungen auf der Leinwand abzeichneten (siehe Abb. 6). Um seine Befunde zu quantifizieren, unterzog er die Linien, die sich aus der Bewegung der Punkte ergaben, einer Fourier-Analyse und übertrug sie in eine Wellenformsprache. Zu seiner Überraschung entdeckte er dabei, daß die Wellenformen verborgene Muster enthielten, die es ihm gestatteten, die nächste Bewegung einer Versuchsperson auf den Bruchteil eines Zolls exakt vorauszubestimmen.

Als Pribram auf Bernsteins Untersuchungen stieß, erkannte er sofort deren Bedeutung. Der Grund dafür, daß die verborgenen Muster nach der Fourier-Analyse der Bewegungen zutage traten, lag unter Umständen in der Art und Weise, wie Bewegungsabläufe im Gehirn gespeichert sind. Das war eine faszinierende Möglichkeit, denn wenn das Gehirn Bewegungen dadurch steuerte, daß es sie in ihre Frequenzkomponenten zerlegte, ließ sich damit die Geschwindigkeit erklären, mit der wir uns zahlreiche komplizierte körperliche Fertigkeiten aneignen. Wir lernen zum Beispiel nicht radfahren, indem wir uns jede winzige Einzelheit dieses Vorgangs genau einprägen. Wir lernen es vielmehr, indem wir den gesamten fließenden Bewegungsablauf erfassen. Die übergangslose Geschlossenheit, die für so viele körperliche Aktivitäten charakteristisch ist, läßt sich nur schwer erklären, wenn man davon ausgeht, daß unser Gehirn Informationen Stück für Stück speichert. Sie ist jedoch viel leichter zu verstehen, wenn das Gehirn solche Aufgaben nach der Fourier-Methode analysiert und als Ganzes in sich aufnimmt.

Die Reaktion der zünftigen Wissenschaft

Trotz all dieser Bestätigungen ist das holographische Modell nach wie vor heftig umstritten. Das Problem liegt zum Teil darin, daß viele eingängige Theorien über die Funktionsweise des Gehirns nebeneinander bestehen und daß es für jede Beweise zu geben scheint. Manche Experten glauben, die Verteilung von Gedächtnisinhalten mit der Ebbe und Flut bestimmter Gehirnchemikalien erklären zu können. Andere vertreten die Auffassung, elektrische Spannungsschwankungen zwischen großen Neuronengruppen seien für das Gedächtnis und das Lernen maßgeblich. Jede Denkrichtung hat ihre Anhänger, und es ist wahrscheinlich so, daß die meisten Wissenschaftler sich vorerst noch Pribrams Argumenten verschließen. Der Neuropsychologe Frank Wood von der Bowman Gray School of Medicine in Winston-Salem, North Carolina, beispielsweise meint, daß »es leider nur wenige experimentelle Befunde gibt, für welche die Holographie eine ausreichende oder gar zu favorisierende Erklärung liefert«.[13]

Andere Forscher teilen diese Auffassung nicht. Larry Dossey, ehemaliger Chefarzt am Medical City Dallas Hospital, räumt ein, daß Pribrams Theorie viele langgehegte Vorstellungen in Frage stellt, betont aber, daß »sich zahlreiche Spezialisten in Sachen Gehirnfunktionen von dieser Idee angezogen fühlen, und sei's nur deshalb, weil die heutige orthodoxe Lehrmeinung offenkundig unzulänglich ist«.[14]

Der Neurologe Richard Restak, Autor der PBS-Serie *The Brain*, vertritt dieselbe Ansicht. Trotz der überwältigenden Belege dafür, daß die Fähigkeiten des Menschen holistisch über das ganze Gehirn verteilt sind, halten nach seiner Einschätzung die meisten Forscher an der Vorstellung fest, daß man Funktionen auf die gleiche Weise im Gehirn lokalisieren kann wie Ortschaften auf einer Landkarte. Restak meint, daß Theorien, die auf dieser Annahme beruhen, nicht nur »übervereinfacht« sind, sondern auch wie »begriffliche Zwangsjacken« wirken, die uns daran hindern, die wahre Komplexität des Gehirns zu erkennen.[15] Er glaubt, daß »ein Hologramm nicht nur denkbar ist, sondern gegenwärtig wahrscheinlich auch unser bestes ›Modell‹ der Hirnfunktion darstellt«.[16]

Pribram begegnet Bohm

Nach Pribrams Auffassung hatte sich in den siebziger Jahren so viel Beweismaterial angesammelt, daß er von der Richtigkeit seiner Theorie überzeugt war. Die Frage, die ihn nunmehr zu beschäftigen begann, lautete: Wenn das Bild der Wirklichkeit in unserem Gehirn gar kein Bild ist, sondern ein Hologramm, wessen Hologramm ist es dann? Das Dilemma, das in dieser Frage steckt, ist vergleichbar einer Situation, in der man eine Polaroidaufnahme von einer Menschengruppe macht, die an einem Tisch sitzt, und bei der Entwicklung des Bildes feststellt, daß statt der Personen lediglich verschwommene Interferenzmuster um den Tisch angeordnet sind. In beiden Fällen kann man mit Recht fragen: Welches ist die wahre Realität – die scheinbar objektive Welt, die der Beobachter bzw. Photograph wahrnimmt, oder das Gewirr von Interferenzmustern, das die Kamera bzw. das Gehirn registriert?

Mit anderen Worten, Pribram wurde folgendes klar: Wenn man das holographische Modell zu Ende denkt, ergibt sich die Möglichkeit, daß die objektive Realität – die Welt der Kaffeetassen, Berge, Bäume und Tischlampen – überhaupt nicht existiert, zumindest nicht in der Form, die wir für gegeben halten. Könnte es sein, fragte er sich, daß das wahr ist, was die Mystiker jahrhundertelang für wahr erklärt hatten, nämlich daß die Wirklichkeit Māyā ist, also eine Illusion, und daß die Außenwelt tatsächlich eine unermeßliche, in Schwingungen versetzte Symphonie aus Wellenformen darstellt, einen »Frequenzbereich«, der sich erst in die uns bekannte Welt verwandelt, nachdem er von unseren Sinnen aufgenommen worden ist?

Da ihm bewußt war, daß die von ihm gesuchte Lösung außerhalb seines eigenen Arbeitsgebietes liegen konnte, wandte sich Pribram um Rat an seinen Sohn, einen Physiker. Dieser empfahl ihm, sich einmal die Arbeiten eines Physikers namens David Bohm anzuschauen, und als Pribram das tat, war er wie elektrisiert. Er fand nicht nur die Antwort auf seine Frage, sondern noch viel mehr, denn nach Bohm war das ganze Universum ein Hologramm.

2

Der Kosmos als Hologramm

Man kann nur staunen, in welchem Maße es ihm [Bohm] gelungen ist, aus dem festen Gefüge der wissenschaftlichen Konditionierung auszubrechen und als Einzelgänger eine völlig neue und buchstäblich allumfassende Idee zu vertreten, eine Idee, die sowohl die innere Konsistenz als auch die logische Kraft besitzt, sehr unterschiedliche Phänomene der physikalischen Erfahrungswelt aus einer ganz unerwarteten Perspektive zu erklären. ... Es ist eine Theorie, die so unmittelbar einleuchtend wirkt, daß viele Menschen das Gefühl haben, das Universum sei so beschaffen, wie Bohm es beschreibt, oder daß es jedenfalls so beschaffen sein sollte.

John P. Briggs und F. David Peat in
Looking Glass Universe

Der Weg, auf dem Bohm zu der Überzeugung gelangte, daß das Universum wie ein Hologramm strukturiert sei, begann im Grenzbereich der Materie, in der Welt der subatomaren Teilchen. Sein Interesse für die Naturwissenschaften und für die Art und Weise, wie die Dinge funktionieren, erwachte sehr früh. Schon als kleiner Junge, der in Wilkes-Barre im Staate Pennsylvania aufwuchs, erfand er einen nichttropfenden Teekessel, und sein Vater, ein erfolgreicher Geschäftsmann, drängte ihn, aus dieser Idee Profit zu schlagen. Doch als Bohm erfuhr, daß er zuerst einmal »Marktforschung« von Tür zu Tür hätte betreiben müssen, schwand sein kommerzielles Interesse.[1]

Sein naturwissenschaftliches Interesse indessen blieb bestehen, und seine unersättliche Neugier drängte ihn, nach neuen Gipfeln Ausschau zu halten, die er bezwingen konnte. Das verlockendste Ziel entdeckte er in den dreißiger Jahren, als er das Pennsylvania State College besuchte, denn dort geriet er in den Bannkreis der Quantenphysik.

Daß gerade sie ihn derart fesselte, ist leicht zu verstehen. Das merkwürdige neue Land im Herzen des Atoms, das die Physiker erkundet hatten, umfaßte wunderlichere Dinge, als Cortez oder Marco Polo je erblickt hatten. Was diese neue Welt so faszinierend machte, war die Tatsache, daß alles in ihr dem gesunden Menschenverstand zu widersprechen schien. Es war offenbar eher ein Land, in dem Hexerei am Werk war, als ein Bestandteil der Natur, ein Reich voller Wunder, in dem geheimnisvolle Kräfte die Norm und aus dem alle Logik verbannt war.

Die Quantenphysiker machten unter anderem die aufregende Entdeckung, daß man, wenn man Materie in immer kleinere Teile zerlegt, schließlich einen Punkt erreicht, an dem diese Teile – Elektronen, Protonen usw. – nicht mehr die Eigenschaft von Gegenständen haben. Die meisten von uns stellen sich beispielsweise ein Elektron als ein umhersausendes winziges Kügelchen vor, doch nichts könnte von der Wahrheit weiter entfernt sein. Obwohl sich ein Elektron manchmal so verhalten kann, als wäre es ein kompaktes kleines Partikel, haben die Physiker erkannt, *daß es tatsächlich keine Dimension aufweist.* Das ist für die meisten Menschen schwer vorstellbar, weil alles in unserem Lebensbereich Dimensionen hat. Doch wenn man versucht, den Durchmesser eines Elektrons zu messen, wird man feststellen, daß das unmöglich ist. Ein Elektron ist einfach kein Gegenstand von der Art, die wir kennen.

Des weiteren haben die Physiker entdeckt, daß sich ein Elektron entweder als Teilchen oder als Welle manifestieren kann. Wenn man den Bildschirm eines abgeschalteten Fernsehers mit einem Elektron beschießt, entsteht ein winziger Lichtpunkt dort, wo es auf die phosphoreszierenden Chemikalien auftrifft, mit denen das Glas beschichtet ist. Diese einzige Spur, die das Elektron auf dem Bildschirm hinterläßt, ist ein Beweis für seinen Teilchenaspekt.

Das ist indes nicht die einzige Form, die das Elektron annehmen kann. Es kann sich auch in eine verschwommene Energiewolke auflösen und sich so verhalten, als wäre es eine Welle, die sich im Raum ausbreitet. Wenn ein Elektron als Welle in Erscheinung tritt, vermag es etwas zu leisten, wozu kein Teilchen imstande ist. Schießt man es auf ein Hindernis ab, das zwei Schlitze aufweist, kann es gleichzeitig durch beide Schlitze wandern. Wenn wellenartige Elektronen kollidieren, erzeugen sie sogar Interferenzmuster. Wie ein Verwandlungskünstler kann das Elektron entweder als Partikel oder als Welle auftreten.

Diese chamäleonartige Eigenschaft besitzen alle subatomaren Teilchen. Sie kommt auch all den Dingen zu, die man sich früher ausschließlich als Wellenerscheinungen dachte. Licht, Gammastrahlen, Funkwellen, Röntgenstrahlen – sie alle können sich von Wellen in Teilchen verwandeln und umgekehrt. Die Physiker von heute meinen, man sollte subatomare Phänomene nicht ausschließlich als Wellen oder Teilchen klassifizieren, sondern als eine einzige Kategorie von Erscheinungsformen, die auf unerfindliche Weise stets beides sind. Diese Erscheinungs-

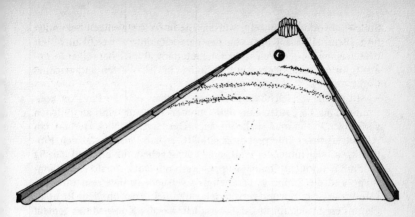

Abbildung 7: Physiker haben überzeugend nachgewiesen, daß sich Elektronen und andere »Quanten« nur dann als Teilchen manifestieren, wenn der Mensch sie betrachtet. Zu allen anderen Zeiten verhalten sie sich als Wellen. Das ist genauso merkwürdig wie das Verhalten einer Bowlingkugel, die so lange, wie man ihr zuschaut, eine gerade Linie auf der Bahn beschreibt, aber ein Wellenmuster hinterläßt, sobald man blinzelt.

formen werden als Quanten bezeichnet, und die Physiker sehen in ihnen den Grundstoff, aus dem das gesamte Universum besteht.[*]

Am erstaunlichsten ist jedoch die gesicherte Erkenntnis, *daß sich Quanten nur dann als Teilchen manifestieren, wenn wir sie beobachten.* Solange beispielsweise ein Elektron nicht beobachtet wird, ist es stets eine Welle, wie experimentelle Befunde zeigen. Die Physiker gelangen zu diesem Schluß, weil sie mit raffinierten Methoden feststellen können, wie sich ein Elektron verhält, wenn es nicht beobachtet wird. (Hier sei allerdings angemerkt, daß dies nur *eine* Interpretation der vorliegenden Befunde und nicht die Meinung aller Physiker ist; wie wir noch sehen werden, vertritt Bohm selbst eine andere Auffassung.)

Auch hier scheint eher Zauberei im Spiel zu sein als jenes Verhalten, das wir üblicherweise in der Natur vorfinden. Stellen Sie sich vor, Sie besäßen eine Bowlingkugel, die nur dann eine Bowlingkugel ist, wenn Sie sie anschauen. Angenommen, Sie bestreuen die ganze Kegelbahn mit Talkumpulver und lassen dann eine solche »Quanten«-Kugel in Richtung Kegel rollen, so würde sie eine gerade Linie durch die Talkumschicht beschreiben, solange Sie sie im Auge behalten. Doch wenn

---

[*] »Quanten« ist der Plural von »Quant«. Ein Elektron ist ein Quant, mehrere Elektronen bilden eine Gruppe von Quanten. Der Begriff Quant ist gleichbedeutend mit »Wellenteilchen«, das ebenfalls etwas bezeichnet, das sowohl Teilchen- als auch Welleneigenschaften besitzt.

Sie zwischendurch blinzeln, würden Sie in diesen wenigen Sekunden feststellen, daß die Kugel von der geraden Linie abweicht und statt dessen einen breiten Wellenstreifen hinterläßt, ähnlich der wellenförmigen Spur, die eine Seitenwinderschlange in den Wüstensand zeichnet (siehe Abb. 7).

Mit einem vergleichbaren Phänomen sahen sich die Physiker konfrontiert, als sie entdeckten, daß Quanten sich nur dann zu Teilchen verfestigen, wenn man sie beobachtet. Der Physiker Nick Herbert, ein Anhänger dieser Interpretation, erklärt, er habe manchmal den Eindruck, daß sich hinter der Welt »eine höchst geheimnisvolle und ständig im Fluß befindliche Quantensuppe« verbirgt. Doch sobald er sich umdrehe und die Suppe wahrzunehmen versuche, bringe sein Blick sie sofort zum Erstarren und verwandele sie zurück in gewöhnliche Realität. Daraus ergibt sich für ihn, daß wir alle etwas mit König Midas gemein haben, jenem sagenhaften König, der nie erfuhr, wie sich Seide oder eine liebkosende Hand anfühlt, da sich alles, was er berührte, in Gold verwandelte. »Ebensowenig können Menschen die wahre Struktur der Quantenrealität erfassen«, meint Herbert, »denn alles, was wir berühren, verwandelt sich in Materie.«[2]

Bohm und die Wechselbeziehung

Ein Aspekt der Quantenrealität, der Bohm besonders faszinierte, war die seltsame Wechselbeziehung, die zwischen offenbar unverbundenen subatomaren Vorgängen zu bestehen schien. Nicht minder irritierend war, daß die meisten Physiker diesem Phänomen nur eine geringe Bedeutung beimaßen. Es fand in der Tat so wenig Beachtung, daß sich eines der berühmtesten Beispiele für eine derartige Wechselbeziehung jahrelang in einer der Grundannahmen der Quantenphysik verbergen konnte, bevor es jemandem auffiel.

Diese Annahme geht auf einen Wegbereiter der Quantenphysik zurück, den dänischen Physiker Niels Bohr. Wenn subatomare Teilchen, so Bohr, nur bei Anwesenheit eines Beobachters existent werden, dann ist es sinnlos, von den Eigenschaften und Merkmalen eines Teilchens zu sprechen, die angeblich vor der Beobachtung existieren. Das war für viele Physiker irritierend, denn die Wissenschaft basiert zum großen Teil darauf, daß sie die Eigenschaften von Phänomenen erkennt. Wenn nun aber erst der Akt der Beobachtung solche Eigenschaften hervorbrachte, was bedeutete das dann für die Zukunft der Wissenschaft?

Ein Physiker, dem Bohrs Ansichten Kummer machten, war Albert Einstein. Ungeachtet der Rolle, die Einstein bei der Begründung der Quantentheorie gespielt hatte, war er keineswegs glücklich über den

Kurs, den die junge Disziplin eingeschlagen hatte. Er empfand Bohrs Schlußfolgerung, daß Teilcheneigenschaften nicht existieren, bevor sie beobachtet werden, als besonders fragwürdig, denn wenn man sie mit einer anderen Erkenntnis der Quantenphysik kombinierte, implizierte sie, daß subatomare Teilchen in einer Weise miteinander verwoben waren, die Einstein einfach nicht für möglich hielt.

Diese Erkenntnis beruhte auf der Entdeckung, daß bei gewissen subatomaren Prozessen ein Paar aus Teilchen mit identischen oder nahe verwandten Eigenschaften entsteht. Nehmen wir ein extrem instabiles Atom, das die Physiker Positronium nennen. Das Positroniumatom besteht aus einem Elektron und einem Positron, einem Elektron mit einer positiven Ladung. Weil ein Positron das »Antiteilchen« des Elektrons ist, zerstören die beiden einander und zerfallen in zwei Lichtquanten oder Photonen, die in entgegengesetzte Richtungen wandern (die Fähigkeit, von einem Teilchentyp in einen anderen überzugehen, gehört ebenfalls zu den Eigenschaften eines Quants). So weit die Photonen auch auseinanderstreben, nach den Lehren der Quantenphysik haben sie, wenn sie gemessen werden, stets den gleichen Polarisationswinkel. Polarisation ist die räumliche Orientierung des Wellenaspekts eines Photons, wenn es sich von seinem Ursprungsort entfernt.

Einstein und seine Kollegen Boris Podolsky und Nathan Rosen veröffentlichten 1935 eine inzwischen berühmt gewordene Abhandlung mit dem Titel: »Kann die quantenmechanische Beschreibung der physikalischen Realität als abgeschlossen gelten?« Darin legten sie dar, warum die Existenz solcher Zwillingsteilchen bewies, daß Bohr unmöglich recht haben konnte. Sie verwiesen darauf, daß man zwei derartige Elementarteilchen, etwa die Photonen, die beim Positroniumzerfall ausgesandt werden, herstellen und eine beträchtliche Strecke auseinanderstreben lassen könnte.[*] Dann könnte man sie abfangen und ihre Polarisationswinkel messen. Falls die Polarisationen in genau demselben Augenblick gemessen und sich als identisch herausstellen würden, wie es die Quantenphysik voraussagt, und falls Bohr recht hatte und Eigenschaften wie die Polarisation nicht existent werden, bevor sie beobachtet oder gemessen werden, könnte man daraus schließen, daß sich die beiden Photonen blitzschnell irgendwie verständigen, um sich darüber zu einigen, welchen Polarisationswinkel sie einschlagen sollen. Das Problem ist jedoch, daß sich nach Einsteins spezieller Relativitätstheorie nichts schneller bewegen kann als die Lichtgeschwindigkeit, denn alles

---

[*] Der Positroniumzerfall ist nicht der subatomare Vorgang, den Einstein und seine Kollegen ihrem Gedankenexperiment zugrunde legten, aber er wird hier verwendet, weil er sich anschaulicher darstellen läßt.

andere liefe auf einer Überwindung der Zeitbarriere hinaus und würde allen möglichen unzulässigen Paradoxien Tür und Tor öffnen. Einstein und seine Mitarbeiter waren davon überzeugt, daß keine »vernünftige Definiton« der Realität die Existenz solcher Schneller-als-Licht-Vorgänge zuläßt und daß sich Bohr deshalb im Irrtum befinden mußte.³ Dieses Argument ist heute als Einstein-Podolsky-Rosen-Paradox, kurz EPR-Paradox, bekannt.

Bohr ließ sich von Einsteins Einwand jedoch nicht beirren. Statt von einer Schneller-als-Licht-Kommunikation auszugehen, bot er eine andere Erklärung an: Wenn subatomare Teilchen nicht existierten, ehe sie beobachtet wurden, könne man sie nicht mehr als selbständige »Dinge« begreifen. Somit habe Einstein sein Argument auf einen Irrtum gegründet, als er Zwillingsteilchen als getrennte Einheiten auffaßte. Sie seien vielmehr Teil eines unteilbaren Systems, und es sei sinnlos, sie sich anders vorzustellen.

Mit der Zeit schlugen sich die meisten Physiker auf die Seite von Bohr und fanden sich damit ab, daß seine Deutung richtig sei. Ein Umstand trug zu Bohrs Triumph bei: Quantenphysiker hatten sich bei der Vorhersage von Ereignissen als so erfolgreich erwiesen, daß nur wenige Fachleute auch nur die Möglichkeit in Betracht zogen, hier könnte etwas nicht stimmen. Als Einstein und seine Kollegen ihre Aussage über Zwillingsteilchen machten, verhinderten im übrigen technische und andere Gründe die tatsächliche Durchführung eines solchen Experiments. Somit ließ sich das Problem noch leichter beiseite schieben. Einigermaßen kurios mutet das Ganze aber doch an, denn Bohrs Argumentation hatte eigentlich nur Einsteins Angriff auf die Quantenphysik parieren sollen, seine Auffassung, subatomare Systeme seien unteilbar, hat jedoch, wie wir noch sehen werden, nachhaltige Auswirkungen auf das Verständnis der Realität. Ironischerweise wurden diese Auswirkungen gleichfalls ignoriert, womit wieder einmal die potentielle Bedeutung der Wechselbeziehung unter den Tisch fiel.

Ein Meer von lebenden Elektronen

In seinen Anfangsjahren als Physiker akzeptierte auch Bohm den Standpunkt von Bohr, aber ihn irritierte das mangelnde Interesse, das Bohr und seine Nachfolger dem Problem der Wechselbeziehung entgegenbrachten. Nachdem er das Pennsylvania State College absolviert hatte, ging Bohm nach Berkeley, und bevor er dort 1943 sein Doktorexamen ablegte, arbeitete er im Lawrence Berkeley Radiation Laboratory. Dabei stieß er auf ein anderes eklatantes Beispiel für die Quanten-Wechselbeziehung.

In besagtem Laboratorium begann Bohm mit seinen bahnbrechenden Plasmaforschungen. Plasma ist ein Gas, das eine hohe Dichte von Elektronen und positiven Ionen aufweist, also von Atomen mit einer positiven Ladung. Zu seinem Erstaunen stellte Bohm fest, daß die Elektronen, sobald sie sich in einem Plasma befanden, aufhörten, sich wie »Individuen« zu verhalten, und sich so zu gebärden begannen, als ob sie Teil eines größeren und in sich verwobenen Ganzen wären. Obgleich ihre individuellen Bewegungen zufällig wirkten, konnten riesige Elektronenmengen Wirkungen hervorbringen, die verblüffend gut aufeinander abgestimmt waren. Wie ein amöbenähnliches Lebewesen regenerierte sich das Plasma unaufhörlich, und es schloß alle Verunreinigungen in eine Hülle ein, und zwar auf die gleiche Weise, wie ein biologischer Organismus Fremdkörper in eine Zyste einkapselt.[4] Diese organischen Eigenschaften überraschten Bohm dermaßen, daß er, wie er später des öfteren bemerkte, den Eindruck hatte, das Elektronenmeer sei »lebendig«.[5]

1947 wurde Bohm als Assistenzprofessor nach Princeton berufen – ein Zeichen für das hohe Ansehen, das er inzwischen genoß –, und dort dehnte er seine Forschungsarbeit auf die Untersuchung von Elektronen in Metallen aus. Wiederum fand er heraus, daß die scheinbar willkürlichen Bewegungen einzelner Elektronen eine hochorganisierte Gesamtwirkung zu zeitigen vermochten. Wie bei den Plasmen, die er in Berkeley studiert hatte, handelte es sich hier nicht mehr um Situationen, in denen nur zwei Teilchen betroffen waren, von denen sich jedes so verhielt, als wüßte es, was das andere tat, sondern um ganze Ozeane von Elektronen, von denen jedes einzelne sich so verhielt, als wüßte es, was die ungezählten Billionen anderen gerade taten. Bohm bezeichnete diese Kollektivbewegungen von Elektronen als »Plasmonen«, und ihre Entdeckung machte ihn als Physiker berühmt.

Bohms Desillusionierung

Sowohl sein Gespür für die Bedeutung der Wechselbeziehung als auch eine wachsende Unzufriedenheit mit einem Teil der gängigen physikalischen Lehrmeinungen waren für Bohm Anlaß, sich immer kritischer mit Bohrs Interpretation der Quantentheorie auseinanderzusetzen. Nachdem er drei Jahre lang in Princeton gelehrt hatte, beschloß er, ein Lehrbuch zu schreiben, um sich mehr Klarheit zu verschaffen. Als das Buch fertig war, hatte er das Gefühl, daß er mit den Aussagen der Quantenphysik noch immer nicht ganz ins reine gekommen war, und so schickte er Exemplare seines Werks an Bohr und Einstein, um sie zu einer Stellungnahme zu bewegen. Von Bohr erhielt er keine Antwort, wohl aber von Einstein. Da sie beide in Princeton arbeiteten, meinte dieser, sie sollten sich doch einmal zusammensetzen und über das Buch diskutieren. Im ersten der angeregten Gespräche, die sich über ein halbes Jahr hinziehen sollten, versicherte Einstein Bohm voller Begeisterung, er habe noch nie eine so klare Darstellung der Quantentheorie gelesen. Dessenungeachtet sei er mit dieser Theorie nach wie vor genauso unzufrieden wie Bohm.

Einstein und Bohm stimmten darin überein, daß man die Fähigkeit, Phänomene vorauszubestimmen, nur bewundern könnte. Was sie jedoch störte, war der Umstand, daß die Theorie, die dies ermöglichte, keinen echten Zugang zum Verständnis der Grundstrukturen der Welt eröffnete. Außerdem behaupteten Bohr und seine Anhänger, die Quantentheorie sei abgeschlossen und es sei unmöglich, zu einer klareren Vorstellung von den Vorgängen im Reich der Quanten zu gelangen. Das klang so, als gäbe es keine tiefere Realität jenseits der subatomaren Landschaft, als ließen sich keine anderen Antworten finden, und auch dies verletzte sowohl Bohms als auch Einsteins philosophisches Feingefühl. In ihren Gesprächen diskutierten die beiden noch viele andere Fragen, aber vor allem die genannten Punkte wurden für Bohms Denken zunehmend wichtig. Durch seine Zusammenkünfte mit Einstein fand er seine Vorbehalte gegen die Quantenphysik bestätigt, und er gewann die Überzeugung, daß man eine Alternative zu ihr entwickeln müsse. Als sein Handbuch *Quantum Theory* 1951 erschien, wurde es als Standardwerk gerühmt, aber es war ein Standardwerk über ein Thema, dem Bohm mittlerweile recht distanziert gegenüberstand. Sein rastloser Geist, der stets nach tiefergehenden Erklärungen forschte, war bereits auf der Suche nach einem besseren Wirklichkeitsverständnis.

Ein neues Feld und die Kugel, die Lincoln tötete

Nach seinen Gesprächen mit Einstein machte sich Bohm daran, eine brauchbare Alternative zu Bohrs Auffassung zu erarbeiten. Zunächst ging er davon aus, daß Teilchen wie die Elektronen auch in Abwesenheit eines Beobachters existieren. Des weiteren nahm er an, daß es hinter der von Bohr postulierten undurchdringlichen Mauer eine tiefere Realität geben müsse, eine Ebene unterhalb der Quanten, die noch auf ihre Entdeckung durch die Wissenschaft wartete. Gestützt auf diese Prämissen, erkannte er, daß er durch die bloße Annahme eines neuartigen Feldes auf dieser Ebene unterhalb der Quanten die Befunde der Quantenphysik ebensogut zu erklären vermochte wie Bohr. Bohm nannte sein hypothetisches neues Feld das »Quantenpotential« und stellte die These auf, daß es, wie die Schwerkraft, den gesamten Weltraum durchdringe. Doch im Unterschied zu Schwerkraftfeldern, Magnetfeldern usw. nehme der Einfluß des Quantenpotentials nicht mit der Entfernung ab. Seine Wirkungen seien zwar subtil, aber es sei überall gleichermaßen wirksam. Bohm veröffentlichte seine alternative Interpretation der Quantentheorie im Jahr 1952.

Die Reaktion auf den neuen Ansatz fiel vorwiegend negativ aus. Einige Physiker waren von der Unmöglichkeit solcher Alternativen derart überzeugt, daß sie Bohms Ideen ungeprüft zurückwiesen. Andere starteten heftige Angriffe gegen seine Überlegungen. Letztlich beruhten nahezu alle diese Gegenargumente auf philosophischen Meinungsunterschieden, doch das war nicht das Entscheidende. Bohrs Auffassung hatte sich in der Physik in einem Maße durchgesetzt, daß die von Bohm entwickelte Alternative beinahe als Häresie betrachtet wurde.

Trotz der scharfen Attacken blieb Bohm unbeirrt bei seiner Überzeugung, daß es mit der Realität mehr auf sich habe, als Bohrs Ansichten ihr zugestanden. Auch hatte er den Eindruck, daß das wissenschaftliche Weltbild viel zu beschränkt war, wenn es galt, neue Ideen von der Art seiner eigenen aufzugreifen, und in seinem 1957 erschienenen Buch *Causality and Chance in Modern Physics* untersuchte er die verschiedenen philosophischen Voraussetzungen, die zu dieser Einstellung führten. Da war zum einen die allgemein gehegte Ansicht, eine einzige Theorie – etwa die Quantentheorie – könne vollständig sein. Bohm kritisierte diese Annahme, indem er darauf hinwies, daß die Natur möglicherweise unendlich sei. Da es aber unmöglich ist, daß eine Theorie etwas Unendliches vollständig erfaßt, meinte Bohm, der wissenschaftlichen Forschung sei besser gedient, wenn man von dieser Annahme Abstand nähme.

In seinem Buch legte er dar, daß die wissenschaftliche Auffassung der Kausalität ebenfalls viel zu eng sei. Bei den meisten Wirkungen setze man nur eine oder eine beschränkte Zahl von Ursachen voraus. Für Bohm jedoch konnte eine Wirkung unter Umständen unendlich viele Ursachen haben. Wenn man zum Beispiel die Leute fragt, was Abraham Lincolns Tod verursacht habe, erhält man vermutlich die Antwort, es sei die Kugel aus der Schußwaffe von John Wilkes Booth gewesen. Doch eine vollständige Liste der Ursachen, die zu Lincolns Tod beigetragen haben, müßte noch viel mehr umfassen: alle Ereignisse, die zur Entwicklung der Feuerwaffen führten; sämtliche Faktoren, die in Booth den Wunsch auslösten, Lincoln zu töten; alle Schritte in der Evolution des Menschen, die eine Hand zum Führen einer Waffe befähigten, und so weiter und so fort. Bohm räumte zwar ein, daß man in den meisten Fällen die riesige Kaskade von Ursachen, die eine bestimmte Wirkung nach sich ziehen, vernachlässigen kann, aber gleichwohl hielt er es für wichtig, die Wissenschaftler daran zu erinnern, daß im Grunde keine einzige Ursache-Wirkung-Beziehung unabhängig vom Universum als Ganzem existiert.

Will man wissen, wo man sich befindet, darf man nicht die Einheimischen fragen

Gleichzeitig arbeitete Bohm daran, seine alternative Auffassung der Quantentheorie weiter zu verfeinern. Als er sich intensiver mit dem Quantenpotential beschäftigte, erkannte er, daß es eine Vielzahl von Merkmalen aufwies, die eine noch radikalere Abwendung vom orthodoxen Denken begründeten. Ein Aspekt war die Bedeutung der Ganzheit. Die klassische Naturwissenschaft hatte den Zustand eines Systems stets lediglich als das Ergebnis der Wechselwirkung seiner Teile aufgefaßt. Das Quantenpotential dagegen stellte diese Ansicht auf den Kopf, denn aus ihm ging hervor, daß das Verhalten der Teile tatsächlich vom Ganzen organisiert wurde. Das leistete nicht nur Bohrs Vorstellung von der Ganzheit und Unteilbarkeit subatomarer Systeme Vorschub, sondern ließ sogar den Schluß zu, daß der Ganzheit in gewisser Weise der Status der primären Realität zukam.

Dies war auch eine Erklärung dafür, daß sich Elektronen in Plasmen (oder in anderen spezialisierten Zuständen wie etwa bei der Superleitfähigkeit) wie miteinander vernetzte Ganzheiten verhalten können. Bohm meint, solche Elektronen seien »nicht zerstreut, weil das gesamte System durch die Aktivität des Quantenpotentials eine koordinierte Bewegung ausführt, die eher einem Ballett als einer unorganisierten Menschenmenge ähnelt«. Nachdrücklich weist er darauf hin, daß »eine solche geschlossene Quantenaktivität der organisierten Funktionseinheit der Teile eines Lebewesens näher steht als jener Geschlossenheit, die durch den Zusammenbau der Teile einer Maschine zustande kommt«.[6]

Ein noch überraschenderer Aspekt des Quantenpotentials war dessen Bedeutung für das Wesen der Örtlichkeit. In unserem Alltagsleben haben die Dinge ihren ganz bestimmten Ort, aber aus Bohms Interpretation der Quantenphysik ergibt sich, daß die Örtlichkeit auf der Ebene unterhalb der Quanten, auf der das Quantenpotential aktiv wird, aufhört zu existieren. Alle Punkte im Raum werden allen anderen Punkten im Raum gleich, und man kann somit nicht mehr davon sprechen, daß irgend etwas von etwas anderem getrennt oder unabhängig ist. Die Physiker bezeichnen diese Eigenschaft als »Nicht-Örtlichkeit«.

Dieser Aspekt des Quantenpotentials ermöglichte es Bohm, die Beziehung zwischen Zwillingsteilchen zu erklären, ohne die Aussage der

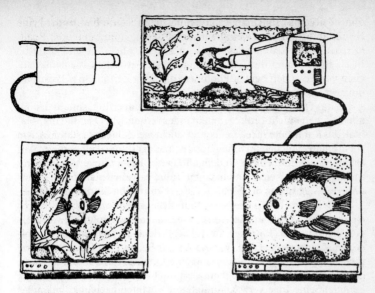

Abbildung 8: Nach Bohms Auffassung besteht zwischen subatomaren Teilchen eine gleichartige Wechselbeziehung wie zwischen den Bildern des Fisches auf den beiden Fernsehschirmen. Teilchen, wie beispielsweise Elektronen, scheinen zwar getrennt zu existieren, aber auf einer tieferen Wirklichkeitsebene – einer Ebene, die dem Aquarium analog ist – sind sie tatsächlich nur verschiedene Aspekte einer tieferen kosmischen Ganzheit.

speziellen Relativitätstheorie, daß nichts schneller sein kann als das Licht, in Frage zu stellen. Um zu veranschaulichen, wie das vor sich geht, bietet er folgende Analogie an: Stellen Sie sich einen Fisch vor, der in einem Aquarium umherschwimmt. Stellen Sie sich weiter vor, Sie hätten vorher noch nie einen Fisch oder ein Aquarium gesehen und würden Ihr Wissen über beide allein zwei Fernsehkameras verdanken, die auf die Frontscheibe des Aquariums beziehungsweise auf dessen Seitenfläche gerichtet sind. Wenn Sie auf die beiden Bildschirme blicken, könnte der falsche Eindruck entstehen, die Fischbilder würden zwei getrennte »Einheiten« darstellen. Schließlich sehen die Bilder leicht verschieden aus, da die Kameras in einem Winkel zueinander stehen. Doch wenn Sie länger hinschauen, wird Ihnen klar, daß zwischen den beiden Fischen eine Beziehung besteht. Sobald einer sich umdreht, vollführt der andere eine zwar leicht abweichende, aber gleichartige Wendung. Solange Sie die Situation noch nicht ganz erfaßt haben, könnten Sie zu dem irrigen Schluß kommen, die Fische würden ohne Zeitverlust miteinander kommunizieren. Doch hier findet keine Kommunikation statt, weil die beiden Fische auf einer tieferen Realitätsebene, der Realität des Aquariums, tatsächlich ein und derselbe Fisch sind. Genau dies, so Bohm, geht auch zwischen Elementarteilchen vor, etwa den beiden Photonen, die beim Zerfall eines Positroniumatoms abgestrahlt werden (siehe Abb. 8).

Da das Quantenpotential den gesamten Raum erfüllt, sind in der Tat alle Teilchen »nicht-örtlich« miteinander verbunden. Das Bild der Realität, das Bohm entwickelte, entsprach nicht mehr einem Zustand, in dem subatomare Teilchen unabhängig voneinander durch die Leere des Alls schießen, sondern einem, in dem alle Dinge Bestandteile eines zusammenhängenden Netzes und in einen Raum eingebettet sind, der so real und vielfältig ist wie die Materie, die sich durch ihn hindurchbewegt.

Bohms Ideen ließen die meisten Physiker ungerührt, doch bei einigen wenigen stießen sie auf Interesse. Einer davon war John Stewart Bell, ein theoretischer Physiker am CERN, dem europäischen Kernforschungszentrum bei Genf. Wie Bohm war Bell mit der Quantentheorie nicht mehr einverstanden, und er meinte, es müsse dazu eine Alternative geben. Er erinnert sich: »Dann lernte ich 1952 Bohms Abhandlung kennen. Seine Idee vervollständigte die Quantenmechanik, indem sie postulierte, daß es bestimmte Variablen außer jenen gibt, die bereits allgemein bekannt waren. Das hat mich sehr beeindruckt.«[7]

Bell erkannte auch, daß Bohms Theorie die Existenz der »Nicht-Örtlichkeit« implizierte, und fragte sich, ob sich dies experimentell beweisen lasse. Er behielt das Problem jahrelang im Hinterkopf, bis er 1964 während eines Studienurlaubs die Muße fand, sich ihm voll zu widmen. Er konnte sehr schnell mit einem eleganten mathematischen Beweis für die Durchführbarkeit eines solchen Experiments aufwarten. Die einzige Schwierigkeit lag darin, daß es eine technische Präzision voraussetzte, die damals noch nicht erreichbar war. Um sicherstellen zu können, daß Teilchen, wie beim EPR-Paradox, nicht irgendein normales Kommunikationsmittel benutzten, mußten die grundlegenden Operationen des Experiments in so unvorstellbar kurzer Zeit durchgeführt werden, daß nicht einmal ein Lichtstrahl die Entfernung zwischen den beiden Teilchen zurücklegen konnte. Das bedeutete, daß die Versuchsinstrumente die notwendigen Operationen innerhalb von Milliardstelsekunden absolvieren mußten.

Auftritt des Hologramms

Ende der fünfziger Jahre hatte Bohm den Ärger mit dem McCarthy-Ausschuß hinter sich und war inzwischen Forschungsmitglied der Universität Bristol in England. Dort entdeckte er, zusammen mit einem jungen wissenschaftlichen Assistenten namens Yakir Aharonov, ein weiteres wichtiges Beispiel für die nicht-örtliche Wechselbeziehung. Bohm und Aharonov fanden heraus, daß ein Elektron unter den richtigen Bedingungen das Vorhandensein eines elektrischen Feldes »spüren« kann, das in einer Region auftritt, in der die Wahrscheinlichkeit, das Elektron zu finden, gleich Null ist. Dieses Phänomen wird heute der Aharonov-Bohm-Effekt genannt, doch als die beiden ihre Entdeckung publizierten, hielten es viele Physiker für unmöglich. Noch heute sind die Zweifel nicht ganz ausgeräumt, so daß die Existenz des Effekts nach wie vor in vereinzelten Fachaufsätzen bestritten wird, obwohl sie durch zahllose Experimente bestätigt worden ist.

Wie immer fand sich Bohm auch diesmal stoisch mit seiner Dauerrolle als Rufer in der Menge ab, der beherzt erklärt, daß der Kaiser keine Kleider anhat. In einem Interview, das er einige Jahre später gab, erläuterte er die Einstellung, aus der sein Mut resultiert, folgendermaßen: »Auf die Dauer ist es viel gefährlicher, einer Illusion anzuhängen, als sich den Tatsachen zu stellen.«[8]

Wie dem auch sei, die bescheidene Reaktion auf seine Vorstellungen von der Ganzheit und der Nicht-Örtlichkeit und die geringe Aussicht auf weitere Fortschritte bewogen ihn, seine Aufmerksamkeit auf ein anderes Gebiet zu richten. Das führte in den sechziger Jahren dazu, daß er sich intensiver mit dem Begriff der »Ordnung« befaßte. Die klassische Naturwissenschaft teilt die Dinge generell in zwei Kategorien ein – in solche, die eine strukturelle Ordnung aufweisen, und in solche, deren Teile beliebig oder zufällig angeordnet sind. Schneeflocken, Computer und Lebewesen repräsentieren Ordnung. Ein Haufen verschütteter Kaffeebohnen, die Trümmer nach einer Explosion und die Zahlenfolge beim Roulett sind Beispiele für Unordnung.

Als sich Bohm intensiver mit der Materie beschäftigte, erkannte er, daß es in bezug auf den Grad der Ordnung Unterschiede gab. Manche Dinge waren sehr viel geordneter als andere, und daraus ließ sich ableiten, daß die Hierarchien der Ordnung, die im Universum existierten, womöglich unbegrenzt waren. Dies brachte Bohm auf den Gedanken, daß Dinge, die wir als ungeordnet empfinden, vielleicht gar nicht ungeordnet sind. Möglicherweise weist ihre Ordnung einen so »unendlich hohen Grad« auf, daß sie uns nur als willkürlich erscheinen.

Während sich Bohm mit derlei Gedanken herumschlug, sah er in einer BBC-Fernsehsendung zufällig ein Gerät, das ihm half, seine Ideen noch weiter auszuspinnen. Es handelte sich um ein Spezialgefäß, das einen großen rotierenden Zylinder enthielt. Der enge Raum zwischen dem Zylinder und dem Gefäß war mit Glyzerin – einer dicken, klaren Flüssigkeit – ausgefüllt, und in dem Glyzerin schwebte reglos ein Trop-

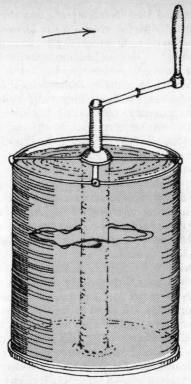

Abbildung 9: Wenn man einen Tropfen Tinte in ein mit Glyzerin gefülltes Gefäß gibt und dann einen Zylinder innerhalb des Gefäßes dreht, scheint sich der Tropfen zu verteilen und zu verschwinden. Dreht man aber den Zylinder in die Gegenrichtung, wird der Tropfen wieder sichtbar. Für Bohm ist dieses Phänomen ein Beispiel dafür, daß Ordnung entweder manifest (explizit) oder verhüllt (implizit) sein kann.

fen Tinte. Wenn der Zylindergriff gedreht wurde, breitete sich der Tintentropfen in dem sirupartigen Glyzerin aus und schien zu verschwinden. Doch sobald der Griff andersherum gedreht wurde, vereinigten sich die kaum wahrnehmbaren Tintenspuren wieder und bildeten einen Tropfen (siehe Abb. 9).

Bohm bemerkte dazu: »Ich hatte sofort das Gefühl, daß dies sehr aufschlußreich war im Hinblick auf die Frage der Ordnung, denn wenn sich der Tintentropfen verteilt hatte, besaß er noch immer eine ›verborgene‹ (d. h. nichtmanifeste) Ordnung, die sich enthüllte, sobald er wieder seine ursprüngliche Form annahm. Andererseits würden wir normalerweise sagen, die Tinte habe sich in einem Zustand der ›Unordnung‹ befunden, als sie im Glyzerin diffundiert war. Daraus gewann ich die Einsicht, daß hier neue Ordnungsbegriffe im Spiel sein mußten.«[9]

Dieser aufregenden Entdeckung verdankte Bohm eine neue Sicht in bezug auf die vielen Probleme, mit denen er sich auseinandergesetzt hatte. Kurz danach stieß er auf eine noch treffendere Metapher für das Ordnungsverhältnis, die es ihm nicht nur ermöglichte, die losen Enden seiner jahrelangen Überlegungen zusammenzufügen, sondern sich dabei auch als so stringent erwies, als wäre sie eigens für seine Zwecke erfunden worden. Diese Metapher war das Hologramm.

Kaum hatte Bohm angefangen, sich mit dem Hologramm zu beschäftigen, als ihm klar wurde, daß es ebenfalls als ein Modell für den Ordnungsbegriff dienen konnte. Wie der im Glyzerin verteilte Tintentropfen erscheinen die Interferenzmuster, die ein holographischer Film aufzeichnet, dem bloßen Auge ungeordnet. Doch beide besitzen Ordnungen, die weitgehend auf gleiche Weise verborgen oder *verhüllt* sind, wie die Ordnung in einem Plasma in dem scheinbar willkürlichen Verhalten der einzelnen Elektronen verhüllt ist. Das war indes nicht die einzige Erkenntnis, die dem Hologramm zu verdanken war.

Je mehr Bohm darüber nachdachte, desto mehr wuchs seine Überzeugung, daß das Universum tatsächlich nach holographischen Prinzipien funktioniert, ja, *daß es selbst so etwas wie ein ständig im Fluß befindliches Riesenhologramm ist,* und diese Einsicht erlaubte es ihm, seine unterschiedlichen Denkansätze in ein großräumiges und geschlossenes Ganzes zu integrieren. Die ersten Aufsätze über sein holographisches Bild des Universums veröffentlichte er in den frühen siebziger Jahren, und 1980 legte er ein ausgereiftes Destillat seiner Gedanken in einem Buch vor, das den Titel *Wholeness and the Implicated Order* trägt. In ihm leistete er mehr als bloß eine Zusammenfassung seiner unzähligen Ideen. Er verschmolz sie zu einer atemberaubend neuen Sicht der Wirklichkeit.

Verhüllte Ordnungen und enthüllte Realitäten

Eine der aufregendsten Thesen Bohms lautet, daß die greifbare, konkrete Realität unserer alltäglichen Erfahrung in Wahrheit eine Illusion ist, vergleichbar einem holographischen Bild. Ihr zugrunde liegt eine tiefere Seinsordnung, eine unermeßliche und ursprünglichere Wirklichkeitsebene, die alle Objekte und Erscheinungen unserer physischen Welt auf ganz ähnliche Weise hervorbringt, wie ein holographischer Film ein Hologramm erzeugt. Bohm bezeichnet diese tiefere Wirklichkeitsebene als »implizite« Ordnung (was soviel wie verhüllte Ordnung bedeutet), und unsere eigene Seinsebene ist für ihn die »explizite« oder enthüllte Ordnung.

Bohm verwendet diese Begriffe, weil er alle Erscheinungsformen im Universum als das Ergebnis ungezählter Verhüllungen und Enthüllungen innerhalb dieser Ordnungen auffaßt. Er glaubt beispielsweise, daß ein Elektron nicht ein »Einzelding« ist, sondern eine Totalität oder eine in sich geschlossene Gruppe, die sich im gesamten Weltraum verhüllt. Wenn ein Instrument ein einzelnes Elektron aufspürt, dann nur deshalb, weil sich ein Aspekt des Elektronenensembles an diesem bestimmten Ort enthüllt, ähnlich wie ein Tintentropfen in Glyzerin sichtbar wird. Und wenn sich ein Elektron zu bewegen scheint, so ist das auf eine zusammenhängende Folge solcher Enthüllungen und Verhüllungen zurückzuführen.

Anders ausgedrückt: Elektronen und alle anderen Elementarteilchen haben nicht mehr Substanz oder Dauer als die Erscheinungsform, die ein Geysir annimmt, wenn er emporschießt. Sie werden in Gang gehalten durch einen stetigen »Zustrom« aus der impliziten oder verhüllten Ordnung, und auch wenn ein Teilchen zerstört zu sein scheint, geht es nicht verloren. Es hat sich lediglich wieder in der tieferen Ordnung verhüllt, der es entsprungen ist. Ein holographischer Film und das von ihm erzeugte Bild sind zugleich ein Modell der impliziten und expliziten Ordnung. Der Film repräsentiert eine implizite Ordnung, denn das in seinen Interferenzmustern kodierte Bild ist eine verborgene Totalität, die sich im Ganzen verhüllt. Das vom Film projizierte Hologramm stellt eine explizite Ordnung dar, weil es die enthüllte und wahrnehmbare Version des Bildes ist.

Der konstante, fließende Austausch zwischen den beiden Ordnungen erklärt, wieso sich Elementarteilchen, etwa das Elektron im Positroniumatom, von einem Teilchentyp in einen anderen verwandeln können. Solche Verschiebungen lassen sich beobachten, sobald sich ein Teilchen, beispielsweise ein Elektron, wieder in der impliziten Ordnung verhüllt, während sich ein anderes, ein Photon, enthüllt und seine Stelle einnimmt. Damit läßt sich auch erklären, warum sich ein Quant entweder als ein Teilchen oder als eine Welle manifestiert. Nach Bohm sind beide Aspekte stets im Ensemble eines Quants verhüllt, aber die Art und Weise, wie ein Beobachter mit dem Ensemble interagiert, entscheidet darüber, welcher Aspekt sich enthüllt und welcher verborgen bleibt. So gesehen, ist die Rolle, die ein Beobachter bei der Determinierung der Erscheinungsform eines Quants spielt, möglicherweise nicht geheimnisvoller als die Tatsache, daß ein Juwelier bei der Bearbeitung eines Edelsteins darüber entscheidet, welche Facetten später sichtbar oder unsichtbar sind. Weil sich jedoch der Begriff Hologramm üblicherweise auf ein Bild bezieht, das statisch ist, und nicht die Dynamik und unaufhörliche

Aktivität der unberechenbaren Verhüllungs- und Enthüllungsprozesse vermittelt, die in jedem Augenblick unser Universum neu erschaffen, beschreibt Bohm dieses Universum nicht als ein Hologramm, sondern lieber als eine »Holobewegung«.

Die Existenz einer tieferen, holographisch angelegten Ordnung ist auch eine Erklärung dafür, daß die Realität auf der Ebene unterhalb der Quanten »nicht-örtlich« wird. Wie wir gesehen haben, bricht der Schein einer Ortsgebundenheit zusammen, wenn etwas holographisch organisiert ist. Die Aussage, daß jedes Teilstück eines holographischen Films sämtliche Informationen enthält, die dem Ganzen eigen sind, bedeutet doch im Grunde nur, daß die Informationen verteilt, also nicht an einen Ort gebunden sind. Falls somit das Universum nach holographischen Prinzipien organisiert ist, muß man auch davon ausgehen, daß es »nicht-örtliche« Eigenschaften besitzt.

Die unteilbare Ganzheit aller Dinge

Die schwerste geistige Kost stellen Bohms voll ausgearbeitete Thesen über die Ganzheit dar. Da alles im Kosmos aus dem nahtlosen holographischen Gewebe der impliziten Ordnung besteht, hält er es für sinnlos, das Universum als aus »Teilen« zusammengesetzt zu begreifen, so wie es auch nicht angeht, die verschiedenen Geysire in einer Quelle von dem Wasser zu trennen, aus dem sie hervorschießen. Ein Elektron ist demnach, nimmt man es genau, gar kein »Elementarteilchen«. Das ist bloß ein Name, den man einem bestimmten Aspekt der Holobewegung gegeben hat. Die Aufspaltung der Realität in Einzelteile und die Benennung dieser Teile sind stets willkürlich, eine Sache der Konvention, weil subatomare Teilchen und alles andere im Universum ebensowenig voneinander getrennt sind wie die unterschiedlichen Muster eines Perserteppichs.

Das ist eine tiefgründige Einsicht. In seiner allgemeinen Relativitätstheorie verblüffte Einstein die Welt mit der Aussage, Raum und Zeit seien keine selbständigen Einheiten, sondern miteinander verbunden und Teile eines größeren Ganzen, das er das Raum-Zeit-Kontinuum nannte. Bohm führt diesen Gedanken noch einen Riesenschritt weiter. Ihm zufolge ist *alles* im Universum Teil eines Kontinuums. Trotz der scheinbaren Vereinzelung der Dinge auf der expliziten Ebene ist alles eine übergangslose Erweiterung von allem anderen, und letzten Endes verschmelzen sogar die implizite und die explizite Ordnung miteinander.

Halten wir hier einen Augenblick inne. Betrachten Sie einmal Ihre Hand. Schauen Sie dann das Licht an, das die Lampe neben Ihnen abstrahlt. Und den Hund, der zu Ihren Füßen ruht. Sie selbst bestehen aus dem gleichen Stoff. *Sie sind der gleiche Stoff. Ein* Stoff. Ein gewaltiges Etwas, das seine unzähligen Arme und Fortsätze in all die scheinbaren Objekte, Atome, ruhelosen Meere und funkelnden Sterne im Kosmos erstreckt.

Bohm will damit natürlich nicht sagen, das Universum sei eine riesige undifferenzierte Masse. Dinge können Bestandteile eines ungeteilten Ganzen sein und dennoch ihre unverwechselbaren Eigenschaften besitzen. Um seine Ansicht zu veranschaulichen, verweist er auf die kleinen Strudel und Wirbel, die vielfach in einem Fluß entstehen. Auf den ersten Blick erscheinen sie als separate Gebilde mit zahlreichen individuellen Merkmalen wie etwa Größe, Drehgeschwindigkeit und -richtung usw. Doch bei genauerem Hinsehen zeigt sich, daß man unmöglich entscheiden kann, wo ein bestimmter Strudel aufhört und wo der Fluß anfängt. Bohm will damit nicht etwa zu verstehen geben, daß die Unterschiede zwischen den »Dingen« bedeutungslos sind. Er möchte uns nur bewußtmachen, daß die Unterteilung verschiedener Aspekte der Holobewegung in »Dinge« stets eine Abstraktion ist, eine Möglichkeit, diese Aspekte in unserer Wahrnehmung durch unsere Art des Denkens zu sondern. In dem Bestreben, dies zu korrigieren, bezeichnet er die verschiedenen Aspekte der Holobewegung nicht als »Dinge«, sondern vielmehr als »relativ unabhängige Subtotalitäten«.[10]

In der Tat vertritt Bohm die Meinung, daß die nahezu universelle Neigung, die Welt zu zergliedern und die dynamische Vernetzung aller Dinge zu übersehen, für zahlreiche Probleme verantwortlich ist, nicht nur in der Wissenschaft, sondern auch in unserem Leben und in unserer Gesellschaft. Wir glauben zum Beispiel, wir können der Erde die wertvollen Bestandteile entnehmen, ohne das Ganze zu schädigen. Wir glauben, wir können verschiedene soziale Probleme wie etwa Kriminalität, Armut oder Drogenmißbrauch bewältigen, ohne uns mit den Problemen unserer Gesellschaft insgesamt zu befassen, und so weiter. In seinen Schriften verficht Bohm engagiert den Standpunkt, daß die Art und Weise, wie wir heute die Welt in Einzelteile zerlegen, nicht nur nicht funktioniert, sondern sogar unseren Untergang herbeiführen kann.

Bewußtsein als subtilere Form der Materie

Bohms holographisches Universum erklärt nicht nur, warum die Physiker so viele Beispiele für Wechselbeziehungen entdecken, wenn sie tiefer in die Materie eindringen, es löst auch zahlreiche andere Rätsel. Eines davon ist die Wirkung, die das Bewußtsein auf die subatomare Welt auszuüben scheint. Wie wir gesehen haben, verwirft Bohm die These, daß Teilchen nicht existieren, solange sie nicht beobachtet werden. Aber er ist nicht grundsätzlich gegen den Versuch, zwischen Bewußtsein und Physik einen Zusammenhang herzustellen. Er meint einfach nur, daß die meisten Physiker falsch an die Sache herangehen, wenn sie wiederum die Realität zu fragmentieren versuchen und behaupten, daß ein separates »Ding«, das Bewußtsein, mit einem anderen, einem subatomaren Teilchen, interagiere.

Weil all diese Dinge Aspekte der Holobewegung sind, hält Bohm es für sinnlos, von einer Interaktion zwischen Bewußtsein und Materie zu sprechen. In gewissem Sinne *ist* der Beobachter das Beobachtete. Er ist ebenso das Meßinstrument, das Versuchsergebnis, das Laboratorium und der Wind, der außerhalb des Laboratoriums weht. Ja, Bohm glaubt, daß das Bewußtsein eine subtilere Form von Materie ist und daß die Basis für alle Beziehungen zwischen beiden nicht auf unserer eigenen Wirklichkeitsebene, sondern tief in der impliziten Ordnung liegt. Das Bewußtsein ist in unterschiedlichen Graden der Verhüllung und Enthüllung in der gesamten Materie gegenwärtig; das ist möglicherweise der Grund dafür, daß Plasmen einige Merkmale von Lebewesen haben. Bohm meint dazu: »Die Fähigkeit der Form, aktiv zu sein, ist das charakteristischste Kennzeichen des Geistes, und bereits im Elektron haben wir etwas, das geistähnlich ist.«[11]

So glaubt er auch, daß die Einteilung des Universums in lebendige und leblose Dinge bedeutungslos ist. Belebte und unbelebte Materie ist untrennbar ineinander verwoben, und auch das Leben ist in der Totalität des Universums allenthalben verhüllt. Sogar ein Stein ist auf seine Art lebendig, meint Bohm, denn Leben und Intelligenz stecken nicht allein in der gesamten Materie, sondern auch in der »Energie«, in »Raum« und »Zeit«, im »Gewebe des gesamten Universums« und in allem anderen, was wir aus der Holobewegung abstrahieren und irrtümlich als getrennte Dinge auffassen.

Der Gedanke, daß Bewußtsein und Leben (und alle Dinge) Ensembles sind, die sich überall im Universum verhüllen, hat einen nicht minder verblüffenden Nebenaspekt. So wie jedes Teilstück eines Hologramms das Bild des Ganzen enthält, ist jedem Teilstück des Universums das Ganze eingefaltet. Das bedeutet: Im Prinzip müßten wir den Andromeda-Nebel im Daumennagel unserer rechten Hand entdecken können. Ebenso die erste Begegnung zwischen Kleopatra und Cäsar, denn grundsätzlich sind die gesamte Vergangenheit wie deren Bedeutung für die Zukunft gleichfalls in jedem kleinen Bereich von Raum und Zeit verhüllt. Jede Zelle unseres Körpers birgt den gesamten Kosmos in sich. Dasselbe gilt für jedes Blatt, jeden Regentropfen und jedes Staubkörnchen, wodurch William Blakes berühmtes Gedicht einen neuen Sinn erhält:

> Erkenn eine Welt im Körnchen Sand,
> Einen Himmel im Blumenmunde,
> Faß Unendlichkeit in der Schale der Hand
> Und Ewigkeit in einer Stunde.

Die Energie einer Billion Atombomben in jedem Kubikzentimeter des Weltalls

Wenn unser Universum nur ein blasser Schatten einer tieferen Ordnung ist, was verbirgt oder verhüllt sich dann sonst noch in den Kett- und Schußfäden der Realität? Bohm weiß eine Antwort. Nach unserem heutigen Physikverständnis ist jeder Bereich des Raums ausgefüllt mit unterschiedlichen Feldern, die sich aus Wellen verschiedener Längen zusammensetzen. Jede Welle besitzt stets eine gewisse Energie. Wenn die Physiker das Minimum der Energiemenge berechnen, das eine Welle besitzen kann, kommen sie zu dem Ergebnis, *daß jeder Kubikzentimeter des leeren Weltraums mehr Energie enthält als die Gesamtenergie aller Materie im uns bekannten Universum!*

Manche Physiker weigern sich, diese Berechnung ernst zu nehmen, und meinen, hier müsse ein Irrtum vorliegen. Bohm dagegen glaubt, daß dieses unermeßliche Meer aus Energie tatsächlich existiert und uns zumindest ein wenig über das verborgene Wesen der impliziten Ordnung verrät. Nach seiner Meinung ignorieren die meisten Physiker die Existenz dieses gewaltigen Energieozeans, weil sie – wie die Fische, die sich des Wassers, in dem sie umherschwimmen, nicht bewußt sind – ihr Hauptaugenmerk auf die in den Ozean eingebetteten Objekte richten, also auf die Materie.

Bohms Auffassung, daß der Raum ebenso real und vielgestaltig ist wie die Materie, die sich in ihm bewegt, findet ihre markante Ausprägung in seinen Ideen über das implizite Energiemeer. Die Materie existiert nicht unabhängig von diesem Meer, dem sogenannten leeren Weltraum. Sie ist Bestandteil des Raums. Um seine Ansicht zu verdeutlichen, bemüht Bohm folgenden Vergleich: Ein auf den absoluten Nullpunkt abgekühlter Kristall wird von einem Strom von Elektronen durchflossen, ohne daß sich diese zerstreuen. Erhöht sich die Temperatur, verlieren die verschiedenen Blasen im Kristall gleichsam ihre Transparenz und beginnen, Elektronen zu zerstreuen. Aus der Sicht eines Elektrons würden solche Blasen als Bruchstücke von »Materie« erscheinen, die in einem Meer aus Nichts schweben, doch das trifft nicht zu. Das Nichts und die Materieteile existieren nicht unabhängig voneinander. Sie sind beide Teil desselben Gewebes, der tieferen Ordnung des Kristalls.

Bohm zufolge gilt das gleiche für unsere eigene Daseinsebene. Der Raum ist nicht leer. Er ist *voll,* ein Plenum im Gegensatz zu einem Vakuum, und die Grundlage aller Existenz, einschließlich unserer eigenen. Das Universum besteht nicht getrennt von diesem kosmischen Energiemeer, es ist eine Kräuselwelle auf seiner Oberfläche, ein vergleichsweise kleines »Erregungsmuster« inmitten eines unvorstellbar weiten Ozeans. »Dieses Erregungsmuster ist relativ autonom und bewirkt periodische, stabile und unterscheidbare Projektionen in eine dreidimensionale explizite Ordnung von Manifestationen«, erklärt Bohm.[12]

Nicht nur dieses unendliche Energiemeer verhüllt sich in der impliziten Ordnung. Da die implizite Ordnung der Mutterboden ist, der alles in unserem Universum hervorgebracht hat, enthält sie auch alle subatomaren Teilchen, die es je gegeben hat oder geben wird, alle nur erdenklichen Erscheinungsformen der Materie, der Energie und des Lebens, von den Quasaren bis zu Shakespeares Gehirn, von der Doppelhelix bis zu den Kräften, welche die Größe und Gestalt von Galaxien bestimmen. Und sie umfaßt womöglich noch mehr. Bohm sieht keinen Grund zu der Annahme, daß die implizite Ordnung das Ende aller Dinge sei. Es könnten hinter ihr noch ungeahnte neue Ordnungen auftauchen, unendliche Stufen der Weiterentwicklung.

Experimentelle Belege
für Bohms holographisches Universum

Eine Vielzahl von physikalischen Befunden deutet darauf hin, daß Bohm recht haben könnte. Abgesehen von dem impliziten Energiemeer, ist der Raum erfüllt von Licht- und anderen elektromagnetischen Wellen, die sich unablässig kreuzen und überlagern. Wie gesagt, alle Teilchen sind auch Wellen. Das bedeutet, daß physikalische Erscheinungen und alles andere, was wir in der Realität wahrnehmen, aus Interferenzmustern bestehen – eine Tatsache, die unbestreitbar holographische Schlußfolgerungen zuläßt.

Ein weiterer schlüssiger Beweis ergibt sich aus einem neueren experimentellen Befund. In den siebziger Jahren waren die technischen Voraussetzungen für die Durchführung des Zwillingsteilchenversuchs, den Bell angeregt hatte, gegeben, und zahlreiche Forscher versuchten ihr Glück. Die Ergebnisse waren zwar vielversprechend, erbrachten aber in keinem Fall einen eindeutigen Befund. Doch 1982 hatten die Physiker Alain Aspect, Jean Dalibard und Gérard Roger vom Institut für Optik an der Pariser Universität Erfolg. Als erstes erzeugten sie eine Serie von Zwillingsphotonen, indem sie Kalziumatome mit Laser erhitzten. Dann schickten sie die Photonen in entgegengesetzte Richtungen durch 6,50 m lange Rohre und durch Spezialfilter, die sie zu einem der zwei möglichen Polarisationsanalysatoren lenkten. Jeder Filter brauchte eine zehnmilliardstel Sekunde, um auf den einen oder den anderen Analysator umzuschalten, rund eine dreißigmilliardstel Sekunde weniger, als das Licht für die Gesamtstrecke von dreizehn Metern benötigte, die beide Photonen voneinander trennte. Auf diese Weise konnten Aspect und seine Kollegen ausschließen, daß die Photonen mit Hilfe irgendeines bekannten physikalischen Vorgangs miteinander kommunizierten.

Aspect und seine Mitarbeiter stellten fest, daß trotzdem jedes Photon, wie von der Quantentheorie vorausgesagt, imstande war, seinen Polarisationswinkel mit dem seines Zwillings zu korrelieren. Das bedeutete, daß entweder ein Verstoß gegen Einsteins Verdikt gegen eine Schneller-als-Licht-Kommunikation vorlag oder daß die beiden Photonen »nichtörtlich« verbunden waren. Weil die meisten Physiker es ablehnen, Prozesse, die schneller als mit Lichtgeschwindigkeit ablaufen, in der Physik zuzulassen, gilt Aspects Versuchsergebnis allgemein als ein praktischer Beweis dafür, daß die Beziehung zwischen den beiden Photonen nicht ortsgebunden ist. Da ferner, wie der Physiker Paul Davies bemerkt, *alle* Teilchen ständig Wechselbeziehungen aufnehmen oder wieder beenden, »sind die ortsungebundenen Eigenschaften von Quantensystemen somit ein allgemeines Merkmal der Natur«.[13]

Aspects Befunde sind kein Beweis für die Richtigkeit von Bohms Modell des Universums, aber sie verleihen ihm einen gewaltigen Rückhalt. Im übrigen ist Bohm selbst der Ansicht, daß keine Theorie, einschließlich seiner eigenen, im absoluten Sinne richtig sein kann. Alle sind nur Annäherungen an die Wahrheit, begrenzte Landkarten, die wir benutzen bei dem Versuch, ein Gebiet abzustecken, das sowohl unbegrenzt als auch unteilbar ist. Das heißt freilich nicht, daß Bohm seine Theorie für nicht überprüfbar hält. Er vertraut darauf, daß man eines Tages Techniken entwickeln wird, mit denen seine Ideen verifiziert werden können; auf einschlägige Kritik erwidert er, daß es viele physikalische Theorien gibt, etwa die »Superstringtheorie«, die sich wahrscheinlich erst in einigen Jahrzehnten überprüfen lassen.

Die Reaktion der physikalischen Fachwelt

Die meisten Physiker betrachten Bohms Ideen mit Skepsis. Der Yale-Physiker Lee Smolin findet Bohms Theorie »physikalisch nicht sehr überzeugend«.[14] Andererseits ist der Respekt vor Bohms Intelligenz allenthalben groß. Stellvertretend sei hier die Einschätzung des Physikers Abner Shimony von der Boston University zitiert: »Leider verstehe ich seine Theorie einfach nicht. Sie ist zweifellos eine Metapher, und die Frage ist, wie wörtlich man die Metapher nehmen darf. Immerhin hat er sehr gründlich über die Probleme nachgedacht, und ich glaube, er hat der Sache einen immensen Dienst erwiesen, indem er diese Fragen in der physikalischen Forschung aufs Tapet brachte, statt sie unter den Teppich zu kehren. Er ist ein mutiger, kühner und einfallsreicher Mann.«[15]

Allen Bedenken zum Trotz gibt es auch Physiker, die Bohms Ideen wohlwollend gegenüberstehen, darunter solche Kapazitäten wie Roger Penrose aus Oxford, der Begründer der modernen Theorie der schwarzen Löcher, Barnard d'Espagnat von der Universität Paris, einer der führenden Quantentheoretiker, und Brian Josephson in Cambridge, der 1973 den Nobelpreis für Physik erhielt. Josephson glaubt, mittels Bohms impliziter Ordnung könne eines Tages sogar für Gott oder die Seele Platz in den Naturwissenschaften sein, und er unterstützt diese Vorstellung.[16]

Pribram und Bohm – das neue Weltbild

Faßt man die Theorien von Bohm und Pribram zusammen, so ergibt sich daraus ein völlig neues Weltbild: *Unser Gehirn konstruiert auf mathematischem Wege eine objektive Realität durch die Interpretation von Frequenzen, die letztlich Projektionen aus einer anderen Dimension sind, einer tieferen Seinsordnung, die sich jenseits von Raum und Zeit erstreckt. Das Gehirn ist ein Hologramm, das sich in einem holographischen Universum verhüllt.*

Was Pribram angeht, so machte ihm diese Synthese bewußt, daß die objektive Welt nicht existiert, jedenfalls nicht in der Form, die wir für gegeben halten. Was sich »da draußen« befindet, *ist* ein unermeßlicher Ozean von Wellen und Frequenzen, und die Wirklichkeit erscheint uns nur deshalb konkret, weil unser Gehirn imstande ist, diesen verschwommenen holographischen Eindruck aufzunehmen und in die vertrauten Objekte zu verwandeln, die unsere Welt ausmachen. Doch wieso ist das Gehirn (das seinerseits aus Materiefrequenzen besteht) dazu befähigt, etwas so Nichtsubstantielles wie ein Frequenzengewirr zu erfassen und als etwas Handfestes, Greifbares erscheinen zu lassen? »Ein mathematischer Vorgang wie der, den von Békésy mit seinen Vibratoren simuliert hat, liegt der Art und Weise zugrunde, wie unser Gehirn ein Bild von der Außenwelt konstruiert«, stellt Pribram fest.[17] Mit anderen Worten: Die Glätte eines feinen Porzellans und das Gefühl des Sandstrands unter unseren Füßen sind in Wirklichkeit nichts anderes als Abwandlungen des Phantomschmerzsyndroms.

Für Pribram bedeutet dies freilich nicht, daß es da draußen keine Porzellantassen oder Sandkörner gäbe. Es bedeutet lediglich, daß eine Porzellantasse zwei sehr unterschiedliche Wirklichkeitsaspekte hat. Wenn sie durch das Linsensystem unseres Gehirns gefiltert wird, manifestiert sie sich als Tasse. Wenn wir uns aber von diesem Linsensystem befreien könnten, würden wir sie als ein Interferenzmuster wahrnehmen. Welche Tasse ist real und welche eine Illusion? »Für mich sind beide real«, meint Pribram, »oder, wenn Sie so wollen, keine von beiden.«[18]

Das trifft selbstverständlich nicht nur auf Porzellantassen zu. Auch wir selbst haben zwei verschiedene Aspekte. Wir können uns als Körper begreifen, die sich im Raum bewegen. Oder als ein Gewirr von Interferenzmustern, die im gesamten kosmischen Hologramm verhüllt sind. Bohm hält die zweite Ansicht für die zutreffendere, denn die Vorstellung, daß wir uns als ein holographisches Gehirn oder Geistwesen auffassen, das ein holographisches Universum *betrachtet,* ist wiederum eine Abstraktion, ein Versuch, zwei Dinge voneinander zu trennen, die letztlich nicht getrennt werden können.[19]

Lassen Sie sich nicht davon irritieren, daß dies schwer zu begreifen ist. Es ist relativ einfach, die Idee des Holismus bei etwas zu verstehen, das sich außerhalb von uns befindet, wie ein Apfel in einem Hologramm. Was die Sache so schwierig macht, ist, daß wir in diesem Fall nicht auf das Hologramm schauen. Wir sind Teil des Hologramms.

Diese Schwierigkeit ist ein weiteres Indiz dafür, wie radikal Bohm und Pribram unsere Denkgewohnheiten umzukrempeln versuchen. Das ist jedoch nicht die einzige grundlegende Veränderung, die mit diesen Theorien verbunden ist. Pribrams Annahme, daß unser Gehirn Objekte konstruiert, verblaßt neben einer anderen Schlußfolgerung, die Bohm gezogen hat; er glaubt nämlich, daß wir sogar Raum und Zeit konstruieren.[20] Die Bedeutung dieser These ist nur eines der Themen, die zur Sprache kommen werden, wenn wir die Auswirkungen von Bohms und Pribrams Ideen auf die Forschungsarbeiten in anderen Bereichen untersuchen.

Zweiter Teil

Geist und Körper

Wenn wir uns einen einzelnen Menschen genau anschauen, erkennen wir sogleich, daß er ein einmaliges Hologramm seiner selbst ist: selbstgenügsam, selbsterzeugend und sich selbst erkennend. Doch wenn wir dieses Lebewesen aus seinem planetarischen Kontext herauslösen könnten, würde uns schon bald auffallen, daß die menschliche Gestalt einem Mandala oder einem Gedicht nicht unähnlich ist, denn ihre Form und Hülle birgt ein umfassendes Wissen über vielerlei physische, soziale, psychologische und evolutionäre Zusammenhänge, innerhalb deren sie erschaffen wurde.

Ken Dychtwal
in *The Holographic Paradigm*

3

Das holographische Modell und die Psychologie

> Das herkömmliche Modell der Psychiatrie und Psychoanalyse ist streng personalistisch und biographisch, aber die moderne Bewußtseinsforschung hat neue Ebenen, Bereiche und Dimensionen hinzugefügt und nachgewiesen, daß die menschliche Psyche im wesentlichen ebenso umfassend ist wie das gesamte Universum und alles Sein.
>
> Stanislav Grof
> in *Beyond the Brain*

Ein Forschungsgebiet, das durch das holographische Modell nachhaltig beeinflußt wurde, ist die Psychologie. Das ist kein Wunder, denn wie Bohm dargetan hat, ist das Bewußtsein ein ideales Beispiel für das, was er unter einer teilbaren, fließenden Bewegung versteht. Ebbe und Flut unseres Bewußtseins sind zwar nicht exakt definierbar, aber man kann sie als eine tiefere und fundamentalere Realität auffassen, aus der unsere Gedanken und Ideen hervorgehen. Diese Gedanken und Ideen sind vergleichbar den Kräuselwellen, Strudeln und Wirbeln, die sich in einem fließenden Gewässer bilden, und wie die Wirbel in einem Fluß können einige wiederkehren und in einem mehr oder weniger stabilen Zustand erhalten bleiben, während andere flüchtige Erscheinungen sind, die fast ebenso schnell wieder verschwinden, wie sie aufgetaucht sind.

Das holographische Modell wirft auch einiges Licht auf die unerklärlichen Verbindungen, die zuweilen zwischen dem Bewußtsein von zwei oder mehr Menschen entstehen können. Eines der berühmtesten Beispiele für derartige Wechselbeziehungen verbirgt sich im Konzept des kollektiven Unbewußten, das von dem Schweizer Psychologen und Psychiater Carl Gustav Jung stammt. Schon zu Beginn seiner wissenschaftlichen Laufbahn gewann Jung die Überzeugung, daß die Träume, Zeichnungen, Phantasien und Halluzinationen seiner Patienten häufig Symbole und Ideen enthielten, die sich nicht ausschließlich als Produkte ihrer persönlichen Lebensgeschichte erklären ließen. Solche Symbole glichen viel eher den Bildern und Themen der großen Weltmythologien und -religionen. Jung schloß daraus, daß Mythen, Träume, Halluzinationen und religiöse Visionen allesamt derselben Quelle entspringen mußten, einem kollektiven Unbewußten, das allen Menschen gemeinsam ist.

Ein Erlebnis, das Jung zu dieser Schlußfolgerung bewog, fällt in das Jahr 1906. Es ging dabei um die Halluzinationen eines jungen Mannes, der an paranoider Schizophrenie litt. Eines Tages, während der Visite, sah Jung diesen Patienten an einem Fenster stehen und zur Sonne hinaufstarren. Dabei bewegte der Mann den Kopf auf merkwürdige Weise hin und her. Als Jung ihn fragte, was er da mache, antwortete der Patient, er beobachte den Penis der Sonne, und wenn er den Kopf hin und her wende, bewege sich der Sonnenpenis und entfache den Wind.

Damals hielt Jung die Äußerungen des Mannes für den Ausdruck einer Wahnvorstellung. Doch mehrere Jahre später stieß er auf die Übersetzung eines 2000 Jahre alten religiösen persischen Textes, der ihn zum Umdenken zwang. Der Text umfaßte eine Reihe von Ritualen und Anrufungen, die dazu bestimmt waren, Visionen auszulösen. In der Beschreibung einer Vision hieß es, wenn der Visionär die Sonne anschaue, werde er einen von ihr herabhängenden Schlauch erblicken, und wenn sich der Schlauch hin und her bewege, entstehe dadurch ein Wind. Da es unter den gegebenen Umständen äußerst unwahrscheinlich war, daß der junge Mann den Text kannte, kam Jung zu dem Schluß, dessen Vision sei nicht einfach ein Produkt seines Unbewußten, sondern müsse aus einer tieferen Schicht, aus dem kollektiven Unbewußten des Menschengeschlechts, emporgestiegen sein. Jung nannte solche Bilder »Archetypen«. Irgendwo in den Tiefen unseres Unterbewußtseins, so meinte er, schlummere gleichsam das Erinnerungsvermögen eines 2 000 000 Jahre alten Menschen.

Jungs Konzept des kollektiven Unbewußten hatte zwar einen gewaltigen Einfluß auf die Psychologie und wurde von Tausenden und aber Tausenden von Psychologen und Psychiatern übernommen, doch aus dem landläufigen Verständnis des Universums läßt sich kein Mechanismus ableiten, der dieses Phänomen erklären könnte. Die Verwobenheit aller Dinge, die das holographische Modell postuliert, aber liefert eine Erklärung. In einem Universum, in dem alle Dinge miteinander vernetzt sind, sind auch alle Erscheinungsformen des Bewußtseins ineinander verwoben. Dem Augenschein zum Trotz sind wir Menschen unbegrenzte Wesen. Oder, wie Bohm es formuliert: »Tief unten ist das Bewußtsein der Menschheit eins.«[1]

Wenn aber jeder von uns Zugang zum unterbewußten Wissen des gesamten Menschengeschlechts hat, warum sind wir dann nicht alle wandelnde Enzyklopädien? Der Psychologe Robert M. Anderson vom Rensselaer Polytechnic Institute in Troy, New York, sieht den Grund darin, daß wir nur solche Informationen aus der impliziten Ordnung abrufen können, die unmittelbar relevant für unsere Erinnerung sind. Anderson bezeichnet dieses Ausleseverfahren als »persönliche Resonanz« und vergleicht es mit dem Phänomen, daß eine schwingende Stimmgabel *nur dann* eine andere Stimmgabel zum Schwingen bringt, also eine Resonanz bei ihr bewirkt, wenn diese eine ähnliche Struktur, Form und Größe hat. »Infolge der persönlichen Resonanz sind nur vergleichsweise wenige der schier unendlich mannigfaltigen ›Bilder‹ in der impliziten holographischen Struktur des Universums dem persönlichen Bewußtsein eines einzelnen Menschen zugänglich«, erklärt Anderson. »Hochgescheite Menschen, die vor Jahrhunderten dieses Gemeinschaftsbewußtsein anzapften, konnten somit nicht die Relativitätstheorie zu Papier bringen, weil sie Physik noch nicht in der Form betrieben, wie sie von Einstein betrieben wurde.«[2]

Träume und das holographische Universum

Ein anderer Forscher, der glaubt, daß sich das holographische Konzept auf die Psychologie anwenden läßt, ist der Psychiater Montague Ullman, Gründer des »Traumlabors« am Maimonides Medical Center in Brooklyn und emeritierter Professor für klinische Psychiatrie am Albert Einstein College of Medicine, ebenfalls in New York. Ullmans Interesse an der holographischen Idee wurde geweckt durch die These, daß in der holographischen Ordnung alle Menschen miteinander vernetzt seien. In den sechziger und siebziger Jahren war er verantwortlich für viele der ESP-Traumexperimente, die in der Einführung erwähnt wurden. Auch heute noch gehören die am Maimonides Center durchgeführten ESP-Traumuntersuchungen zu den besten empirischen Belegen dafür, daß wir zumindest in unseren Träumen imstande sind, auf eine Weise miteinander zu kommunizieren, für die es heute noch keine Erklärung gibt.

In einem typischen Experiment wurde ein bezahlter Proband, der von sich behauptete, keine übersinnlichen Fähigkeiten zu besitzen, aufgefordert, sich in einem Laborraum schlafen zu legen, während sich eine Person in einem anderen Zimmer auf ein zufällig ausgewähltes Gemälde konzentrierte und den Probanden zu veranlassen versuchte, von dem Bild zu träumen. Ein Teil der Versuche brachte keine brauchbaren Ergebnisse. Doch manchmal hatten die Testpersonen Träume, die eindeutig durch die Bilder beeinflußt waren. Als man beispielsweise Tamayos Gemälde *Tiere* auswählte, auf dem zwei Hunde dargestellt sind, die sich knurrend und zähnefletschend um einen Haufen Knochen streiten, träumte die Probandin, sie befinde sich auf einem Bankett, bei dem es nicht genug Fleisch gab und alle Gäste einander argwöhnisch beäugten, während sie gierig die ihnen zugeteilte Portion verschlangen.

In einem anderen Experiment ging es um Chagalls Bild *Blick auf Paris,* ein in leuchtenden Farben gehaltenes Gemälde, das einen Mann zeigt, der aus einem Fenster auf die Skyline von Paris blickt. Das Bild enthält verschiedene ungewöhnliche Motive, so etwa eine Katze mit einem Menschengesicht, mehrere kleine menschliche Gestalten, die durch die Luft fliegen, und einen mit Blumen bedeckten Stuhl. In mehreren aufeinanderfolgenden Nächten träumte die Testperson immer wieder von französischer Architektur, von der Mütze eines französischen Polizisten und von einem Mann in französischem Aufzug, der verschiedene »Schichten« eines französischen Dorfes betrachtete. Einige Traumbilder schienen sich speziell auf die kräftigen Farben und die ausgefallenen Motive des Gemäldes zu beziehen, zum Beispiel eine Gruppe von Bienen, die um Blüten kreisten, und ein farbenprächtiges karnevalartiges Fest, bei dem die Menschen Kostüme und Masken trugen.[3]

Ullman sieht zwar in solchen Versuchsergebnissen einen Beleg für die allgemeine Verwobenheit, von der Bohm spricht, aber er meint, ein noch eindrucksvolles Beispiel für die holographische Ganzheit sei in einem anderen Aspekt des Traumverhaltens zu finden, nämlich in der Tatsache, daß wir in unseren Träumen oft viel klüger sind als im Wachzustand. So weiß Ullman von einem Patienten zu berichten, der im wachen Zustand einen völlig ungebildeten Eindruck machte; er war gemein, egoistisch, arrogant, raffgierig und schikanös, jemand, der alle zwischenmenschlichen Beziehungen zerstört und herabgewürdigt hatte. Doch so geistig blind der Mann auch war und sowenig er seine Schwächen einsehen wollte, seine Träume stellten seine Fehler stets wahrheitsgetreu dar und enthielten Metaphern, die offenbar den Zweck hatten, ihm auf sanfte Weise zu mehr Selbsterkenntnis zu verhelfen.

Solche Träume waren keine Einzelerscheinungen. Mit der Zeit wurde Ullman klar, daß bei einem Patienten, der eine Wahrheit über sich selbst nicht einsehen oder akzeptieren konnte, diese Wahrheit in seinen Träumen immer wieder auftauchte, in verschiedenen metaphorischen Verkleidungen und in Verbindung mit verschiedenen Erfahrungen aus der Vergangenheit, aber jedesmal mit dem offenkundigen Ziel, dem Patienten neue Möglichkeiten zu eröffnen, die Wahrheit zu erkennen.

Da ein Mensch den Rat seiner Träume in den Wind schlagen und dennoch hundert Jahre alt werden kann, glaubt Ullman, dieser Selbststeuerungsprozeß sei auf mehr ausgerichtet als bloß auf das Wohlergehen des Individuums. Er meint, daß etwas tief in uns um die Erhaltung der Art bemüht ist. Er ist sich mit Bohm einig, was die Bedeutung der Ganzheit betrifft, und hat den Eindruck, daß die Natur mit Hilfe der Träume unserem scheinbar unausrottbaren Drang, die Welt zu zergliedern, entgegenzuwirken versucht. »Ein einzelner Mensch kann sich von allem lossagen, was human, sinnvoll und liebevoll ist, und trotzdem überleben, aber die Völker können sich diesen Luxus nicht leisten. Falls wir nicht lernen, all die politischen, religiösen, wirtschaftlichen und anderen Spaltungen zu überwinden, werden wir am Ende einen Punkt erreichen, an dem wir aus Versehen das ganze Bild zerstören können«, sagt Ullman. »Der einzige Weg, dies zu verhindern, besteht darin, daß wir erkennen, wie wir unsere individuelle Existenz fragmentieren. Träume spiegeln unsere individuelle Erfahrung wider, aber ich meine, es verhält sich so, weil es ein umfassenderes elementares Bedürfnis gibt, die Art zu erhalten und die Artverbundenheit aufrechtzuerhalten.«[4]

Woher stammt der nicht enden wollende Strom von Einsichten, der in unseren Träumen aufwallt? Ullman gesteht, daß er das nicht weiß, aber er macht einen Vorschlag: Angenommen, die implizite Ordnung stellt in gewisser Weise eine unerschöpfliche Informationsquelle dar, so könnte sie der Ursprung dieses größeren Wissensfundus sein. Vielleicht sind Träume eine Brücke zwischen der wahrnehmbaren und der nichtmanifesten Ordnung und bewirken eine »natürliche Transformation des Impliziten in das Explizite«.[5] Wenn Ullman recht hat, stellt seine Vermutung die traditionelle tiefenpsychologische Traumdeutung auf den Kopf, denn seine These besagt das genaue Gegenteil der vorherrschenden Lehrmeinung, wonach Trauminhalte etwas sind, das aus einer primitiven Tiefenschicht der Persönlichkeit ins Bewußtsein aufsteigt.

Psychosen und die implizite Ordnung

Nach Ullman lassen sich auch manche Aspekte von Psychosen mit Hilfe des Holographiekonzepts deuten. Sowohl Bohm als auch Pribram haben erkannt, daß die Berichte von Mystikern über ihre Erlebnisse – etwa das Gefühl des kosmischen Einsseins mit dem Universum oder des Einklangs mit allem Lebendigen – der Beschreibung der impliziten Ordnung stark ähneln. Die beiden vermuten, daß Mystiker die Fähigkeit besitzen könnten, über die alltägliche explizite Realität hinauszublicken und tieferliegende, holographische Qualitäten wahrzunehmen. Ullman zufolge sind Psychopathen ebenfalls imstande, bestimmte Ausschnitte der holographischen Wirklichkeitsebene zu erfassen. Da sie aber unfähig sind, ihre Erfahrungen rational einzuordnen, sind diese Einblicke nur tragische Parodien der von den Mystikern geschilderten Erlebnisse.

Schizophrene berichten beispielsweise des öfteren von einem ozeanischen Gefühl des Einswerdens mit dem Universum, allerdings in einer magischen, wahnhaften Form. Sie sprechen davon, daß sich die Grenzen zwischen dem eigenen Ich und anderen Menschen auflösen, eine Vorstellung, die sie glauben macht, ihre Gedanken seien nicht länger Privatsache. Sie glauben, die Gedanken anderer lesen zu können. Und statt Menschen, Objekte und Begriffe als individuelle Einheiten zu erfassen, betrachten sie sie vielfach als Bestandteile immer größerer Unterklassen – diese Tendenz scheint eine Möglichkeit zu sein, die holographische Qualität der Wirklichkeit auszudrücken, in der sie leben.

Nach Ullman versuchen Schizophrene ihr Gespür für eine ungebrochene Ganzheit auf die Art und Weise zu übertragen, in der sie Raum und Zeit begegnen. Untersuchungen haben ergeben, daß die Kranken häufig die Umkehrung einer Relation als identisch mit der Relation selbst betrachten.[6] Im Denken eines Schizophrenen ist zum Beispiel die Aussage »Ereignis A folgt auf Ereignis B« das gleiche wie die Aussage »Ereignis B folgt auf Ereignis A«. Die Vorstellung einer bestimmten zeitlichen Abfolge ist für sie bedeutungslos, weil alle zeitlichen Fixpunkte als gleichwertig angesehen werden. Dasselbe gilt für räumliche Relationen. Wenn sich der Kopf eines Menschen über seinen Schultern befindet, dann befinden sich seine Schultern auch über seinem Kopf. Wie das Bild in einem holographischen Film haben die Dinge keinen festen Ort mehr, und räumliche Beziehungen verlieren ihre Bedeutung.

Ullman glaubt, daß gewisse Aspekte des holographischen Denkens bei Manisch-Depressiven noch stärker ausgeprägt sind. Während der Schizophrene nur Andeutungen der holographischen Ordnung erhascht, ist der Manisch-Depressive tief in sie verstrickt und identifiziert sich großspurig mit ihrem grenzenlosen Potential. »Er kann mit all den Gedanken und Ideen, die ihn überfallen, nicht Schritt halten«, konstatiert Ullman. »Er muß lügen, sich verstellen und die Menschen in seiner Umgebung manipulieren, um mit diesen bedrängenden Gesichten fertig zu werden. Das Endresultat ist natürlich meistenteils Chaos und Verwirrung, vermischt mit gelegentlichen schöpferischen Aufbrüchen und Erfolgserlebnissen in der für normal gehaltenen Wirklichkeit.«[7] Nach seinen Ausflügen in die surreale Welt ist der Kranke deprimiert und wieder mit den Widrigkeiten und Zufällen des Alltagslebens konfrontiert.

Wenn es zutrifft, daß wir alle in unseren Träumen Aspekten der impliziten Ordnung begegnen, wie kommt es dann, daß diese Erlebnisse auf uns nicht die gleiche Wirkung haben wie auf die Psychosekranken? Ein Grund ist, so Ullman, daß wir die bizarre Logik der holographischen Ordnung hinter uns lassen, sobald wir aus unseren Träumen erwachen. Die Psychopath hingegen ist aufgrund seiner Krankheit gezwungen, sich mit ihr auseinanderzusetzen, während er sich gleichzeitig in der Alltagswirklichkeit zurechtzufinden versucht. Ullman vertritt außerdem die These, daß die meisten Menschen, wenn sie träumen, über einen natürlichen Schutzmechanismus verfügen, der sie davor bewahrt, von der impliziten Ordnung mehr zu erfahren, als sie verkraften können.

Lichte Träume und Parallelwelten

In den letzten Jahren interessieren sich die Psychologen zunehmend für sogenannte »lichte Träume«, einen Traumtyp, bei dem der Träumende sein waches Bewußtsein voll beibehält und sich bewußt ist, daß er träumt. Solche Träume sind aus verschiedenen Gründen bemerkenswert. Im Unterschied zum normalen Traum, in dem sich die betreffende Person vorwiegend passiv verhält, kann sie in einem lichten Traum vielfach das Traumgeschehen kontrollieren und steuern – sie kann Alpträume in ein angenehmes Erlebnis verwandeln, die Traumkulisse verändern und/oder bestimmte Menschen oder Situationen abrufen. Lichte Träume sind überdies sehr viel lebhafter und vitaler als gewöhnliche Träume. In einem solchen Traum erscheinen beispielsweise Marmorböden unheimlich solide und real, Blumen ungewöhnlich farbenfroh und wohlriechend, und alles ist erfüllt von einer seltsamen Spannung und Energie. Forscher, die sich mit diesem Traumtyp befassen, sind der Meinung, daß er neue Wege zur Persönlichkeitsbildung weisen, das Selbstvertrauen fördern und kreative Problemlösungen erleichtern kann.[8]

Auf dem Jahreskongreß der Association for the Study of Dreams, der 1987 in Washington stattfand, führte der Physiker Fred Alan Wolf in seinem Referat aus, daß das holographische Modell einen Beitrag zur Erklärung dieses Phänomens leisten könnte. Wolf, der selbst zuweilen lichte Träume hat, verweist darauf, daß ein holographischer Film tatsächlich zwei Bilder erzeugt, ein virtuelles Bild, das sich im Raum hinter dem Film zu befinden scheint, und ein reelles Bild, das in einem Brennpunkt vor dem Film entsteht. Ein Unterschied zwischen beiden besteht darin, daß die Lichtwellen, die das virtuelle Bild hervorbringen, von einem scheinbaren Brennpunkt oder Ursprungsort auszugehen scheinen. Wie wir gesehen haben, handelt es sich dabei um eine Sinnestäuschung, denn das virtuelle Bild eines Hologramms hat ebensowenig eine räumliche Ausdehnung wie ein Spiegelbild. Das reelle Bild eines Hologramms entsteht dagegen aus Lichtwellen, die auf einen Brennpunkt zulaufen, und das ist keine Illusion. Das reelle Bild besitzt in der Tat eine räumliche Ausdehnung. Leider findet es in den üblichen Anwendungsbereichen der Holographie kaum Beachtung, weil ein Bild, das in reiner Luft in einem Brennpunkt entsteht, unsichtbar ist und nur dann sichtbar wird, wenn Staubteilchen hindurchwandern oder wenn jemand eine Rauchwolke hineinpustet.

Wolf glaubt, daß alle Träume innere Hologramme sind und daß gewöhnliche Träume nur deshalb weniger lebhaft sind, weil sie virtuelle Bilder darstellen. Seiner Meinung nach besitzt jedoch auch das Gehirn die Fähigkeit, reelle Bilder zu erzeugen, und genau das tut es, wenn wir lichte Träume haben. Die ungewöhnliche Eindringlichkeit des lichten Traums ist auf die Tatsache zurückzuführen, daß die Wellen konvergieren und nicht divergieren. »Wenn es dort, wo sich diese Wellen in einem Brennpunkt vereinigen, einen ›Zuschauer‹ gäbe, würde er in die Szene eintauchen, und die Szene, die im Brennpunkt erscheint, würde ihn ›enthalten‹. Auf diese Weise wirkt das Traumerlebnis hellsichtig oder ›licht‹«, erläutert Wolf.[9]

Wie Pribram geht Wolf davon aus, daß unser Geist die Illusion der Wirklichkeit »da draußen« mit Hilfe von Prozessen erzeugt, wie sie von Békésy erforscht worden sind. Ihm zufolge setzen diese Prozesse den hellsichtigen Träumer in den Stand, subjektive Realitäten zu schaffen, in denen Gegenstände wie etwa Marmorböden und Blumen genauso handfest und real sind wie deren objektive Pendants. Ja, für ihn ist unsere Fähigkeit, im Traum hellsichtig zu werden, ein Indiz dafür, daß zwischen der Außenwelt und der Welt in unseren Köpfen vielleicht gar kein so großer Unterschied besteht. »Wenn der Beobachter und das Beobachtete sich trennen und sagen können, dies ist das Beobachtete und dies ist der Beobachter – ein Eindruck, den wir im Zustand der Hellsichtigkeit zu haben scheinen –, dann halte ich es für fragwürdig, ob man lichte Träume als subjektiv auffassen darf«, meint Wolf.[10]

Wolf vertritt die Ansicht, daß lichte Träume (und womöglich alle Träume) in Wahrheit Besuche in Parallelwelten sind. Sie seien einfach nur kleinere Hologramme innerhalb des größeren und umfassenderen kosmischen Hologramms. Er schlägt sogar vor, man sollte die Befähigung zu lichten Träumen als das Sichbewußtwerden einer Parallelwelt bezeichnen. »Ich spreche von einem Parallelweltenbewußtsein, weil ich glaube, daß parallele Universen wie andere Bilder im Hologramm entstehen«, erklärt Wolf.[11] Diese und ähnliche Ideen über das eigentliche Wesen der Träume werden später noch eingehender behandelt.

Eine Fahrt mit der unendlichen Untergrundbahn

Die Vorstellung, daß wir imstande sind, Bilder aus dem kollektiven Unbewußten heraufzubeschwören oder gar parallele Traumwelten zu besuchen, wird noch überboten von den Schlußfolgerungen eines anderen prominenten Forschers, der durch das holographische Modell beeinflußt wurde. Es handelt sich um Stanislav Grof, Leiter der psychiatrischen Forschungsabteilung am Maryland Psychiatric Research Center und Assistenzprofessor an der medizinischen Fakultät der Johns Hopkins University. Nach mehr als dreißigjährigem Studium außergewöhnlicher Bewußtseinszustände ist Grof zu dem Ergebnis gekommen, daß die holographische Vernetzung der Erforschung unserer Psyche schier unerschöpfliche Möglichkeiten eröffnet.

Für außergewöhnliche Bewußtseinszustände begann sich Grof in den fünfziger Jahren zu interessieren, als er am psychiatrischen Forschungsinstitut seiner Heimatstadt Prag die klinische Anwendung des Halluzinogens LSD untersuchte. Der Zweck seiner Forschungsarbeit war, den möglichen therapeutischen Nutzen von LSD zu ermitteln.

Damals sahen die meisten Wissenschaftler in der LSD-Erfahrung kaum mehr als eine Streßreaktion, die Antwort des Gehirns auf eine schädliche Chemikalie. Doch als Grof die Erfahrungsberichte seiner Patienten überprüfte, fand er keinen Anhaltspunkt für eine sich ständig wiederholende Streßreaktion. Vielmehr war bei jedem Patienten eine eindeutige Kontinuität in den einzelnen Behandlungsphasen zu erkennen. »Die Erlebnisinhalte waren nicht unverbunden und beliebig, sondern sie schienen eine sukzessive Enthüllung immer tieferer Schichten des Unbewußten zu spiegeln«, berichtet Grof.[12] Dies deutet darauf hin, daß wiederholte LSD-Behandlungen für die psychiatrische Praxis und Theorie von Bedeutung sein konnten, und spornte Grof und seine Kollegen an, ihre Forschungsarbeit weiterzuführen. Die Resultate waren verblüffend. Sehr bald zeigte sich, daß LSD-Reihenbehandlungen den psychotherapeutischen Prozeß beschleunigen und die Behandlungsdauer bei vielen Erkrankungen verkürzen konnten. Traumatische Erinnerungen, welche die Patienten jahrelang heimgesucht hatten, wurden ausgegraben und verarbeitet, und zuweilen konnten selbst schwere Geisteskrankheiten, etwa Schizophrenie, geheilt werden.[13] Noch erstaunlicher aber war, daß viele Patienten sehr schnell über die Probleme, die mit ihrem Zustand zusammenhingen, hinausgelangten und in Bereiche vorstießen, die für die abendländische Psychologie Neuland waren.

Eine regelmäßig wiederkehrende Erfahrung bezog sich auf den Aufenthalt im Mutterleib. Anfangs meinte Grof, es handle sich dabei nur um eingebildete Erlebnisse, aber als sich die Befunde häuften, wurde ihm klar, daß das in den Schilderungen enthaltene embryologische Wissen das diesbezügliche Bildungsniveau der Patienten vielfach weit überstieg. Die Kranken beschrieben präzise bestimmte Merkmale der mütterlichen Herztöne, die akustischen Phänomene in der Bauchhöhle, spezielle Einzelheiten der Blutzirkulation in der Plazenta und sogar Details der verschiedenen zellularen und biochemischen Vorgänge. Sie beschrieben außerdem wichtige Gedanken und Empfindungen ihrer Mutter während der Schwangerschaft und besondere Vorkommnisse, beispielsweise traumatische Erschütterungen, die sie erlebt hatte.

Grof recherchierte nach Möglichkeit diese Aussagen und konnte sie in mehreren Fällen verifizieren, indem er die jeweiligen Mütter und andere betroffene Personen befragte. Psychiater, Psychologen und Biologen, die während ihrer Ausbildung für das Programm vorgeburtliche Erinnerungen hatten (alle Therapeuten, die bei der Studie mitmachten, mußten sich vorher ebenfalls einer LSD-Psychotherapie unterziehen), zeigten sich nicht minder erstaunt über die offenkundige Authentizität dieser Erfahrungen.[14]

Am aufregendsten waren indes jene Fälle, in denen das Bewußtsein eines Patienten die Grenzen des eigenen Ichs zu sprengen schien und erkundete, was für ein Gefühl es war, ein anderes Lebewesen oder gar ein unbelebter Gegenstand zu sein. Grof hatte eine Patientin, die plötzlich davon überzeugt war, sie hätte die Identität eines Weibchens einer prähistorischen Reptilienart angenommen. Sie schilderte nicht nur in allen Einzelheiten, was sie in diesem Zustand empfand, sondern versicherte auch, der sexuell reizvollste Teil der männlichen Anatomie sei bei dieser Spezies eine bunte Schuppenpartie an den Kopfseiten. Die Frau hatte vorher keine Ahnung von solchen Dingen gehabt, doch Grof erfuhr später von einem Zoologen, daß bei bestimmten Reptilienarten auffällige Farbmuster am Kopf tatsächlich eine wesentliche Rolle als sexuelle Auslösereize spielen.

Manche Patienten konnten sich auch in das Bewußtsein ihrer Verwandten und Vorfahren versetzen. Eine Frau erlebte, wie ihrer Mutter im Alter von drei Jahren zumute war, und beschrieb exakt einen schrecklichen Vorfall, der sich damals ereignet hatte. Die Frau gab zudem eine genaue Beschreibung des Hauses, in dem ihre Mutter gewohnt hatte, sowie des weißen Schürzchens, das sie damals trug – lauter Details, welche die Mutter hinterher bestätigte und über die sie bis dahin nie gesprochen hatte. Andere Patienten berichteten ebenso präzise über Ereignisse aus dem Leben ihrer Vorfahren, die vor Jahrzehnten oder gar vor Jahrhunderten gelebt hatten.

Andere Erfahrungen betrafen ethnische oder kollektive Erinnerungen. Menschen slawischer Herkunft erinnerten sich, an den Eroberungszügen der mongolischen Horden unter Dschingis-Khan teilgenommen zu haben, andere berichteten von Trancetänzen mit den Buschmännern der Kalahari, den Initiationsriten der australischen Ureinwohner und den Menschenopfern bei den Azteken. Und auch hier enthielten die Beschreibungen häufig obskure historische Fakten und verrieten einen Kenntnisstand, der völlig unvereinbar war mit der Vorbildung oder dem einschlägigen Wissen des jeweiligen Patienten. Ein gänzlich ungebildeter Patient beispielsweise gab eine sehr detaillierte Beschreibung der altägyptischen Einbalsamierungs- und Mumifizierungstechniken; er kannte die Form und Bedeutung verschiedener Amulette und Grabgefäße, ein Verzeichnis der Materialien, die für die Fixierung der Mumientücher benutzt wurde, die Größe und Form der Mumienbinden und andere ausgefallene Besonderheiten des ägyptischen Bestattungswesens. Andere Personen versetzten sich in die Kulturen des Fernen Ostens und schilderten nicht nur eindrucksvoll das Seelenleben eines Japaners, Chinesen oder Tibeters, sondern referierten auch vielerlei taoistische oder buddhistische Lehren.

Das Einfühlungsvermögen von Grofs LSD-Kandidaten kannte offenbar keine Grenzen. Sie schienen die Fähigkeit zu besitzen, sich in jedes Tier, ja, in jede Pflanze der Evolutionsgeschichte hineinzuversetzen. Sie erlebten, was es bedeutet, eine Blutzelle, ein Atom, ein thermonuklearer Vorgang innerhalb der Sonne, das Bewußtsein des gesamten Planeten und sogar das Bewußtsein des ganzen Kosmos zu sein. Mehr noch, sie vermochten Raum und Zeit zu transzendieren und offenbarten manchmal ein unheimlich präzises Vorauswissen. Auf ihren zerebralen Reisen begegneten sie bisweilen nichtmenschlichen Intelligenzen, körperlosen Wesen, Abgesandten »höherer Bewußtseinsebenen« und anderen suprahumanen Gestalten.

Gelegentlich reisten die Patienten auch in Regionen, die andere Welten und andere Realitätsschichten zu sein schienen. Während einer besonders nervenaufreibenden Sitzung fand sich ein junger Mann, der an Depressionen litt, in einer vermeintlich anderen Dimension wieder. Sie besaß eine gespenstische Leuchtkraft, und der Patient spürte, daß es in ihr von Geistwesen wimmelte, obwohl er keines sehen konnte. Plötzlich spürte er ein solches Wesen in seiner unmittelbaren Nähe, und zu seiner Überraschung begann es sich auf telepathischem Wege mit ihm zu verständigen. Es bat ihn, sich mit einem Ehepaar in der mährischen Stadt Kroměříž in Verbindung zu setzen und den Leuten mitzuteilen, daß ihr Sohn Ladislav in besten Händen und wohlauf sei. Dann teilte es ihm den Namen, die Adresse und die Telefonnummer der Eheleute mit.

Diese Informationen sagten weder Grof noch dem jungen Mann etwas und schienen in keinerlei Zusammenhang mit der Krankheit und der Behandlung des Patienten zu stehen. Doch die Sache ging Grof nicht aus dem Kopf. »Nach einigem Zögern und mit gemischten Gefühlen beschloß ich schließlich, etwas zu unternehmen, das mir den Spott meiner Kollegen eingetragen hätte, wenn sie davon erfahren hätten«, berichtet Grof. »Ich ging ans Telefon, wählte die Nummer in Kroměříž und fragte, ob ich mit Ladislav sprechen könnte. Zu meiner Überraschung begann die Frau am anderen Ende der Leitung zu weinen. Als sie sich gefaßt hatte, erzählte sie mir mit gebrochener Stimme: ›Unser Sohn weilt nicht mehr unter uns; er ist vor drei Wochen gestorben.‹«[15]

In den sechziger Jahren wurde Grof eine Stelle am Maryland Psychiatric Research Center angeboten, und er übersiedelte in die Vereinigten Staaten. Das Institut führte ebenfalls wissenschaftlich überwachte Untersuchungen zur psychotherapeutischen Anwendung von LSD durch, und so konnte Grof seine Forschungsarbeit fortsetzen. Man untersuchte hier die Auswirkungen von wiederholten LSD-Sitzungen nicht nur auf Patienten mit verschiedenen Geisteskrankheiten, sondern auch auf »normale« Testpersonen – Ärzte, Krankenschwestern, Maler, Musiker, Philosophen, Naturwissenschaftler, Priester und Theologen. Immer wieder stieß Grof dabei auf die gleichen Phänomene. Es hatte fast den Anschein, als würde LSD dem menschlichen Bewußtsein den Zugang zu einem endlosen U-Bahn-System eröffnen, zu einem Labyrinth aus Tunneln und Nebenstrecken, das in den unterirdischen Bereichen des Unbewußten existierte und in dem buchstäblich alles mit allem anderen verbunden war.

Nachdem Grof persönlich mehr als 3000 LSD-Sitzungen (sie dauerten jeweils fünf Stunden) überwacht und die Protokolle von über 2000 Sitzungen seiner Kollegen studiert hatte, war er felsenfest davon überzeugt, daß hier etwas Ungewöhnliches vor sich ging. »Nach Jahren des Meinungsstreits und der Verwirrung bin ich zu dem Schluß gelangt, daß die Ergebnisse der LSD-Forschung eine drastische Revision der bestehenden Paradigmen in der Psychologie, der Psychiatrie, der Medizin und möglicherweise der Wissenschaft schlechthin dringend erforderlich machen«, stellt er fest. »Für mich gibt es gegenwärtig kaum einen Zweifel, daß unser heutiges Verständnis des Universums, des Wesens der Realität und insbesondere des Menschen oberflächlich, unzutreffend und unvollständig ist.«[16]

Grof prägte den Begriff »transpersonal« für solche Phänomene, also für Erfahrungen, in denen das Bewußtsein die üblichen Grenzen der Persönlichkeit überschreitet, und Ende der sechziger Jahre tat er sich mit mehreren gleichgesinnten Wissenschaftlern, unter anderem mit dem Psychologen und Pädagogen Abraham Maslow, zusammen, um eine neue Fachdisziplin der Psychologie, die sogenannte »Transpersonale Psychologie«, zu begründen.

Wenn unsere herkömmliche Wirklichkeitsauffassung mit transpersonalen Erscheinungen nicht zu Rande kommt, welches neue Verständnis könnte dann an ihre Stelle treten? Für Grof ist es das holographische Modell. Er verweist darauf, daß die wesentlichen Charakteristika transpersonaler Erfahrungen – das Gefühl, daß alle Grenzen illusorisch sind, die Aufhebung der Unterscheidung von Teil und Ganzem und die Verwobenheit aller Dinge – ausnahmslos Merkmale sind, die sich in einem holographischen Universum wiederfinden müßten. Zudem ist seiner Meinung nach die enthüllte Natur von Raum und Zeit eine Erklärung dafür, daß transpersonale Erfahrungen nicht an die gängigen räumlichen oder zeitlichen Beschränkungen gebunden sind.

Grof ist der Ansicht, daß die nahezu unbegrenzte Kapazität der Informationsspeicherung und -abrufung, wie sie Hologrammen eigen ist, auch die Tatsache zu erklären vermag, daß Visionen, Phantasien und andere physische »Gestalten« allesamt eine riesige Menge an Informationen über die Persönlichkeit eines Individuums enthalten. Ein einziges Bild, das während einer LSD-Sitzung erlebt wird, umfaßt zum Beispiel Informationen über die allgemeine Lebenseinstellung eines Menschen, ein traumatisches Erlebnis aus seiner Kindheit, sein Selbstwertgefühl, seine Empfindungen gegenüber seinen Eltern oder in bezug auf seine Ehe – all dies ist eingeschlossen in dem metaphorischen Gesamtgehalt der betreffenden Szene. Solche Erfahrungen sind aber auch noch in einem anderen Sinne holographisch, nämlich insofern, als jeder kleine Teil der Szene eine vollständige Informationskonstellation enthalten kann. Freies Assoziieren und andere analytische Methoden, die auf winzige Details der Szene angesetzt werden, können somit einen zusätzlichen Strom von Daten über die jeweilige Person auslösen.

Die charakteristische Beschaffenheit archetypischer Bilder, ihr Zusammengesetztsein, kann durch das holographische Konzept modellhaft dargestellt werden. Die Holographie, so Grof, ermöglichte es, eine Sequenz von Belichtungen, etwa die Bilder sämtlicher Mitglieder einer großen Familie, auf demselben Film festzuhalten. Wenn das geschieht, zeigt der entwickelte Film das Bild eines Individuums, das nicht ein einzelnes Familienmitglied, sondern die gesamte Familie gleichzeitig repräsentiert. »Diese authentisch zusammengesetzten Bilder sind ein ausgezeichnetes Modell für einen bestimmten Typ der transpersonalen Erfahrung, etwa für die archetypischen Vorstellungen des kosmischen Menschen, der Frau, der Mutter, des Vaters, des Liebhabers, des Schurken, des Narren oder des Märtyrers«, meint Grof.[17]

Wenn jede Aufnahme aus einem etwas anderen Winkel gemacht wird, entsteht auf dem Film kein zusammengesetztes Bild, sondern vielmehr eine Serie von holographischen Bildern, die ineinander überzugehen scheinen. Grof glaubt, dadurch werde ein anderer Aspekt der visionären Erfahrung veranschaulicht, und zwar die Tendenz unzähliger Bilder, sich in rascher Folge zu enthüllen, wobei jedes wie durch Zauberei auftaucht und sich im nächsten auflöst. Die Fähigkeit der Holographie, so viele unterschiedliche Aspekte der archetypischen Erfahrung nachzubilden, ist für Grof ein Beweis dafür, daß es eine geheimnisvolle Verbindung zwischen der Entstehung von Archetypen und holographischen Prozessen gibt.

Ja, Grof meint, daß eine verborgene holographische Ordnung praktisch jedesmal evident wird, wenn ein Mensch einen außergewöhnlichen Bewußtseinszustand erlebt:

»Bohms Vorstellung von den enthüllten und verhüllten Ordnungen und die Idee, daß gewisse wichtige Aspekte der Wirklichkeit unter normalen Umständen der Erfahrung und der Untersuchung nicht zugänglich sind, sind von unmittelbarer Bedeutung für das Verständnis außergewöhnlicher Bewußtseinszustände. Menschen, die unterschiedliche Bewußtseinszustände dieser Art erlebt haben, darunter hochgebildete und erfahrene Wissenschaftler verschiedener Fachrichtungen, berichten des öfteren, daß sie in verborgene Wirklichkeitsbereiche vorgedrungen sind, die offensichtlich authentisch und gleichsam in die Alltagsrealität eingebunden und zugleich ihr übergeordnet waren.«[18]

Holotropische Therapie

Die vielleicht wichtigste Entdeckung Grofs ist die, daß die gleichen Phänomene, von denen Personen nach Verabreichung von LSD berichten, auch ohne die Einnahme von irgendwelchen Drogen erlebt werden können. Um dem nachzugehen, haben Grof und seine Ehefrau Christina ein einfaches drogenunabhängiges Verfahren entwickelt, das solche außergewöhnlichen oder »holotropischen« Bewußtseinszustände bewirken kann. Sie definieren einen holotropischen Bewußtseinszustand als eine Situation, in der man Zugang erlangen kann zu dem holographischen Labyrinth, das alle Erscheinungsformen des Seins miteinander verbindet. Dazu gehören die biologische, psychologische, ethnische und spirituelle Vorgeschichte eines Menschen, die Vergangenheit, Gegenwart und Zukunft der Welt, andere Realitätsebenen sowie alle anderen Erfahrungen, von denen im Zusammenhang mit den LSD-Experimenten die Rede war.

Die Grofs nennen ihr Verfahren »holotropische Therapie« und setzen nur schnelle, kontrollierte Atmung, beschwörende Musik und Massage ein, um eine Veränderung des Bewußtseinszustands herbeizuführen. Bis heute haben bereits Tausende von Menschen an ihren Workshops teilgenommen, und sie berichten von Erfahrungen, die in jeder Hinsicht ebenso spektakulär und emotional intensiv sind wie jene, die von den Versuchspersonen der Grofschen LSD-Experimente geschildert wurden. In seinem Buch *Das Abenteuer der Selbstentdeckung* beschreibt Grof ausführlich seine gegenwärtige Arbeit und seine Methoden.

Gedankenwirbel und multiple Persönlichkeiten

Zahlreiche Forscher berufen sich auf das holographische Modell, um verschiedene Aspekte des Denkvorgangs selbst zu erklären. Der New Yorker Psychiater Edgar A. Levenson beispielsweise sieht im Hologramm ein hervorragendes Modell für das Verständnis der plötzlichen Transformationen, die Patienten vielfach während einer Psychotherapie erleben. Er gründet seine Auffassung auf die Tatsache, daß derartige Veränderungen unabhängig davon stattfinden, welche Techniken oder psychoanalytischen Verfahren der Therapeut anwendet. Daraus leitet er ab, daß alle psychoanalytischen Behandlungsmethoden ein bloßes Zeremoniell sind und daß die Veränderung durch etwas völlig anderes herbeigeführt wird.

Levenson glaubt, daß dieses Etwas die Resonanz ist. Ein Tiefenpsychologe, meint er, weiß stets, wann die Therapie anschlägt. Er spürt dann, wie sich alle Teile eines schwer faßbaren Musters zusammenzufügen beginnen. Er wirkt nicht auf den Patienten ein, sondern scheint vielmehr im Einklang zu stehen mit etwas, das der Patient unbewußt bereits weiß: »Es ist, als ob sich in der Therapie eine riesige, dreidimensionale und räumlich kodierte Repräsentation der Erfahrungen des Patienten entwickelt, die alle Aspekte seines Lebens, seiner Vorgeschichte und seiner Beziehung zum Therapeuten umfaßt. An einem bestimmten Punkt kommt es zu einer Art ›Überbelastung‹, und alles rückt an seinen Platz.«[19]

Levenson hält diese dreidimensionalen Repräsentationen von Erfahrungen für Hologramme, die tief in der Psyche des Patienten vergraben sind, und meint, daß die emotionale »Resonanz« zwischen dem Therapeuten und dem Patienten sie zutage fördert, und zwar auf ähnliche Weise, wie ein Laser einer bestimmten Frequenz bewirkt, daß ein Bild, das durch einen Laser derselben Frequenz zustande gekommen ist, aus einem Mehrfachbildhologramm hervorgeht. »Das holographische Modell legt ein radikal neues Paradigma nahe, das uns neuartige Möglichkeiten eröffnen könnte, klinische Phänomene zu erfassen und zu verknüpfen, deren Bedeutung zwar schon immer bekannt war, die man aber der ›Kunst‹ der Psychotherapeuten überlassen hat«, sagt Levenson. »Es stellt ein potentielles theoretisches Fundament für einen Wandel dar und eine praktische Hoffnung auf eine Abklärung der psychotherapeutischen Methoden.«[20]

Der Psychiater David Shainberg, der zum Vorstand des Postgraduate Psychoanalytical Program am William Alanson White Institute of Psychiatry in New York gehört, vertritt die Ansicht, man solle Bohms These, daß Gedanken Wirbeln in einem Fluß gleichen, wörtlich nehmen, und er erklärt, warum unsere Einstellungen und Überzeugungen sich manchmal so verhärten, daß sie gegen jede Veränderung resistent werden. Untersuchungen haben bewiesen, daß Wirbel häufig erstaunlich stabil sind. Der Große Rote Fleck des Planeten Jupiter, ein riesiger Gaswirbel mit einem Durchmesser von rund 40000 Kilometern, ist seit seiner Entdeckung vor 300 Jahren intakt geblieben. Für Shainberg ist ein vergleichbarer Hang zur Stabilität schuld daran, daß gewisse »Wirbel des Denkens« (also unserer Ideen und Ansichten) zuweilen in unserem Bewußtsein zementiert werden.

Das Beharrungsvermögen mancher Wirbel ist seiner Meinung nach vielfach der menschlichen Entwicklung abträglich. Ein besonders mächtiger Wirbel kann unser Verhalten dominieren und unsere Fähigkeit zur Aneignung neuer Ideen und Informationen beeinträchtigen. Er kann bewirken, daß wir uns ständig wiederholen, er blockiert den kreativen Strom unseres Bewußtseins, hindert uns daran, uns selber als Ganzheit zu begreifen, und erzeugt in uns ein Gefühl der Vereinzelung. David Shainberg glaubt, daß sich mit Wirbeln auch Erscheinungen wie etwa der nukleare Rüstungswettlauf erklären lassen: »Man kann die Rüstungsspirale als einen Wirbel betrachten, der aus der Selbstsucht von Menschen entsteht, die in ihrem Ich isoliert sind und nicht das Gefühl der Verbundenheit mit anderen menschlichen Wesen kennen. Zugleich spüren sie eine innere Leere, die sie mit allem, was sie an sich raffen können, auszufüllen trachten. Deshalb expandiert die Atomindustrie, denn sie bringt sehr viel Geld, und die Habsucht ist so unersättlich, daß es diesen Leuten gleichgültig ist, was für Folgen ihre Aktivitäten haben könnten.«[21]

Wie Bohm geht Shainberg davon aus, daß sich unser Bewußtsein unablässig aus der impliziten Ordnung entfaltet, und wenn wir zulassen, daß sich dieselben Wirbel immer mehr verfestigen, errichten wir eine Barriere zwischen uns und den positiven und neuartigen Interaktionen, die uns mit dieser unerschöpflichen Quelle allen Seins zuteil werden könnten. Um eine Ahnung von dem, was wir versäumen, zu vermitteln, fordert er uns auf, uns in ein Kind hineinzuversetzen. Kinder haben noch nicht genug Zeit gehabt, Wirbel zu bilden, und das zeigt sich in der offenen und flexiblen Art, in der sie mit der Welt interagieren. Nach Shainberg offenbart sich in der lebhaften Aufgeschlossenheit eines Kindes das Verhüllungs- und Enthüllungsvermögen eines unbehinderten Bewußtseins.

Wenn Sie sich Ihre eigenen erstarrten Denkwirbel bewußtmachen wollen, so sollten Sie einer Anregung Shainbergs folgen und einmal darauf achten, wie Sie sich in einem Gespräch verhalten. Wenn sich Menschen mit festen Überzeugungen unterhalten, versuchen sie die eigene Identität zu bestätigen, indem sie ihre Ansichten darlegen und verteidigen. Ihre Urteile verändern sich nur selten aufgrund irgendwelcher neuer Informationen, die sie erhalten, und sie sind kaum daran interessiert, daß ein echtes Gespräch zustande kommt. Ein Mensch, der für den »Strömungscharakter« des Bewußtseins offen ist, zeigt sich dagegen eher bereit, die durch solche Denkwirbel bedingte Erstarrung der Beziehungen zu erkennen. Er ist bestrebt, Gespräche wirklich zu nutzen, statt immer nur die Litanei seiner Ansichten herunterzubeten.

»Menschliche Reaktionen und die Artikulation dieser Reaktionen, das Feedback solcher Reaktionen und die Gewichtung unterschiedlicher Reaktionen sind typisch für die Art und Weise, wie Menschen am Strom der impliziten Ordnung teilhaben«, erklärt Shainberg.[22]

Ein anderes psychisches Phänomen, das mehrere Merkmale des Impliziten aufweist, ist das Multiple-Persönlichkeits-Syndrom. Bei dieser bizarren Geisteskrankheit leben zwei oder mehr komplexe und deutlich unterschiedene Persönlichkeiten in einem einzigen Körper. Den Kranken ist ihr Zustand oft nicht bewußt. Sie erkennen nicht, daß die Kontrolle über ihren Körper zwischen verschiedenen Persönlichkeiten wechselt, sondern glauben vielmehr, an Amnesie, Verwirrtheit oder Blackouts zu leiden. Die meisten beherbergen im Schnitt acht bis dreizehn verschiedene Persönlichkeiten, doch bei den sogenannten »Super-Multiplen« können es auch mehr als hundert Sub-Persönlichkeiten sein.

Aus einer der aufschlußreichsten einschlägigen Statistiken geht hervor, daß 97 Prozent der Betroffenen in der Kindheit ein schweres Trauma erlebt haben, oft in der Form einer furchtbaren, psychischen, physischen oder sexuellen Schädigung. Daraus haben viele Forscher den Schluß gezogen, hier handle es sich um einen Versuch der Psyche, mit einer außergewöhnlichen seelischen Belastung fertig zu werden. Indem sich die Psyche in zwei oder mehr Persönlichkeiten aufspalte, könne sie die Belastung, die für einen Menschen zu groß wäre, gleichsam auf mehrere Persönlichkeiten verteilen.

In diesem Sinne könnte die Entstehung einer multiplen Persönlichkeit ein überzeugendes Beispiel für das sein, was Bohm unter Fragmentierung versteht. Man beachte, daß durch die Fragmentierung der Psyche nicht ein Haufen unregelmäßiger Scherben entsteht, sondern eine Ansammlung von kleineren Ganzheiten, jeweils ausgestattet mit eigenen Merkmalen, Motiven und Wünschen. Obwohl diese Ganzheiten keine identischen Kopien der ursprünglichen Persönlichkeit sind, bleiben sie dynamisch auf sie bezogen, und das allein schon deutet darauf hin, daß hier in irgendeiner Form ein holographischer Prozeß beteiligt ist.

Bohms Annahme, daß sich eine Fragmentierung am Ende stets als destruktiv erweist, wird durch dieses Syndrom ebenfalls bestätigt. Die Ausbildung einer multiplen Persönlichkeit ermöglicht es einem Menschen zwar, eine sonst unerträgliche Kindheit zu bewältigen, aber sie zieht auch eine Vielzahl von unerfreulichen Nebenwirkungen nach sich. Dazu gehören Depressionen, Angst- und Panikzustände, Phobien, Herz- und Atemwegserkrankungen, unerklärliche Ekelgefühle, migräneähnliche Kopfschmerzen, die Neigung zur Selbstverstümmelung sowie viele andere seelische Probleme und Stoffwechselstörungen. Merkwürdigerweise, aber mit der Regelmäßigkeit eines Uhrwerks, wird die Krankheit meistens zwischen dem 28. und 35. Lebensjahr diagnostiziert, eine »Koinzidenz«, die vermuten läßt, daß in diesem Alter ein Alarmsystem ausgelöst wird, das die Betroffenen mahnt, sich untersuchen zu lassen, damit sie die notwendige medizinische Hilfe bekommen. Dafür spricht die Tatsache, daß Kranke, die über vierzig Jahre alt werden, bevor sie untersucht werden, häufig das Gefühl haben, alle Heilungschancen wären vertan, falls sie sich nicht sehr schnell um ärztlichen Beistand bemühten.[23] Ungeachtet der zeitweiligen Vorteile, die die gequälte Psyche aus ihrer Selbstaufspaltung zieht, versteht es sich von selbst, daß das seelische und physische Wohlbefinden und vielleicht sogar das Überleben nach wie vor von der Ganzheit abhängen.

Ein weiteres ungewöhnliches Kennzeichen des Syndroms besteht darin, daß bei allen multiplen Persönlichkeiten unterschiedliche Hirnstrommuster auftreten. Das ist überraschend, denn wie Frank Putnam, ein Psychiater am National Institute of Health, der sich mit diesem Phänomen befaßt hat, nachzuweisen vermochte, verändert sich dieses Muster bei einem Menschen normalerweise nicht einmal im Zustand höchster Erregung. Die Hirnströme sind nicht das einzige, was die gespaltenen Persönlichkeiten voneinander unterscheidet. Auch Blut-

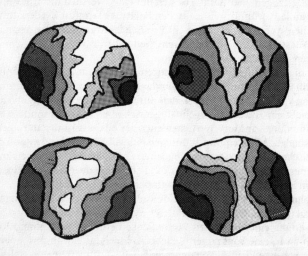

Abbildung 10: Die Hirnstrommuster von vier »Unterpersönlichkeiten« eines Menschen, der an einer Persönlichkeitsspaltung leidet (multiple Persönlichkeit). Kann es sein, daß das Gehirn holographische Prinzipien anwendet, um die riesige Informationsmenge zu speichern, die notwendig ist, wenn ein einziger Körper Dutzende oder gar Hunderte von Persönlichkeiten beherbergt? (Vom Autor nachgezeichnete Originalillustrationen aus einem Aufsatz von Bennett G. Braun im *American Journal of Clinical Hypnosis.*)

kreislauf, Muskeltonus, Herzschlag, Körperhaltung und selbst Allergien können sich verändern, sobald der Patient von einer Persönlichkeit in eine andere schlüpft.

Da Hirnstrommuster nicht auf ein einzelnes Neuron oder eine Gruppe von Neuronen beschränkt, sondern eine globale Eigenschaft des Gehirns sind, kann man auch daraus den Schluß ziehen, daß hier irgendein holographischer Prozeß abläuft. So wie ein Mehrfachbildhologramm Dutzende von vollständigen Szenen speichern und projizieren kann, so ist vielleicht auch das Gehirnhologramm imstande, eine ähnliche Vielzahl von selbständigen Persönlichkeiten zu speichern und abzurufen. Mit anderen Worten, das, was wir »Ich« nennen, ist möglicherweise ebenfalls ein Hologramm, und wenn das Gehirn einer multiplen Persönlichkeit von einem holographischen Ich auf ein anderes umschaltet, spiegelt sich dieser diaprojektorähnliche Bildwechsel in den Veränderungen, die in der Hirnstromaktivität und im Körper überhaupt stattfinden (siehe Abb. 10). Die physiologischen Veränderungen, zu denen es bei einem Persönlichkeitswechsel kommt, sind von großer Bedeutung für das Verhältnis von Geist und Körper und sollen deshalb im nächsten Kapitel eingehender erörtert werden.

Ein Fehler im Gewebe der Realität

Zu den großen Leistungen C. G. Jungs gehört die Klärung des Begriffs Synchronizität. Wie schon in der Einführung erwähnt, versteht man unter Synchronizitäten ein Zusammenfallen von Ereignissen, das so ungewöhnlich und bedeutungsvoll ist, daß man es schwerlich allein dem Zufall zuschreiben kann. Jeder von uns hat schon einmal eine Synchronizität erlebt, etwa wenn wir gerade ein ausgefallenes neues Wort gelernt haben und es wenige Stunden später in den Rundfunknachrichten hören oder wenn wir über ein entlegenes Thema nachdenken und es dann plötzlich von anderen Leuten ins Gespräch gebracht wird.

Vor einigen Jahren erlebte ich eine Serie von Synchronizitäten, bei denen es um den berühmten Buffalo Bill ging. Hin und wieder mache ich morgens ein paar Freiübungen, bevor ich mich an den Schreibtisch setze, und dabei schalte ich manchmal den Fernseher ein. Eines Morgens im Januar 1983, während eine Spielshow lief, machte ich gerade Liegestütze, als ich mich dabei ertappte, daß ich unverhofft den Namen »Buffalo Bill« rief. Ich war zunächst irritiert, doch als ich in meinem Gedächtnis herumkramte, fiel mir ein, daß der Moderator der Show die Frage gestellt hatte: »Unter welchem Namen ist William Frederick Cody bekannt geworden?« Obgleich ich die Fernsehsendung nicht bewußt verfolgt hatte, hatte mein Unterbewußtsein diese Frage aufgeschnappt und sie beantwortet. Ich dachte über die Sache nicht weiter nach und machte mich an die Arbeit. Wenige Stunden später rief mich ein Freund an und wollte wissen, ob ich eine Streitfrage lösen könne, die eine Anekdote aus der Welt des Theaters betreffe. Ich erklärte mich dazu bereit, woraufhin mein Freund fragte: »Stimmt es, daß John Barrymores letzte Worte auf dem Totenbett lauteten: ›Sind Sie nicht der uneheliche Sohn von Buffalo Bill?‹« Diese zweite Begegnung mit Buffalo Bill kam mir zwar sonderbar vor, aber ich tat sie noch immer als Zufall ab, bis mir später am Tage die Post das neueste Heft der Zeitschrift *Smithsonian* brachte. Ich schlug es auf. Einer der Hauptbeiträge war überschrieben: »Der letzte der großen Pfadfinder ist wieder da.« Er handelte, Sie werden es erraten haben, von Buffalo Bill! (Übrigens konnte ich die Frage meines Freundes nicht beantworten, und ich weiß noch immer nicht, wie die letzten Worte Barrymores lauteten.)

So unglaublich dieses Erlebnis auch war, bedeutsam daran scheint allein seine Unwahrscheinlichkeit zu sein. Es gibt jedoch eine andere Form der Synchronizität, die nicht nur wegen ihrer Unwahrscheinlichkeit bedenkenswert ist, sondern auch wegen ihrer offenkundigen Beziehung zu Ereignissen, die sich tief in der menschlichen Psyche abspielen. Das klassische Beispiel ist Jungs Mistkäfergeschichte. Jung behandelte eine Patientin, deren ausgesprochen rationale Lebenseinstellung seine Therapie erschwerte. Nach mehreren frustrierenden Sitzungen erzählte die Frau Jung von einem Traum, in dem ein Mistkäfer vorgekommen war. Jung wußte, daß ein Mistkäfer, der Skarabäus, in der ägyptischen Mythologie ein Sinnbild der Wiedergeburt war, und fragte sich, ob das Unterbewußtsein der Frau symbolisch andeuten wollte, daß sie eine Art psychische Wiedergeburt durchmache. Er wollte ihr das gerade sagen, als etwas ans Fenster klopfte. Er blickte hoch und sah einen goldgrünen Mistkäfer hinter der Glasscheibe (das war das einzige Mal, daß ein solcher Käfer vor Jungs Fenster auftauchte). Er machte das Fenster auf und ließ den Käfer ins Zimmer fliegen, während er den Traum deutete. Die Frau war so verblüfft, daß sie ihre maßlos übertriebene Rationalität aufgab, und fortan schlug die Therapie besser bei ihr an.

Jung erlebte viele bedeutsame Zufälle dieser Art im Laufe seiner therapeutischen Tätigkeit und stellte fest, daß sie fast immer in Zeiten emotionaler Intensität und Veränderung auftraten: bei einem grundlegenden Wandel der Überzeugung, bei plötzlichen neuen Einsichten, bei Todesfällen, Geburten und sogar bei Berufswechseln. Ihm fiel außerdem auf, daß sie gehäuft vorkamen, wenn die neue Einstellung oder Einsicht im Bewußtsein des jeweiligen Patienten Gestalt annehmen wollte. Als sich Jungs Ideen auszubreiten begannen, fingen auch andere Psychoanalytiker an, über ihre Erfahrungen mit der Synchronizität zu berichten.

Der Zürcher Psychiater Carl Alfred Meier, ein langjähriger Mitarbeiter Jungs, beschreibt beispielsweise eine Synchronizität, die viele Jahre umspannte. Eine Amerikanerin, die an schweren Depressionen litt, reiste aus Wuchang in China an, um sich von Meier behandeln zu lassen. Sie war Chirurgin und hatte zwanzig Jahre lang ein Missionskrankenhaus in Wuchang geleitet. Dabei hatte sie sich nachhaltig mit der fremden Kultur beschäftigt und war zu einer Expertin für chinesische Philosophie geworden. Während ihrer Therapie erzählte sie Meier von einem Traum, in dem sie das Krankenhaus gesehen hatte, dessen einer Flügel zerstört war. Weil ihr Schicksal mit dem des Krankenhauses dermaßen verknüpft war, spürte Meier, daß der Traum ihr sagen wollte, sie sei drauf und dran, ihr Ichbewußtsein, ihre amerikanische Identität, zu verlieren, und daß darin die Ursache ihrer Depressionen lag. Er riet ihr, in die Vereinigten Staaten zurückzukehren, und nachdem sie dort eingetroffen war, verschwanden ihre Depressionen sehr bald, wie er es vorausgesagt hatte. Vor ihrer Abreise hatte er sie noch gebeten, eine genaue Zeichnung von dem teilweise zerstörten Krankenhaus anzufertigen.

Jahre später griffen die Japaner China an und bombardierten das Krankenhaus in Wuchang. Die Dame schickte Meier ein Exemplar der Illustrierten *Life* mit einer doppelseitigen Photographie des Krankenhauses – sie stimmte mit der Zeichnung überein, die die Amerikanerin neun Jahre zuvor angefertigt hatte. Die symbolische und höchst persönliche Botschaft ihres Traums hatte die Grenzen ihrer Psyche überwunden und war in die physische Realität übergegangen.[24]

Solche auffälligen Synchronizitäten überzeugten Jung davon, daß sie keine zufälligen Vorkommnisse waren, sondern in Wirklichkeit einen Bezug zu den psychischen Prozessen der Personen hatten, die sie erlebten. Da er sich nicht vorstellen konnte, wie ein seelischer Vorgang ein Ereignis oder eine Serie von Ereignissen in der realen Welt *verursachen* konnte, nahm er an, daß hier ein neues Prinzip wirksam sein müsse, ein übergreifendes *akausales* Prinzip, das der Wissenschaft bis dahin unbekannt war.

Als Jung seine These vorlegte, wurde sie von den meisten Physikern nicht ernst genommen (ein hervorragender Physiker, Wolfgang Pauli, hielt sie allerdings für so wichtig, daß er gemeinsam mit Jung ein Buch zu diesem Thema verfaßte: *Naturerklärung und Psyche*). Doch heute, nachdem die Existenz von nicht ortsgebundenen Beziehungen nachgewiesen ist, erscheint Jungs Idee in einem neuen Licht.* Paul Davies, ein

---

* Nicht-örtliche Wirkungen sind, wie gesagt, nicht auf eine Ursache-Wirkung-Beziehung zurückzuführen und somit akausal.

Physiker an der Universität Newcastle-upon-Tyne in England, erklärt dazu: »Diese *nicht-örtlichen* Quanteneffekte sind eine Form der Synchronizität in dem Sinne, daß sie eine Verbindung – genauer gesagt: eine Korrelation – zwischen Ereignissen herstellen, bei denen jede kausale Verknüpfung ausscheidet.«[25]

Ein anderer Physiker, der die Synchronizität ernst nimmt, ist F. David Peat. Peat glaubt, daß die Jungschen Synchronizitäten nicht nur real sind, sondern auch eine weitere Bestätigung der impliziten Ordnung darstellen. Wie wir gesehen haben, ist laut Bohm die Trennung von Bewußtsein und Materie eine Illusion, ein Artefakt, das nur in Erscheinung tritt, nachdem sich beide in der expliziten Welt der Objekte und der zeitlichen Abfolge enthüllt haben. Wenn es zwischen Geist und Materie keine Abgrenzung in der impliziten Welt gibt, dem Urgrund, aus dem alle Dinge hervorgehen, dann darf man annehmen, daß die Realität noch immer durchsetzt ist mit Spuren dieser tiefen Verwobenheit. Peat hält deshalb Synchronizitäten für »Fehler« im Gewebe der Wirklichkeit, für momentan auftretende Spalten, die uns einen flüchtigen Blick auf die umfassende und geschlossene Ordnung gestatten, die der gesamten Natur zugrunde liegt.

Anders ausgedrückt: Peat sieht in Synchronizitäten ein Indiz dafür, daß letztlich keine Trennung zwischen der physischen Welt und unserer inneren psychischen Wirklichkeit besteht. Die relative Seltenheit solcher Erfahrungen in unserem Leben bezeugt somit nicht nur das Ausmaß, in dem wir uns vom allgemeinen Bewußtseinsfeld abgespalten haben, sondern auch, wie unzugänglich uns das unendlich reiche Potential der tieferen Ordnungen des Geistes und der Realität geworden ist. Wenn wir eine Synchronizität erleben, erfahren wir laut Peat in Wirklichkeit, wie »der menschliche Geist einen Augenblick lang in seiner wahren Ordnung operiert und die gesamte Gesellschaft und Natur erfaßt, wobei er sich durch immer subtilere Ordnungen bewegt und über den Ursprung des Geistes und der Materie zum schöpferischen Kern vordringt«.[26]

Das ist ein erstaunlicher Gedanke. Praktisch alle unsere gängigen Vorurteile über die Welt beruhen auf der Prämisse, daß die subjektive und die objektive Wirklichkeit deutlich voneinander geschieden sind. Deshalb erscheinen uns Synchronizitäten so irritierend und unerklärlich. Wenn es jedoch letztlich keine Trennung zwischen der physischen Welt und den psychischen Vorgängen in unserem Innern gibt, dann müssen wir den Mut haben, mehr als bloß unsere landläufige Vorstellung vom Universum zu revidieren, denn die Konsequenzen, die sich daraus ergeben, sind bestürzend.

Eine Konsequenz ist, daß die objektive Wirklichkeit in höherem Maße einem Traum gleicht, als wir dies bislang angenommen haben.

Stellen Sie sich beispielsweise vor, Sie träumen, daß Sie an einem Tisch sitzen und zusammen mit Ihrem Chef und seiner Frau zu Abend essen. Wie Sie aus Erfahrung wissen, scheint das gesamte Inventar, das im Traum vorkommt – der Tisch, die Stühle, die Teller und Salzstreuer –, aus separaten Objekten zu bestehen. Stellen Sie sich weiter vor, daß Sie in Ihrem Traum eine Synchronizität erleben; vielleicht wird Ihnen eine besonders unappetitliche Speise vorgesetzt, und als Sie den Kellner fragen, was das sein soll, erklärt er Ihnen, das Gericht heiße »Ihr Chef«. Da Ihnen klar wird, daß Ihre Abscheu vor der Speise Ihre wahre Einstellung zu Ihrem Chef verrät, sind Sie peinlich berührt und wundern sich, wie ein Aspekt Ihres »inneren« Ichs in die »äußere« Realität der Szene, die Sie gerade träumen, übergehen konnte. Sobald Sie aufwachen, erkennen Sie natürlich, daß die Synchronizität keineswegs so verwunderlich war, denn tatsächlich bestand keine Trennung zwischen Ihrem »inneren« Ich und der »äußeren« Traumwirklichkeit. Ebenso erkennen Sie, daß auch das Getrenntsein der verschiedenen Objekte im Traum eine Illusion war, denn alle Dinge waren das Produkt einer tieferen und fundamentaleren Ordnung, der ungebrochenen Ganzheit Ihres eigenen Unbewußten.

Wenn es keine Trennung zwischen den seelischen und physischen Welten gibt, dann gilt dies auch für die objektive Wirklichkeit. Laut Peat bedeutet das nicht, daß das materielle Universum eine Illusion ist, da sowohl das Implizite als auch das Explizite bei der Schaffung der Realität eine Rolle spielen. Es besagt auch nicht, daß die Individualität verlorengeht, sowenig wie das Bild einer Rose verlorengeht, sobald es von einem holographischen Film aufgezeichnet worden ist. Es bedeutet einfach nur, daß wir wie Wirbel in einem Fluß sind, einmalig, aber untrennbar vom Strom der Natur. Oder wie Peat es formuliert: »Das Ich lebt weiter, doch nur als ein Aspekt der subtileren Bewegung, welche die Ordnung des gesamten Bewußtseins umschließt.«[27]

So schließt sich der Kreis, von der Entdeckung, daß das Bewußtsein die Gesamtheit der objektiven Wirklichkeit umfaßt – die vollständige Geschichte des Lebens auf unserem Planeten, die Religionen und Mythologien der Welt und die Dynamik der Blutzellen wie der Sterne –, bis zu der Erkenntnis, daß das materielle Universum in seinen Strukturen auch die innersten Bewußtseinsvorgänge enthalten kann. Derart ist das Wesen der tiefen Wechselbeziehungen, die in einem holographischen Universum zwischen allen Dingen existieren. Im nachfolgenden Kapitel wollen wir erkunden, wie diese Wechselbeziehungen sowie andere Aspekte der holographischen Idee unsere heutige Auffassung von Gesundheit beeinflussen.

4

»Ich singe den Leib, den holographischen ...«

> Du wirst kaum wissen, wer ich bin oder was ich meine,
> Trotzdem werde ich dir gut bekommen ...
>
> Walt Whitman
> in *»Gesang von mir selbst«*

Ein Mann von 61 Jahren, den wir Frank nennen wollen, litt an einer Form von Halskrebs, die fast immer tödlich verläuft, und erfuhr, daß seine Überlebenschancen weniger als fünf Prozent betrugen. Sein Gewicht war von 59 auf 44 Kilogramm zurückgegangen. Er war sehr schwach, konnte kaum noch seinen Speichel abschlucken und hatte Atembeschwerden. Seine Ärzte hatten lange überlegt, ob sie bei ihm eine Strahlentherapie anwenden sollten, denn es war zu befürchten, daß die Behandlung seine Beschwerden nur vergrößern würde, ohne sein Leben signifikant zu verlängern.

Dann wurde, ein Glück für Frank, O. Carl Simonton, ein Strahlenonkologe und medizinischer Direktor des Cancer Counseling and Research Center in Dallas, Texas, um seine Mithilfe bei der Behandlung gebeten. Simonton versicherte Frank, er selbst könne den Verlauf seiner Krankheit beeinflussen. Dann brachte er dem Patienten eine Reihe von Entspannungs- und Bildvorstellungsübungen bei, die er und seine Kollegen entwickelt hatten. Dreimal am Tag malte sich Frank aus, daß die Bestrahlung, die er erhielt, aus Millionen von winzigen Energiekügelchen bestünde, die seine Zellen bombardierten. Er stellte sich ferner vor, seine Krebszellen seien schwächer und konfuser als seine gesunden Zellen und folglich außerstande, die Schäden, die sie abbekommen hatten, zu reparieren. Zugleich stellte er sich vor, wie seine weißen Blutkörperchen, die Soldaten des Immunsytems, ausschwärmten und über die toten und sterbenden Krebszellen herfielen und sie zu seiner Leber und Niere schleppten, damit sie aus dem Körper geschwemmt wurden.

Die Ergebnisse waren frappierend und überstiegen bei weitem die Behandlungserfolge, die sich in solchen Fällen bei einer reinen Strahlentherapie einstellen. Die Bestrahlungen wirkten Wunder. Frank blieb weitgehend von den negativen Nebenwirkungen – Schädigungen der

Haut und der Schleimhäute – verschont, die normalerweise mit einer solchen Therapie einhergehen. Er gewann sein früheres Gewicht und seine Kraft zurück, und bereits nach zwei Monaten waren alle Krebssymptome verschwunden. Simonton ist davon überzeugt, daß Franks erstaunliche Genesung großenteils auf die täglich durchgeführten Bildvorstellungsübungen zurückzuführen ist.

In einer Anschlußstudie unterwiesen Simonton und seine Kollegen 159 Krebspatienten, die als unheilbar galten, in diesen Vorstellungstechniken. Die zu erwartende Überlebensdauer liegt in solchen Fällen bei zwölf Monaten. Nach vier Jahren waren 63 Patienten noch immer am Leben. Von diesen zeigten 14 keine Krankheitssymptome mehr, bei 12 war der Krebs rückläufig und bei 17 der Krankheitszustand stabil. Die durchschnittliche Überlebenszeit der gesamten Gruppe belief sich auf 24,4 Jahre, war also doppelt so lang wie der amerikanische Normwert.[1]

Seither hat Simonton eine Reihe von ähnlichen Studien durchgeführt, stets mit positiven Resultaten. Gleichwohl ist seine Arbeit nach wie vor sehr umstritten. Die Kritiker wenden zum Beispiel ein, daß die Personen, die bei Simontons Untersuchungen mitmachen, keine »Durchschnittspatienten« seien. Viele hätten sich an Simonton gewandt mit dem ausdrücklichen Wunsch, seine Techniken kennenzulernen, und dies sei ein Zeichen dafür, daß bei ihnen der Überlebenswille schon vorher überdurchschnittlich groß war. Trotz allem fanden viele Forscher Simontons Versuchsergebnisse so überzeugend, daß sie seine Arbeit unterstützten, und Simonton konnte inzwischen das Simonton Cancer Center aufbauen, ein erfolgreiches Forschungs- und Behandlungszentrum in Pacific Palisades in Kalifornien, in dem Patienten mit unterschiedlichen Erkrankungen die Bildvorstellungstechniken erlernen. Die therapeutische Anwendung von Bildvorstellungen beschäftigt mittlerweile auch die Öffentlichkeit, und aus einer neueren Bestandsaufnahme geht hervor, daß sie die vierthäufigste alternative Krebsbehandlungsmethode ist.[2]

Wie ist es möglich, daß ein Bild, das im Kopf entsteht, etwas so Mächtiges wie eine unheilbare Krebskrankheit zu beeinflussen vermag? Die Psychologin Jeanne Achterberg, Leiterin der Forschungs- und Rehabilitationsabteilung am Health Science Center der University of Texas in Dallas und an der Entwicklung des Simonton-Verfahrens beteiligt, sieht die Erklärung im holographischen Bildvorstellungsvermögen des Gehirns.

Wie bereits gesagt, sind alle Erfahrungen letztlich nur neurophysiologische Vorgänge, die im Gehirn stattfinden. Aufgrund des holographischen Modells empfinden wir manche Dinge, etwa Gefühle, deshalb als innere Realitäten und andere, zum Beispiel den Vogelgesang und das Hundegebell, als äußere Realitäten, weil das Gehirn sie so lokalisiert, wenn es das innere Hologramm erzeugt, das wir als Realität erfahren.

Doch wie wir ebenfalls gesehen haben, kann das Gehirn nicht immer zwischen dem, was »draußen« ist, und dem, was »draußen« zu sein scheint, unterscheiden, und das ist auch der Grund dafür, daß Amputierte zuweilen Phantomschmerzen haben. Mit anderen Worten: In einem Gehirn, das holographisch arbeitet, kann das erinnerte Bild einer Sache eine ebenso große Wirkung auf die Sinne haben wie die Sache selbst.

Es kann sich aber auch genauso nachhaltig auf die Physiologie auswirken, eine Situation, die wohl jeder schon einmal unmittelbar erlebt hat, dessen Herz schneller schlug bei der Vorstellung, daß er einen geliebten Menschen umarme. Oder jeder, der spürte, wie seine Hände zu schwitzen begannen, als er die Erinnerung an ein besonders furchterregendes Erlebnis heraufbeschwor. Auf den ersten Blick mag die Tatsache, daß der Körper nicht zwischen einem eingebildeten Ereignis und einem realen zu unterscheiden vermag, befremdlich erscheinen, doch wenn man das holographische Modell mit einbezieht – ein Modell, das besagt, daß *alle* Erfahrungen, ob real oder imaginär, auf dieselbe gemeinsame Sprache der holographisch organisierten Wellenformen zurückzuführen sind –, erscheint das Ganze sehr viel weniger rätselhaft. Oder wie es Jeanne Achterberg ausdrückt: »Wenn man Bildvorstellungen holographisch deutet, folgt daraus logischerweise ihr allmächtiger Einfluß auf die physischen Funktionen. Das Bild, das Verhalten und die physiologischen Begleiterscheinungen sind ein in sich geschlossener Aspekt desselben Phänomens.«[3]

Bohm benutzt sein Konzept der impliziten Ordnung, der tieferen und nicht örtlich fixierten Seinsebene, der unser gesamtes Universum entspringt, um sinngemäß das gleiche zu sagen: »Jede Handlung erwächst aus einer Intention in der impliziten Ordnung. Die Imagination ist bereits die Schaffung der Form; sie umfaßt schon die Intention und die Ansätze sämtlicher Bewegungen, die zu ihrer Ausführung notwendig sind. Und sie wirkt so auf den Körper usw. ein, daß sie, analog zur Erschaffung der Welt, die subtileren Schichten der impliziten Ordnung durchläuft, bis sie sich in der expliziten manifestiert.«[4] In der impliziten Ordnung, wie im Gehirn selbst, sind also Imagination und Realität letztlich ununterscheidbar, und es ist deswegen für uns keine Überraschung mehr, daß Bildvorstellungen schließlich als Realitäten im Körper manifest werden können.

Jeanne Achterberg hat herausgefunden, daß die durch Bildvorstellungen erzeugten physiologischen Wirkungen nicht nur mächtig sind, sondern auch sehr spezifisch sein können. Ein Beispiel: Der Begriff weiße Blutkörperchen bezieht sich in Wirklichkeit auf eine Reihe verschiedener Zelltypen. In einer Studie wollte Achterberg überprüfen, ob sie Versuchspersonen dazu bewegen konnte, die Zahl nur eines bestimmten Blutzellentyps im Körper zu vermehren. Zu diesem Zweck brachte sie einer Gruppe von Studenten bei, sich sogenannte neutrophile Zellen vorzustellen, die den Hauptbestandteil der weißen Blutzellenpopulation ausmachen. Eine zweite Gruppe setzte sie auf die T-Zellen an, einen spezielleren Typ der weißen Blutkörperchen. Beim Abschluß der Untersuchung war in der Gruppe, die die »Bildsprache« der Neutrophilen erlernt hatte, eine deutliche Zunahme dieser Zellen, aber keine Veränderung in der Zahl der T-Zellen zu verzeichnen. Bei der anderen Gruppe zeigte sich eine signifikante Vermehrung der T-Zellen, während die Zahl der neutrophilen Zellen gleichgeblieben war.[5]

Für Jeanne Achterberg sind auch Glaubensvorstellungen und Überzeugungen von entscheidender Bedeutung für den Gesundheitszustand eines Menschen. Nahezu jeder, so meint sie, der schon einmal mit der Welt der Medizin in Berührung gekommen ist, weiß von mindestens einem Patienten, der zum Sterben nach Hause geschickt worden war, aber zur Verwunderung der Ärzte wieder vollkommen gesund wurde, weil er daran »glaubte«. In ihrem faszinierenden Buch *Die heilende Kraft der Imagination* schildert sie mehrere Fälle dieser Art, mit denen sie selbst zu tun hatte. In einem davon geht es um eine Frau, die bei ihrer Einlieferung bereits komatös und gelähmt war und bei der man einen großen Gehirntumor diagnostizierte. Bei einer Operation wurde der Tumor soweit wie möglich entfernt, doch weil man annahm, daß die Patientin dem Tode nahe sei, schickte man sie ohne Bestrahlungs- oder Chemotherapie heim.

Statt zu sterben, wurde die Frau von Tag zu Tag kräftiger. Als ihre Biofeedback-Therapeutin konnte Jeanne Achterberg die Fortschritte der Patientin verfolgen, und nach sechzehn Monaten waren keinerlei Krebssymptome mehr zu entdecken. Wie war das möglich? Die Frau verfügte zwar über eine praktische Intelligenz, war aber ziemlich ungebildet und begriff eigentlich nicht, was das Wort »Tumor« bedeutete – oder das Todesurteil, welches es beinhaltete. Deshalb glaubte sie nicht daran, daß sie sterben würde, und mit der gleichen Selbstsicherheit und Entschlossenheit, mit der sie schon alle früheren Krankheiten besiegt hatte, überwand sie auch ihr Krebsleiden, erklärt Jeanne Achterberg. Als die Wissenschaftlerin die Frau zum letztenmal sah, hatte diese ihre Beinschienen und ihren Gehstock weggeworfen und war schon mehrere Male zum Tanzen gegangen.[6]

Jeanne Achterberg untermauert ihre These durch die Feststellung, daß geistig zurückgebliebene oder geistesgestörte Menschen – also solche, die das Todesurteil, das die Gesellschaft mit der Krebsdiagnose verbindet, nicht verstehen können – eine deutlich niedrigere Krebsrate aufweisen. In einem Zeitraum von vier Jahren waren in Texas nur etwa vier Prozent der Todesfälle in diesen Gruppen auf Krebs zurückzuführen, während der Mittelwert in dem Bundesstaat bei 15 bis 18 Prozent liegt. Besonders bemerkenswert ist, daß zwischen 1925 und 1978 in den beiden Gruppen kein einziger Fall von Leukämie registriert wurde. Untersuchungen haben ähnliche Resultate in den USA insgesamt sowie in verschiedenen anderen Ländern, darunter England, Griechenland und Rumänien, erbracht.[7]

Aufgrund dieser und anderer Befunde hält es Jeanne Achterberg für angezeigt, daß ein kranker Mensch, selbst wenn er nur eine ganz gewöhnliche Erkältung hat, so viele »neurale Hologramme« der Gesundheit aufbieten sollte wie möglich, und zwar in Form von Glaubensüberzeugungen, Bildern des Wohlbefindens und der Harmonie sowie der Aktivierung spezieller Immunfunktionen. Sie meint, wir sollten gleichzeitig alle Gedanken und Vorstellungen verbannen, die sich negativ auf unsere Gesundheit auswirken können, und uns klarmachen, daß unsere Körperhologramme mehr sind als bloße Einbildungen. Sie enthalten eine Fülle von andersartigen Informationen, die unter anderem die Verstandestätigkeit, bewußte und unbewußte Vorurteile, Ängste, Hoffnungen, Sorgen usw. betreffen.

Achterbergs Empfehlung, daß wir uns von allen negativen Bildvorstellungen befreien sollten, ist durchaus angebracht, denn es gibt Anhaltspunkte dafür, daß die Imagination Krankheiten sowohl auslösen als auch heilen kann. In *Love, Medicine, and Miracles* berichtet Bernie Siegel, er kenne viele Fälle, in denen mentale Bilder, mit denen Patienten sich selbst und ihr Leben beschrieben, offensichtlich eine Rolle bei der Entstehung ihres Zustandes gespielt hätten. Die Beispiele umfassen eine brustamputierte Frau, die ihm erzählte, sie habe »etwas von ihrer Brust entfernen wollen«, einen Patienten mit mehreren Myelomen an der Wirbelsäule, der erklärte, man habe ihn »schon immer für rückgratlos gehalten«, und einen Mann mit Kehlkopfkrebs, dessen Vater ihn bereits als Kind ständig dadurch bestraft hatte, daß er ihm die Kehle zudrückte und ihm befahl, »den Mund zu halten«.

Manchmal ist die Beziehung zwischen der Bildvorstellung und der Krankheit so auffällig, daß nur schwer zu verstehen ist, warum die betroffene Person sie nicht selbst erkennt, so etwa im Fall eines Psychotherapeuten, dem bei einer Notoperation ein langer abgestorbener Darmabschnitt entfernt werden mußte und der hinterher zu Siegel sagte: »Ich bin froh, daß Sie mein Chirurg sind. Ich habe gerade eine Lehranalyse hinter mir. Ich konnte mit der ganzen Scheiße, die da hochkam, nicht fertig werden und den ganzen Mist in meinem Leben nicht verdauen.«[8]

Vorfälle wie diese haben Siegel davon überzeugt, daß nahezu alle Krankheiten bis zu einem gewissen Grad ihren Ursprung im Geist haben, aber er hält sie deshalb nicht für psychosomatisch oder irreal. Er bezeichnet sie lieber als »soma-signifikant« – ein Begriff, den Bohm geprägt hat, um die in Frage stehende Beziehung besser zu erfassen, und die das griechische Wort *soma* (Körper) enthält. Daß möglicherweise alle Krankheiten einen geistigen Ursprung haben, beunruhigt Siegel nicht weiter. Er sieht darin eher ein Zeichen der Hoffnung, daß der Mensch, wenn er die Macht hat, Krankheiten zu erzeugen, auch die Macht besitzt, Gesundheit hervorzubringen.

Die Verbindung zwischen Imagination und Krankheit ist so stark, daß Bildvorstellungen sogar dazu benutzt werden können, die Lebenserwartung eines Patienten vorherzubestimmen. In einer weiteren Versuchsreihe haben Simonton, seine Frau, die Psychologin Stephanie Matthews-Simonton, Jeanne Achterberg und der Psychologe G. Frank Lawlis bei 126 Krebspatienten im fortgeschrittenen Stadium eine ganze Serie von Bluttests durchgeführt. Dann unterzogen sie die Patienten ebenso extensiven psychologischen Tests, bei denen diese unter anderem aufgefordert wurden, Zeichnungen von sich selbst, ihrem Krebs, ihrer Behandlung und ihrem Immunsystem anzufertigen. Die Blutuntersuchungen erbrachten einige Informationen über den Zustand der Patienten, aber sonst keine wesentlichen Erkenntnisse. Doch die Ergebnisse der psychologischen Tests, vor allem die Zeichnungen, lieferten wahre Enzyklopädien voller Informationen über die Verfassung der Kranken. Allein durch die Analyse der Zeichnungen konnte Jeanne Achterberg später mit 95prozentiger Genauigkeit vorhersagen, wer innerhalb von wenigen Monaten sterben und wer die Krankheit besiegen und wieder genesen würde.[9]

Basketballspiele des Gehirns

So unglaublich die Forschungsergebnisse der obengenannten Wissenschaftler auch sein mögen, sie stellen nur die Spitze eines Eisbergs dar, was die Kontrolle des holographischen Geistes über den Körper angeht. Die praktische Anwendung dieser Kontrolle beschränkt sich nicht ausschließlich auf gesundheitliche Probleme. Zahlreiche Studien, die in aller Welt durchgeführt wurden, haben bewiesen, daß die Imagination auch einen gewaltigen Einfluß auf physische Leistungen der unterschiedlichsten Art ausübt.

In einem neueren Experiment ließ der Psychologe Shlomo Breznitz von der Hebräischen Universität in Jerusalem mehrere Gruppen israelischer Soldaten vierzig Kilometer weit marschieren, wobei er jeder Gruppe andere Informationen gab. Einige marschierten dreißig Kilometer und erhielten dann von ihm die Mitteilung, daß sie noch weitere zehn Kilometer vor sich hätten. Anderen erklärte er, sie würden sechzig

Kilometer zurücklegen, doch in Wirklichkeit ließ er sie nur vierzig Kilometer weit laufen. Einige Gruppen durften sich an Kilometersteinen orientieren, andere ließ er im unklaren darüber, wie weit sie marschiert waren. Nach Abschluß des Experiments stellte Breznitz fest, daß der Streßhormonspiegel im Blut der Soldaten stets ihren Entfernungsschätzungen und nicht der tatsächlich zurückgelegten Strecke entsprach.[10] Mit anderen Worten: *Ihr Körper reagierte nicht auf die Realität, sondern auf das, was sie für die Realität hielten.*

Nach Auskunft von Charles A. Garfield, einem ehemaligen NASA-Forscher, der heute Präsident des Performance Sciences Institute in Berkeley, Kalifornien, ist, haben die Sowjets den Zusammenhang zwischen Vorstellungskraft und körperlichen Leistungen ausgiebig erforscht. In einer Studie wurde eine Phalanx von sowjetischen Weltklassesportlern in vier Gruppen eingeteilt. Die erste Gruppe brachte 100 Prozent ihrer Trainingszeit mit Trainieren zu. Die zweite trainierte nur 75 Prozent der Zeit und verwendete 25 Prozent darauf, sich die genauen Bewegungen und Leistungen, die sie in ihrer Sportart erbringen wollte, bildlich vorzustellen. Bei der dritten Gruppe waren die Zeiten im Verhältnis 50 zu 50 und bei der vierten 25 und 75 aufgeteilt. Man möchte es nicht glauben, aber bei den Olympischen Winterspielen 1980 in Lake Placid zeigte die vierte Gruppe die größte Leistungssteigerung, gefolgt von der dritten Gruppe, dann kam die zweite und am Ende die erste Gruppe.[11]

Garfield, der Hunderte von Stunden darauf verwendet hat, Athleten und Sportwissenschaftler überall in der Welt zu befragen, ist der Meinung, daß die Sowjets ausgeklügelte Bildvorstellungstechniken in viele sportliche Ausbildungsprogramme integriert haben und daß sie mentale Bilder als Voraussetzungen für den Prozeß der neuromuskulären Impulsbildung betrachten. Laut Garfield funktioniert die Bildvorstellung deshalb, weil Bewegungsabläufe im Gehirn holographisch erfaßt werden. In seinem Buch *Peak Performance: Mental Training Techniques of the World's Greatest Athletes* erklärt er: »Diese Bilder sind holographisch und wirken primär auf der Ebene des Unterbewußten. Der holographische Vorstellungsmechanismus befähigt uns zur raschen Lösung räumlicher Probleme, etwa zum Zusammenbau einer komplizierten Maschine, zur Choreographierung eines Tanzes oder dazu, ein Spiel im Kopf ablaufen zu lassen.«[12]

Der australische Psychologe Alan Richardson hat ähnlich erstaunliche Resultate bei Basketballspielern erzielt. Bei drei Gruppen von Spielern testete er die Leistungen im Freiwurf. Dann wies er die erste Gruppe an, täglich zwanzig Minuten lang Freiwürfe zu üben. Die zweite Gruppe durfte nicht trainieren, und die dritte sollte sich zwanzig Minuten lang pro Tag perfekte Würfe bildlich vorstellen. Wie zu erwarten, zeigte die

Gruppe, die untätig gewesen war, keinerlei Fortschritte. Die erste Gruppe verbesserte sich um 24 Prozent, bei der dritten Gruppe aber war allein durch das bildhafte Denken eine Leistungssteigerung von 23 Prozent zu verzeichnen – fast genausoviel wie bei der Trainingsgruppe.[13]

Die Aufhebung der Grenze zwischen Gesundheit und Krankheit

Nach Meinung des Mediziners Larry Dossey ist das Bildvorstellungsvermögen nicht das einzige Mittel des holographischen Geistes, um körperliche Veränderungen zu bewerkstelligen. Ein anderes ist schlicht die Einsicht in die ungebrochene Ganzheit aller Dinge. Wie Dossey bemerkt, neigen wir dazu, Krankheit als eine externe Gegebenheit zu betrachten: Krankheiten kommen von außen auf uns zu, belagern uns gleichsam und stören unser Wohlbefinden. Doch wenn Raum und Zeit und alles andere im Universum in Wahrheit untrennbar sind, dann können wir auch zwischen Gesundheit und Kranksein keinen Unterschied machen.

Wie läßt sich diese Erkenntnis in unserem Leben praktisch anwenden? Wenn wir eine Krankheit nicht mehr als etwas Separates auffassen, sondern als Teil eines größeren Ganzen, als eine Erscheinungsform des Verhaltens, der Ernährung, des Schlafes, der körperlichen Betätigung und verschiedener anderer Bezüge zur Außenwelt, werden wir oft von selbst gesund, wie Dossey meint. Als Beleg führt er eine Untersuchung an, bei der Menschen, die an chronischen Kopfschmerzen litten, aufgefordert wurden, über die Häufigkeit und Heftigkeit ihrer Schmerzen Buch zu führen. Obwohl diese Aufzeichnungen lediglich dazu dienen sollten, die Patienten auf eine weitere Behandlung vorzubereiten, stellten die meisten Betroffenen fest, daß ihre Kopfschmerzen verschwanden, als sie das Tagebuch zu führen begannen![14]

In einem anderen Experiment, das Dossey zitiert, wurden die Interaktionen von epileptischen Kindern und deren Familien auf Video aufgenommen. Bei den Sitzungen kam es gelegentlich zu Gefühlsausbrüchen, denen oft schwere Anfälle folgten. Als man den Kindern die Aufnahmen vorspielte und sie den Zusammenhang zwischen emotional geprägten Ereignissen und den Anfällen erkannten, vergingen die Anfälle fast vollständig.[15] Warum? Die Führung eines Tagebuchs oder die Betrachtung einer Videoaufnahme versetzte die betreffenden Personen in die Lage, ihren Zustand in den größeren Zusammenhang ihres Lebens einzuordnen. Sobald dies geschieht, erscheint eine Krankheit nicht mehr »als eine zudringliche Störung, die ihren Ursprung woanders hat, sondern als Bestandteil eines Lebensvorgangs, der zutreffend als ein ungebrochenes Ganzes beschrieben werden kann«, sagt Dossey. »Wenn wir uns dem Prinzip der Wechselbeziehung und des Einsseins verschreiben und uns von der Fragmentierung und Vereinzelung abwenden, stellt sich Gesundheit ein.«[16]

Für Dossey ist das Wort »Patient« ebenso irreführend wie das Wort »Teilchen«. Wir sind keine getrennten und fundamental isolierten biologischen Einheiten, sondern im Grunde dynamische Prozesse und Muster, die sich ebensowenig in Teilchen zerlegen lassen wie ein Elektron. Mehr noch, wir sind vernetzt, vernetzt mit den Kräften, die sowohl Gesundheit als auch Krankheit hervorbringen, mit den Glaubensvorstellungen unserer Gesellschaft, mit den Einstellungen unserer Freunde, unserer Angehörigen und unserer Ärzte und mit den Bildern, Vorstellungen und sogar den Wörtern, die wir benutzen, um das Universum zu erfassen.

In einer holographischen Welt sind wir auch mit unserem Körper vernetzt, und auf den voraufgehenden Seiten haben wir einige der Formen kennengelernt, in denen sich die Vernetzung manifestiert. Doch es gibt noch andere, vielleicht sogar unendlich viele andere. Dazu Pribram: »Wenn tatsächlich jeder Teil unseres Körpers das Ganze widerspiegelt, dann muß es eine ganze Reihe von Mechanismen geben, die das, was vor sich geht, steuern. Hierzu liegen freilich noch keinerlei gesicherte Erkenntnisse vor.«[17] Angesichts unserer Unwissenheit in dieser Sache sollten wir uns, anstatt zu fragen, *wie* der Geist den holographischen Körper kontrolliert, einem vielleicht noch wichtigere Problem zuwenden: Wie weit reicht diese Kontrolle? Gibt es dabei irgendwelche Einschränkungen, und falls ja, wie sind sie beschaffen? Mit dieser Frage wollen wir uns jetzt befassen.

Die Heilkräfte des Nichts

Ein medizinisches Phänomen, das uns einen nachgerade irritierenden Einblick in den Kontrollmechanismus gewährt, den der Geist in bezug auf den Körper besitzt, ist der Placeboeffekt. Ein Placebo ist eine Medikamentattrappe ohne Wirkstoff, die nur verabreicht wird, um einen Patienten bei Laune zu halten, oder die als Kontrollmittel in einem Doppelblindversuch dient, das heißt in einer Studie, bei der eine Patientengruppe eine echte Behandlung und eine Vergleichsgruppe nur eine Scheinbehandlung erfährt. Bei derartigen Experimenten wissen weder die Versuchsleiter noch die Testpersonen, wer welcher Gruppe angehört, so daß der Erfolg der echten Behandlung noch zuverlässiger ermittelt werden kann. Zuckerpillen werden oft bei Arzneiuntersuchungen verwendet, desgleichen Salzlösungen (destilliertes Wasser, das Salz enthält). Allerdings müssen Placebos nicht immer Medikamente sein. Viele Menschen schreiben die Heilwirkung von Kristallen, Kupferarmbändern und anderen alternativen Mittelchen ebenfalls dem Placeboeffekt zu.

Selbst die Chirurgie ist schon als Placebo eingesetzt worden. In den fünfziger Jahren wurde die Angina pectoris, ein rekurrierender Schmerz in der Brust und im linken Arm, der auf eine verringerte Blutzufuhr zum Herzen zurückzuführen ist, durchweg operativ behandelt. Dann entschlossen sich einige einfallsreiche Ärzte zu einem Experiment. Statt den üblichen chirurgischen Eingriff vorzunehmen, bei dem die Brustarterie abgebunden wird, schnitten sie die Patienten auf und nähten sie dann einfach wieder zu. Die Patienten, die nur zum Schein operiert worden waren, fühlten sich hinterher genauso erleichtert wie die anderen, die eine richtige Operation durchgemacht hatten. Es stellte sich heraus, daß der regelrechte chirurgische Eingriff nur eine Placebowirkung hatte.[18] Jedenfalls deutete der Erfolg der Scheinoperationen darauf hin, daß tief in uns allen die Fähigkeit verborgen ist, eine Angina pectoris in Schach zu halten.

Das ist noch nicht alles. Im letzten halben Jahrhundert ist der Placeboeffekt in Hunderten von unterschiedlichen Studien in aller Welt gründlich erforscht worden. Wir wissen heute, daß ungefähr 35 Prozent aller Patienten, die mit Placebos behandelt werden, eine signifikante Wirkung registrieren; diese Zahl kann allerdings von Fall zu Fall erheblich schwanken. Neben Angina pectoris sind nachweislich noch viele andere Gesundheitsstörungen durch eine Placebobehandlung günstig beeinflußt worden, darunter Migräne, Allergien, Fieber, Erkältung, Akne, Asthma, Warzen, verschiedene Schmerzzustände, Übelkeit und Seekrankheit, Magengeschwüre, Psychosen wie Depression und Angstzustände, rheumatische und degenerative Arthritis, Diabetes, Strahlenschäden, Parkinsonimus, multiple Sklerose und Krebs.

Diese Liste umfaßt sowohl ziemlich harmlose als auch lebensbedrohende Störungen, doch die Placebowirkung kann selbst bei den leichtesten Beschwerden psychische Veränderungen hervorrufen, die ans Wunderbare grenzen. Nehmen wir zum Beispiel die ganz gewöhnlichen Warzen. Das sind kleine höckerige Neubildungen der Haut, die durch Viren verursacht werden. Sie lassen sich durch Placebos besonders leicht heilen, wie die schier unendlich vielen volkstümlichen Rituale bezeugen – ein Ritual ist eine Art Placebo –, welches in verschiedenen Kulturen zur Entfernung von Warzen angewandt wird. Lewis Thomas, emeritierter Präsident des Memorial Sloan-Kettering Cancer Center in New York, berichtet von einem Arzt, der seine Patienten regelmäßig von Warzen befreite, indem er die Hautveränderungen einfach mit einem harmlosen roten Farbstoff bestrich. Thomas meint, man werde dem

Placeboeffekt nicht gerecht, wenn man dieses kleine Wunder bloß mit dem Wirken des Unterbewußtseins erkläre. »Wenn mein Unterbewußtsein auszutüfteln vermag, wie die Mechanismen zu handhaben sind, die für die Bekämpfung des Virus und für den gezielten Einsatz der unterschiedlichen Zellen zur Gewebeabstopfung notwendig sind, dann kann ich nur sagen, daß mein Unterbewußtsein sehr viel schlauer ist als ich«, lautet sein Kommentar.[19]

Die Wirksamkeit eines Placebos schwankt von Fall zu Fall erheblich. In neuen Doppelblindstudien, bei denen es um den Vergleich von Placebos und Aspirin ging, erwiesen sich die Placebos zu 54 Prozent als ebenso wirksam wie das Analgetikum.[20]

Man sollte annehmen, daß Placebos beim Vergleich mit einem viel stärkeren Schmerzmittel, etwa Morphin, um einiges schlechter abschneiden würden, doch das trifft nicht zu. In sechs Doppelblindstudien zeigten Placebos zu 56 Prozent eine ebenso große schmerzlindernde Wirkung wie Morphin.[21]

Wie ist das möglich? Ein Faktor, der die Placebowirkung beeinflussen kann, ist die Form der Darreichung. Injektionen werden im allgemeinen als effektiver empfunden als Pillen, und folglich kann man die Wirksamkeit eines Placebos verstärken, wenn man es injiziert. Ebenso werden Kapseln für wirksamer gehalten als Tabletten, und selbst Größe, Form und Farbe einer Tablette können eine Rolle spielen. In einer Untersuchung, bei der die Suggestivkraft von Pillenfarben ermittelt werden sollten, stellte sich heraus, daß die Probanden dazu neigten, gelbe oder orangefarbene Tabletten als »Stimmungsmittel« einzuschätzen, also entweder als Stimulanzien oder als Depressiva. Dunkelrote Pillen werden als Beruhigungsmittel, violette als Halluzinogene und weiße als Schmerzmittel aufgefaßt.[22]

Ein weiterer Faktor ist die Überzeugungskraft des Arztes, der das Placebo verschreibt. David Sobel, ein Placebospezialist am kalifornischen Kaiser Hospital, erzählt die Geschichte eines Arztes, der einen Asthmatiker, der unter ungewöhnlich heftigen Atembeschwerden litt, behandelte. Der Mediziner verabreichte dem Patienten ein Ärztemuster eines hochwirksamen Medikaments, das eine pharmazeutische Firma gerade neu herausgebracht hatte. Schon nach wenigen Minuten verbesserte sich der Zustand des Patienten spektakulär. Bei einem neuerlichen Anfall beschloß der Arzt, dem Mann ein Placebo zu verschreiben, um zu sehen, was passieren würde. Diesmal beschwerte sich der Patient, mit dem Medikament könne etwas nicht stimmen, denn es habe seine Atemnot nicht völlig behoben. Das war für den Arzt der Beweis, daß das Ärztemuster tatsächlich ein wirksames neues Asthmamittel sein mußte – bis er von der pharmazeutischen Firma einen Brief erhielt, in dem es hieß, man habe ihm statt des neuen Medikaments aus Versehen ein

Placebo zugesandt! Offensichtlich war die Begeisterung des ahnungslosen Arztes für das erste Placebo, nicht aber für das zweite, die Ursache für die unterschiedliche Wirkung.[23]

Legt man das holographische Modell zugrunde, läßt sich die Reaktion des Patienten auf die Placebobehandlung wiederum damit erklären, daß der Geist/Körper letztlich nicht imstande ist, zwischen eingebildeter und realer Wirklichkeit zu unterscheiden. Der Mann glaubte, daß er ein wirksames neues Asthmamittel bekommen habe, und dieser Glaube hatte auf seine Lunge die gleiche physiologische Wirkung wie ein echtes Medikament. Jeanne Achterbergs Auffassung, daß die neuralen Hologramme, die unseren Gesundheitszustand beeinflussen, vielgestaltig und facettenreich sind, wird auch durch die Tatsache untermauert, daß selbst eine solche Kleinigkeit wie die leicht unterschiedliche Einstellung (und vielleicht die Körpersprache) des Arztes bei der Verabreichung der beiden Placebos zur Folge hatte, daß das erste wirkte, das zweite aber nicht. Daraus geht klar hervor, daß sogar unterbewußt aufgenommene Informationen die Überzeugungen und mentalen Bildvorstellungen, die unsere Gesundheit beeinflussen, nachhaltig prägen können. Hier fragt man sich, wie viele Medikamente wohl nur wegen der inneren Einstellung des verschreibenden Arztes wirken (oder nicht wirken).

Tumoren schmelzen wie Schneebälle auf einer heißen Herdplatte

Es ist wichtig, daß wir verstehen, welche Rolle solche Faktoren bei der Placebowirkung spielen, denn daraus ergibt sich, auf welche Weise unsere Fähigkeit, den holographischen Körper zu beeinflussen, durch unseren Glauben geprägt wird. Unser Geist besitzt die Macht, Warzen verschwinden zu lassen, Bronchien durchlässig zu machen und die schmerztötende Wirkung des Morphins zu kopieren, doch da wir uns dieser Macht nicht bewußt sind, müssen wir dazu verführt werden, sie anzuwenden. Das wirkt fast komisch, wären da nicht die vielen Tragödien, die dadurch entstehen, daß wir unsere eigene Macht nicht kennen.

Dies läßt sich kaum besser belegen als durch einen inzwischen berühmt gewordenen Krankheitsfall, über den der Psychologe Bruno Klopfer berichtet hat. Klopfer behandelte einen Mann namens Wright, der an einem Lymphknotenkrebs im fortgeschrittenen Stadium litt. Alle Standardtherapien waren durchgeführt worden, und es blieb offensichtlich nicht mehr viel Zeit. Wrights Nacken, Achselhöhlen, Brust und Unterleib waren mit orangengroßen Tumoren übersät, und seine Milz und seine Leber hatten sich so vergrößert, daß ihm jeden Tag ungefähr zwei Liter einer milchigen Flüssigkeit aus der Brust abgezapft werden mußten.

Doch Wright wollte nicht sterben. Er hatte von einem sensationellen neuen Medikament gehört, das Krebiozen hieß, und er bat seinen Arzt, es an ihm auszuprobieren. Der Arzt weigerte sich zunächst, weil das Mittel bislang nur bei Patienten mit einer Lebenserwartung von mindestens drei Monaten getestet worden war. Wright ließ jedoch nicht locker, so daß der Arzt schließlich nachgab. Er verabreichte Wright an einem Freitag eine Krebiozen-Injektion, obwohl er fest damit rechnete, daß sein Patient das Wochenende nicht überleben würde. Dann ging der Arzt heim.

Zu seiner Überraschung entdeckte er am darauffolgenden Montag, daß Wright das Bett verlassen hatte und umherging. Seine Geschwülste waren, so Klopfer, »wie Schneebälle auf einer heißen Herdplatte geschmolzen« und nur noch halb so groß wie vorher. Eine so rasche Größenabnahme hätte sich selbst mit der stärksten Bestrahlung nicht erzielen lassen. Zehn Tage nach der ersten Krebiozen-Behandlung konnte Wright das Krankenhaus verlassen und war, soweit es seine Ärzte feststellen konnten, krebsfrei. Als er eingeliefert worden war, hatte er zum Atmen eine Sauerstoffmaske benötigt, nach seiner Entlassung jedoch war er so weit wiederhergestellt, daß er ohne Beschwerden mit seinem Privatflugzeug in 12 000 Fuß Höhe fliegen konnte.

Sein Gesundheitszustand blieb ungefähr zwei Monate lang stabil, aber dann erschienen Artikel, in denen behauptet wurde, Krebiozen habe im Grunde keinerlei Wirkung auf Lymphknotenkrebs. Wright, ein streng logisch und wissenschaftlich denkender Mann, war sehr deprimiert, erlitt einen Rückfall und mußte wieder ins Krankenhaus eingeliefert werden. Diesmal entschloß sich der behandelnde Arzt zu einem Experiment. Er versicherte dem Patienten, daß Krebiozen genauso wirksam sei, wie es den Anschein gehabt habe, aber die erste Partie des Medikaments habe auf dem Versandweg Schaden genommen. Er verfüge jedoch über eine neue, hochkonzentrierte Version des Mittels und könne Wright damit behandeln. Natürlich besaß der Arzt kein neues Medikament; er hatte vielmehr die Absicht, seinem Patienten einfaches Wasser zu injizieren. Um die richtige Atmosphäre zu schaffen, traf er alle möglichen umständlichen Vorbereitungen, bevor er Wright das Placebo verabreichte.

Abermals war das Ergebnis dramatisch. Die Tumoren schmolzen dahin, die Brustflüssigkeit verschwand, und Wright war sehr bald wieder auf den Beinen und fühlte sich großartig. Wieder blieb er zwei Monate lang symptomfrei, doch dann gab die American Medical Association bekannt, eine landesweite Krebiozen-Studie habe ergeben, daß das Medikament für die Krebstherapie untauglich sei. Diesmal war Wrights

Glaube restlos erschüttert. Seine Krankheit kehrte mit voller Wucht zurück, und er starb nach zwei Tagen.[24]

Wrights Schicksal ist tragisch, aber es vermittelt eine wichtige Botschaft: Wenn es uns gelingt, unsere Ungläubigkeit zu überwinden und die heilende Kräfte in uns zu aktivieren, können wir selbst Tumoren über Nacht zum Schmelzen bringen.

In den Krebiozen-Fall war nur eine einzige Person verwickelt, doch in ähnlich gelagerten Fällen sind sehr viel mehr Menschen betroffen. Nehmen wir zum Beispiel das Medikament cis-Platin. Als es auf den Markt kam, wurde es ebenfalls als Wundermittel angepriesen, und 75 Prozent der mit ihm behandelten Patienten wurden wieder gesund. Doch nachdem die erste Begeisterungswelle abgeklungen und die Anwendung von cis-Platin zur Routine geworden war, ging der Wirkungsgrad auf 25 bis 30 Prozent zurück. Augenscheinlich waren die meisten Heilerfolge nur auf den Placeboeffekt zurückzuführen.[25]

Helfen Medikamente tatsächlich?

Solche Zwischenfälle werfen eine wichtige Frage auf: Falls Medikamente wie Krebiozen und cis-Platin wirken, wenn wir an sie glauben, und ihre Wirksamkeit verlieren, wenn wir nicht mehr an sie glauben, was besagt dies für Medikamente im allgemeinen? Die Frage ist schwer zu beantworten, doch wir haben einige Anhaltspunkte. Der Mediziner Herbert Benson von der Harvard Medical School verweist beispielsweise darauf, daß die allermeisten Therapien, die bis zum Ende des 19. Jahrhunderts verordnet worden sind, vom Aderlaß bis zur Verabreichung von Eidechsenblut, sinnlos waren, aber wegen des Placeboeffekts dennoch zuweilen Linderung brachten.[26]

Zusammen mit Dr. David P. McCallie jr. vom Thorndike Laboratory in Harvard hat Benson Untersuchungen zu den verschiedenen Therapien bei Angina pectoris überprüft, die im Laufe der Jahre angewandt worden sind, und dabei festgestellt, daß zwar die Medikamente kamen und gingen, die Erfolgsrate aber – selbst bei inzwischen diskreditierten Behandlungsmethoden – durchweg hoch war.[27] Daraus geht eindeutig hervor, daß der Placeboeffekt in der älteren Medizin eine große Rolle gespielt hat – doch ist er auch heute noch von Bedeutung? Die Antwort lautet offensichtlich ja. Das staatliche Office of Technology Assessment schätzt, daß mehr als 75 Prozent aller heute angewandten Heilverfahren nicht hinreichend wissenschaftlich erforscht sind, eine Zahl, die den Schluß zuläßt, daß die Ärzte womöglich immer noch Placebos verschreiben, ohne es zu wissen (Benson ist davon überzeugt, daß zumindest viele freiverkäufliche Arzneimittel vorwiegend als Placebos wirken).[28]

Angesichts der bislang vorgelegten Indizien könnte man sich beinahe fragen, ob sämtliche Medikamente Placebos sind. Die Antwort ist ein klares Nein. Viele Medikamente sind wirksam, gleichgültig, ob wir an sie glauben oder nicht: Vitamin C schützt vor Skorbut, und Insulin erleichtert selbst skeptischen Diabetikern das Leben. Gleichwohl ist die Sache nicht ganz so eindeutig, wie es scheinen mag. Das zeigen die folgenden Berichte:

Bei einem im Jahre 1962 durchgeführten Experiment erklärten Dr. Harriet Linton und Dr. Robert Langs den Probanden, sie würden an einer Studie über die Wirkung von LSD teilnehmen, doch sie verabreichten ihnen statt dessen ein Placebo. Bereits eine halbe Stunde nach der Einnahme des Placebos begannen sich bei den Testpersonen die klassischen Symptome der richtigen Droge einzustellen: Enthemmung, vermeintliche Einsicht in den Sinn des Daseins usw. Diese »Placebo-Trips« dauerten mehrere Stunden.[29]

Einige Jahre später, 1966, reiste der inzwischen in Ungnade gefallene Harvard-Psychologe Richard Alpert in den Fernen Osten, um »heilige Männer« ausfindig zu machen, die ihm Einblicke in die LSD-Erfahrung liefern sollten. Er fand mehrere, die bereit waren, die Droge auszuprobieren, und registrierte eine Vielzahl von Reaktionen. Ein Pandit versicherte ihm, das Zeug sei gut, wenn auch nicht so gut wie die Meditation. Ein anderer, ein tibetischer Lama, beklagte sich dagegen, er bekomme davon nur Kopfschmerzen.

Am faszinierendsten fand Alpert jedoch die Reaktion eines kleinen verschrumpelten heiligen Mannes, der in den Ausläufern des Himalaja lebte. Weil der Mann schon über sechzig war, wollte ihm Alpert zunächst nur eine geringe Dosis von 50 bis 75 Mikrogramm zumuten. Doch der Mann interessierte sich viel mehr für eine der 305-Mikrogramm-Pillen, die Alpert dabeihatte, eine vergleichsweise hohe Dosis. Widerstrebend gab ihm Alpert eine solche Pille, aber der Mann war noch immer nicht zufrieden. Augenzwinkernd verlangte er eine zweite und dritte Pille und schluckte die 915 Mikrogramm LSD auf einmal herunter. (Zum Vergleich: Die Durchschnittsdosis, die Grof bei seinen Versuchen verwendete, betrug etwa 200 Mikrogramm.)

Gespannt wartete Alpert ab, was passieren würde. Er rechnete damit, daß der Mann anfangen würde, mit den Armen zu wedeln und wie ein Besessener zu brüllen, doch er benahm sich, als ob nichts geschehen wäre. Dieser Zustand hielt den ganzen Tag an; der Mann war so heiter und natürlich wie immer, nur daß er Alpert hin und wieder freundlich anblinzelte. Das LSD hatte bei ihm offensichtlich keine oder nur eine geringe Wirkung. Dieses Erlebnis beeindruckte Alpert dermaßen, daß er das LSD aufgab, seinen Namen in Ram Dass änderte und sich fortan zum Mystizismus bekannte.[30]

Die Einnahme eines Placebos kann demnach die gleiche Wirkung wie die eines echten Medikaments haben, und die Einnahme des echten Mittels hat unter Umständen keinerlei Wirkung. Eine solche Umkehrung der Verhältnisse ist auch bei Amphetaminen experimentell nachgewiesen worden. Bei einem Versuch wurden jeweils zehn Probanden in zwei Räumen untergebracht. Im ersten Raum erhielten neun ein stimulierendes Amphetamin und der zehnte ein schlafförderndes Barbiturat. Im zweiten Raum war es genau umgekehrt. Doch in beiden Fällen verhielt sich die von der Regel abweichende Person genauso wie die »Mitinsassen«. Der einsame Barbiturateinnehmer im ersten Raum schlief nicht ein, sondern wurde munter und temperamentvoll, und der einsame Amphetamineinnehmer im zweiten Raum schlief ein.[31] Berühmt ist auch der Fall eines Mannes, der nach dem Aufputschmittel Ritalin süchtig war und dessen Abhängigkeit dann auf ein Placebo übertragen wurde. Mit anderen Worten: Der zuständige Arzt konnte dem Patienten die unangenehmen Begleiterscheinungen des Ritalin-Entzugs ersparen, indem er das Medikament heimlich durch Zuckerpillen ersetzte. Leider entwickelte sich dann bei dem Mann eine Placeboabhängigkeit![32]

Solche Ergebnisse kommen nicht nur unter Versuchsbedingungen zustande. Placebos spielen auch in unserem Alltag eine Rolle. Halten Sie sich des Nachts mit Koffein wach? Es ist wissenschaftlich erwiesen, daß selbst koffeinempfindliche Menschen nicht einmal mit einer Koffeininjektion wach zu halten sind, wenn sie in dem Glauben gelassen werden, sie hätten ein Sedativ erhalten.[33] Hat Ihnen jemals ein Antibiotikum bei einer Erkältung oder einer Halsentzündung geholfen? Falls ja, handelte es sich um einen Placeboeffekt. Alle Erkältungskrankheiten werden durch Viren verursacht, und Antibiotika sind nur bei bakteriellen, nicht aber bei Virusinfektionen wirksam. Haben Sie jemals nach einer Medikamenteneinnahme unangenehme Nebenwirkungen verspürt? In einer Studie[34] zu einem Tranquilizer namens Mephenesin haben Wissenschaftler festgestellt, daß bei 10 bis 20 Prozent der Testpersonen unangenehme Nebenwirkungen auftraten – darunter Übelkeit, juckender Hautausschlag und Herzklopfen –, ohne Rücksicht darauf, ob sie das echte Medikament oder ein Placebo eingenommen hatten.* Ähnlich verhielt es sich bei einer kürzlich durchgeführten Untersuchung einer neuartigen Chemotherapie: 30 Prozent der Probanden in der *Kontrollgruppe*, also der Gruppe, die ein Placebo erhalten hatten, verlo-

---

* Damit will ich natürlich keineswegs behaupten, daß alle Nebenwirkungen von Medikamenten auf den Placeboeffekt zurückzuführen sind. Wenn Sie eine negative Reaktion auf ein Arzneimittel erleben, sollten Sie unbedingt Ihren Arzt befragen.

ren ihre Haare.³⁵ Wenn sich also jemand in Ihrem Bekanntenkreis einer Chemotherapie unterziehen muß, so versuchen Sie ihm Mut zu machen und ihn optimistisch zu stimmen. Der Geist hat eine große Macht!

Placebos eröffnen uns nicht allein einen Zugang zu dieser Macht, sie stützen auch eine holographische Deutung der Geist-Körper-Beziehung. In einem Artikel für die *New York Times* bemerkte die für Gesundheits- und Ernährungsfragen zuständige Kolumnistin Jane Brody: »Die Wirksamkeit von Placebos liefert einen eindrucksvollen Beleg für eine ›holistische‹ Auffassung des menschlichen Organismus, eine Auffassung, die in der medizinischen Forschung zunehmend Beachtung findet. Diese Auffassung geht davon aus, daß der Geist und der Körper ständig interagieren und zu eng miteinander vernetzt sind, um als unabhängige Einheiten behandelt zu werden.«³⁶

Der Placeboeffekt beeinflußt uns möglicherweise in einem sehr viel umfassenderen Sinne, als wir vermuten; das läßt sich aus einem höchst irritierenden medizinischen Rätsel ableiten, das jüngst aufgetaucht ist. Amerikanische Fernsehzuschauer haben seit etwa einem Jahr eine wahre Flut von Werbespots über sich ergehen lassen, in denen die Fähigkeit des Aspirins, das Infarktrisiko zu verringern, propagiert wird. Dafür gibt es offenbar handfeste Belege, denn sonst würden die Fernsehzensoren, die bei medizinischen Aussagen in Werbesendungen sehr strenge Maßstäbe anlegen, solche Spots nicht zulassen. Das einzige Problem ist, daß das Aspirin in England nicht die gleiche Wirkung zu haben scheint. Eine sechsjährige Untersuchung, durchgeführt von 5139 britischen Ärzten, hat keinen Beweis dafür erbracht, daß das Infarktrisiko durch Aspirin gesenkt wird.³⁷ Haben wir es hier mit einer wissenschaftlichen Panne zu tun oder vielleicht doch mit einem massiven Placeboeffekt? Wie dem auch sei, glauben Sie auch weiterhin an die prophylaktische Wirkung des Aspirins. Es könnte womöglich Ihr Leben retten.

Die Problematik der multiplen Persönlichkeit

Ein anderes Krankheitsbild, das den nachhaltigen Einfluß des Geistes auf den Körper veranschaulicht, ist der Fall der multiplen Persönlichkeit. Die Unterpersönlichkeiten eines »Multiplen« besitzen nicht nur unterschiedliche Gehirnstrommuster, sondern sind auch psychologisch gesehen streng voneinander geschieden. Jede hat einen anderen Namen, ein anderes Alter, andere Erinnerungen und Fähigkeiten. Vielfach unterscheiden sie sich auch durch die Handschrift, das vermeintliche Geschlecht, den kulturellen und rassischen Hintergrund, die künstlerische Begabung, die Beherrschung von Fremdsprachen und den Intelligenzquotienten.

Noch erstaunlicher sind jedoch die biologischen Veränderungen, die bei einem Persönlichkeitswechsel in einem solchen Kranken vorgehen. Häufig verschwindet auf geheimnisvolle Weise ein medizinisches Problem, mit dem eine Unterpersönlichkeit behaftet ist, sobald eine andere Unterpersönlichkeit die Herrschaft übernimmt. Dr. Bennett Braun von der International Society for the Study of Multiple Personality in Chicago hat einen Fall dokumentiert, in dem alle Unterpersönlichkeiten eines Patienten bis auf eine einzige gegen Orangensaft allergisch waren. Wenn der Mann Orangensaft trank, während eine seiner allergischen Unterpersönlichkeiten dominierte, bekam er einen furchtbaren Hautausschlag. Doch sobald er sich in seine nichtallergische Persönlichkeit versetzte, ging der Ausschlag sofort zurück, und der Mann konnte so viel Saft trinken, wie er wollte.[38]

Francine Howland, eine Psychiaterin aus Yale, die sich auf die Behandlung von Multiplen spezialisiert hat, berichtet von einem noch verblüffenderen Vorfall, der die Reaktion eines Kranken auf einen Wespenstich betrifft. Eines Tages erschien er mit einem zugeschwollenen Auge, verursacht durch einen Wespenstich, zum vereinbarten Termin bei Francine Howland. Sie erkannte, daß er medizinische Hilfe benötigte, und rief einen Augenarzt an. Dieser hatte jedoch erst eine Stunde später einen Termin frei, und da der Mann starke Schmerzen hatte, entschloß sich die Psychiaterin, selbst etwas zu unternehmen. Wie sich herausstellte, war eine der Wechselpersönlichkeiten des Mannes eine »anästhetische Persönlichkeit«, die absolut keinen Schmerz empfand. Howland ließ diese Unterpersönlichkeit die Kontrolle über den Körper übernehmen, und der Schmerz hörte auf. Als der Mann die Praxis des Augenarztes betrat, hatte sich die Schwellung zurückgebildet, und das Auge war wieder normal. Der Arzt sah keine Notwendigkeit für eine Behandlung und schickte den Patienten heim.

Doch nach einer Weile verlor die anästhetische Persönlichkeit die Kontrolle über den Körper, die ursprüngliche Persönlichkeit des Mannes kehrte zurück und damit auch die Schmerzen und die Schwellung. Am nächsten Tag suchte er wiederum den Augenarzt auf, um sich doch noch behandeln zu lassen. Weder die Psychiaterin noch ihr Patient hatten dem Augenarzt erzählt, daß der Mann eine multiple Persönlichkeit war. Nach der Behandlung rief der Augenarzt Francine Howland an. »Er meint, seine Phantasie habe ihm einen Streich gespielt«, erklärte sie lachend. »Er wollte sich nur vergewissern, daß ich ihn tatsächlich tags zuvor angerufen hatte und daß er sich das nicht nur eingebildet hatte.«[39]

Allergien sind nicht die einzigen Beschwerden, die eine multiple Persönlichkeit »ein- und abschalten« kann. Falls hinsichtlich der Kontrolle des Unbewußten über die Wirkung von Medikamenten oder

Drogen noch irgendwelche Zweifel bestanden, so wurden sie durch die pharmakologischen Zauberkräfte der Multiplen ausgeräumt. Durch einen Persönlichkeitswechsel kann ein solcher Mensch auf der Stelle nüchtern werden, wenn er betrunken ist. Die verschiedenen Unterpersönlichkeiten reagieren auch unterschiedlich auf Arzneimittel. Dr. Braun berichtet von einem Fall, in dem fünf Milligramm des Tranquilizers Diazepam eine Persönlichkeit ruhigstellten, während einhundert Milligramm bei einer anderen keine oder nur eine geringe Wirkung hatten. Oft sind eine oder mehrere Unterpersönlichkeiten eines Kranken Kinder, und wenn eine erwachsene Spielart eine Medizin einnimmt und dann von einer kindlichen Persönlichkeit abgelöst wird, kann die Erwachsenendosis für das Kind viel zu hoch sein, worauf sich die Folgen einer Überdosierung einstellen. Schwierig ist es auch, eine multiple Persönlichkeit in Narkose zu versetzen, und es ist schon vorgekommen, daß solche Patienten auf dem Operationstisch aufwachen, nachdem eine ihrer »unanästhesierbaren« Unterpersönlichkeiten die Herrschaft übernommen hatte.

Bei den verschiedenen Unterpersönlichkeiten sind auch Narben, Brandmale, Zysten sowie Rechts- bzw. Linkshändigkeit Veränderungen unterworfen. Die Sehschärfe kann ebenfalls variieren, und manche Multiple müssen zwei oder drei verschiedene Brillen benutzen, um ihren wechselnden Persönlichkeiten gerecht zu werden. Eine Persönlichkeit mag farbenblind sein, eine andere dagegen ist es nicht, und sogar die Augenfarbe kann wechseln. Man weiß von Frauen, die zwei- oder dreimal im Monat menstruieren, da jede ihrer Unterpersönlichkeiten ihren eigenen Zyklus hat.

Der Sprachpathologe Christy Ludlow hat entdeckt, daß das Lautmuster bei jeder Unterpersönlichkeit verschieden ist, eine Leistung, die eine so tiefgreifende physiologische Veränderung bedingt, daß selbst ein hervorragender Schauspieler nicht imstande ist, seine angestammte Stimme zur Unkenntlichkeit zu verstellen.[40] Eine multiple Frau, die wegen Diabetes ins Krankenhaus kam, irritierte ihre Ärzte dadurch, daß sie keinerlei Symptome zeigte, sobald eine ihrer nicht zuckerkranken Persönlichkeiten das Regiment übernahm.[41] Berichtet wird von epileptischen Anfällen, die mit dem Persönlichkeitswechsel kommen und gehen, und der Psychologe Robert A. Phillips jr. erklärt, daß sogar Tumoren verschwinden und wieder auftreten können (er sagt allerdings nicht, um welche Tumorform es sich dabei handelt).[42]

Multiple Persönlichkeiten werden im übrigen meist schneller gesund als normale Sterbliche. Bezeugt sind beispielsweise mehrere Fälle von Verbrennungen dritten Grades, die ungewöhnlich rasch verheilten. Zumindest eine Forscherin – Cornelia Wilbur, jene Therapeutin, deren bahnbrechender Heilerfolg bei Sybil Dorsett in dem Buch *Sybil* geschildert wird – ist davon überzeugt, daß Multiple langsamer altern als andere Menschen.

Wie lassen sich solche Phänomene erklären? Auf einem Symposium, das sich vor kurzem mit dem Syndrom der multiplen Persönlichkeit befaßte, gab eine Frau, die selbst einschlägig erkrankt ist, eine mögliche Antwort. Cassandra, so wird sie genannt, führt ihre Fähigkeit, rasch zu gesunden, sowohl auf die von ihr praktizierten Bildvorstellungstechniken als auch auf etwas zurück, das sie als »Parallelverarbeitung« bezeichnet. Selbst wenn ihre alternativen Persönlichkeiten, so versicherte sie, ihren Körper nicht kontrollieren, ist sie sich ihrer dennoch bewußt. Das befähigte sie, auf einer Vielzahl unterschiedlicher Kanäle gleichzeitig zu »denken«, an mehreren verschiedenen Referaten simultan zu arbeiten und sogar zu »schlafen«, während andere Persönlichkeiten das Essen zubereiten oder das Haus in Ordnung halten.

Das heißt: Während normale Menschen sich nur zwei- oder dreimal täglich gesundheitsfördernden Bildvorstellungen widmen, beschäftigt sich Cassandra rund um die Uhr damit. Sie besitzt sogar eine Unterpersönlichkeit namens Celese, die über gründliche anatomische und physiologische Kenntnisse verfügt und deren einzige Aufgabe es ist, sich täglich vierundzwanzig Stunden lang meditierend und imaginierend mit dem Wohlbefinden des Körpers zu befassen. Dank dieser unablässigen Aufmerksamkeit, die Cassandra ihrer Gesundheit schenkt, ist sie den gewöhnlichen Menschen überlegen. Andere multiple Persönlichkeiten haben von sich ähnliches behauptet.[43]

Wir alle sind darauf fixiert, daß die Dinge unvermeidlich sind. Wenn wir schlechte Augen haben, meinen wir, daß wir unser ganzes Leben lang nicht gut sehen werden, und wenn wir an Diabetes leiden, glauben wir keinen Augenblick daran, daß sich unser Zustand durch einen Wechsel unserer Stimmung oder unserer Denkweise bessern könnte. Das Phänomen der multiplen Persönlichkeit jedoch stellt diesen Glauben in Frage und liefert einen weiteren Beweis dafür, wie sehr unsere psychische Verfassung die Biologie des Körpers beeinflussen kann. Wenn die Psyche eines multiplen Menschen eine Art Mehrfachbildhologramm ist, dann ist der Körper möglicherweise ebenfalls eines, und er könnte von einem biologischen Zustand genauso schnell in einen anderen übergehen, wie man Spielkarten mischt.

Das Kontrollsystem, das vorhanden sein muß, um solche Abläufe zu regulieren, ist atemberaubend und stellt unsere Fähigkeit, eine Warze durch Willenskraft verschwinden zu lassen, weit in den Schatten. Die allergische Reaktion auf einen Wespenstich ist ein komplexer und vielschichtiger Prozeß; dieser umfaßt die zielgerichtete Aktivität von Antikörpern, die Produktion von Histamin, die Erweiterung und Zertrennung von Blutgefäßen, die massenhafte Freisetzung von Immunstoffen usw. Welche unbekannten Einflußströme befähigen den Geist einer multiplen Persönlichkeit, alle diese Vorgänge zu unterbrechen? Oder was gibt diesen Menschen die Möglichkeit, die Auswirkungen von Alkohol oder anderen Drogen auf das Blut aufzuheben oder den Diabetes ein- und abzuschalten? Im Augenblick wissen wir das noch nicht, und wir müssen uns mit der schlichten Tatsache zufriedengeben. Nachdem sich eine multiple Persönlichkeit einer Therapie unterzogen hat und wieder »eins« geworden ist, kann sie diese raschen Wechsel noch immer beliebig herbeiführen.[44] Dies läßt vermuten, daß wir *alle* irgendwo in unserer Psyche die Fähigkeit besitzen, diese Vorgänge bewußt zu steuern. Und wir können sogar noch mehr.

Schwangerschaft, Organverpflanzungen und der Rückgriff auf die Gene

Wie wir gesehen haben, können auch ganz simple Überzeugungen einen nachhaltigen Einfluß auf den Körper ausüben. Selbstverständlich bringen die meisten von uns nicht die geistige Disziplin auf, die nötig ist, um unsere Glaubensvorstellungen vollständig zu kontrollieren (deshalb müssen die Ärzte Placebos verwenden, die uns dazu verführen, die Heilkräfte in uns zu mobilisieren). Um diese Kontrolle zurückzugewinnen, müssen wir zunächst die verschiedenen Arten von Überzeugungen verstehen, die uns möglicherweise beeinflussen, denn auch sie eröffnen uns ganz spezielle Einblicke in die Plastizität der Geist-Körper-Beziehung.

Kulturbedingte Überzeugungen

Eine bestimmte Art von Überzeugungen wird uns von der Gesellschaft, in der wir leben, auferlegt. Die Bewohner der Trobriand-Inseln beispielsweise pflegen vor der Ehe freizügige sexuelle Beziehungen, doch voreheliche Schwangerschaften werden mißbilligt. Die Menschen benutzen keinerlei Verhütungsmittel und nehmen nur selten, wenn überhaupt, Zuflucht zu einer Abtreibung. Dennoch sind unerwünschte Schwangerschaften praktisch unbekannt. Das deutet darauf hin, daß sich die unverheirateten Frauen aufgrund ihrer kulturbedingten Überzeugungen unbewußt davor schützen, schwanger zu werden.[45] Einiges läßt darauf schließen, daß etwas Ähnliches auch in unserer eigenen Kultur passiert. Fast jeder kennt ein Ehepaar, das sich jahrelang vergebens bemüht, ein Kind zu bekommen. Schließlich adoptiert man ein Kind, und kurz darauf wird die Ehefrau schwanger. Auch hier ist zu vermuten, daß die Adoption die Frau und/oder den Mann dazu befähigte, irgendeine Hemmung zu überwinden.

Die Ängste, die wir mit den anderen Mitgliedern unserer Gesellschaft gemein haben, können uns gleichfalls stark beeinflussen. Im 19. Jahrhundert fielen Zehntausende von Menschen der Tuberkulose zum Opfer, doch in den Jahren um 1880 begann die Sterblichkeitsrate zurückzugehen. Warum? Vor diesem Jahrzehnt kannte noch niemand die Ursache der Tuberkulose, die deswegen von der Aura eines schrecklichen Geheimnisses umgeben war. Doch 1882 machte Robert Koch die entscheidende Entdeckung, daß die Tuberkulose durch ein Bakterium ausgelöst wird. Sobald diese Erkenntnis allgemein bekannt war, sank die Sterblichkeit von 600 auf 200 pro 100 000 Menschen, ungeachtet der Tatsache, daß es noch fast ein halbes Jahrhundert dauerte, bis ein wirksames Medikament entwickelt wurde.[46]

Angst war offensichtlich auch ein wesentlicher Faktor in der Erfolgsbilanz der Organtransplantationen. In den fünfziger Jahren waren Nierenverpflanzungen noch ein riskantes Unterfangen. Dann gelang einem Arzt in Chicago eine erfolgverheißende Transplantation. Er veröffentlichte seine Erkenntnisse, und schon bald wurden überall auf der Welt erfolgreiche Transplantationen durchgeführt. Doch dann starb der erste Empfänger einer fremden Niere. Der Arzt stellte fest, daß die Niere tatsächlich von Anfang an abgestoßen worden war. Aber das war jetzt nicht mehr so wichtig. Sobald die Organempfänger daran glaubten, daß sie überleben würden, blieben sie auch am Leben, und die Erfolgsraten übertrafen alle Erwartungen.[47]

Auf die Einstellung kommt es an

Auf andere Weise manifestieren sich Überzeugungen in unserer inneren Grundhaltung. Untersuchungen haben ergeben, daß die Einstellung einer werdenden Mutter gegenüber ihrem Baby und der Schwangerschaft im allgemeinen in einem direkten Zusammenhang steht mit den etwaigen Komplikationen, die mit der Geburt einhergehen, und mit den Gesundheitsproblemen des Neugeborenen.[48]

Im letzten Jahrzehnt ist eine wahre Flut von Studien über uns hereingebrochen, die den Einfluß belegen, den unsere innere Einstellung auf eine Vielzahl von Erkrankungen hat. Bei Menschen, die in Aggressionstests hohe Punktzahlen erreichen, ist die Wahrscheinlichkeit, daß sie an einer Herzkrankheit sterben, siebenmal höher als bei Personen mit niedrigen Werten.[49] Verheiratete Frauen besitzen ein stabileres Immunsystem als getrennt lebende oder geschiedene, und bei *glücklich* verheirateten Frauen ist das Immunsystem sogar noch leistungsfähiger.[50] Aids-Kranke mit ausgeprägtem Kampfgeist leben länger als Infizierte mit einer passiven Lebenseinstellung.[51] Dasselbe gilt für Krebskranke.[52] Pessimisten leiden häufiger an Erkältungen als Optimisten.[53] Streß vermindert die Immunreaktion[54]; Menschen, die soeben ihren Partner verloren haben, sind anfälliger für Beschwerden und Krankheiten[55] und so weiter und so fort.

Willensstärke

Die Typen von Überzeugungen, die wir bis jetzt behandelt haben, kann man durchweg als passiv einstufen, als Vorstellungen, die wir uns von unserer Natur oder vom normalen Denkverhalten auferlegen lassen. Eine bewußte Überzeugung in Form eines stahlharten und unbeirrbaren Willens kann ebenfalls dazu dienen, den holographischen Körper umzumodeln und zu kontrollieren. In den siebziger Jahren versetzte Jack Schwarz, ein Schriftsteller und Vortragsreisender holländischer Abstammung, mit seiner Fähigkeit, die biologischen Vorgänge in seinem Körper willentlich zu steuern, Forscher in verschiedenen amerikanischen Laboratorien in Erstaunen.

Bei Untersuchungen, die in der Menninger Foundation, im neuropsychiatrischen Institut der University of California und anderswo durchgeführt wurden, verblüffte Schwarz die Mediziner damit, daß er sich die Arme mit achtzehn Zentimeter langen Segelmachernadeln durchbohrte, ohne zu bluten, ohne zu zucken und ohne Beta-Gehirnwellen zu erzeugen (diese Wellen entstehen normalerweise, wenn ein Mensch Schmerz empfindet). Auch als die Nadeln wieder herausgezogen wurden, blutete Schwarz nicht, und die Einstichlöcher schlossen sich sogleich. Außerdem konnte Schwarz den Rhythmus seiner Gehirnwellen nach Belieben verändern, brennende Zigaretten am Körper ausdrücken, ohne sich zu verletzen, und glühende Kohlen in die Hand nehmen. Er erklärte, er habe diese Fähigkeiten in einem Konzentrationslager erworben, wo er lernen mußte, Schmerzen zu ertragen, um nicht unter den furchtbaren Schlägen zusammenzubrechen, mit denen er traktiert worden sei. Ihm zufolge kann jeder Mensch lernen, seinen Körper bewußt zu kontrollieren, und auf diese Weise die Verantwortung für seinen Gesundheitszustand übernehmen.[56]

Merkwürdigerweise hatte ein anderer Holländer schon 1947 ähnliche Fähigkeiten demonstriert. Der Mann hieß Mirin Dajo, und im Zürcher Corso-Theater führte er sie einem erstaunten Publikum vor. Vor aller Augen ließ er sich von einem Assistenten eine Florettklinge durch den Körper stoßen, die eindeutig lebenswichtige Organe durchbohrte, ohne Schaden anzurichten oder Schmerzen zu verursachen. Wie Schwarz blutete auch Dajo nicht, als die Klinge herausgezogen wurde; nur eine kaum sichtbare rote Linie markierte die Stelle, an der die Klinge eingedrungen war.

Dajos Vorführungen gingen den Zuschauern dermaßen an die Nerven, daß schließlich einer von ihnen einen Herzanfall erlitt, woraufhin Dajo weitere öffentliche Auftritte verboten wurden. Ein Schweizer Arzt namens Hans Naegeli-Osjord erfuhr von Dajos vermeintlichen Wundertaten und fragte ihn, ob er bereit sei, sich einer wissenschaftlichen Untersuchung zu stellen. Dajo war einverstanden, und so begab er sich am 31. März 1947 in das Zürcher Kantonalkrankenhaus. Neben Dr. Naegeli-Osjord war Dr. Werner Brunner, der Leiter der chirurgischen Abteilung, zugegen, des weiteren zahlreiche andere Ärzte, Studenten und Journalisten. Dajo entblößte seine Brust und konzentrierte sich, und dann ließ er sich vor versammelter Mannschaft von seinem Assistenten mit dem Florett durchbohren.

Wie üblich floß kein Blut, und Dajo blieb vollkommen ruhig. Er war freilich der einzige, der lächelte. Alle anderen erstarrten zu Stein. Nach menschlichem Ermessen mußten Dajos lebenswichtige Organe schwer verletzt worden sein, und daß er trotzdem einen völlig gesunden Eindruck machte, war fast zuviel für die anwesenden Mediziner. Da sie ihre Zweifel hatten, baten sie Dajo, sich einer Röntgenuntersuchung zu unterziehen. Er stimmte zu und begleitete sie ohne erkennbare Mühe die Treppe hinauf in den Röntgenraum, wobei die Florettklinge noch immer in seinem Körper steckte. Die Aufnahme wurde gemacht, und das Resultat war eindeutig. Dajo war tatsächlich aufgespießt. Erst zwanzig Minuten nach dem Stich wurde die Klinge entfernt, die nur zwei unscheinbare Wundstellen hinterließ. Später wurde Dajo in Basel noch einmal von Wissenschaftlern getestet, und dabei durften ihm die Mediziner sogar selbst die Klinge in den Leib stoßen. Dr. Naegeli-Osjord schilderte den ungewöhnlichen Fall dem deutschen Physiker Alfred Stelter, der darüber in seinem Buch *PSI-Heilung* berichtet.[57]

Derlei übermenschliche Leistungen der Selbstkontrolle kommen auch anderswo vor. In den sechziger Jahren besuchten Gilbert Grosvenor, Präsident der National Geographic Society, seine Frau Donna und ein Photographenteam von *Geographic* ein Dorf in Ceylon, um die angeblichen Wundertaten eines Mannes namens Mohotty zu erleben. Es hieß, Mohotty habe als kleiner Junge zu dem ceylonesischen Gott Kataragama gebetet und versprochen, er werde alljährlich zu Ehren des Gottes Buße tun, wenn dieser Mohottys Vater von einer Mordanklage befreie. Der Vater wurde freigesprochen, und getreu seinem Wort verrichtete Mohotty Jahr für Jahr seine Bußübungen.

Dazu gehörte, daß er durch Feuer und über heiße Kohlen schritt, seine Wangen und seine Arme von der Schulter bis zum Handgelenk mit Spießen durchbohrte, große Haken tief in seinen Rücken trieb und mit Seilen, die an den Haken befestigt waren, einen großen Schlitten über einen Hof zog. Wie das Ehepaar Grosvenor später berichtete, wurde das Fleisch an Mohottys Rücken durch die Haken ganz straff gespannt, und dennoch war keine Spur von Blut zu sehen. Nach dem Ende der Prozedur, als die Haken entfernt wurden, war nicht einmal die Andeutung einer Wunde zu erkennen. Die Photographen machten Aufnahmen von dieser aufregenden Darbietung, und die Bilder sowie ein Bericht erschienen 1966 in der April-Nummer des *National Geographic Magazine*.[58]

1967 veröffentlichte die Zeitschrift *Scientific American* einen Report über ein ähnliches Ritual, das jedes Jahr in Indien stattfand. Hierfür wurde von der Dorfgemeinschaft jedesmal eine andere Person ausgewählt. Nach einem umständlichen Zeremoniell stieß man zwei kräftige Haken, an denen man eine Rinderseite hätte aufhängen können, tief in den Rücken des Opfers. Seile wurden durch die Haken gezogen und an die Deichsel eines Ochsenkarrens gebunden, und dann wurde das Opfer in weitem Bogen über die Felder geleitet, um den Fruchtbarkeitsgöttern zu huldigen. Nach Abnahme der Haken war der Mann völlig unversehrt, es floß kein Blut, und die Einstiche waren nahezu unsichtbar.[59]

Unbewußte Überzeugungen

Wenn uns die Selbstbeherrschung eines Dajo oder eines Mohotty versagt ist, können wir, wie schon erwähnt, die Heilkräfte in unserem Innern auch dadurch aktivieren, daß wir den dicken Panzer des Zweifels und der Skepsis überwinden, der in unserem Bewußtsein existiert. Der Trick mit den Placebos ist eine Möglichkeit, dies zu erreichen. Eine andere besteht in der Hypnose. Wie ein Chirurg, der in ein inneres Organ eindringt und es heilt, kann ein geschickter Hypnotherapeut in unsere Psyche eindringen und uns helfen, unsere unbewußten Überzeugungen – der wichtigste Glaubenstyp überhaupt – zu verändern.

Zahllose Studien haben den unwiderlegbaren Beweis erbracht, daß ein Mensch unter Hypnose Vorgänge beeinflussen kann, die gemeinhin als unbewußt gelten. Wie eine multiple Persönlichkeit können Hypnotisierte allergische Reaktionen, die Blutzirkulation und das Sehvermögen kontrollieren, desgleichen den Herzschlag, das Schmerzempfinden und die Körpertemperatur; sie sind sogar in der Lage, bestimmte Muttermale »wegzuzaubern«. Darüber hinaus vermag die Hypnose etwas zu leisten, das auf seine Art nicht minder staunenswert ist als die körperliche Unversehrtheit eines Menschen, dem man eine Klinge in den Leib gestoßen hat.

Gemeint ist ein schrecklich entstellendes Erbleiden, das als Brocqsche Krankheit bezeichnet wird. Auf der Haut der Opfer bildet sich eine dicke Hornschicht, die dem Schuppenkleid eines Reptils ähnelt. Die Haut kann so hart und starr werden, daß sie schon bei der kleinsten Bewegung reißt und blutet. Viele der sogenannten Alligatormenschen, die früher im Zirkus auftraten, litten in Wahrheit an der Brocqschen Krankheit, und da sie äußerst anfällig für Infektionen waren, wurden sie in der Regel nicht sehr alt.

Die Brocqsche Krankheit war unheilbar bis 1951, als ein Sechzehnjähriger im fortgeschrittenen Stadium des Leidens schließlich an den Hypnotherapeuten A. A. Mason im Londoner Queen Victoria Hospital überwiesen wurde. Mason erkannte, daß der Junge ein gutes Hypnoseobjekt war und mühelos in einen tiefen Trancezustand versetzt werden konnte. Sobald der Patient in Trance war, erklärte ihm Mason, daß seine Krankheit abklinge und bald verschwinden werde. Fünf Tage später begann sich die Schuppenschicht, die den linken Arm des Jungen bedeckte, zu lösen, und unter ihr kam weiches, gesundes Gewebe zum Vorschein. Nach zehn Tagen war der Arm wieder völlig normal. Mason und sein Patient setzten ihre »Arbeit« an anderen Körperpartien fort, bis am Ende die gesamte Schuppenhaut verschwunden war. Der Junge blieb mindestens fünf Jahre lang beschwerdefrei; danach verlor Mason ihn aus den Augen.[60]

Das Ganze ist als höchst ungewöhnlich zu bezeichnen, denn da die Brocqsche Krankheit erblich bedingt ist, bedarf es zu ihrer Heilung mehr als der bloßen Steuerung von automatischen Prozessen wie etwa des Blutkreislaufs oder des Zellverhaltens im Immunsystem. Notwendig ist vielmehr der Zugriff auf den Bauplan des Menschen selbst, auf die Programmierung durch die DNA. Es hat also den Anschein, daß wir,

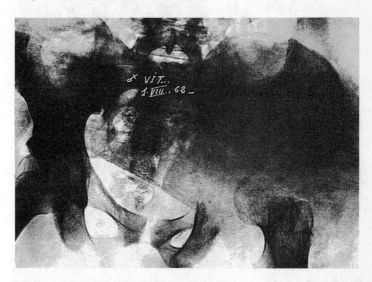

Abbildung 11: Eine Röntgenaufnahme von 1962 zeigt den weitgehenden Zerfall von Vittorio Michellis Hüftbein infolge eines bösartigen Sarkoms. Der Knochen hatte sich so weit zurückgebildet, daß die Kugel des Hüftbeins in einer weichen Gewebsmasse »schwamm«, die in der Aufnahme als grauer Schleier erscheint.

wenn wir die richtigen Schichten unseres Glaubens aktivieren, mit unserem Geist sogar unsere molekulare Grundstruktur verändern können.

Religiös fundierte Überzeugungen

Die vielleicht mächtigsten Überzeugungen sind jene, die sich in einer spirituellen Gläubigkeit manifestieren. 1962 wurde ein Mann namens Vittorio Michelli mit einem großen Krebstumor an der linken Hüfte (siehe Abb. 11) in das Militärhospital von Verona eingeliefert. Die Prognose fiel so düster aus, daß er ohne Behandlung heimgeschickt wurde, und innerhalb von zehn Monaten hatte sich seine Hüfte vollständig zersetzt, so daß sein Hüftbein nur noch in einer weichen Gewebsmasse »schwamm«. Der Mann zerfiel buchstäblich. Seine letzte Hoffnung war eine Reise nach Lourdes, wo man ihn in Quellwasser badete (zu dieser Zeit steckte er in einem Gipsverband und konnte sich kaum noch bewegen). Gleich nach dem Eintauchen in das Wasser überkam ihn ein Wärmegefühl, das seinen ganzen Körper durchdrang. Nach dem

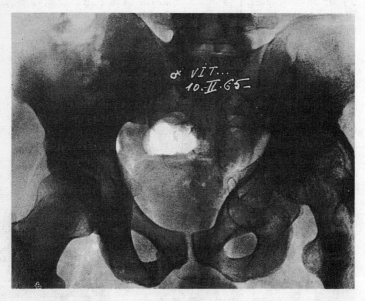

Abbildung 12: Nach mehreren Bädern in der Quelle von Lourdes erlebte Michelli eine Wunderheilung. Sein Hüftbein regenerierte sich im Lauf von Monaten – ein Vorgang, der in der medizinischen Fachwelt als unmöglich angesehen wurde. Diese Röntgenaufnahme von 1965 beweist die wunderbare Wiederherstellung des Hüftbeins. (Quelle: Michel-Marie Salmon, *The Extraordinary Cure of Vittorio Michelli*. Mit freundlicher Genehmigung.)

Bad kehrte sein Appetit zurück, und er spürte neue Energie in sich. Er nahm noch mehrere Bäder und fuhr dann wieder nach Hause.

Im Verlauf der nächsten Monate fühlte er sich zunehmend wohler, und deshalb bestand er darauf, daß er noch einmal geröntgt wurde. Die Ärzte stellten dabei eine Verkleinerung des Tumors fest. Sie fanden dies dermaßen faszinierend, daß sie jeden Heilfortschritt genau dokumentierten. Das war auch gut so, denn nachdem Michellis Tumor verschwunden war, begann sich sein Knochen zu regenerieren, und so etwas galt in der medizinischen Fachwelt als ein Ding der Unmöglichkeit. Schon nach zwei Monaten konnte der Mann aufstehen und umhergehen, und nach einigen Jahren war der Knochen vollständig wiederhergestellt (siehe Abb. 12).

Ein Dossier zum Fall Michelli wurde der medizinischen Kommission des Vatikans vorgelegt, einem internationalen Ärztegremium, das derartige Vorkommnisse untersucht, und nach Prüfung des Beweismaterials entschied die Kommission, daß an Michelli tatsächlich ein Wunder geschehen sei. Im offiziellen Bericht[61] heißt es: »Es hat eine erstaunliche Neubildung des Darmbeins und der Kaverne stattgefunden. Die Röntgenaufnahmen von 1964, 1965, 1968 und 1969 bestätigen einwandfrei und ohne Zweifel, daß es eine unvorhersehbare, ja überwältigende Knochenneubildung eines Typs gegeben hat, der in den Annalen der Weltmedizin unbekannt ist.«*

War Michellis Heilung ein Wunder in dem Sinne, daß irgendwelche bekannten Naturgesetze verletzt worden wären? Die Kommission schweigt sich hierüber aus, aber es besteht offenbar kein eindeutiger Grund zu der Annahme, daß ein solcher Verstoß vorlag. Die Heilung läßt sich vermutlich auf natürliche Vorgänge zurückführen, die wir heute noch nicht verstehen. Angesichts der mannigfaltigen Formen des Heilvermögens, die wir bereits kennengelernt haben, liegt es auf der Hand, daß es zahlreiche Interaktionswege zwischen Geist und Körper gibt, die sich vorerst noch unserem Verständnis entziehen.

Angenommen, Michellis Heilung ist einem unbekannten natürlichen Prozeß zuzuschreiben, so stellt sich die Frage: Warum kommt die Regeneration eines Knochen nicht öfter vor, und wodurch wurde sie bei Michelli ausgelöst? Vielleicht ist eine Knochenneubildung deshalb so selten, weil sie den Zugang zu sehr tiefen Schichten der Psyche voraus-

---

* Ein wahrscheinlich verblüffendes Beispiel für Synchronzität ist es, daß ich, während ich diese Zeilen schrieb, einen Brief erhielt, in dem es hieß, daß eine Freundin, die in Kauai, Hawaii, lebt und deren Hüfte krebsig entartet war, ebenfalls eine »unerklärliche« und vollständige Wiederherstellung ihres Hüftbeins erlebt habe. Die Mittel, die sie angewandt hatte, waren Chemotherapie, ausgiebige Meditation und Bildvorstellungsübungen. Über ihre Heilung haben die hawaiischen Zeitungen berichtet.

setzt, Schichten, die von den normalen Aktivitäten des Bewußtseins für gewöhnlich nicht erreicht werden. Das scheint der Grund dafür zu sein, daß Hypnose notwendig ist, um eine Linderung der Brocqschen Krankheit zu bewirken. Und was den Auslöser von Michellis Heilung angeht, so ist sicherlich der Glaube der erste Anwärter, wenn man bedenkt, welche Rolle dieser in so vielen vergleichbaren Fällen spielt. Könnte es sein, daß Michelli durch seinen Glauben an die Heilkräfte von Lourdes irgendwie, entweder bewußt oder durch glückliche Zufälle, seine Heilung zustande gebracht hat?

Es spricht vieles dafür, daß der Glaube und nicht ein göttliches Eingreifen zumindest bei einigen sogenannten Wundertaten der eigentliche Auslösefaktor ist. Erinnern wir uns daran, daß Mohotty seine übermenschliche Selbstbeherrschung erlangte, indem er zu Kataragama betete, und selbst wenn wir nicht bereit sind, die Existenz von Kataragama zu akzeptieren, lassen sich Mohottys Fähigkeiten immer noch besser mit seinem tiefen und unbeirrbaren *Glauben* erklären als mit irgendeinem göttlichen Schutz. Das gleiche gilt offensichtlich auch für viele Wunder, die von christlichen Wundertätern und Heiligen bewirkt worden sind.

Ein christliches Wunder, das durch geistige Kräfte hervorgebracht zu werden scheint, ist die Stigmatisation. Die meisten Kirchengelehrten stimmen darin überein, daß der heilige Franz von Assisi der erste Mensch war, bei dem sich spontan die Wundmale des Gekreuzigten ausprägten, doch seit seinem Tode hat es buchstäblich Hunderte von Stigmatisierten gegeben. Zwar treten die Stigmata bei zwei Asketen nie in genau der gleichen Form auf, aber eines haben alle gemeinsam: Seit Franziskus zeigen sie allesamt Wunden an Händen und Füßen zur Versinnbildlichung der Wundmale Christi. Das freilich würde man nicht erwarten, wenn die Stigmata ein göttliches Werk wären. Der Parapsychologe D. Scott Rogo von der John F. Kennedy University im kalifornischen Orinda weist darauf hin, daß es bei den Römern üblich war, die Nägel durch die *Gelenke* zu treiben, und Skelettfunde aus der Zeit Christi beweisen dies. Nägel, die durch die Hände eingeschlagen werden, können das Gewicht eines am Kreuz hängenden Menschen nicht tragen.[62]

Warum glaubten Franziskus und all die anderen Stigmatisierten, die nach ihm kamen, die Nagellöcher verliefen durch die Handflächen? Einfach deshalb, weil die Wundmale in der Kunst seit dem 8. Jahrhundert immer so dargestellt worden sind. Daß die Position und sogar die Größe und Form der Wundmale durch die Kunstwerke beeinflußt werden, zeigt sich besonders deutlich im Falle der italienischen Stigmatisierten Gemma Galgani, die 1903 starb. Gemmas Stigmata waren ein genaues Abbild der Wundmale ihres Lieblingskruzifixes.

Ein anderer Forscher, der die Stigmata für selbstverursacht hielt, war Herbert Thurston, ein englischer Priester, der mehrere Bücher über Wundertaten verfaßte. In seinem Hauptwerk, *The Physical Phenomena of Mysticism* (deutsch: *Die körperlichen Begleiterscheinungen der Mystik*) 1952 postum veröffentlicht, führte er verschiedene Gründe dafür an, warum er die Stigmatisation als ein Produkt der Autosuggestion betrachtete. Größe, Form und Ort der Wundmale sind bei jedem Stigmatisierten verschieden, eine Nichtübereinstimmung, die darauf schließen läßt, daß sie sich nicht von einer gemeinsamen Quelle, nämlich den tatsächlichen Wunden Christi, herzuleiten sind. Auch ein Vergleich der Visionen, welche die verschiedenen Stigmatisierten gehabt haben, zeitigt kaum Übereinstimmungen, was darauf hindeutet, daß sie kein Nachvollzug der historischen Kreuzigung, sondern geistige Hervorbringungen der Stigmatisierten selbst sind. Am aufschlußreichsten aber ist vielleicht, daß ein überraschend hoher Prozentsatz der Stigmatisierten gleichzeitig an Hysterie litt, eine Tatsache, in der Thurston einen weiteren Beleg dafür sah, daß Stigmata die Nebenwirkung einer unbeständigen und abnorm emotionalisierten Psyche und nicht unbedingt die Leistung eines aufgeklärten, gesunden Geistes sind.[63] Angesichts solcher Indizien ist es kaum noch verwunderlich, daß selbst einige liberalere Vertreter der katholischen Amtskirche meinen, daß Stigmata ein Ausfluß »mystischer Kontemplation« sind, was besagt, daß sie in Phasen intensiver Meditation durch den menschlichen Geist *geschaffen* werden.

Wenn Stigmata auf Autosuggestion zurückzuführen sind, müssen wir den Bereich der Kontrolle, die der Geist über den holographischen Leib ausübt, noch etwas erweitern. Wie Mohottys Wunden können auch Stigmata ungewöhnlich schnell wieder verheilen. Die schier grenzenlose Plastizität des Körpers wird ferner bezeugt durch die Fähigkeit mancher Stigmatisierten, in der Mitte ihrer Wundmale nagelähnliche Vorsprünge auszubilden. Wiederum war der heilige Franz der erste, an dem sich dieses Phänomen zeigte. Thomas von Celano, ein Augenzeuge der Stigmatisation des Franziskus und zugleich sein Biograph, berichtet: »Seine Hände und Füße schienen in der Mitte von Nägeln durchbohrt zu sein. Diese Male waren auf der Innenseite der Hände rund und auf der Außenseite länglich, und zu sehen waren gewisse kleine Stücke Fleisch, ähnlich den Enden von gebogenen und eingeschlagenen Nägeln, die aus dem übrigen Fleisch hervorragten.«[64]

Ein anderer Zeitgenosse des heiligen Franz, der heilige Bonaventura, nahm die Stigmatisation ebenfalls in Augenschein und erklärte, die Nägel seien so deutlich zu erkennen gewesen, daß man unter ihnen einen Finger habe einführen und in die Wunden stecken können. Obwohl die Nägel des heiligen Franz anscheinend aus schwarz verfärbtem und verhärtetem Gewebe bestanden, besaßen sie noch eine weitere nagelartige Eigenschaft. Wenn man, so Thomas von Celano, von der Seite auf den Nagel drückte, kam er auf der anderen Seite hervor, nicht anders als ein echter Nagel, den man mitten durch die Hand vor- und zurückbewegt.

Therese Neumann, die 1962 verstorbene bayerische Stigmatisierte, hatte gleichfalls solche nagelähnliche Fortsätze. Wie bei Franziskus entstanden sie offensichtlich aus verhärteter Haut. Sie wurden von mehreren Medizinern gründlich untersucht und erwiesen sich als Gebilde, die die Hände und Füße vollständig durchzogen. Doch anders als die Wunden des Heiligen, die ständig offen waren, öffneten sich Thereses Wundmale nur periodisch, und wenn sie zu bluten aufhörten, bildete sich über ihnen sehr rasch ein weiches, hautartiges Gewebe.

Andere Stigmatisierte wiesen ähnlich tiefgreifende Veränderungen an ihrem Körper auf. Padre Pio, der berühmte italienische Stigmatisierte, der 1968 starb, hatte Wundmale, die durch die ganze Hand hindurchführten. Seine Seitenwunde war so tief, daß die Ärzte sich scheuten, sie zu vermessen, weil sie befürchteten, sie könnten dabei innere Organe verletzen. Die selige Giovanna Maria Solimani, eine Stigmatisierte des 18. Jahrhunderts, besaß an ihren Händen so tiefe Wunden, daß man einen Schlüssel hineinstecken konnte. Ihre Wundmale waren, wie bei allen Stigmatisierten, nie brandig, infiziert oder entzündet. Und eine andere Heilige des 18. Jahrhunderts, Veronica Giuliani, Äbtissin eines Klosters in Città di Castello in Umbrien, hatte eine große Seitenwunde, die sich *auf Befehl öffnete und schloß*.

Bildprojektionen des Gehirns

Das holographische Modell ist auch in der Sowjetunion auf wissenschaftliches Interesse gestoßen, und zwei sowjetische Psychologen, Alexander P. Dubrow und Wenjamin N. Puschkin, haben ausführlich über dieses Thema geschrieben. Sie meinen, daß die Frequenzverarbeitungsfähigkeit des Gehirns an sich noch nicht die holographische Beschaffenheit der Bilder und Gedanken im menschlichen Geist beweist. Sie haben jedoch dargetan, worin ein solcher Beweis bestehen könnte. Wenn es gelingen sollte zu zeigen, daß das Gehirn ein Bild nach außen projiziert, so wäre nach Dubrow und Puschkin die holographische Natur des Geistes überzeugend demonstriert. Oder, um es mit ihren eigenen Worten zu sagen: »Belege für Ejektionen von psychophysikalischen Strukturen außerhalb des Gehirns wären ein direkter Beweis für Hirnhologramme.«[65]

Die heilige Veronica Giuliani scheint in der Tat einen solchen Beweis zu liefern. In ihren letzten Lebensjahren war sie davon überzeugt, daß die Sinnbilder der Leidensgeschichte – eine Dornenkrone, drei Nägel, ein Kreuz und ein Schwert – ihrem Herzen aufgeprägt seien. Sie fertigte Zeichnungen von diesen Gegenständen an und vermerkte sogar, wo sie sich befänden. Nach ihrem Tod enthüllte eine Autopsie, daß sich die Symbole tatsächlich genauso, wie sie es beschrieben hatte, ihrem Herzen eingeprägt hatten. Die beiden Ärzte, die die Autopsie vornahmen, unterzeichneten eidesstattliche Versicherungen, die ihre Befunde bestätigten.[66]

Bei anderen Stigmatisierten verhielt es sich ähnlich. Die heilige Teresa von Ávila hatte die Vision eines Engels, der ihr Herz mit einem Schwert durchbohrte, und nach ihrem Tod entdeckte man einen tiefen Riß in ihrem Herzen. Das Herz mit der wundersamen Schwertwunde, die noch immer deutlich zu sehen ist, wird heute als Reliquie in Alba de Tormes in Spanien zur Schau gestellt.[67] Marie-Julie Jahenny, eine französische Stigmatisierte des 19. Jahrhunderts, sah im Geiste ständig eine Blume vor sich, und schließlich erschien das Bild einer Blume auf ihrer Brust, um sich dort zwanzig Jahre lang zu halten.[68] Im übrigen sind solche Fähigkeiten nicht auf Stigmatisierte beschränkt. Ein zwölfjähriges Mädchen aus dem französischen Dorf Bussus-Bus-Suel bei Abbeville machte 1913 Schlagzeilen, als bekannt wurde, daß sie willentlich Bilder, etwa von Hunden oder Pferden, auf Armen, Beinen und Schultern hervorbringen konnte. Sie war auch imstande, Wörter zu produzieren, und wenn ihr jemand eine Frage stellte, erschien die Antwort sogleich auf ihrer Haut.[69]

Derartige Leistungen sind sicherlich Beispiele für die Ejektion von psychophysikalischen Strukturen außerhalb des Gehirns. In gewisser Weise lassen sich schon die Stigmata selbst, vor allem jene, in denen sich das Gewebe zu nagelähnlichen Fortsätzen umbildete, als Belege dafür heranziehen, daß das Gehirn nach außen projiziert und sie dem »weichen Lehm« des Körpers aufprägt. Zu diesem Schluß ist auch Michael Grosso gelangt, ein Philosoph am Jersey City State College, der sich ausgiebig mit dem Thema Wunder auseinandergesetzt hat. Grosso, der nach Italien fuhr, um Padre Pios Wundmale selbst in Augenschein zu nehmen, stellt fest: »Eine der Grundaussagen, die sich aus meinem Versuch, den Fall Padre Pios zu analysieren, ergeben, lautet, daß er die Fähigkeit besaß, physische Realität symbolisch zu transformieren. Mit anderen Worten, die Bewußtseinsebene, auf der er operierte, befähigte ihn, physische Realität unter dem Aspekt bestimmter symbolischer Ideen umzuwandeln. Zum Beispiel identifizierte er sich mit den Wunden des Gekreuzigten, und sein Körper wurde empfänglich für diese psychischen Symbole und nahm nach und nach deren Form an.«[70]

Es scheint demnach so zu sein, daß das Gehirn mit Hilfe von Bildern den Körper anweisen kann, etwas Bestimmtes zu tun, so etwa, weitere

Bilder herzustellen. Aus Bildern entstehen Bilder, wie bei zwei Spiegeln, die einander unaufhörlich reflektieren. Das aber ist das Wesen der Geist-Körper-Beziehung in einem holographischen Universum.

Bekannte und unbekannte Gesetze

Zu Beginn dieses Kapitels habe ich dargelegt, es werde sich nicht so sehr mit den verschiedenen Mechanismen befassen, mit deren Hilfe der Geist den Körper kontrolliert, als vielmehr mit der Bandbreite dieser Kontrolle. Damit wollte ich die Bedeutung solcher Mechanismen weder leugnen noch verkleinern. Sie sind wesentlich für das Verständnis der Geist-Körper-Beziehung, und fast täglich werden auf diesem Gebiet neue Entdeckungen gemacht.

Auf einer kürzlich veranstalteten Tagung über Psychoneuroimmunologie – eine neue wissenschaftliche Disziplin, die die Interaktionen zwischen Seele (Psycho-), Nervensystem (Neuro-) und Immunsystem (Immunologie) erforscht – erklärte Candace Pert, Leiterin der gehirnbiochemischen Abteilung am National Institute of Mental Health, daß Immunzellen Neuropeptidrezeptoren besitzen. Neuropeptide sind Moleküle, die das Gehirn für die Kommunikation einsetzt, gewissermaßen die Telegramme des Gehirns. Früher glaubte man, Neuropeptide fänden sich nur im Gehirn. Doch der Nachweis von Rezeptoren (»Telegrammempfänger«) auf den Zellen unseres Immunsystems deutet darauf hin, daß das Immunsystem nicht vom Gehirn getrennt, sondern dessen Erweiterung ist. Neuropeptide sind auch in verschiedenen anderen Körperregionen entdeckt worden, was Candace Pert zu dem Eingeständnis bewog, sie könne nicht mehr genau sagen, wo das Gehirn aufhört und wo der Körper beginnt.[71]

Ich lasse mich auf solche Details nicht weiter ein, nicht nur deshalb, weil ich meine, daß das Ausmaß, in dem der Geist den Körper zu modifizieren und zu kontrollieren vermag, für unser Thema relevanter ist, sondern auch deshalb, weil eine Erörterung der biologischen Prozesse, die für die Geist-Körper-Interaktionen verantwortlich sind, den Rahmen dieses Buches sprengen würde. Zu Beginn des Abschnitts über Wunder habe ich konstatiert, es gebe keinen eindeutigen Grund für die Annahme, daß die Knochenregeneration bei Michelli nicht mit unserem heutigen physikalischen Wissen erklärt werden könnte. Dies trifft auf die Stigmata freilich weniger zu, und es scheint in noch erheblich geringerem Maß für verschiedene paranormale Phänomene zu gelten, über die im Lauf der Geschichte glaubwürdige Zeugen und in neuerer Zeit diverse Biologen, Physiker und sonstige Wissenschaftler berichtethaben.

In diesem Kapitel haben wir erstaunliche Leistungen des Geistes kennengelernt, die wir zwar noch nicht gänzlich verstehen, die aber offenkundig gegen keines der bekannten physikalischen Gesetze verstoßen. Im folgenden Kapitel wollen wir einige geistige Leistungen betrachten, die sich nicht mit unserem derzeitigen wissenschaftlichen Begriffsapparat erklären lassen. Wie zu sehen sein wird, kann das holographische Konzept auch diese Bereiche ein wenig aufhellen. Wenn man sich auf dieses Territorium vorwagt, muß man damit rechnen, daß man sich gelegentlich auf schwankendem Boden bewegt und Phänomene untersucht, die noch irritierender und unglaublicher sind als Mohottys rasch verheilende Wunden und die Bildabdrücke auf dem Herzen der heiligen Veronica Giuliani. Dabei werden wir freilich wiederum erkennen, daß die Wissenschaft dieses Terrain allmählich zu erschließen beginnt, so heikel es auch sein mag.

Akupunktur-Mikrosysteme und der kleine Mann im Ohr

Doch bevor wir dieses Kapitel beschließen, verdient noch ein letzter Beleg für die holographische Natur des Körpers Erwähnung. Die alte chinesische Kunst der Akupunktur beruht auf der Idee, daß jedes Organ und jeder Knochen des Körpers mit bestimmten Punkten an der Körperoberfläche in Verbindung steht. Indem man die Akupunkturpunkte aktiviert, entweder mit Nadeln oder mit anderen Reizen, glaubt man Krankheiten und Störungen in den Körperteilen, die mit den Punkten verbunden sind, lindern oder sogar heilen zu können. Es gibt über eintausend Akupunkturpunkte, die in imaginären Linien, den sogenannten Meridianen, auf der Körperoberfläche angeordnet sind. Obzwar noch immer umstritten, findet die Akupunktur zunehmend Zustimmung in der medizinischen Fachwelt, und man hat sie auch schon mit Erfolg angewandt, um chronische Rückenleiden bei Rennpferden zu behandeln.

Der französische Arzt und Akupunkteur Paul Nogier veröffentlichte 1957 ein Buch, in dem er berichtete, er habe entdeckt, daß es neben dem Hauptakupunktursystem noch zwei kleinere Systeme an beiden Ohren gebe. Er bezeichnete sie als »Akupunktur-Mikrosysteme« und stellte fest, daß die Punkte, wenn man sie miteinander verbindet, die anatomische Darstellung eines fötusähnlich zusammengerollten Miniaturmenschen ergeben (siehe Abb. 13). Die Chinesen hatten, was Nogier nicht wußte, den »kleinen Mann im Ohr« bereits fast 4000 Jahre früher entdeckt, aber ein Diagramm des chinesischen Ohrsystems erschien erst, nachdem Nogier seinen Anspruch auf diese Theorie angemeldet hatte.

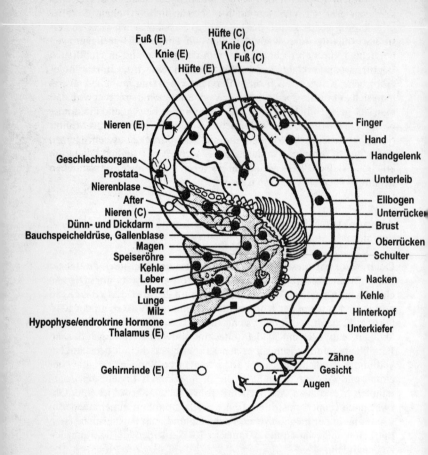

C = Chinesisches Ohr-Akupunktursystem
E = Europäisches Aurikulotherapiesystem

Abbildung 13: Der »kleine Mann im Ohr«. Akupunkteure haben herausgefunden, daß die Akupunkturpunkte im Ohr die Umrisse eines stark verkleinerten Menschen bilden. Terry Oleson, ein Psychobiologe an der medizinischen Fakultät der UCLA, begründet dies damit, daß der Körper ein Hologramm darstellt und daß dessen Teile jeweils ein Abbild des Ganzen enthalten. (Copyright Dr. Terry Oleson, UCLA School of Medicine. Mit freundlicher Genehmigung.)

Der kleine Mann im Ohr ist nicht bloß eine amüsante Anekdote in der Geschichte der Akupunktur. Terry Oleson, ein Psychobiologe an der Schmerzbehandlungsklinik der medizinischen Fakultät der University of California in Los Angeles, hat entdeckt, daß man mit Hilfe des Ohr-Mikrosystems exakt diagnostizieren kann, was im Körper vorgeht. Oleson hat beispielsweise festgestellt, daß eine vermehrte elektrische Aktivität in einem der Akupunkturpunkte des Ohres generell auf einen pathologischen Befund (entweder gegenwärtig oder vergangen) in der entsprechenden Körperregion hinweist. In einer Studie wurden vierzig Patienten mit dem Ziel untersucht, Körperstellen mit chronischen Schmerzen zu ermitteln. Nach der Untersuchung wurden die Patienten in Tücher gehüllt, die alle sichtbaren Störungen verdeckten. Dann untersuchte ein Akupunkteur, der die Befunde nicht kannte, nur die Ohren der Patienten. Als man die Ergebnisse abglich, zeigte sich, daß die Ohrbefunde in 75,2 Prozent der Fälle mit den herkömmlichen medizinischen Diagnosen übereinstimmten.[72]

Ohruntersuchungen können auch Erkrankungen der Knochen und der inneren Organe enthüllen. Als Oleson einmal mit einem Bekannten eine Bootsfahrt unternahm, fiel ihm an dessen Ohr eine abnorm schuppige Stelle auf. Aufgrund seiner Forschungen wußte Oleson, daß diese Stelle mit dem Herzen korrespondierte, und er riet seinem Bekannten zu einer Herzuntersuchung. Der Mann ging am nächsten Tag zum Arzt und erfuhr, daß er an einer Herzkrankheit litt, die eine sofortige Operation notwendig machte.[73]

Oleson wendet auch eine elektrische Stimulation der Akupunkturpunkte im Ohr an, um chronische Schmerzen, Gewichtsprobleme, Schwerhörigkeit und praktisch alle Formen von Suchtleiden zu behandeln. In einer Studie, durchgeführt bei vierzehn Drogenabhängigen, konnten Oleson und seine Kollegen mittels Ohr-Akupunktur bei zwölf Personen den Drogenkonsum innerhalb von durchschnittlich fünf Tagen bei nur geringen Entzugserscheinungen eliminieren.[74] Ja, die Akupunktur des Ohrs hat sich, was die rasche Entgiftung von Drogensüchtigen angeht, als so erfolgreich erwiesen, daß sie inzwischen von Kliniken in New York und Los Angeles zur Behandlung von Junkies angewandt wird.

Wieso aber entsteht, wenn man die Akupunkturpunkte des Ohrs miteinander verbindet, das Abbild eines stark verkleinerten menschlichen Wesens? Für Oleson ergibt sich das aus der holographischen Natur von Geist und Körper. So wie jedes Teilstück eines Hologramms das Bild des Ganzen enthält, so könnte auch jeder Körperteil das Bild des ganzen Körpers enthalten. »Das Ohrhologramm ist logischerweise mit dem Gehirnhologramm verbunden, das seinerseits mit dem gesamten Körper verbunden ist«, meint er. »Das Verfahren, das wir anwenden, um mit dem Ohr den übrigen Körper zu beeinflussen, funktioniert mit Hilfe des Gehirnhologramms.«[75]

Oleson geht davon aus, daß es Akupunktur-Mikrosysteme wahrscheinlich auch in anderen Körperpartien gibt. Ralph Alan Dale, Direktor des Acupuncture Education Center in North Miami Beach, Florida, pflichtet ihm bei. Nachdem er die beiden letzten Jahrzehnte damit zugebracht hat, klinische Forschungsdaten aus China, Japan und Deutschland zusammenzutragen, verfügt er über Beweise über achtzehn verschiedene Mikroakupunkturhologramme im menschlichen Körper, unter anderem in den Händen, Füßen, Armen sowie im Hals, in der Zunge und sogar im Zahnfleisch. Wie Oleson hält auch Dale diese Mikrosysteme für »holographische Rekapitulationen der Gesamtanatomie«, und er glaubt, daß noch weitere derartige Systeme auf ihre Entdeckung warten. Man fühlt sich an Bohms Thesen erinnert, wonach jedes Elektron in gewisser Weise den Kosmos in sich birgt, wenn Dale behauptet, daß womöglich jeder Finger, ja sogar jede Zelle ein eigenes Akupunktur-Mikrosystem enthält.[76]

Richard Leviton, ein Mitarbeiter der Zeitschrift *East West,* der sich intensiv mit den holographischen Implikationen von Akupunktur-Mikrosystemen beschäftigt hat, vertritt die Ansicht, daß alternative medizinische Methoden – etwa die Reflexologie, eine Massagetherapie, bei der durch Stimulierung der Füße alle Körperpunkte erreicht werden, oder die Iridologie, ein Diagnoseverfahren, bei dem durch eine Untersuchung der Iris (Regenbogenhaut des Auges) der Gesundheitszustand eines Patienten ermittelt wird – ebenfalls Hinweise auf die holographische Natur des Körpers geben können. Leviton räumt ein, daß keine dieser Methoden experimentell gesichert ist (vor allem Studien zur Iridologie haben extrem widersprüchliche Resultate erbracht), aber er meint, das holographische Konzept werde einen Zugang zu ihrem Verständnis eröffnen, sobald sie ihre Bewährungsprobe bestanden hätten.

Nach Leviton könnte sogar an der Chiromantie etwas dran sein. Er meint damit nicht die von Wahrsagern praktizierte Handlesekunst, sondern die 4500 Jahre alte indische Version dieser »Wissenschaft«. Seine Auffassung gründet sich auf eine eindrucksvolle Begegnung mit einem in Montreal lebenden indischen Chiromanten, der in diesem Fach an der Universität von Agra in Indien promoviert hatte. »Das holographische Paradigma liefert eine Verifizierungsmöglichkeit für die eher esoterischen und umstrittenen Thesen der Chiromantie«, erklärt Leviton.[77]

Weil Doppelblindstudien fehlen, ist es schwierig, die von Levitons indischem Chiromanten ausgeübte Handlesekunst richtig einzustufen, aber die Wissenschaft hält es für möglich, daß zumindest einige Informationen über unseren Körper in den Linien- und Schleifenmustern unserer Hand enthalten sind. Herman Weinreb, ein Neurologe an der

 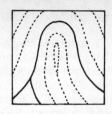

Abbildung 14: Neurobiologen haben festgestellt, daß Alzheimer-Patienten überdurchschnittlich häufig ein unverwechselbares Fingerabdruckmuster besitzen, das als »Ulnarscheife« bezeichnet wird. Mindestens zehn weitere verbreitete Erbkrankheiten sind ebenfalls mit bestimmten Handlinien gekoppelt. Solche Befunde sind möglicherweise ein Beleg für die These des holographischen Konzepts, daß jeder Körperteil Informationen über den ganzen Körper enthält. (Vom Autor nachgezeichnete Abbildungen in der Fachzeitschrift *Medicine*.)

New York University, hat entdeckt, daß ein als »Ulnarschleife« bezeichnetes Fingerabdruckmuster bei Alzheimer-Patienten häufiger auftritt als bei Personen, die von dieser Krankheit nicht befallen sind (vgl. Abb. 14). Aus eine Studie an fünfzig Alzheimer-Patienten und fünfzig gesunden Probanden geht hervor, daß 72 Prozent der Kranken an mindestens acht Fingerkuppen dieses Muster aufwiesen; in der Kontrollgruppe waren es nur 26 Prozent. Von den Personen mit Ulnarschleifen an allen zehn Fingern litten vierzehn an der Alzheimerschen Krankheit, während in der Kontrollgruppe lediglich vier die Schleife besaßen.[78]

Inzwischen weiß man, daß ein Zusammenhang besteht zwischen zehn gängigen Erbkrankheiten – unter anderem dem Down-Syndrom – und unterschiedlichen Handlinienmustern. Deutsche Mediziner untersuchen aufgrund dieser Erkenntnis die Handabdrücke von Eltern, um zu ermitteln, ob werdende Mütter eine Amniozentese vornehmen lassen sollten, einen potentiell gefährlichen genetischen Reihentest, bei dem eine Nadel zwecks Entnahme einer Fruchtwasserprobe für den Labortest in den Unterleib eingeführt wird.

Forscher am Hamburger Institut für Dermatoglypik haben sogar schon ein Computersystem entwickelt, das mit Hilfe eines optoelektrischen Scanners ein digitalisiertes »Photo« von der Hand eines Patienten aufnehmen kann. Der Computer vergleicht dann die Hand mit den 10000 anderen Handabdrücken, die er gespeichert hat, sucht sie nach den fast fünfzig unverwechselbaren Mustern ab, die nach heutigem Wissen mit verschiedenen Erbkrankheiten gekoppelt sind, und berechnet sehr schnell den Risikofaktor des jeweiligen Patienten.[79] Wir sollten also die Chiromantie nicht so schnell von der Hand weisen. Die Linien, Schleifen und Wirbel unserer Handflächen sagen womöglich mehr über unser ganzes Ich aus, als wir glauben.

Nutzbarmachung der Kräfte des holographischen Gehirns

In diesem Kapitel sind zwei allgemeine Botschaften laut und deutlich vernehmbar geworden. Gemäß dem holographischen Modell kann der Geist-Körper letztlich nicht unterscheiden zwischen den neuralen Hologrammen, die das Gehirn zur Wirklichkeitserfahrung einsetzt, und jenen, die es bei der Wirklichkeitsvorstellung aktiviert. Beide üben eine dramatische Wirkung auf den menschlichen Organismus aus, eine Wirkung, die so mächtig ist, daß sie das Immunsystem modifizieren, den Effekt von hochwirksamen Drogen verstärken und/oder ausschalten, Wunden mit verblüffender Schnelligkeit heilen lassen, Tumoren auflösen, unsere genetische Programmierung durchbrechen und lebendes Gewebe umgestalten kann, und zwar auf eine Weise, die man fast nicht für möglich halten möchte. Die erste Botschaft lautet demnach, daß jeder von uns die Fähigkeit besitzt, zumindest bis zu einem gewissen Grad seinen Gesundheitszustand zu beeinflussen und seine physische Erscheinungsform in einem Maße zu verändern, daß es ans Wunderbare grenzt. Wir alle sind potentielle Wundertäter oder Yogis, und aus dem vorgelegten Beweismaterial geht eindeutig hervor, daß es uns, als Individuen und als Spezies, gut anstünde, der Erforschung und Nutzbarmachung dieser Talente sehr viel mehr Aufmerksamkeit zu schenken.

Die zweite Botschaft besagt, daß die Komponenten, aus denen diese neuralen Hologramme bestehen, ebenso vielfältig wie subtil sind. Sie umfassen die Bilder, über die wir meditieren, unsere Hoffnungen und Ängste, die innere Einstellung unserer Ärzte, unsere unbewußten Vorurteile, unsere individuellen und kulturbedingten Überzeugungen sowie unseren Glauben an spirituelle und technologische Gegebenheiten. Dies sind nicht nur Fakten, sondern wichtige Anhaltspunkte, Hinweisschilder für jene Dinge, die uns bewußt werden und die beherrscht werden müssen, wenn wir lernen sollen, diese Talente freizusetzen und zu nutzen. Es gibt zweifellos noch andere Faktoren, die hier beteiligt sind, andere Einflüsse, die diese Fähigkeiten prägen und begrenzen, aber eines dürfte inzwischen klargeworden sein: In einem holographischen Universum, einem Universum, in dem eine kleine Veränderung der inneren Einstellung den Unterschied zwischen Leben und Tod bedeuten kann, in dem die Dinge so fein miteinander vernetzt sind, daß ein Traum das unerklärliche Erscheinen eines Mistkäfers hervorruft, und in dem die Faktoren, die für eine Krankheit verantwortlich sind, gleichzeitig ein bestimmtes Linien- und Schleifenmuster auf der Hand erzeugen, haben wir allen Grund zu der Annahme, daß jede Wirkung eine Vielzahl von Ursachen hat. Jede derartige Beziehung ist der Ausgangspunkt von einem Dutzend anderer Beziehungen, denn »eine große Ähnlichkeit verknüpft alles miteinander«, um mit Walt Whitman zu sprechen.

5

Eine Handvoll Wunder

> Wunder geschehen nicht im Gegensatz zur Natur, sondern im Gegensatz zu dem, was wir von der Natur wissen.
>
> Augustinus

Alljährlich im September und Mai versammelt sich in Neapel in der Kirche San Gennaro eine riesige Menschenmenge, um ein Wunder zu erleben. Dabei geht es um eine kleine Phiole, die eine verkrustete braune Substanz enthält, angeblich das Blut von San Gennaro (St. Januarius), der im Jahre 305 vom römischen Kaiser Diokletian enthauptet wurde. Der Legende zufolge fing eine Frau nach dem Märtyrertod des Heiligen ein wenig von seinem Blut auf. Niemand weiß, was danach mit dem Blut geschah, bis es am Ende des 13. Jahrhunderts wiederauftauchte und in einem silbernen Reliquiar in der Kathedrale untergebracht wurde.

Das Wunder besteht darin, daß sich die verkrustete braune Substanz unter den Rufen der Menge zweimal im Jahr in eine sprudelnde hellrote Flüssigkeit verwandelt. Es gibt kaum einen Zweifel, daß die Flüssigkeit echtes Blut ist. 1902 führten einige Wissenschaftler von der Universität Neapel eine Spektralanalyse der Flüssigkeit durch, die dies bestätigte. Da der Reliquienbehälter so alt und zerbrechlich ist, gestattet die Kirche leider nicht die Öffnung des Gefäßes, so daß keine anderen Tests möglich sind; somit konnte das Phänomen nie gründlich erforscht werden.

Es gibt indes noch ein weiteres Indiz dafür, daß die Verwandlung kein gewöhnlicher Vorgang ist. Hin und wieder – der erste schriftliche Bericht über das Wunder stammt aus dem Jahr 1389 – will sich das Blut nicht verflüssigen, wenn die Phiole dem Volk gezeigt wird. Das kommt zwar selten vor, gilt aber bei den Neapolitanern als äußerst böses Omen. So fand das Wunder unmittelbar vor einem Vesuvausbruch und vor dem Einmarsch der napoleonischen Truppen in Neapel nicht statt. 1976 und 1978 ging sein Ausbleiben dem schlimmsten Erdbeben in der Geschichte Italiens bzw. der Wahl einer kommunistischen Stadtregierung in Neapel voran.

Ist die Verflüssigung von San Gennaros Blut tatsächlich ein Wunder? Es scheint so, zumindest in dem Sinne, daß sich der Vorgang offenbar mit bekannten naturwissenschaftlichen Gesetzen nicht erklären läßt.

Wird die Verflüssigung durch San Gennaro selbst bewirkt? Ich meine, die Ursache ist eher in der intensiven Frömmigkeit und Gläubigkeit der Menschen zu suchen, die Zeugen des Wunders sind. Ich sage dies, weil nahezu alle Wunder, die von Heiligen und Wundertätern der großen Weltreligionen bewirkt wurden, auch von übersinnlich begabten Menschen zustande gebracht worden sind. Das deutet darauf hin, daß Wunder, ebenso wie Stigmata, durch Kräfte ausgelöst werden, die tief im menschlichen Geist angelegt sind, Kräfte, die latent in uns allen schlummern. Der Geistliche Herbert Thurston, von dem bereits die Rede war, sah einen solchen Zusammenhang und weigerte sich deshalb, die Wunder einer wirklich übernatürlichen Ursache (im Gegensatz zu einer übersinnlichen oder paranormalen) zuzuschreiben. Ein Indiz, das diese These stützt, besteht darin, daß viele Stigmatisierte, darunter Padre Pio und Therese Neumann, nachweislich auch übersinnliche Fähigkeiten besaßen.

Eine solche Fähigkeit, die bei Wundern eine Rolle zu spielen scheint, ist die Psychokinese (PK). Da das Wunder von San Gennaro eine physikalische Veränderung von Materie voraussetzt, ist die PK sicherlich hinreichend »verdächtig«. Nach D. Scott Rogo ist PK auch für einige besonders auffällige Erscheinungen bei Stigmatisationen zuständig. Für ihn gehört es durchaus zu den normalen biologischen Fähigkeiten des Körpers, kleine Blutgefäße unter der Haut zum Platzen zu bringen und oberflächliche Blutungen zu erzeugen, das rasche Auftreten von großen Wunden hingegen lasse sich nur mit PK begründen.[1] Ob dies zutrifft, muß noch geklärt werden, doch PK ist eindeutig bei manchen Phänomenen beteiligt, die mit Stigmata einhergehen. Wenn aus den Wundmalen an Therese Neumanns Füßen Blut austrat, floß es stets auf ihre Zehen zu – genauso wie es aus den Wunden des am Kreuz hängenden Jesus geflossen wäre –, ohne Rücksicht auf die jeweilige Lage ihrer Füße. Wenn sie zum Beispiel aufrecht im Bett saß, strömte das Blut tatsächlich *nach oben und entgegen der Schwerkraftrichtung*. Das haben zahlreiche Zeugen beobachtet, darunter auch viele amerikanische Soldaten, die nach dem Krieg in Deutschland stationiert waren und die Therese Neumann besuchten, um ihre Wundertaten zu erleben. Blutströme, die den Gesetzen der Schwerkraft spotten, werden auch von anderen Stigmatisationen berichtet.[2]

Solche Vorkommnisse verschlagen uns die Sprache, weil unser heutiges Weltbild keine Anhaltspunkte für das Verständnis der PK liefert. Bohm meint, daß sich ein derartiger Zugang ergibt, wenn man das Universum als eine »Holobewegung« auffaßt. Um zu erklären, was er damit meint, führt er folgendes Beispiel an: Stellen Sie sich vor, Sie gehen spät in der Nacht durch die Straße, und plötzlich taucht aus dem Nichts ein bedrohlicher Schatten auf. Ihr erster Gedanke ist vielleicht, daß der

Schatten zu einem Angreifer gehört und daß Sie in Gefahr sind. Die Information, die in diesem Gedanken enthalten ist, wird ihrerseits eine Reihe von imaginierten Aktivitäten auslösen: Weglaufen, Verletzungen, Kampf usw. Die Existenz dieser imaginierten Aktivitäten in ihrem Kopf ist jedoch nicht nur ein »mentaler« Vorgang, denn sie sind untrennbar verbunden mit einer Vielzahl von einschlägigen biologischen Prozessen: Nervenreizung, Pulsbeschleunigung, Ausstoß von Adrenalin und anderen Hormonen, Muskelanspannung usw. Wenn Ihr erster Gedanke aber ist, daß es sich bei dem Schatten nur um einen Schatten handelt, wird ein ganz anderes Repertoire von mentalen und biologischen Reaktionen in Gang gesetzt. Im übrigen wird uns, wenn wir ein wenig darüber nachdenken, klar, daß wir auf alles, was wir erleben, sowohl mental als auch biologisch reagieren.

Das Entscheidende daran ist, so Bohm, daß nicht allein das Bewußtsein auf *Bedeutungsinhalte* reagieren kann. Der Körper ist gleichfalls imstande zu reagieren, und das heißt, daß »Bedeutung« ihrem Wesen nach gleichzeitig mental und physisch ist. Das kommt uns merkwürdig vor, denn normalerweise betrachten wir Bedeutung als etwas, das nur auf die subjektive Realität aktiv einwirkt, auf die Gedanken in unserem Kopf, aber nicht als etwas, das in der physikalischen Welt der Dinge und Objekte eine Reaktion hervorzurufen vermag. Bedeutung »kann somit als Verbindungsglied oder ›Brücke‹ zwischen diesen beiden Seiten der Realität dienen«, konstatiert Bohm. »Dieses Verbindungsglied ist unteilbar in dem Sinne, daß Informationen, die im Denken enthalten sind und die wir als ›mental‹ empfinden, zugleich eine neurophysiologische, chemische und physikalische Aktivität sind, was besagt, daß sie auch einen ›materiellen‹ Aspekt haben.«[3]

Beispiele für solche objektiv aktiven Bedeutungsinhalte glaubt Bohm auch in anderen physikalischen Prozessen vorzufinden. Ein Beispiel ist die Funktionsweise eines Computerchips. Ein Chip enthält eine Information, und die Bedeutung dieser Information ist aktiv insofern, als sie bestimmt, wie elektrische Ströme durch den Computer fließen. Ein anderes Beispiel ist das Verhalten subatomarer Teilchen. Nach orthodoxer physikalischer Lehrmeinung wirken Quantenwellen mechanisch auf ein Teilchen ein; sie steuern seine Bewegungen ungefähr so, wie die Meereswellen einen an der Wasseroberfläche treibenden Tischtennisball steuern würden. Doch nach Bohms Meinung kann diese Auffassung die koordinierten Tanzbewegungen von Elektronen in einem Plasma ebensowenig erklären, wie die Wellenbewegung des Wassers einen ähnlich durchchoreographierten Bewegungsablauf von Tischtennisbällen auf dem Meeresspiegel erklären könnte. Für ihn gleicht die Beziehung zwischen Teilchen und Quantenwelle eher einem Schiff, das auf Autopilot umgestellt ist und von Radarwellen dirigiert wird. Eine Quantenwelle stößt ein Elektron nicht mehr herum, als eine Radarwelle ein Schiff herumschubst. Sie versorgt vielmehr das Elektron mit *Informationen* über seine Umgebung, die das Elektron dann zur Selbststeuerung benutzt.

Mit anderen Worten, Bohm geht davon aus, daß ein Elektron nicht nur geistähnlich, sondern auch eine hochkomplexe Einheit ist, und diese These unterscheidet sich erheblich von der Standardauffassung, wonach ein Elektron einen einfachen, unstrukturierten »Punkt« darstellt. Die aktive Verwertung von Informationen durch Elektronen und durch die subatomaren Teilchen insgesamt deutet darauf hin, daß die Fähigkeit, auf Bedeutung zu reagieren, ein Kennzeichen nicht nur des Bewußtseins, sondern aller Materie ist. Diese inhärente Gemeinsamkeit ist für Bohm eine mögliche Erklärung für psychokinetische Phänomene. Er meint dazu: »Auf dieser Basis könnte Psychokinese zustande kommen, wenn sich die mentalen Prozesse eines Menschen oder mehrerer Menschen auf Bedeutungsinhalte konzentrieren, die im Einklang stehen mit solchen, die die grundlegenden Prozesse der materiellen Systeme steuern, in denen diese Psychokinese bewirkt werden soll.«[4]

Man beachte dabei, daß diese Form der Psychokinese nicht auf einen kausalen Vorgang zurückzuführen ist, das heißt auf eine Ursache-Wirkung-Beziehung, an der irgendeine der in der Physik bekannten Kräfte beteiligt wäre. Vielmehr wäre sie das Resultat einer Art nicht-örtlicher »Bedeutungsresonanz« oder einer Art nicht-örtlicher Interaktion, vergleichbar, aber nicht identisch mit der nicht-örtlichen Wechselbeziehung, die es möglich macht, daß ein Paar Zwillingsphotonen denselben Polarisationswinkel einhält, wie wir ihn in Kapitel 2 kennengelernt haben. (Aus technischen Gründen nimmt Bohm an, daß sich weder Psychokinese noch Telepathie allein mit der Quanten-Ortsungebundenheit erklären lassen; nur eine tiefere Form der Ortsungebundenheit, eine Art »Super-Ortsungebundenheit«, würde für eine solche Erklärung in Frage kommen.)

Der Kobold in der Maschine

Ein anderer Forscher, der hinsichtlich der Psychokinese ähnliche Ideen hegt wie Bohm, sie aber noch einen Schritt weiterentwickelt hat, ist Robert C. Jahn, Professor für Raumfahrtwissenschaft und emeritierter Dekan der Fakultät für Ingenieurwesen und angewandte Wissenschaften an der Princeton University. Jahns Beschäftigung mit PK-Forschungen ergab sich rein zufällig. Das ursprüngliche Arbeitsgebiet des ehemaligen Beraters der NASA und des amerikanischen Verteidigungsministeriums war der Raketenantrieb im tiefen Weltraum. Jahn, Verfasser von *Physics of Electric Propulsion,* dem maßgeblichen Handbuch für sein Fachgebiet, hielt nichts von paranormalen Phänomenen, als sich eine Studentin an ihn wandte mit der Bitte, er möge ein PK-Experiment überwachen, das sie als unabhängiges Studienprojekt durchführen wollte. Jahn stimmte widerstrebend zu, doch die Versuchsergebnisse waren so aufregend, daß sie ihn bewogen, 1979 das Institut Princeton Engineering Anomalies Research (PEAR) zu gründen. Seitdem haben PEAR-Forscher nicht nur überzeugende Beweise für die Existenz von PK beigebracht, sondern auch so viele Daten zu diesem Thema zusammengetragen wie niemand sonst in den USA.

In einer Versuchsreihe benutzten Jahn und seine Mitarbeiterin, die klinische Psychologin Brenda Dunne, ein Gerät, das »Random Event Generator« (REG) genannt wird. Bei einem unvorhersehbaren natürlichen Prozeß, wie ihn etwa der radioaktive Zerfall darstellt, vermag ein REG eine Serie von zufälligen binären Zahlen zu ermitteln. Eine solche Reihe kann zum Beispiel folgendermaßen aussehen: 1, 2, 1, 2, 2, 1, 1, 2, 1, 1, 1, 2, 1. Ein REG ist demnach so etwas wie ein automatischer Münzenwerfer, der imstande ist, in sehr kurzer Zeit eine riesige Zahl von Münzwürfen zu produzieren. Wie jedermann weiß, liegt bei einer Münze, die man 1000mal hochwirft, das Verhältnis von Kopf und Zahl statistisch gesehen bei 50:50. In Wirklichkeit kann sich bei 1000 Würfen diese Relation zwar in die eine oder andere Richtung verschieben, aber je größer die Zahl der Würfe ist, desto mehr nähert sich das Ergebnis an das Verhältnis 50:50 an.

Jahn und Dunne setzten freiwillige Versuchspersonen vor den REG, die sich darauf konzentrieren mußten, eine von der Norm abweichende große Menge von Würfen mit Kopf bzw. Zahl zu erzielen. Im Lauf von Hunderttausenden von Versuchen stellte sich heraus, daß die Testpersonen tatsächlich einen kleinen, aber statistisch signifikanten Einfluß auf den Output des REG hatten. Noch zwei weitere Dinge wurden dabei entdeckt. Die Fähigkeit, PK-Wirkungen zu erzeugen, war nicht auf einige wenige begabte Einzelpersonen beschränkt, sondern bei den meisten getesteten Freiwilligen vorhanden. Ferner erzielten verschiedene Personen unterschiedliche und durchgängig eindeutige Ergebnisse, die so charakteristisch waren, daß Jahn und Dunne sie als »Signaturen« bezeichneten.[5]

Bei einer anderen Versuchsreihe verwendeten Jahn und Dunne eine Art Spielautomat, in dem 9000 Kugeln mit einem Durchmesser von 1,5 cm um 330 Nylonzapfen kreisten und sich schließlich auf 19 Auffangbehälter am unteren Ende verteilten. Das Gerät bestand aus einem aufrecht stehenden 3 m hohen und 1,80 m breiten Rahmen mit einer klaren Frontscheibe, so daß die Testpersonen zusehen konnten, wie die Kugeln nach unten fielen und sich in den Behältern sammelten. Normalerweise fallen mehr Kugeln in die mittleren Behälter als in die äußeren, und am Ende gleicht die Verteilung einer glockenförmigen Kurve.

Wie beim REG setzten Jahn und Dunne freiwillige Testpersonen vor den Apparat, die versuchen sollten, mehr Kugeln in die äußeren als in die mittleren Auffangbehälter zu »bugsieren«. Auch hier gelang es im Laufe zahlreicher Durchgänge, das »Landeverhalten« der Kugeln geringfügig, aber meßbar zu verändern. In den REG-Experimenten hatten die Probanden eine PK-Wirkung nur auf mikroskopische Vorgänge, nämlich den Zerfall eines radioaktiven Stoffes, ausgeübt, die Kugelspielexperimente hingegen verrieten, daß Menschen mit Hilfe von PK auch Objekte der alltäglichen Erfahrungswelt beeinflussen können. Mehr noch, die »Signaturen« einzelner Personen, die schon bei den REG-Versuchen mitgewirkt hatten, traten bei den Spielautomatenexperimenten wiederum in Erscheinung, was den Schluß zuläßt, daß die PK-Fähigkeiten einer bestimmten Person bei verschiedenartigen Experimenten gleichbleiben, aber individuelle Schwankungen aufweisen, wie sie auch bei anderen Begabungen auftreten. Jahn und Dunne stellen fest: »Kleine Teilergebnisse dieser Art können selbstverständlich der Bandbreite des Zufallsverhaltens zugeordnet werden, so daß sie keine Revision von herkömmlichen wissenschaftlichen Annahmen rechtfertigen, doch das Gesamtergebnis läßt eine unbestreitbare Aberration von beträchtlichem Ausmaß erkennen.«[6]

Jahn und Dunne meinen, ihre Befunde könnten erklären, warum manche Menschen offenbar die Tendenz haben, ungewollt Störungen in Maschinen und technischem Gerät zu verursachen. Ein solcher Mensch war der Physiker Wolfgang Pauli, dessen einschlägiges Talent so legendär war, daß seine Fachkollegen scherzhaft vom »Pauli-Effekt« sprachen. Es heißt, Pauli habe sich nur in einem Laboratorium aufhalten müssen, und schon sei ein Glaskolben explodiert oder ein empfindliches Meßinstrument zerbrochen. Ein Zwischenfall hat besondere Berühmtheit erlangt: Ein Physiker teilte Pauli schriftlich mit, er, Pauli, könne zumindest für das mysteriöse Versagen einer komplizierten Versuchsanordnung nicht verantwortlich gemacht werden, da er nicht anwesend gewesen sei, doch dann stellte sich heraus, daß Pauli genau zu dem Zeitpunkt des Mißgeschicks am Laboratorium vorbeigekommen war! Jahn und Dunne sehen in dem leidigen »Koboldeffekt«, also in der von Lotsen, Piloten und Militärs häufig beobachteten Tendenz von sorgfältig überprüften technischen Einrichtungen, aus unerfindlichen Gründen im denkbar ungünstigsten Augenblick zu versagen, ebenfalls ein Beispiel für unbewußte PK-Aktivitäten.

Wenn unser Geist die Kraft besitzt, den Bewegungsablauf einer Kugelkaskade oder die Funktion einer Maschine zu beeinflussen, welche absonderliche Alchimie könnte dieser Fähigkeit zugrunde liegen? Da alle bekannten physikalischen Vorgänge auf einer Wellen-Teilchen-Dualität beruhen, ist es nach Jahn und Dunne nicht von der Hand zu weisen, daß dies auch auf das Bewußtsein zutrifft. Solange das Bewußtsein Teilchencharakter hat, scheint es in unserem Kopf lokalisiert zu sein, doch wenn es Welleneigenschaften annimmt, könnte es, wie alle Wellenphänomene, auch Fernwirkungen erzeugen. Die beiden glauben, daß PK eine dieser Fernwirkungen ist.

Jahn und Dunne gehen noch weiter. Ihrer Meinung nach ist die Realität selbst das Ergebnis einer Grenzverwischung zwischen den wellenähnlichen Aspekten des Bewußtseins und den Wellenmustern der Materie. Wie Bohm glauben sie jedoch nicht, daß das Bewußtsein oder die materielle Welt isoliert produktiv werden könnte oder daß man sich gar PK als die Übertragung irgendeiner Kraft vorzustellen hat. »Die Botschaft ist vermutlich subtiler«, meint Jahn. »Es kann sein, daß solche Konzepte schlicht und einfach untauglich sind und daß es keinen Sinn macht, von einer abstrakten Umwelt und einem abstrakten Bewußtsein zu reden. Das einzige, was wir wahrnehmen können, ist die Tatsache, daß sich beide auf irgendeine Weise gegenseitig durchdringen.«[7]

Wenn PK nicht als eine Kraftübertragung begriffen werden kann, welche Terminologie eignet sich dann für die Beschreibung der Interaktionen von Geist und Materie? Ähnlich wie Bohm vertreten Jahn und Dunne die Ansicht, daß PK einen Austausch von Informationen zwischen Bewußtsein und physikalischer Realität voraussetzt, einen Austausch, den man sich nicht so sehr als einen Fluß zwischen dem Mentalen und dem Materiellen vorstellen sollte, sondern eher als eine »Resonanz« zwischen beidem. Die Bedeutung der Resonanz wurde sogar von den Testpersonen der PK-Experimente empfunden und kommentiert: Der am häufigsten genannte Faktor, der mit einer erfolgreichen Durchführung des Experiments in Verbindung gebracht wurde, war das Bestreben, einen »Einklang« mit dem Gerät herzustellen. Ein Proband beschrieb das Gefühl als »ein Eintauchen in den Prozeß, der zu einem Verlust des Ichbewußtseins führt. Ich spüre keinerlei unmittelbare Einwirkung auf den Apparat, sondern eher einen unmerklichen Einfluß, wenn ich im Einklang mit ihm stehe. Es ist, als säße ich in einem Kanu; wenn es dorthin schwimmt, wohin ich will, lasse ich mich treiben. Wenn es einen anderen Kurs nimmt, versuche ich es aufzuhalten und ihm die Möglichkeit zu geben, den Einklang mit mir wiederherzustellen.«[8]

Auch in verschiedenen anderen wichtigen Punkten vertreten Jahn und Dunne ähnliche Auffassungen wie Bohm. Wie er meinen sie, daß die Begriffe, die wir zur Beschreibung der Wirklichkeit verwenden – Elektron, Wellenlänge, Bewußtsein, Zeit, Frequenz usw. – lediglich als »Kategorien der Informationsorganisation« brauchbar sind und keinen eigenständigen Status besitzen. Sie glauben auch, daß alle Theorien, einschließlich der eigenen, nichts weiter als Metaphern sind. Und obgleich sie sich nicht mit dem holographischen Modell identifizieren (und ihre Theorie unterscheidet sich in der Tat in mehreren wesentlichen Aussagen von den Bohmschen Anschauungen), erkennen sie gewisse Überlappungen. »Soweit wir uns grundsätzlich auf das mechanische Wellenverhalten berufen, bestehen einige Übereinstimmungen zwischen dem, was wir postulieren, und dem holographischen Konzept«, sagt Jahn. »Es schreibt dem Bewußtsein die Fähigkeit zu, im Sinne der Wellenmechanik zu funktionieren und sich dadurch auf die eine oder andere Weise die Gesamtheit des Raums und der Zeit zunutze zu machen.«[9]

Dunne pflichtet ihm bei: »In gewissem Sinne könnte man das holographische Modell als Deutung des Mechanismus auffassen, den das Bewußtsein benutzt, um mit der wellenmechanischen, urtümlichen und sensiblen Fülle zu interagieren und sie gleichsam in verwertbare Informationen umzusetzen. In einem anderen Sinne könnte man – selbstverständlich nur metaphorisch – das individuelle Bewußtsein, wenn man ihm eigene charakteristische Wellenmuster zubilligt, als Laser mit einer bestimmten Frequenz auffassen, der sich mit einem spezifischen Muster im kosmischen Hologramm überschneidet.«[10]

Wie kaum anders zu erwarten, sind die Thesen von Jahn und Dunne in der orthodoxen Fachwelt auf erheblichen Widerstand gestoßen, doch in manchen Kreisen finden sie zunehmend Anerkennung. Ein großer Teil der PEAR-Mittel stammt von der McDonnell-Stiftung, die James S. McDonnell III. von der McDonnell Douglas Corporation gegründet hat, und unlängst hat das *New York Times Magazine* der Arbeit von Jahn und Dunne einen Beitrag gewidmet. Die beiden lassen sich nicht dadurch beirren, daß sie so viel Zeit und Mühe darauf verwenden, die Parameter eines Phänomens zu erforschen, das in den Augen der meisten Wissenschaftler gar nicht existiert. Dazu Jahn: »Ich halte dieses Gebiet für weitaus bedeutender als alles andere, woran ich jemals gearbeitet habe.«[11]

Psychokinese in größeren Dimensionen

Bislang beschränken sich die im Labor erzeugten PK-Wirkungen auf relativ kleine Objekte, doch manches deutet darauf hin, daß zumindest einige Menschen mittels PK auch größere Veränderungen in der physischen Welt zustande bringen können. Der Biologe Lyall Watson, Autor des Bestsellers *Supernature* und ein Wissenschaftler, der paranormale Vorgänge in der ganzen Welt studiert, hat einen solchen Menschen auf den Philippinen kennengelernt. Der Mann gehörte zu den sogenannten philippinischen Wunderheilern, doch statt seine Patienten zu berühren, begnügte er sich damit, seine Hand etwa 25 Zentimeter über den Körper der betreffenden Person zu halten und auf dessen Haut zu deuten, und schon zeigte sich dort eine Einschnittwunde. Watson war nicht nur Augenzeuge mehrerer Vorführungen der psychokinetischen chirurgischen Fertigkeiten dieses Mannes, sondern er erhielt auch eines Tages, als der Heiler seine Finger weiter kreisen ließ als gewöhnlich, eine Schnittwunde auf dem eigenen Handrücken. Die Narbe ist noch heute zu sehen.[12]

Es gibt Anhaltspunkte dafür, daß auch Knochen psychokinetisch geheilt werden können. Mehrere einschlägige Fälle hat Rex Gardner registriert, ein Mediziner am Sunderland District General Hospital in England. Ein interessanter Aspekt eines Aufsatzes, der 1983 im *British Medical Journal* erschien, besteht darin, daß Gardner, ein engagierter Wunderforscher, heutige Wunderheilungen zusammen mit Beispielen für augenscheinlich gleichartige Heilungen präsentiert, die Beda Venerabilis, ein englischer Geschichtsschreiber und Theologe des 7./8. Jahrhunderts, zusammengetragen hat.

Zu den modernen Heilungen gehört der Fall einer Gruppe von lutherischen Klosterfrauen in Darmstadt. Beim Bau einer Kapelle brach eine der Schwestern durch eine frisch betonierte Decke und stürzte auf einen Holzbalken. Sie wurde eiligst ins Krankenhaus gebracht, wo die Röntgenaufnahmen ergaben, daß sie einen komplizierten Beckenbruch davongetragen hatte. Statt sich auf die übliche medizinische Behandlung zu verlassen, hielten die Frauen eine Gebetsvigil, die die ganze Nacht andauerte. Obwohl die Ärzte darauf bestanden, daß die Patientin mehrere Wochen lang im Streckverband ruhen müsse, nahmen die Klosterfrauen sie nach zwei Tagen mit heim und »behandelten« sie weiterhin mit Gebeten und mit Handauflegen. Zu ihrer allgemeinen Verwunderung stand die Schwester sofort nach dem Handauflegen auf, befreit von den quälenden Schmerzen und offensichtlich geheilt. Nach nur zwei Wochen war sie völlig wiederhergestellt, woraufhin sie sich wieder ins Krankenhaus begab und sich dort den staunenden Ärzten präsentierte.[13]

Gardner macht zwar keinen Versuch, diese »Wunderheilung« oder die anderen in seinem Aufsatz besprochenen Fälle zu interpretieren, aber PK scheint eine naheliegende Erklärung zu sein. Wenn man bedenkt, daß die natürliche Heilung einer Fraktur eine langwierige Prozedur ist – und selbst die wunderbare Regeneration von Michellis Beckenknochen zog sich über einige Monate hin –, dann ist zu vermuten, daß die unbewußten PK-Fähigkeiten der Klosterfrauen, die das Handauflegen praktizierten, die rasche Heilung bewirkt haben.

Gardner schildert einen ähnlichen Fall, der sich im 7. Jahrhundert beim Bau der Kirche von Hexham in England ereignete und an dem der heilige Wilfrid, damals Bischof von Hexham, beteiligt war. Während des Kirchenbaus stürzte ein Maurer namens Bothelm aus großer Höhe ab und brach sich beide Arme und Beine. Bothelm lag im Sterben; Wilfrid betete bei ihm und forderte die anderen Arbeiter auf, sich ihm anzuschließen. Sie beteten, »der Atem des Lebens kehrte zu Bothelm zurück«, und er wurde sehr schnell wieder gesund. Da die Heilung offenbar erst zustande kam, nachdem Wilfrid die anderen Arbeiter zum Mitbeten aufgefordert hatte, stellt sich die Frage, ob Wilfrid der Katalysator war oder ob auch hier die vereinten unbewußten PK-Kräfte der gesamten Gruppe den Ausschlag gaben.

William Tufts Brigham, Kurator am Bishop Museum in Honolulu und ein angesehener Botaniker, der sich privat eingehend mit paranormalen Phänomenen beschäftigt, berichtet von der Sofortheilung eines Knochenbruchs durch eine hawaiische Schamanin oder *Kahuna*. Augenzeuge war Brighams Freund J. A. K. Combs. Combs' Großschwiegermutter galt als eine der mächtigsten weiblichen Kahunas der Inseln, und bei einer Gelegenheit, während eines Festes im Hause der Frau, konnte er deren Fähigkeiten aus erster Hand kennenlernen.

Bei dem Fest rutschte ein Gast aus und stürzte; dabei brach er sich ein Bein, und zwar so, daß sich die Knochenenden deutlich sichtbar unter der Haut abzeichneten. Da Combs erkannte, wie ernst die Fraktur war, riet er, den Mann unverzüglich in ein Krankenhaus zu schaffen, doch die alte Kahuna wollte nichts davon wissen. Sie kniete neben dem Verletzten nieder, streckte sein Bein gerade und drückte auf die Stelle, wo die gebrochenen Knochen vorstanden. Nachdem sie einige Minuten lang gebetet und meditiert hatte, erhob sie sich und verkündete, daß die Heilung abgeschlossen sei. Der Mann stand verwundert auf, tat einen Schritt und dann noch einen. Er war vollständig geheilt, und an seinem Bein war von dem Knochenbruch nichts mehr zu sehen.[14]

Massenpsychokinese im Frankreich des 18. Jahrhunderts

Eine der erstaunlichsten PK-Manifestationen und eine der sensationellsten Häufungen von Wundertaten ereignete sich in der ersten Hälfte des 18. Jahrhunderts in Paris. Die Vorgänge konzentrierten sich auf eine von dem niederländischen Theologen C. Jansen gegründete puritanische Bewegung innerhalb des Katholizismus, die als Jansenismus bezeichnet wird, und wurden ausgelöst durch den Tod eines als heilig verehrten jansenistischen Geistlichen namens François de Paris. Heute hört man kaum noch etwas von den jansenistischen Wundern, aber seinerzeit waren sie fast ein Jahrhundert lang Tagesgespräch in ganz Europa.

Um die Jansenistenwunder richtig verstehen zu können, muß man ein wenig über die historischen Ereignisse wissen, die dem Tod von François de Paris vorausgingen. Der Jansenismus entstand im frühen 17. Jahrhundert und lag von Anfang an im Streit mit der katholischen Kirche und der französischen Monarchie. Viele jansenistische Glaubensvorstellungen wichen deutlich von den Lehren der Kirche ab, doch die Bewegung war populär und fand sehr schnell Anhänger in der französischen Bevölkerung. Sowohl vom Papst als auch von König Ludwig XV., einem strenggläubigen Katholiken, wurde sie als Protestantismus im Gewande des Katholizismus verdammt. Das hatte zur Folge, daß Kirche und König alles unternahmen, um die Macht der Bewegung zu unterminieren. Ein Hindernis für diese Machenschaften und einer der Faktoren, die zur Beliebtheit der Bewegung beitrugen, bestand darin, daß sich die führenden Jansenisten offenbar besonders gut auf Wunderheilungen verstanden. Gleichwohl setzten Kirche und Monarchie ihre Bemühungen fort und lösten damit in ganz Frankreich hitzige Debatten aus. Am 1. Mai 1727, auf dem Höhepunkt dieses Machtkampfes, starb François de Paris und wurde auf dem Gemeindefriedhof von Saint-Médard in Paris beigesetzt.

Weil der Abbé im Ruf der Heiligkeit stand, versammelten sich sogleich fromme Verehrer an seinem Grab, und fortan kursierten Berichte über eine Vielzahl von Wunderheilungen. Zu den Krankheiten, die auf diese Weise geheilt wurden, gehörten Krebsgeschwülste, Paralyse, Taubheit, Arthritis, Rheumatismus, Geschwüre, chronisches Fieber, Blutungen und Blindheit. Doch das war noch nicht alles. Die Trauernden wurden auch von seltsamen unwillkürlichen Krämpfen oder Konvulsionen heimgesucht und von den absonderlichsten Gliederverrenkungen befallen. Diese Anfälle erwiesen sich sehr bald als ansteckend und breiteten sich aus wie ein Buschfeuer, bis es in den Straßen von Männern, Frauen und Kindern wimmelte, die sich drehten und wanden wie in einem surrealen Traum.

Während sich die »Convulsionäre«, wie die Schwärmer genannt wurden, in diesem tranceartigen Krampfzustand befanden, offenbarten sie die unwahrscheinlichsten Talente. Sie konnten zum Beispiel schadlos eine schier unvorstellbare Vielfalt von körperlichen Torturen ertragen. Diese umfaßten heftige Prügel, Schläge mit schweren oder scharfkantigen Gegenständen und Strangulationen – und all dies ging ohne Anzeichen von Verletzungen und sogar ohne die geringsten Spuren von Wunden oder Prellungen ab.

Was diese wundersamen Vorkommnisse so einzigartig macht, ist die Tatsache, daß sie vor Tausenden von Augenzeugen stattfanden. Die wahnwitzigen Versammlungen am Grab des Abbé de Paris waren keineswegs nur ein vorübergehendes Ereignis. Der Friedhof und die Straßen der Umgebung waren über Jahre hinweg tags und nachts von Menschen überfüllt, und sogar zwei Jahrzehnte später wurden noch immer Wunder registriert. (Um eine Vorstellung vom Ausmaß des Phänomens zu geben: 1733 heißt es in einem amtlichen Protokoll, daß mehr als 3000 freiwillige Helfer eingesetzt werden mußten, um den Convulsionären beizustehen und dafür zu sorgen, daß sich die beteiligten Frauen bei ihren Anfällen nicht unziemlich entblößten.) Die außergewöhnlichen Fähigkeiten der Schwärmer wurden zu einer internationalen Cause célèbre, und Tausende strömten herbei, um sie zu erleben, darunter Menschen aus allen sozialen Schichten und Vertreter aller erdenklichen wissenschaftlichen, religiösen und staatlichen Institutionen; zahllose offizielle und inoffizielle Berichte über die Wundertaten finden sich in den zeitgenössischen Dokumenten.

Viele Augenzeugen, insbesondere die Beauftragten der katholischen Kirche, hatten ein handfestes Interesse daran, die jansenistischen Wunder zu diskreditieren, doch auch sie konnten nicht umhin, sie zu bestätigen (die Kirche zog sich später aus der peinlichen Affäre, indem sie einräumte, daß die Wunder existierten, aber erklärte, sie seien das Werk des Teufels, was die Verkommenheit der Jansenisten beweise).

Einer dieser Beauftragten, ein Mitglied des Pariser Parlaments namens Louis-Basile Carré de Montgeron, war Zeuge so vieler Wunder, daß er vier dicke Bände zu diesem Thema verfaßte, die er 1737 unter dem Titel *La Vérité des Miracles* veröffentlichte. In seinem Werk führt er zahlreiche Beispiele für die augenscheinliche Unverwundbarkeit der Convulsionäre an. In einem Fall lehnte sich eine zwanzigjährige Schwärmerin mit Namen Jeanne Maulet an eine Mauer, während ein Freiwilliger aus der Zuschauermenge, »ein sehr kräftiger Mann«, mit einem dreißig Pfund schweren Hammer hundertmal auf ihren Magen einschlug (die Schwärmer baten um solche Torturen und erklärten, dadurch würden die wahnsinnigen Schmerzen ihrer Konvulsionen gelindert). Um die Wucht der Schläge zu prüfen, nahm Montgeron selbst den Hammer in die Hand und probierte ihn an der Mauer aus, an die sich das Mädchen gelehnt hatte. Er berichtet: »Beim fünfundzwanzigsten Schlag brach der Stein, auf den ich schlug und der schon durch die früheren Schläge gelockert worden war, plötzlich heraus und fiel auf der anderen Seite der Mauer herunter, wobei er ein Loch von mehr als einem halben Fuß hinterließ.«[15]

Montgeron beschreibt einen anderen Fall, bei dem eine Schwärmerin sich im Bogen so weit zurücklehnte, daß ihre untere Rückenpartie auf »der scharfen Spitze eines Pfahls« auflag. Dann bat sie darum, man solle einen fünfzigpfündigen Stein an einem Seil »so hoch wie möglich«

hieven und mit seinem ganzen Gewicht auf ihren Unterleib fallen lassen. Der Stein wurde hochgezogen und immer wieder fallen gelassen, doch der Frau schien das nicht das geringste auszumachen. Sie behielt ohne Anstrengung ihre unbequeme Position bei, zeigte weder Schmerzen noch Beschwerden und schritt nach der Tortur davon, ohne daß auf ihrem Rücken auch nur eine Spur einer Wunde zu erkennen gewesen wäre. Montgeron merkt an, daß sie während der Aktion fortwährend geschrien habe:»Schlagt fester zu, noch fester!«[16]

Es scheint in der Tat so zu sein, daß nichts den Convulsionären etwas anhaben konnte. Sie überstanden Schläge mit Eisenstangen, Ketten oder Balken unversehrt. Selbst die stärksten Männer vermochten sie nicht zu erwürgen. Einige wurden gekreuzigt und wiesen hinterher keinerlei Wundmale auf.[17] Am befremdlichsten war, daß man sie nicht einmal mit Messern, Schwertern oder Beilen verletzen konnte. Montgeron führt ein Beispiel an, in dem die geschärfte Spitze eines eisernen Bohrers gegen den Magen eines Schwärmers gedrückt und dann so heftig mit einem Hammer bearbeitet wurde, daß es den Anschein hatte,»als würde sich das Eisen durch das Rückgrat bohren und sämtliche Eingeweide zerfetzen«. Aber nichts dergleichen geschah, vielmehr zeigte der Convulsionär einen»Ausdruck völliger Verzückung« und rief:»Oh, das tut mir wohl! Nur Mut, Bruder; schlag doppelt so hart zu, wenn du kannst!«[18]

Unverwundbarkeit war nicht die einzige Eigenschaft, welche die Jansenisten im Zustand der Verzückung unter Beweis stellten. Einige wurden zu Hellsehern und konnten»verborgene Dinge wahrnehmen«. Andere waren imstande zu lesen, selbst wenn ihre Augen geschlossen oder dick verbunden waren, und auch Levitationen kamen vor. Ein Levitator, ein gewisser Abbé Bescherand aus Montpellier, wurde während seiner Konvulsionen»so gewaltig in die Luft gehoben«, daß sogar Zeugen, die ihn festzuhalten versuchten, ihn nicht daran hindern konnten, vom Boden abzuheben.[19]

Die jansenistischen Wunder sind heute fast vollständig in Vergessenheit geraten, aber dazumal fanden sie selbst bei Intellektuellen große Beachtung. Die Nichte des Mathematikers und Philosophen Pascal ließ mit Hilfe eines solchen Wunders innerhalb von wenigen Stunden eine schwere Augenentzündung verschwinden. Als Ludwig XV. vergebens versuchte, dem Treiben der Convulsionäre durch Schließung des Friedhofs von Saint-Médard Einhalt zu gebieten, spottete Voltaire:»Gott wurde auf Befehl des Königs untersagt, dort Wunder zu wirken.« Und in seinen *Philosophical Essays* schrieb der schottische Philosoph David Hume:»Sicherlich wurden noch niemals so viele Wunder einer einzigen Person zugeschrieben wie jene, die angeblich neuerdings in Frankreich am Grab des Abbé de Paris bewirkt worden sind. Viele dieser Wunder wurden an Ort und Stelle sofort bestätigt, und zwar von Richtern von unzweifelhafter Glaubwürdigkeit und Reputation, in einem aufgeklärten Zeitalter und auf dem bedeutendsten Schauplatz, den es heutzutage auf der Welt gibt.«

Wie sollen wir die Wunder erklären, die von den Convulsionären produziert wurden? Bohm ist nicht abgeneigt, die Möglichkeit von PK- und anderen paranormalen Phänomenen in Betracht zu ziehen, aber er spekuliert nicht gern über spezielle Sachverhalte wie die außergewöhnlichen Fähigkeiten der Jansenisten. Doch wenn wir die Aussagen so vieler Augenzeugen ernst nehmen, bietet sich PK als Erklärung an, sofern wir nicht davon ausgehen wollen, daß Gott den jansenistischen Katholiken den Vorzug vor den römischen gegeben hat. Daß irgendeine übersinnliche Kraft im Spiel gewesen sein muß, läßt sich daraus schließen, daß während der Trancezustände noch andere übersinnliche Fähigkeiten, etwa die Hellseherei, zutage traten. Im übrigen haben wir bereits eine Reihe von Fällen kennengelernt, in denen intensive Gläubigkeit und Hysterie die verborgenen Kräfte des Geistes aktiviert haben, und diese Faktoren waren auch hier in hohem Maße gegeben. Die psychokinetischen Wirkungen wurden möglicherweise nicht von einem einzelnen Menschen, sondern durch den vereinten Glaubenseifer aller jeweils Anwesenden hervorgebracht, und dies könnte auch die ungewöhnliche Heftigkeit der Reaktionen erklären. Dieser Gedanke ist nicht neu. Schon in den zwanziger Jahren äußerte der bedeutende Harvard-Psychologe William McDougall die Vermutung, religiöse Wunder seien das Ergebnis der kollektiven seelischen Kräfte einer großen Zahl von Gläubigen.

PK könnte auch eine Erklärung für die scheinbare Unverwundbarkeit vieler Convulsionäre sein. Im Fall der Jeanne Maulet war es wahrscheinlich so, daß sie unbewußt PK-Kräfte einsetzte, um die Wirkung der Hammerschläge auszuschalten. Falls die Schwärmer mittels PK die Ketten, Stangen und Messer kontrollierten und im Augenblick des Zuschlagens stoppten, wäre das eine Erklärung dafür, daß diese Gegenstände keine Wunden oder sonstige Spuren hinterließen. Ähnliches gilt auch für die Würgeversuche an den Jansenisten: Vielleicht wurden die Hände der Würger durch PK zurückgehalten; diese glaubten zwar, einen Hals zusammenzudrücken, in Wirklichkeit aber griffen sie ins Nichts.

Die Neuprogrammierung des kosmischen Filmprojektors

Mit PK lassen sich freilich nicht alle Aspekte der Unverwundbarkeit der Convulsionäre erklären. Auch das Gesetz der Trägheit – der Neigung eines bewegten Körpers, seine Bewegung beizubehalten – ist in die Überlegungen einzubeziehen. Wenn ein fünfzig Pfund schwerer Stein oder Holzblock herunterkracht, entwickelt er sehr viel Energie, und wenn er auf seiner Bahn gestoppt wird, muß diese Energie irgendwohin abgeleitet werden. Wird beispielsweise ein Mensch, der in einer Rüstung steckt, von einem dreißigpfündigen Hammer getroffen, kann zwar das Metall des Panzers den Schlag dämpfen, aber der Mensch bekommt dennoch einen kräftigen Stoß ab. Im Fall der Jeanne Maulet scheint es so zu sein, daß die Energie irgendwie den Körper »umging« und auf die Mauer hinter dem Mädchen übertragen wurde, denn wie Montgeron anmerkt, wurde der betreffende Stein »durch die Schläge gelockert«. Was jedoch die Frau angeht, die ihren Körper nach hinten gebogen hatte und den fünfzig Pfund schweren Stein auf ihren Unterleib fallen ließ, so ist die Sache weniger eindeutig. Die Frage ist, warum sie nicht wie ein Krockettor in den Boden getrieben wurde oder warum die Schwärmer nicht umfielen, als man mit Balken auf sie einschlug. Wohin verflüchtigte sich die abgeleitete Energie?

Auch hier könnte das holographische Wirklichkeitskonzept eine Erklärung liefern. Wie wir gesehen haben, hält Bohm das Bewußtsein und die Materie nur für verschiedene Aspekte derselben fundamentalen Gegebenheit, die ihren Ursprung in der impliziten Ordnung hat. Manche Forscher sehen darin einen Hinweis darauf, daß das Bewußtsein womöglich weit mehr zu leisten vermag als ein paar psychokinetische Veränderungen in der Welt der Materie. Falls die implizite und die explizite Ordnung eine zutreffende Beschreibung der Realität darstellen, hält es beispielsweise Grof »für denkbar, daß bestimmte ungewöhnliche Bewußtseinszustände eine direkte Erfahrung und eine Beeinflussung der impliziten Ordnung bewirken können. Es wäre somit möglich, Phänomene in der Erscheinungswelt durch Einwirkung auf ihre Entstehungsgrundlage zu modifizieren.«[20] Mit anderen Worten: Neben der psychokinetischen Steuerung von Objekten vermag der Geist vielleicht auch in Tiefenschichten vorzudringen und den kosmischen Filmprojektor, der diese Objekte zunächst hervorgebracht hat, neu zu programmieren. Auf diese Weise wären nicht nur die allgemein anerkannten Naturgesetze, etwa die Trägheit, vollständig umgangen, sondern der Geist könnte die Welt der Materie noch weit dramatischer verändern und umgestalten, als es selbst die Psychokinese vermag.

Daß diese oder eine ähnliche Theorie richtig sein muß, belegt auch eine andere außergewöhnliche Fähigkeit, die im Lauf der Geschichte von den verschiedensten Menschen demonstriert worden ist: die Immunität gegen Feuer. In seinem Buch *Die körperlichen Begleiterscheinungen der Mystik* führt Thurston zahlreiche Heilige an, die diese Fähigkeit besaßen; einer der berühmtesten war der heilige Franz von Paula. Er konnte glühende Asche in die Hand nehmen, ohne Schaden zu erleiden, und bei seinem Heiligsprechungsverfahren im Jahre 1519 beschworen acht Augenzeugen, daß er unverletzt durch die prasselnden Flammen eines Brennofens gewandelt sei, um eine beschädigte Wand des Ofens instand zu setzen.

Diese Episode erinnert an die alttestamentliche Geschichte von den drei Jünglingen im Feuerofen. Nach der Eroberung von Jerusalem befahl Nebukadnezar, daß alle seine Statue anbeten sollten. Schadrach, Meschach und Abed-Nego weigerten sich, und daraufhin ließ Nebukadnezar sie in einen Feuerofen werfen, der so glühend heiß war, daß selbst die Männer, die die drei Jünglinge ins Feuer warfen, verbrannten. Die drei jedoch überlebten kraft des Glaubens das Feuer unversehrt; als sie herauskamen, war ihr Haar nicht versengt, ihr Gewand unbeschädigt, und nicht einmal Brandgeruch haftete ihnen an. Offenbar haben Glaubensproben, so wie sie auch Ludwig XV. den Jansenisten auferlegte, des öfteren Wundertaten gezeigt.

Die hawaiischen Kahunas schreiten zwar nicht durch glühende Feueröfen, aber es heißt, daß sie auf heißer Lava umherwandern können, ohne Brandwunden davonzutragen. Brigham berichtet, er habe drei Kahunas kennengelernt, die sich zu dieser Mutprobe bereit erklärten, und sei ihnen eine beträchtliche Strecke bis zu einem Lavastrom in der Nähe des speienden Kilauea gefolgt. Sie wählten einen fünfzig Meter breiten Lavastrom, der sich so weit abgekühlt hatte, daß er ihr Gewicht zu tragen vermochte, aber immerhin noch so heiß war, daß glühende Brocken die Oberfläche durchbrachen. Vor Brighams Augen zogen die Kahunas ihre Sandalen aus und begannen ihre umständlichen Gebete aufzusagen, die ihnen Schutz verleihen sollten, als sie auf das kaum erhärtete schmelzflüssige Gestein zuschritten.

Die Kahunas hatten Brigham zuvor versichert, sie könnten ihre Immunität gegen Feuer auf ihn übertragen, wenn er sich ihnen anzuschließen wünsche, und er hatte sich tapfer damit einverstanden erklärt. Doch als er der glutheißen Lava ansichtig wurde, überlegte er es sich anders. »Am Ende verließ mich doch der Mut, ich blieb sitzen, und ich weigerte mich, die Schuhe auszuziehen«, erzählt Brigham. Nachdem die Kahunas die Anrufung der Götter beendet hatten, betrat der älteste den Lavastrom und bewältigte den fünfzig Meter langen Weg unversehrt. Beeindruckt, aber nach wie vor fest entschlossen, nichts nachzumachen, stand Brigham auf, um den zweiten Kahuna zu beobachten, doch dabei erhielt er einen Stoß, der ihn zwang loszurennen, wenn er nicht mit dem Gesicht voran auf das glühende Gestein fallen wollte.

Und Brigham rannte los. Als er den höhergelegenen Boden auf der anderen Seite erreichte, stellte er fest, daß einer seiner Schuhe verbrannt war und eine Socke Feuer gefangen hatte. Seine Füße waren jedoch wunderbarerweise unverletzt. Die Kahunas waren ebenfalls unversehrt geblieben und lachten lauthals über Brighams Schock. »Ich lachte ebenfalls«, notierte er. »In meinem ganzen Leben war ich noch nie so erleichtert gewesen wie damals, als ich merkte, daß mir nichts geschehen war. Zu diesem Erlebnis kann ich kaum mehr sagen. Ich spürte im Gesicht und am Körper eine intensive Hitze, doch in meinen Füßen hatte ich fast kein Gefühl.«[21]

Auch die Convulsionäre bewiesen gelegentlich eine völlige Immunität gegen Feuer. Die beiden berühmtesten dieser »menschlichen Salamander« - im Mittelalter bezog sich der Begriff Salamander auf eine sagenhafte Echse, die angeblich im Feuer lebte - waren Marie Sonnet und Gabrielle Moler. In Anwesenheit zahlreicher Zeugen, unter denen sich auch Montgeron befand, streckte sich die Sonnet einmal auf zwei Stühlen über einem flackernden Feuer aus und verharrte eine halbe Stunde lang in dieser Stellung. Weder sie noch ihre Kleider trugen irgendwelche Schäden davon. Bei einer anderen Gelegenheit setzte sie sich hin und steckte ihre Füße in ein Becken mit glühenden Kohlen. Wie bei Brigham verbrannten auch bei ihr Schuhe und Strümpfe, aber ihre Füße blieben unversehrt.[22]

Gabrielle Molers Leistungen waren noch verblüffender. Ihr konnten weder Schwertstöße noch Schläge mit einer Schaufel etwas anhaben, und sie war überdies imstande, den Kopf längere Zeit in ein prasselndes Herdfeuer zu stecken, ohne Schaden zu nehmen. Augenzeugen berichten, die Kleider der Frau seien hinterher so heiß gewesen, daß man sie kaum habe anfassen können, doch ihre Haare, Wimpern und Augenbrauen seien nicht einmal versengt worden.[23] Sie hätte auf Partys zweifellos Furore gemacht!

Die Jansenisten waren freilich nicht die erste Schwärmerbewegung in Frankreich. Gegen Ende des 17. Jahrhunderts, als Ludwig XIV. das Land von den protestantischen Hugenotten säubern wollte, stellte eine Gruppe von hugenottischen Aufrührern in den Cevennen, die sogenannten Kamisarden, ähnliche Fähigkeiten unter Beweis. In einem amtlichen Bericht, der für Rom bestimmt war, beklagte sich einer der Verfolger, ein Abt, der Abbé du Chayla, daß es ihm einfach nicht gelingen wolle, den Kamisarden beizukommen. Wenn er den Befehl gab, sie zu erschießen, blieben die Musketenkugeln als abgeflachte Scheiben zwischen ihren Kleidern und ihrer Haut stecken. Wenn er ihre Hände über glühenden Kohlen zusammenschloß, blieben sie unverletzt, und wenn er sie zusammengebunden in ölgetränkte Säcke stecken und in Brand setzen ließ, verbrannten sie nicht.[24]

Um dem Ganzen die Krone aufzusetzen, ließ der Anführer der Kamisarden Claris einen Scheiterhaufen errichten, den er dann bestieg, um eine flammende Rede zu halten. Vor sechshundert Augenzeugen befahl er daraufhin, den Scheiterhaufen in Brand zu setzen, und er redete weiter, bis die Flammen über seinem Kopf zusammenschlugen. Nachdem der Scheiterhaufen vollständig niedergebrannt war, trat Claris unverletzt vor, ohne Brandspuren an Haaren und Kleidern. Der Befehlshaber der französischen Truppen, die die Kamisarden unterwerfen sollten, ein gewisser Oberst Jean Cavalier, wurde später nach England verbannt, wo er 1707 in einem Buch mit dem Titel *A Cry from the Desert* über die Ereignisse berichtete.[25] Was den Abbé du Chayla betrifft, so wurde er schließlich bei einer Vergeltungsaktion von den Kamisarden umgebracht. Im Unterschied zu ihnen verfügte er nicht über die Gabe der Unverwundbarkeit.[26]

Glaubwürdige Berichte über Feuerunempfindlichkeit gibt es buchstäblich zu Hunderten. Auch Bernadette von Lourdes soll gegen Feuer immun gewesen sein, wenn sie in Ekstase war. Augenzeugen zufolge geriet ihre Hand einmal so nahe an eine brennende Kerze, daß die Flammen ihre Finger umzüngelten. Einer der Anwesenden war Dr. Dozous, der Amtsarzt von Lourdes. Geistesgegenwärtig blickte er auf seine Uhr und stellte fest, daß Bernadette erst nach vollen zehn Minuten aus dem Trancezustand erwachte und ihre Hand zurückzog. Später erklärte er dazu: »Ich hab's mit meinen Augen gesehen. Aber ich schwöre Ihnen ..., wollten Sie mir diese Geschichte aufbinden, ich würde Sie von Herzen auslachen.«[27]

Am 7. September 1871 berichtete der *New Yorker Herald,* daß Nathan Coker, ein älterer schwarzer Schmied aus Easton in Maryland, rotglühendes Metall anfassen konnte, ohne sich zu verletzen. Vor einem Untersuchungsausschuß, dem mehrere Ärzte angehörten, erhitzte er eine eiserne Schaufel, bis sie zu glühen begann, und hielt sie sich dann an die Fußsohlen, bis sie wieder abgekühlt war. Zudem beleckte er die Kante der rotglühenden Schaufel und schüttete sich geschmolzenen Bleischrot in den Mund, der über seine Zähne und sein Zahnfleisch floß, bis er wieder hart wurde. Nach jeder Darbietung dieser Art wurde der Mann von den Medizinern untersucht, und diese konnten keine Spur einer Verletzung entdecken.[28]

Während eines Jagdausfluges in den Bergen von Tennessee begegnete der New Yorker Arzt K. R. Wissen 1927 einem zwölfjährigen Jungen, der ähnlich immun war. Wissen sah zu, wie der Junge rotglühende Eisenteile aus einer Esse nahm, ohne daß es ihm etwas ausmachte. Der Junge erzählte dem Arzt, er habe seine Begabung zufällig entdeckt, als er ein glühendes Hufeisen in der Schmiede seines Onkels in die Hand genommen habe.[29] Die Grube mit brennenden Kohlen, die Mohotty vor den Augen des Ehepaars Grosvenor durchschritt, war über sechs Meter lang, und die Temperatur, gemessen mit dem Thermometer des *National-Geographic*-Teams, betrug genau 1328 Grad Fahrenheit (ca. 720 °C).

In der Mai-Nummer 1959 des *Atlantic Monthly* berichtet Leonard Feinberg von der University of Illinois als Augenzeuge von einem ceylonesischen Feuerbegehungsritual, bei dem die Eingeborenen rotglühende Eisenkessel auf dem Kopf trugen, ohne Schaden zu nehmen. In einem Beitrag für das *Psychiatric Quarterly* beschreibt der Psychiater Berthold Schwarz seine Beobachtungen bei Sektenmitgliedern in den Appalachen, die ihre Hände in eine Azetylenflamme halten konnten,[30] und so weiter und so fort.

Physikalische Gesetze als Übereinkünfte und potentielle und reale Wirklichkeiten

So schwer man sich vorstellen kann, wohin die abgelenkte Energie bei bestimmten PK-Vorgängen entweicht, so unbegreiflich ist es auch, wo die Energie eines rotglühenden Kessels bleibt, der direkt auf dem Haar und der Kopfhaut eines Ceylonesen ruht. Falls jedoch das Bewußtsein unmittelbar in die implizite Ordnung eingreifen kann, erscheint das Problem eher lösbar. Auch hier beruht das Phänomen wohl nicht auf einem noch unentdeckten Energiepotential oder physikalischen Gesetz (etwa auf irgendeinem Kräftefeld mit isolierender Wirkung), sondern es resultiert vielmehr aus Aktivitäten auf einer noch fundamentaleren Ebene und umfaßt Prozesse, die sowohl dem physischen Universum als auch den Gesetzen der Physik vorausgehen.

Aus anderer Perspektive könnte die Fähigkeit des Bewußtseins, von einer geschlossenen Wirklichkeit in eine andere überzuwechseln, ein Anhaltspunkt dafür sein, daß das normalerweise unumstößliche Gesetz, wonach Feuer menschliches Gewebe verbrennt, nur *ein* Programm im kosmischen Computer darstellt, freilich ein Programm, das so häufig wiederholt wurde, daß es zu einer »Gewohnheit« der Natur geworden ist. Wie bereits erwähnt, ist die Materie gemäß dem holographischen Konzept ebenfalls eine Art Gewohnheit oder Übereinkunft, doch sie entsteht ständig neu aus dem Impliziten, so wie die Form eines Springbrunnens aus dem unaufhörlichen Wasserstrom gebildet wird. Peat hat in diesem Zusammenhang einmal scherzhaft von einer Neurose des Universums gesprochen. »Wer an einer Neurose leidet, neigt dazu, die gleichen Verhaltensmuster oder die gleichen Handlungen ständig zu wiederholen, so als wären sie im Gedächtnis fest gespeichert«, erklärt er. »Ich vermute, daß dies auch auf Gegenstände wie Stühle und Tische zutrifft. Sie verkörpern eine Art materielle Neurose, einen Wiederholungszwang. Doch hier geht noch etwas Subtileres vor, eine konstante Verhüllung und Enthüllung. So gesehen, sind Stühle und Tische bloß Gewohnheitszustände, in diesem Flux oder Materiestrom, aber der Flux ist die Wirklichkeit, auch wenn wir nur den Gewohnheitszustand wahrnehmen.«[31]

Wenn man davon ausgeht, daß das Universum und die Gesetze der Physik, denen es gehorcht, ebenfalls Produkte dieses Fluxes sind, dann müssen auch sie als Gewohnheitszustände aufgefaßt werden. Es handelt sich eindeutig um Zustände, die fest in der Holobewegung verankert sind, aber übernatürliche Fähigkeiten wie etwa die Immunität gegen Feuer lassen den Schluß zu, daß zumindest einige der realitätsbestimmenden Gesetze trotz ihrer scheinbaren Allgemeingültigkeit aufgehoben werden können. Das bedeutet, daß die physikalischen Gesetze nicht in Stein gemeißelt sind, sondern eher den Shainbergschen Wirbeln gleichen, denen eine so gewaltige Trägheit innewohnt, daß sie in der Holobewegung ebenso fixiert sind, wie es Gewohnheiten und grundlegende Überzeugungen in unserem Denken sind.

Grofs These, daß veränderte Bewußtseinszustände vorausgesetzt werden müßten, um solche Eingriffe in die implizite Ordnung zu deuten, wird auch bestätigt durch die Häufigkeit, mit der die Feuerunempfindlichkeit mit einem gesteigerten Glauben und religiösem Eifer einhergeht. Das Muster, das sich im letzten Kapitel abgezeichnet hat, wird somit vervollständigt und seine Aussage zunehmend einsichtig: Je tiefer und je emotionaler besetzt unsere Überzeugungen sind, desto größer sind die Veränderungen, die wir sowohl in unserem Körper als auch in der äußeren Wirklichkeit bewirken können.

An dieser Stelle erhebt sich die Frage: Falls das Bewußtsein unter besonderen Bedingungen solche Veränderungen herbeiführen kann, welche Rolle spielt es dann bei der Schaffung unserer Alltagswirklichkeit? Hier gehen die Meinungen extrem auseinander. Im privaten Gespräch räumt Bohm ein, daß er glaubt, das Universum sei nur »gedacht« und die Realität existiere lediglich in unserem Denken,[32] aber auch hier läßt er sich nicht gern auf Spekulationen über irgendwelche Wunder ein. Pribram äußert sich ähnlich zurückhaltend über spezielle Vorkommnisse, doch er geht davon aus, daß es eine Vielzahl von unterschiedlichen potentiellen Wirklichkeiten gibt und daß das Bewußtsein eine gewisse Bandbreite aufweist, wenn es darum geht, welche dieser Wirklichkeiten sich manifestiert. »Ich glaube nicht, daß alles möglich ist«, sagt er, »aber es gibt da draußen eine ganze Reihe von Welten, die wir nicht verstehen.«[33]

Watson, der fünf Jahre lang persönliche Erfahrungen mit dem Wunderbaren gemacht hat, äußert sich kühner: »Ich habe keinen Zweifel, daß die Wirklichkeit zum großen Teil eine Hervorbringung der Imagination ist. Ich spreche nicht als Teilchenphysiker oder gar als jemand, der alles überschaut, was in den Grenzen dieser Disziplin vorgeht, doch ich glaube, daß wir befähigt sind, die Welt um uns her auf ganz fundamentale Weise zu verändern.« (Watson, einst ein enthusiastischer Anhänger des Konzepts der Holographie, ist heute nicht mehr davon überzeugt, daß übernatürliche Fähigkeiten des Geistes mit irgendeiner herkömmlichen physikalischen Theorie erklärt werden können.)[34]

Gordon Globus, Professor für Psychiatrie und Philosophie an der University of California in Irvine, vertritt eine abweichende, aber dennoch ähnliche Ansicht. Globus hält die holographische Theorie für richtig, wenn sie behauptet, daß der Geist die Wirklichkeit aus dem Rohmaterial des Impliziten konstruiert. Freilich wurde er stark beeinflußt von den Experimenten, die der Ethnologe Carlos Castaneda mit Don Juan, einem Schamanen der Yaqui-Indianer, angestellt hat.

Im krassen Gegensatz zu Pribram sieht er in der scheinbar unerschöpflichen Ansammlung von »getrennten Wirklichkeiten«, die Castaneda unter Don Juans Anleitung erkannte – und sogar in der ebenso großen Fülle von Wirklichkeiten, die wir beim gewöhnlichen Träumen erleben –, ein Zeichen dafür, daß sich im Impliziten eine unendlich große Zahl von potentiellen Wirklichkeiten verhüllt. Mehr noch: Weil die holographischen Mechanismen, die das Gehirn zur Herstellung der Alltagswirklichkeit benutzt, die gleichen sind, die es einsetzt, um unsere Träume und die Wirklichkeiten in den veränderten Bewußtseinszuständen à la Castaneda hervorzubringen, nimmt er an, daß alle drei Wirklichkeitstypen im Grunde gleich sind.[35]

Erschafft das Bewußtsein subatomare Teilchen?

Diese Meinungsunterschiede deuten wieder einmal darauf hin, daß die holographische Theorie noch sehr in der Entwicklung begriffen ist, vergleichbar einer neuentstandenen Pazifikinsel, die infolge der anhaltenden Vulkantätigkeit noch keine festumrissene Küstenlinie besitzt. Man kann diesen Mangel an Übereinstimmung zwar kritisch gegen sie wenden, aber es sei daran erinnert, daß auch Darwins Evolutionslehre, sicherlich eine der einflußreichsten und erfolgreichsten Theorien der gesamten Wissenschaftsgeschichte, noch immer im Fluß ist und daß die Evolutionstheoretiker weiterhin die Anwendungsbreite, die Interpretation, die Steuerungsmechanismen und Konsequenzen dieser Lehre diskutieren.

Die Meinungsverschiedenheiten bezeugen auch, wie komplex das Rätsel der Wunder ist. Jahn und Dunne bieten noch eine andere Deutung der Rolle an, die das Bewußtsein bei der Schaffung der alltäglichen Wirklichkeit spielt, und obwohl sie von einer Bohmschen Grundannahme abweicht, weil sie einen möglichen Einblick in den Prozeß der Wunderentstehung gewährt, verdient sie unsere Aufmerksamkeit.

Anders als Bohm glauben Jahn und Dunne, daß subatomare Teilchen *keine* eigene Realität besitzen, solange das Bewußtsein nicht in Erscheinung tritt. »Ich meine, wir haben in der Hochenergiephysik schon längst den Punkt überschritten, an dem wir die Struktur eines passiven Universums untersuchen«, konstatiert Jahn. »Ich glaube, daß wir in den Bereich vorgestoßen sind, in dem die Wechselbeziehung von Bewußtsein und Umwelt einen solchen Vorrang gewinnt, daß wir in der Tat Realität durch jede sinnvolle Definition des Begriffs erschaffen können.«[36]

Das ist, wie schon gesagt, die Auffassung der meisten Physiker. Die Position Jahns und Dunnes unterscheidet sich jedoch in einem wichtigen Punkt von der gängigen Lehrmeinung. Die meisten Physiker würden den Gedanken zurückweisen, daß das Wechselspiel von Bewußtsein und subatomarer Welt in irgendeiner Form zur Erklärung der Psychokinese herangezogen werden könnte, von Wundern ganz zu schweigen. Ja, die Mehrheit der Physiker ignoriert nicht nur die Implikationen, die dieses Wechselspiel haben könnte, sondern tut auch so, als existiere es überhaupt nicht. »Die meisten Physiker machen sich einen leicht schizophrenen Standpunkt zu eigen«, sagt der Quantenphysiker Fritz Rohrlich von der Syracuse University. »Einerseits akzeptieren sie die Standardinterpretation der Quantentheorie. Andererseits bestehen sie auf der Realität der Quantensysteme, auch wenn diese sich der Beobachtung entziehen.«[37]

Diese groteske Weigerung, über etwas nachzudenken, selbst wenn man weiß, daß es existiert, hält viele Physiker davon ab, sich auch nur ansatzweise mit den philosophischen Schlußfolgerungen aus den unglaublichsten Erkenntnissen der Quantenphysik zu beschäftigen. Nach N. David Mermin, einem Physiker an der Cornell University, lassen sich seine Fachkollegen in drei Kategorien einteilen: Eine kleine Minderheit ist beunruhigt über die philosophischen Weiterungen; eine zweite Gruppe führt ausgeklügelte Gründe dafür an, daß sie sich nicht damit befaßt, aber ihre Argumente »verfehlen meist den entscheidenden Punkt«; eine dritte Gruppe schließlich verzichtet auf große Erklärungen und hält es auch nicht für nötig zu begründen, warum man sich um das Problem nicht kümmern sollte. »Deren Position ist unangreifbar«, meint Mermin.[38]

Jahn und Dunne sind weniger schüchtern. Sie behaupten, daß die Physiker die subatomaren Teilchen nicht entdecken, sondern tatsächlich erst *erschaffen*. Als Beispiel führen sie ein kürzlich entdecktes Teilchen namens »Anomalon« an, dessen Eigenschaften von Labor zu Labor variieren. Man stelle sich ein Auto vor, das seine Farbe und seine sonstigen Merkmale wechselt, je nachdem, wer es gerade fährt! Das ist höchst absonderlich und scheint darauf hinzudeuten, daß die Realität eines Anomalons davon abhängt, wer es jeweils findet bzw. erschafft.[39]

Ähnliche Anhaltspunkte ergeben sich möglicherweise auch bei einem anderen subatomaren Teilchen. In den dreißiger Jahren postulierte Pauli die Existenz eines masselosen Partikels mit Namen Neutrino, um ein wesentliches Problem der Radioaktivität zu lösen. Jahrelang war das Neutrino eine bloße Idee, doch dann fanden Wissenschaftler 1957 einen Hinweis auf seine Existenz. Danach haben die Physiker erkannt, daß das Neutrino, falls es eine gewisse Masse besäße, sogar noch heiklere Probleme lösen könnte als jenes, mit dem sich Pauli herumgeschlagen hatte, und siehe da, 1980 häuften sich die Indizien, daß das Teilchen eine zwar geringe, aber meßbare Masse hat! Doch es kommt noch besser. Wie sich herausstellte, wurden nur in sowjetischen Laboratorien massehaltige Neutrinos entdeckt, nicht aber in amerikanischen. Dabei blieb es in den achtziger Jahren, und obgleich inzwischen auch andere Labors die sowjetischen Befunde bestätigt haben, ist die Situation nach wie vor ungeklärt.[40]

Kann es sein, daß die differierenden Eigenschaften der Neutrinos zumindest teilweise auf den veränderten Erwartungen und unterschiedlichen kulturbedingten Einstellungen der Physiker beruhen, die nach ihnen gefahndet haben? Falls ja, wirft eine solche Sachlage eine interessante Frage auf. Wenn Physiker die subatomare Welt nicht entdecken, sondern erschaffen, warum haben dann manche Teilchen, etwa die Elektronen, eine stabile Realität, ohne Rücksicht auf den jeweiligen Beobachter? Anders ausgedrückt: Wieso entdeckt ein Physikstudent, der über Elektronen nichts weiß, bei ihnen dennoch die gleichen Eigenschaften wie ein erfahrener Wissenschaftler?

Eine mögliche Antwort lautet, daß unsere Wahrnehmung der Welt nicht allein auf den Informationen beruht, die wir durch unsere fünf Sinne empfangen. Das klingt phantastisch, doch es gibt sehr gute Argumente für eine solche Annahme. Bevor ich näher darauf eingehe, möchte ich von einem Ereignis erzählen, das ich Mitte der siebziger Jahre selbst erlebt habe. Mein Vater hatte einen Berufshypnotiseur engagiert, um ein paar Freunden eine kleine Abwechslung zu bieten, und er hatte auch mich hinzugebeten. Nachdem sich der Hypnotiseur sehr schnell ein Bild von der Suggestibilität der verschiedenen Personen gemacht hatte, entschied er sich für einen Freund meines Vaters namens Tom. Dies war Toms erste Begegnung mit einem Hypnotiseur.

Tom erwies sich als ausgezeichnete Versuchsperson, und schon nach wenigen Sekunden hatte ihn der Hypnotiseur in einen tiefen Trancezustand versetzt. Er machte dann mit den üblichen Tricks weiter, wie man sie auf der Bühne vorführt. Er redete Tom ein, im Zimmer befinde sich eine Giraffe, und schon sperrte Tom vor Staunen den Mund auf. Anschließend erklärte er Tom, eine Kartoffel sei eigentlich ein Apfel, den dieser dann mit Genuß verspeiste. Doch der Höhepunkt des Abends kam, als er Tom sagte, seine minderjährige Tochter Laura sei für ihn vollkommen unsichtbar, sobald er aus der Trance erwache. Der Hypnotiseur stellte Laura direkt vor den Stuhl, auf dem Tom saß, weckte ihn auf und fragte ihn, ob er sie sehen könne.

Tom schaute sich im Zimmer um, und sein Blick schien durch seine kichernde Tochter hindurchzugehen. »Nein«, entgegnete er. Der Hypnotiseur fragte ihn, ob er sich seiner Sache sicher sei, und wiederum antwortete Tom mit Nein, obwohl Laura immer lauter kicherte. Dann trat der Hypnotiseur hinter das Mädchen, so daß er Toms Blicken entzogen war, und holte einen Gegenstand aus der Tasche. Er verbarg den Gegenstand so sorgfältig, daß niemand im Zimmer ihn sehen konnte, und drückte ihn Laura ins Kreuz. Er forderte Tom auf, den Gegenstand zu identifizieren. Tom beugte sich vor, als wolle er direkt durch Lauras Magen hindurchstarren, und erwiderte, es sei eine Taschenuhr. Der Hypnotiseur nickte und fragte Tom, ob er die Inschrift auf der Uhr lesen könne. Tom kniff die Augen zusammen, so als strenge er sich an, die Schrift zu entziffern, und las dann sowohl den Namen des Uhrbesitzers (den keiner der Anwesenden kannte) als auch die Widmung vor. Daraufhin zeigte der Hypnotiseur die Uhr und ließ sie im Zimmer herumgehen, damit sich alle davon überzeugen konnten, daß Tom die Inschrift richtig gelesen hatte.

Als ich mich hinterher mit Tom unterhielt, versicherte er mir, daß seine Tochter absolut unsichtbar gewesen sei. Er hatte nur gesehen, daß der Hypnotiseur dastand und in der geschlossenen Hand eine Taschenuhr hielt. Hätte der Hypnotiseur ihm nicht erklärt, was vorgefallen war, er hätte nie erfahren, daß er keinen normalen Wirklichkeitsausschnitt wahrgenommen hatte.

Toms Wahrnehmung der Uhr basierte offensichtlich nicht auf Informationen, die er mit seinen fünf Sinnen aufgenommen hatte. Aber woher stammen die Informationen dann? Eine Erklärung wäre, daß er sie auf telepathischem Wege von einem anderen Menschen, in diesem Fall von dem Hypnotiseur, erhalten hatte. Die Fähigkeit eines Hynotisierten, die Sinne anderer Personen »anzuzapfen«, ist von verschiedenen Forschern bezeugt worden. Der englische Physiker Sir William Barrett fand einschlägige Belege im Rahmen einer Serie von Experimenten, die er mit einem jungen Mädchen durchführte. Nachdem er das Mädchen hypnotisiert hatte, erklärte er ihm, es werde genau dasselbe schmecken wie er. »Hinter dem Mädchen stehend, dem ich die Augen fest verbunden hatte, nahm ich etwas Salz und steckte es in den Mund; sogleich platzte sie heraus: ›Wozu stecken Sie mir Salz in den Mund?‹ Dann probierte ich es mit Zucker; sie sagte: ›Das schmeckt besser‹, und als ich sie fragte, wie es denn schmecke, erwiderte sie: ›Süß.‹ Danach kamen Senf, Pfeffer, Ingwer et cetera an die Reihe; alles wurde von dem Mädchen benannt und offensichtlich auch geschmeckt, sobald ich es in den Mund nahm.«[41]

Der sowjetische Physiologe Leonid Wasiljew zitiert eine deutsche Studie, die in den fünfziger Jahren durchgeführt wurde und ähnliche Ergebnisse erbrachte. Bei diesen Experimenten schmeckte die hypnotisierte Person nicht nur, was der Hypnotiseur schmeckte, sondern sie blinzelte auch, wenn eine Lampe vor seinen Augen aufleuchtete, hörte das Ticken einer Uhr, die ihm ans Ohr gehalten wurde, und verspürte einen Schmerz, wenn er sich mit einer Nadel stach – und bei alledem war sichergestellt, daß sie keinerlei Informationen durch die normale Sinneswahrnehmung erhielt.[42]

Unsere Fähigkeit, die Sinnesorgane fremder Personen anzuzapfen, ist nicht auf hypnotische Zustände beschränkt. In einer berühmt gewordenen Versuchsreihe fanden die Physiker Harold Puthoff und Russell Targ vom Stanford Research Institute in Kalifornien heraus, daß nahezu alle Testpersonen über die Gabe des sogenannten »Entfernungssehens« verfügten, das heißt, sie konnten genau beschreiben, was ein weit entfernter Mensch sah. Ein Proband nach dem anderen war dazu imstande, wenn er sich einfach entspannte und die Bilder schilderte, die ihm in den Sinn kamen.[43] Die Untersuchungen von Puthoff und Targ sind in Dutzenden von Laboratorien in aller Welt wiederholt worden, was die Vermutung nahelegt, daß das Entfernungssehen wahrscheinlich eine weitverbreitete latente Fähigkeit ist.

Das Labor von Princeton Anomalies Research hat die Versuchsergebnisse der beiden gleichfalls bestätigt. In einer Studie spielte Jahn selbst den Empfänger; er versuchte wahrzunehmen, was ein Kollege in Paris, wo Jahn nie gewesen war, vor sich sah. Jahn erblickte eine verkehrsreiche Straße, doch zusätzlich tauchte vor ihm auch das Bild eines gepanzerten Ritters auf. Später stellte sich heraus, daß der Kollege vor einem Regierungsgebäude gestanden hatte, das mit militärischen Standbildern geschmückt war, unter denen sich auch ein Ritter in voller Rüstung befand.[44]

Es scheint also, daß wir alle auf eine geheimnisvolle Weise miteinander verbunden sind – eine Gegebenheit, die in einem holographischen Universum nichts Ungewöhnliches wäre. Diese Wechselbeziehungen manifestieren sich selbst dann, wenn wir uns ihrer nicht bewußt sind. Aus Untersuchungen geht hervor, daß ein Elektroschock, der einem Patienten verabreicht wird, vom Polygraphen einer Person in einem anderen Zimmer registriert wird.[45] Ein Licht, das vor den Augen einer Testperson aufblitzt, macht sich im EEG einer Person bemerkbar, die in einem anderen Raum isoliert ist,[46] und selbst das Blutvolumen im Finger eines Probanden verändert sich – angezeigt von einem Plethysmographen, einem hochempfindlichen Indikator für die autonomen Funktionen des Nervensystems –, wenn ein »Sender« in einem anderen Zimmer auf den Namen einer beiden bekannten Person stößt, während er eine Liste mit weitgehend unbekannten Namen liest.⁴⁷

Wenn man sowohl unsere tiefen Wechselbeziehungen als auch unsere Befähigung zur Erzeugung glaubwürdiger Wirklichkeiten mittels der durch diese Wechselbeziehungen gewonnenen Informationen voraussetzt, wie es im Fall von Tom geschah – was würde passieren, wenn zwei hypnotisierte Individuen die gleiche imaginäre Wirklichkeit hervorbrächten? Diese faszinierende Frage wurde bereits beantwortet durch ein Experiment, das Charles Tart, ein Psychologieprofessor an der University of California, durchgeführt hat. Tart machte zwei graduierte Studenten ausfindig, Anne und Bill, die man in einen tiefen Trancezustand versetzen konnte und die zugleich erfahrene Hypnotiseure waren. Er ließ Bill von Anne hypnotisieren, anschließend sie von ihm. Tarts Überlegung war, daß die ohnehin enge Verbindung, die zwischen dem Hypnotiseur und dem Hypnotisierten besteht, durch diese ungewöhnliche Prozedur noch verstärkt würde.

Er hatte recht. Als die beiden in diesem wechselseitigen Hypnosezustand die Augen aufmachten, erschien ihnen alles grau. Doch das Grau wurde sehr schnell von lebhaften Farben und hellen Lichtern verdrängt, und in wenigen Augenblicken fühlten sich die beiden an einen Strand von überirdischer Schönheit versetzt. Der Sand glitzerte wie Diamanten, das Meer war von großen Schaumblasen bedeckt und funkelte wie Champagner, und die Küste säumten durchscheinende kristalline Felsbrocken, in denen ein inneres Licht pulsierte. Tart konnte zwar nicht sehen, was Anne und Bill erblickten, aber ihren Worten war zu entnehmen, daß sie die gleiche halluzinierte Realität erlebten.

Anne und Bill erkannten dies natürlich sofort, und sie begannen ihre neuentdeckte Welt zu erkunden; sie schwammen im Meer und untersuchten das leuchtende kristalline Gestein. Zu Tarts Bedauern hörten sie dabei auf zu sprechen, zumindest kam es ihm so vor. Als er sie wegen ihres Schweigens befragte, erklärten sie ihm, daß sie in ihrer gemeinsamen Traumwelt miteinander redeten – ein Phänomen, das nach Tarts Meinung eine Art paranormaler Kommunikation zwischen den beiden voraussetzte.

In mehreren Sitzungen schufen sich Anne und Bill die unterschiedlichsten Wirklichkeiten, und sie alle waren so real, mit den fünf Sinnen wahrnehmbar und dreidimensional wie alles, was sie im normalen Wachzustand erlebten. Ja, Tart meinte sogar, daß die Welten, die Anne und Bill aufsuchten, eigentlich noch realer waren als die blasse, unansehnliche Version der Wirklichkeit, mit der sich die meisten Menschen begnügen müssen. Er stellt dazu fest: »Nachdem sie sich eine Weile unterhalten und herausgefunden hatten, daß sie Einzelheiten der gemeinsamen Erlebnisse erörtert hatten, die auf den Tonbändern nicht registriert worden waren, glaubten sie, sie wären tatsächlich *in* den außerirdischen Gefilden gewesen, die sie erfahren hatten.«[48]

Die Meeresgegend, in der sich Anne und Bill aufhielten, ist das Musterbeispiel einer holographischen Wirklichkeit – ein dreidimensionales Konstrukt, entstanden aus der Vernetzung, aufrechterhalten vom Bewußtseinsstrom und genauso plastisch wie die Denkprozesse, die es hervorgebracht haben. Diese Plastizität offenbarte sich in verschiedenen Besonderheiten. Der Raum des Konstrukts war zwar dreidimensional, aber flexibler als der Raum der Alltagswirklichkeit, und er nahm zuweilen eine Elastizität an, zu deren Beschreibung Anne und Bill die Worte fehlten. Noch befremdlicher war dies: Obwohl die beiden augenscheinlich ihre gemeinsame Außenwelt sehr geschickt zu konturieren wußten, vergaßen sie häufig, ihren eigenen Körpern feste Umrisse zu verleihen, und so existierten sie meist nur in Form von umherschwebenden Gesichtern oder Köpfen. Anne berichtet, daß Bill sie einmal bat, ihm die Hand zu reichen, und »da mußte ich gewissermaßen eine Hand herbeizaubern«.[49]

Wie endete dieses Experiment einer gegenseitigen Hypnose? Die Vorstellung, daß die spektakulären Visionen irgendwie real waren, vielleicht sogar realer als die alltägliche Wirklichkeit, erschreckte Anne und Bill dermaßen, daß sie leider zunehmend nervös wurden. Schließlich brachen sie das Experiment ab, und Bill gab die Hypnose ganz auf.

Die außersinnliche Vernetzung, die es Anne und Bill ermöglichte, eine gemeinsame Realität zu erschaffen, könnte man fast als einen Feldeffekt deuten, als ein »Realitätsfeld«, wenn man so will. Man fragt sich, was geschehen wäre, wenn der Hypnotiseur im Hause meines Vaters uns alle in Trance versetzt hätte. Angesichts des soeben geschilderten Experiments besteht Grund zu der Annahme, daß Laura bei einer hinreichend starken Wechselbeziehung für uns alle unsichtbar geworden wäre. Wir hätten gemeinsam das Realitätsfeld einer Uhr geschaffen, die Inschrift auf der Uhr gelesen und die feste Überzeugung gewonnen, daß unsere Wahrnehmungen real gewesen seien.

Falls das Bewußtsein bei der Erschaffung von subatomaren Teilchen eine Rolle spielt, sind dann unsere Beobachtungen der subatomaren Welt ebenfalls so etwas wie Realitätsfelder? Wenn Jahn durch die Sinnesorgane eines Kollegen in Paris eine Ritterrüstung vor sich sieht, ist dann der Gedanke völlig abwegig, daß Physiker in aller Welt unbewußt miteinander in Beziehung stehen und sich, ähnlich wie Tarts Versuchspersonen, einer Art wechselseitiger Hypnose bedienen, um die übereinstimmenden Eigenschaften zu erschaffen, die sie bei einem Elektron beobachten? Diese Annahme kann noch durch eine weitere Besonderheit der Hypnose gestützt werden. Im Unterschied zu anderen außergewöhnlichen Bewußtseinszuständen ist die Hypnose nicht mit irgendwelchen auffälligen EEG-Kurvenausschlägen gekoppelt. Physiologisch gesehen, ähnelt der Hypnosezustand am ehesten dem normalen Wachzustand des Bewußtseins. Bedeutet dies, daß der normale Wachzustand selbst eine Art Hypnose ist und daß wir alle ständig in Realitätsfelder eindringen?

Der Nobelpreisträger Josephson hält so etwas für möglich. Wie Globus nimmt er Castanedas Arbeit ernst, und er versucht sie mit der Quantenphysik in Einklang zu bringen. Er hat die These aufgestellt, daß die objektive Realität ein Produkt des kollektiven Gedächtnisses der Menschheit ist, während anomale Ereignisse, wie sie Castaneda erlebte, eine Manifestation des individuellen Willens darstellen.[50]

Das menschliche Bewußtsein ist möglicherweise nicht allein an der Erzeugung von Realitätsfeldern beteiligt. Entfernungssehversuche haben gezeigt, daß Menschen weit entfernte Örtlichkeiten exakt beschreiben können, auch wenn dort keine Beobachter zugegen sind.[51] Ebenso vermögen Testpersonen den Inhalt einer verschlossenen Schachtel zu bestimmen, die aus einer Gruppe gleichartiger Schachteln willkürlich ausgewählt wird und deren Inhalt somit völlig unbekannt ist.[52] Das bedeutet, daß wir mehr zu leisten imstande sind, als bloß die Sinneswahrnehmungen anderer Menschen anzuzapfen. Wir können auch die Wirklichkeit selbst anzapfen, um Informationen zu erlangen. Das ist nicht so absonderlich, wie es klingt, wenn man bedenkt, daß das Bewußtsein in einem holographischen Universum die gesamte Materie durchdringt und daß »Bedeutung« in der mentalen wie in der physischen Welt aktiv präsent ist.

Bohm sieht in der Allgegenwart von Bedeutungen eine mögliche Erklärung für die Telepathie und das Entfernungssehen. Er hält es für denkbar, daß beide nur unterschiedliche Erscheinungsformen der Psychokinese sind. So wie PK die Resonanz von Bedeutungen ist, die vom Geist einem Gegenstand übermittelt werden, kann man die Telepathie als eine Resonanz von Bedeutungen auffassen, die ein Geist einem anderen übermittelt, meint Bohm. Im gleichen Sinne erscheint das Entfernungssehen als eine Resonanz von Bedeutungen zwischen einem Objekt und einem Geist. »Wenn eine Harmonie oder Resonanz von ›Bedeutungen‹ zustande kommt, spielt sich der Vorgang in beiden Richtungen ab, so daß die ›Bedeutungen‹ des entfernten Systems den Sehenden veranlassen können, eine Art umgekehrte Psychokinese zu erzeugen, die im Endeffekt ein Abbild dieses Systems auf ihn überträgt«, stellt er fest.[53]

Jahn und Dunne sind ähnlicher Ansicht. Sie meinen zwar, daß Realität nur in der Interaktion eines Bewußtseins mit seiner Umwelt entsteht, aber sie sind sehr großzügig, was die Definition des Begriffs

Bewußtsein angeht. Sie verstehen darunter alles, was imstande ist, Informationen hervorzubringen, zu empfangen oder zu verwerten. Demnach können Tiere, Viren, DNA, Maschinen (künstlich intelligente und auch andere) und selbst sogenannte unbelebte Dinge jene Eigenschaften besitzen, die für die Teilhabe an der Wirklichkeitserschaffung erforderlich sind.[54]

Wenn solche Aussagen zutreffen und wir Informationen nicht nur aus dem Geist anderer Menschen, sondern auch aus dem lebendigen Hologramm der Realität selbst gewinnen können, dann ließe sich die Psychometrie – die Fähigkeit, Informationen über die Geschichte eines Objekts durch bloße Berührung zu erlangen – ebenfalls erklären. Ein derartiges Objekt wäre demzufolge nicht unbelebt, sondern von einer – »seiner« – spezifischen Form des Bewußtseins erfüllt. Statt ein »Ding« zu sehen, das isoliert im Universum existiert, wäre es ein Teil des umfassenden Netzwerks – vernetzt mit allen Menschen, die je mit ihm in Kontakt gekommen sind, vernetzt mit dem Bewußtsein, das alle Lebewesen und Gegenstände durchdringt, die jemals mit seiner Existenz verbunden waren, vernetzt durch die implizite Ordnung mit seiner eigenen Vergangenheit und vernetzt mit dem Geist der psychometrisch begabten Person, die es in die Hand nimmt.

Von nichts kann doch etwas kommen

Spielen die Physiker tatsächlich eine Rolle bei der Hervorbringung subatomarer Teilchen? Das Rätsel bleibt vorerst ungelöst, aber unsere Fähigkeit, miteinander zu interagieren und Wirklichkeiten heraufzubeschwören, die ebenso real wie die alltägliche Erfahrungswelt sind, ist nicht der einzige Anhaltspunkt dafür, daß dem so sein könnte. Die Belege für die Existenz des Wunderbaren deuten darauf hin, daß wir kaum erst begonnen haben, unsere diesbezüglichen Talente zu ergründen. Nehmen wir zum Beispiel eine Wunderheilung, von der Gardner berichtet. 1982 wurde die in Pakistan tätige englische Ärztin Ruth Coggin von einer 35 Jahre alten pakistanischen Frau namens Kamro aufgesucht. Kamro war im achten Monat schwanger und hatte während ihrer Schwangerschaft fast ständig an Blutungen und intermittierenden Unterleibsschmerzen gelitten. Die Ärztin riet ihr, unverzüglich ins Krankenhaus zu gehen, aber Kamro weigerte sich. Zwei Tage später traten jedoch so heftige Blutungen auf, daß sie als Notfall eingeliefert werden mußte.

Ruth Coggin stellte bei der Untersuchung fest, daß Kamro »sehr viel« Blut verloren hatte und daß ihre Füße und ihr Unterleib krankhaft geschwollen waren. Am nächsten Tag kam es zu »einer weiteren schweren Blutung«, so daß sich die Ärztin zu einem Kaiserschnitt gezwungen sah. Als der Uterus geöffnet wurde, floß dunkles Blut in Strömen aus, und zwar so anhaltend, daß als Ursache nur eine mangelnde Blutgerinnung in Frage kam. Während die Ärztin Kamro von einem gesunden Baby, einem Mädchen, entband, bildete »das nicht gerinnende Blut tiefe Pfützen« im Bett, und es strömte unaufhörlich weiter aus dem Schnitt. Die Ärztin konnte etwas mehr als einen Liter Blut für eine Transfusion beschaffen, doch das war bei weitem nicht genug, um den enormen Blutverlust auszugleichen. Da Ruth Coggin keine Alternative mehr hatte, nahm sie ihre Zuflucht zum Gebet.

Sie berichtet: »Wir beteten mit der Patientin, nachdem wir ihr von Jesus erzählt hatten, in dessen Namen wir auch schon vor der Operation für sie gebetet hätten und der ein großer Heiler gewesen sei. Ich versicherte ihr zudem, daß wir uns keine Sorgen zu machen brauchten. Ich hätte erlebt, daß Jesus schon früher in solchen Fällen geholfen habe und daß ich davon überzeugt sei, er werde auch sie heilen.«[55]

Dann warteten sie ab.

Mehrere Stunden lang hielt die Blutung bei Kamro an, doch ihr Allgemeinzustand verschlimmerte sich nicht, sondern stabilisierte sich. Am selben Abend betete Ruth Coggin noch einmal mit Kamro, und obwohl deren »heftige Blutung« unvermindert anhielt, schien ihr der Blutverlust nichts anzuhaben. Achtundvierzig Stunden nach der Operation begann das Blut endlich zu gerinnen, und Kamro erholte sich zusehends. Zehn Tage später konnte sie mit ihrem Baby nach Hause gehen.

Die Ärztin hatte zwar keine Möglichkeit, den Blutverlust genau zu messen, aber es gab für sie keinen Zweifel, daß die junge Mutter während des chirurgischen Eingriffs und danach ihr gesamtes Blutvolumen verloren hatte. Als Gardner die Dokumentation dieses Falles überprüft hatte, kam er zu dem gleichen Ergebnis. Der Haken bei dieser Schlußfolgerung ist, daß Menschen nicht schnell genug neues Blut bilden können, um einen derart katastrophalen Verlust wettzumachen; wenn sie es könnten, müßten nicht so viele Leute verbluten. Daraus läßt sich nur der irritierende Schluß ziehen, daß sich Kamros neues Blut aus der Luft materialisiert haben muß.

Die Fähigkeit, ein paar infinitesimale Teilchen zu produzieren, ist ein Kinderspiel im Vergleich zu der Materialisation von fünf bis sechs Litern Blut, die notwendig sind, um einen menschlichen Körper wiederaufzufüllen. Und Blut ist nicht das einzige, was wir aus der Luft erschaffen können. Im Juni 1974, während eines Aufenthalts auf Timor Timor, einer kleinen Insel im äußersten Osten Indonesiens, erlebte Watson einen nicht minder faszinierenden Materialisationsvorgang. Er hatte ursprünglich die Absicht, einen berühmten *matan do'ok* zu besuchen, einen indonesischen Wundertäter, der angeblich auf Verlangen Regen herbeizaubern konnte, doch er wurde aufgehalten durch Berichte über einen ungewöhnlich aktiven *buan,* einen bösen Geist, der in einem Haus eines nahen Dorfes sein Unwesen trieb.

In dem Haus lebten ein Ehepaar mit seinen zwei kleinen Söhnen und die unverheiratete jüngere Halbschwester des Ehemanns. Die Eheleute und ihre Kinder waren typische Indonesier mit dunkler Gesichtsfarbe und Kraushaar, aber die Halbschwester, die Alin hieß, hatte eine hellere Haut und fast chinesische Züge, weswegen sie noch keinen Mann gefunden hatte. Auch in der Familie ließ man sie links liegen, und für Watson war sofort klar, daß sie die Ursache der übersinnlichen Störung war.

Als Watson im grasgedeckten Haus der Familie beim Abendessen saß, wurde er Zeuge mehrerer unheimlicher Vorgänge. Zuerst begann der achtjährige Sohn ohne Vorwarnung zu schreien und ließ seinen Becher auf den Tisch fallen, da sein Handrücken aus unerfindlichen Gründen plötzlich zu bluten anfing. Watson, der neben dem Jungen saß, untersuchte dessen Hand und sah, daß sie einen Halbkreis aus frischen Punkturen aufwies, wie von einem Menschenbiß, aber der Durchmesser war größer als der eines Kindergebisses. Alin, wie stets die Außenseiterin, machte sich, dem Jungen gegenüber, eifrig am Herd zu schaffen, als dies geschah.

Während Watson die Wunde inspizierte, verfärbte sich die Lampenflamme blau und flackerte dann hell auf, und in dem plötzlich grelleren Licht ging ein Salzregen auf die Speisen nieder, bis sie völlig davon bedeckt und ungenießbar waren. »Es war keine plötzliche Überschwemmung, sondern ein langsamer und gezielter Vorgang, der so lange andauerte, daß ich hochblicken und erkennen konnte, daß er mitten in der Luft einsetzte, etwas über Augenhöhe, vielleicht einen guten Meter über dem Tisch«, sagt Watson.

Watson sprang sofort auf, aber die Show war noch nicht zu Ende. Unverhofft gab der Tisch laute Klopfgeräusche von sich, und er begann zu wackeln. Die Familienmitglieder sprangen ebenfalls hoch, und alle schauten zu, wie der Tisch heftig ruckte »wie der Deckel einer Kiste, in der ein wildes Tier eingesperrt ist«, und schließlich umkippte. Watsons erste Reaktion war, mit der Familie zusammen das Haus fluchtartig zu verlassen, doch sobald er wieder zur Besinnung gekommen war, kehrte er zurück und untersuchte das Zimmer nach Indizien für irgendeinen Schabernack, der das Geschehene hätte erklären können. Er fand keine.[56]

Die Vorgänge in der indonesischen Hütte sind ein klassisches Beispiel für das Treiben eines Poltergeists, ein paranormales Phänomen, für das freilich eher geheimnisvolle Geräusche und psychokinetische Aktivitäten als Geistererscheinungen typisch sind. Da Poltergeister die Neigung haben, sich mehr auf Menschen – in diesem Falle Alin – als auf Örtlichkeiten zu konzentrieren, glauben viele Parapsychologen, daß sie im Grunde Manifestationen der unbewußten psychokinetischen Fähigkeiten derjenigen Personen sind, in deren Umkreis sie die größte Aktivität entfalten. Auch die Materialisation hat eine lange und ruhmreiche Geschichte in den Annalen der Poltergeistforschung. In seinem Standardwerk *Can We Explain the Poltergeist?* führt A. R. G. Oven, Dozent für Mathematik am Trinity College in Cambridge, zahlreiche Fälle aus der Zeit von 530 n. Chr. bis heute an, in denen sich bei Poltergeistauftritten Gegenstände aus der Luft materialisiert haben.[57] Meist handelte es sich dabei allerdings nicht um Salz, sondern um kleine Steine.

In der Einführung habe ich erwähnt, daß ich aus erster Hand viele der paranormalen Phänomene kennengelernt habe, die in diesem Buch zur Sprache kommen, und angekündigt, über einige meiner Erfahrungen berichten zu wollen. Jetzt ist es soweit, mein Versprechen einzulösen. Ich kann mir sehr gut vorstellen, was Watson empfunden haben muß, als er den plötzlichen Einbruch einer psychokinetischen Macht in die indonesische Hütte miterlebte, denn als ich ein Kind war, wurde das Haus, das meine Familie kurz zuvor bezogen hatte (ein neues Haus, das meine Eltern gebaut hatten), von einem rührigen Poltergeist heimgesucht. Da unser Poltergeist mein Elternhaus verließ und mir nachfolgte, als ich aufs College ging, und da offensichtlich ein eindeutiger Zusammenhang zwischen seinen Aktivitäten und meiner jeweiligen Stimmung bestand – seine Possen wurden bösartiger, wenn ich wütend oder schlecht gelaunt war, und drolliger und komischer, wenn sich meine Laune besserte –, habe ich stets die Ansicht für richtig gehalten, daß Poltergeister Manifestationen der unbewußten psychokinetischen Fähigkeiten der Person sind, auf die sich ihre Aktivitäten am stärksten konzentrieren.

Daß zwischen meinem Poltergeist und meinem Gefühlsleben ein Zusammenhang bestanden haben muß, wurde mir wiederholt demonstriert. Wenn ich in guter Stimmung war, kam es vor, daß ich beim Aufwachen die Zimmerpflanzen mit meinen sämtlichen Socken drapiert vorfand. War mein Gemütszustand weniger freundlich, so manifestierte sich der Poltergeist dadurch, daß er einen kleinen Gegenstand durchs Zimmer schleuderte oder sogar irgend etwas zerbrach. Im Laufe der Jahre sind außer mir verschiedene Familienmitglieder und Freunde Zeugen vielfältiger psychokinetischer Vorgänge geworden. Meine Mutter hat mir erzählt, daß schon, als ich noch im Krabbelalter war, Töpfe und Pfannen auf unerklärliche Weise mitten vom Tisch auf den Boden sprangen. Über diese Erfahrungen habe ich ausführlicher in meinem Buch *Beyond the Quantum* (deutsch unter dem Titel *Jenseits der Quanten* erschienen) berichtet.

Diese Enthüllungen sind mir nicht leichtgefallen. Ich bin mir bewußt, wie befremdend solche Schilderungen auf die meisten Menschen wirken, und habe durchaus Verständnis für die Skepsis, mit der sie in manchen Kreisen aufgenommen werden. Gleichwohl fühle ich mich verpflichtet, darüber zu sprechen, denn ich halte es für unbedingt notwendig, daß wir derartige Phänomene zu verstehen versuchen und nicht einfach unter den Teppich kehren.

Trotzdem kommen mir gewisse Bedenken, wenn ich eingestehe, daß mein eigener Poltergeist ebenfalls gelegentlich Gegenstände materialisiert hat. Es fing damit an, daß nachts ein unerklärlicher Schauer von Kieselsteinen auf unser Hausdach niederging, als ich sechs Jahre alt war. Später wurde ich in meiner Wohnung mit kleinen polierten Steinen und Glasstückchen bombardiert, die den abgeschliffenen Scherben glichen, die man am Strand angetrieben findet. Vereinzelt materialisierten sich auch andere Gegenstände, darunter Münzen, eine Halskette und diverser anderer Kleinkram. Leider konnte ich im allgemeinen den Materialisationsvorgang selbst nicht beobachten, sondern nur seine Auswirkungen, etwa, als mir eines Tages ein Haufen Spaghetti (ohne Soße) auf die Brust fiel, während ich in meinem New Yorker Apartment ein Nickerchen machte. Da ich allein im Zimmer war, dessen Fenster und Türen geschlossen waren, und da auch nichts darauf hindeutete, daß jemand Spaghetti gekocht hatte oder bei mir eingebrochen war, um mich mit Nudeln zu bewerfen, kann ich nur vermuten, daß sich die kalten Spaghetti, die aus der Luft auf meine Brust herabfielen, aus dem Nichts materialisiert haben.

Bei einigen Gelegenheiten konnte ich jedoch die eigentliche Materialisation beobachten, so beispielsweise 1976. Ich saß in meinem Arbeitszimmer, als ich zufällig hochschaute und sah, wie plötzlich mitten in der Luft, mehrere Zentimeter unter der Decke, ein kleiner brauner Gegenstand auftauchte. Sobald er Gestalt angenommen hatte, sauste er in einer engen Kurve nach unten und landete zu meinen Füßen. Als ich ihn aufhob, erkannte ich, daß es ein Stück braunes Glas war, das wahrscheinlich von einer Bierflasche stammte. Das Vorkommnis war zwar nicht ganz so spektakulär wie der Salzregen, der mehrere Sekunden andauerte, aber er demonstrierte mir, daß derlei Dinge möglich sind.

Die wohl berühmtesten Materialisationen der Gegenwart sind jene, die Sathya Sai Baba bewirkt, ein vierundsechzigjähriger »heiliger Mann«, der in einem entlegenen Winkel des südindischen Staates Andhra Pradesh lebt. Nach Aussage zahlreicher Augenzeugen kann Sai Baba weit mehr als Salz oder ein paar Steine zustande bringen. Er pflückt Medaillons, Ringe und Schmuckstücke aus der Luft und verteilt sie als Geschenke. Er materialisiert außerdem eine schier unerschöpfliche Fülle indischer Leckerbissen und Süßigkeiten, und mit den Händen erzeugt er massenhaft *vibuti* (heilige Asche). Diese Vorgänge haben Tausende von Menschen bestaunt, unter anderem auch Wissenschaftler und Zauberkünstler, und noch keiner hat jemals einen Hinweis auf irgendwelche Taschenspielertricks entdeckt. Ein Augenzeuge ist der Psychologe Erlendur Haraldsson von der Universität von Island.

Haraldsson hat sich mehr als zehn Jahre lang mit Sai Baba beschäftigt und seine Forschungsergebnisse vor kurzem in einem Buch veröffentlicht, das den Titel trägt: *Sai Baba - ein modernes Wunder*. Obgleich Haraldsson einräumt, nicht schlüssig beweisen zu können, daß Sai Babas Darbietungen nicht auf Sinnestäuschungen und Fingerfertigkeit beruhen, offeriert er eine Vielzahl von Indizien, die nachdrücklich belegen, daß hier etwas Paranormales vor sich geht.

Sai Baba kann zum Beispiel auf Verlangen bestimmte Gegenstände materialisieren. Als Haraldsson sich einmal mit ihm über spirituelle und ethische Probleme unterhielt, erklärte Sai Baba, das alltägliche und spirituelle Leben sollten »zusammenwachsen wie eine doppelte *Rudraksha*«. Haraldsson wollte wissen, was eine doppelte Rudraksha sei, doch weder Sai Baba noch der Dolmetscher kannten die englische Entsprechung des Begriffs. Sai Baba versuchte die Diskussion fortzusetzen, aber Haraldsson bestand auf einer Erklärung. »Sichtlich ungeduldig geworden, ballte Sai Baba plötzlich eine Hand zur Faust und schüttelte sie einige Sekunden lang. Als er sie öffnete, wandte er sich mir zu und sagte: ›Das ist es.‹ In seiner Hand lag ein eichelähnlicher Gegenstand. Es waren zwei Rudrakshas, die wie eine Zwillingsorange oder ein Zwillingsapfel zusammengewachsen waren«, berichtet Haraldsson.

Als er andeutete, daß er den Doppelsamen als Erinnerungsstück behalten wolle, erklärte sich Sai Baba einverstanden, doch vorher wollte er ihn noch einmal sehen. »Er umschloß die Rudraksha mit beiden Händen, blies sie an und streckte mir dann die offenen Hände entgegen. Die Doppelrudraksha war jetzt oben und unten mit zwei goldenen Plättchen bedeckt, die von einem kurzen Goldkettchen zusammengehalten wurden. Oben befand sich ein goldenes Kreuz mit einem kleinen Rubin und einem winzigen Loch, so daß man sich den Gegenstand mit einer Kette um den Hals hängen konnte.«[58] Haraldsson erfuhr später, daß eine Doppelrudraksha eine extrem seltene botanische Anomalie ist. Verschiedene indische Botaniker, die er befragte, versicherten, sie hätten noch nie eine gesehen, und als er schließlich ein kleines und mißgestaltetes Exemplar in einem Laden in Madras entdeckte, wollte der Besitzer sie ihm nur für den Gegenwert von fast 300 Dollar verkaufen. Ein Londoner Goldschmied bestätigte, daß die goldene Verzierung mindestens 22 Karat hatte.

Solche Geschenke sind keine Seltenheit. Sai Baba verteilt des öfteren wertvolle Ringe, Juwelen und Goldschmuck unter den Menschen, die sich täglich um ihn drängen und ihn wie einen Heiligen verehren. Er materialisiert auch Speisen in riesigen Mengen, und wenn die verschiedenen Köstlichkeiten, die er produziert, seinen Händen entfallen, sind sie siedend heiß, so heiß, daß die Leute sie nicht anfassen können. Er kann süßen Sirup und wohlriechendes Öl aus seinen Händen (und sogar aus seinen Füßen) hervorfließen lassen, und wenn er damit fertig ist, zeigt seine Haut keinerlei Spuren des klebrigen Zeugs. Er kann ausgefallene Gegenstände hervorbringen, zum Beispiel Reiskörner, die winzige, makellos geschnitzte Krishnafigürchen enthalten, oder Früchte, die gar keine Saison haben (fast ein Ding der Unmöglichkeit in einer Gegend, in der es weder Elektrizität noch Kühlvorrichtungen gibt), und sogar Zwitterfrüchte, die sich nach dem Schälen zur Hälfte als Apfel und zur Hälfte als eine andere Obstsorte entpuppen.

Genauso verblüffend ist seine Produktion von heiliger Asche. Wenn er zwischen den Besuchermassen umherwandelt, entströmt sie in üppigen Mengen seinen Händen. Er verstreut sie überall, in Behälter und Hände, die man ihm hinhält, über die Köpfe und in langen Schlangenlinien auf dem Boden. Bei einem einzigen Rundgang auf dem Gelände seines Aschrams bringt er so viel Asche hervor, daß sich damit mehrere Trommeln füllen ließen. Während eines Besuchs konnte Haraldsson, der von Karlis Osis, dem Forschungsdirektor der American Society for Psychical Research, begleitet wurde, den Prozeß der Aschematerialisation unmittelbar beobachten. Er berichtet: »Er hielt die offene Handfläche nach oben und vollführte mit ihr ein paar rasche kleine Kreisbewegungen. Dabei erschien eine graue Substanz in der Luft direkt unter seiner Hand. Osis, der ein bißchen näher saß, beobachtete, daß dieses Material zuerst in Form von Körnern auftauchte (die bei Berührung sofort zu Asche zerfielen), und es wäre vermutlich schon vorher zu Staub geworden, wenn Baba es durch einen für uns nicht erkennbaren Trick hervorgezaubert hätte.«[59]

Haraldsson merkt an, daß Sai Babas Darbietungen nicht das Resultat einer Massenhypnose sind, denn er läßt seine Freiluftdemonstrationen bereitwillig filmen, und alles, was er tut, erscheint auch auf dem Film. Die Erzeugung bestimmter Gegenstände, die Seltenheit mancher Objekte, die Erhitzung der Speisen und das bloße Ausmaß der Materialisationen schließen offensichtlich ebenfalls die Möglichkeit eines Täuschungsmanövers aus. Haraldsson stellt außerdem klar, daß bis jetzt noch niemand einen stichhaltigen Beweis vorgebracht hat, der Sai Baba als Schwindler entlarven würde. Im übrigen produziert Sai Baba schon seit einem halben Jahrhundert einen unaufhörlichen Strom von Objekten, seit seinem vierzehnten Lebensjahr, was einen weiteren Beleg sowohl für den Umfang der Materialisationen als auch für seine untadelige Reputation darstellt. Holt Sai Baba tatsächlich Gegenstände aus dem

Nichts hervor? Das endgültige Urteil steht noch aus, aber Haraldsson hat seine Position ganz klargemacht. Ihm zufolge erinnern uns Sai Babas Demonstrationen an die »gewaltigen Potentiale, die vielleicht in allen Menschen schlummern«.[60]

Berichte über Personen, die die Kunst der Materialisation beherrschen, sind in Indien nichts Ungewöhnliches. In seinem Buch *Autobiographie eines Yogi* schildert Paramahamsa Yogānanda (1893 – 1952), der erste bedeutende heilige Mann aus Indien, der sich im Westen niederließ, seine Begegnungen mit verschiedenen Hindu-Asketen, die ungewöhnliche Früchte, goldene Teller und andere Gegenstände materialisieren konnten. Interessanterweise weist Yogānanda darauf hin, daß solche Kräfte oder *siddhis* nicht immer ein Zeichen für den spirituellen Entwicklungsstand der Betreffenden sind. »Die Welt ist nichts als ein objektiver Traum«, sagt er; und: »Was ein mächtiger Geist sehr intensiv glaubt, tritt unverzüglich ein.«[61] Haben solche Menschen eine Möglichkeit entdeckt, ein wenig vom unermeßlichen Meer der kosmischen Energie abzuzapfen, die nach Bohm jeden Kubikzentimeter des leeren Raums erfüllt?

Eine staunenswerte Serie von Materialisationen, die noch mehr gewürdigt wurden als die von Sai Baba, geht auf das Konto von Therese Neumann. Neben ihren Stigmata besaß die »Seherin von Konnersreuth« die paranormale Fähigkeit, ohne Nahrung auszukommen. Ihre Fastenzeit begann 1923, als sie die Halskrankheit eines jungen Priesters auf ihren eigenen Körper »übertrug« und fortan mehrere Jahre lang allein von Flüssigkeiten lebte. 1927 gab sie dann die Nahrungs- und Wasserzufuhr völlig auf.

Als der Bischof von Regensburg von Thereses Fasten erfuhr, entsandte er eine Untersuchungskommission in ihr Haus. Vom 14. bis zum 29. Juli 1927 und unter der Oberaufsicht des Mediziners Dr. Seidl verfolgten vier Franziskanerinnen jeden ihrer Schritte. Sie ließen sie Tag und Nacht nicht aus den Augen, und das Wasser, das Therese zum Waschen und Ausspülen des Mundes benutzte, wurde sorgfältig gemessen und gewogen. Den Schwestern fielen mehrere ungewöhnliche Dinge an Therese auf. Sie ging niemals zur Toilette (selbst nach einem Zeitraum von sechs Wochen hatte sie nur einmal Stuhlgang, und die Ausscheidungen, die ein gewisser Dr. Reismanns untersuchte, enthielten lediglich kleine Mengen Schleim und Gallenflüssigkeit, aber keine Nahrungsspuren). Sie zeigte auch keinerlei Dehydration, obwohl ein normaler Mensch täglich ungefähr 400 Gramm Wasser mit der Atemluft und eine ähnlich große Menge durch die Poren abgibt. Und auch ihr Gewicht blieb konstant; sie verlor zwar bei der allwöchentlichen Öffnung der Wundmale fast neun Pfund (an Blut), aber nach einem oder zwei Tagen stellte sich das Normalgewicht wieder ein.

Am Ende der Untersuchung waren Seidl und die Schwestern absolut davon überzeugt, daß Therese in den zwei Wochen nicht das geringste gegessen und getrunken hatte. Der Beweis für ihre übernatürlichen Fähigkeiten schien damit erbracht, denn während der menschliche Körper zwei Wochen ohne Nahrung überleben kann, vermag er schwerlich die Hälfte dieser Zeit ohne Flüssigkeit zu überstehen. Doch das war eine Kleinigkeit für Therese Neumann: In den nächsten 35 Jahren aß und trank sie überhaupt nichts mehr. Sie materialisierte offenbar nicht nur die gewaltigen Mengen Blut, die sie für die Fortsetzung ihrer Stigmatisationen benötigte, sondern auch regelmäßig das Wasser und die Nährstoffe, die sie brauchte, um am Leben und bei guter Gesundheit zu bleiben. Eine solche Verweigerung der Nahrungsaufnahme ist kein Einzelfall. In *Die körperlichen Begleiterscheinungen der Mystik* beschreibt Thurston mehrere Stigmatisierte, die jahrelang weder aßen noch tranken.

Materialisationen kommen vermutlich häufiger vor, als wir meinen. Glaubwürdige Berichte über blutende Statuen, Ikonen und sogar Steine, die eine historische oder religiöse Bedeutung haben, finden sich zuhauf in der Wunderliteratur. Es gibt auch Dutzende von Erzählungen über tränenvergießende Madonnen und andere Bildwerke. So etwas wie eine Epidemie der »weinenden Madonnen« breitete sich 1953 in Italien aus.[62] Und in Indien zeigten Baba-Anhänger Haraldsson Bilder von Asketen, die auf wunderbare Weise Asche verströmten.

Eine neue Sicht der Dinge

In gewisser Weise stellt die Materialisation bei den meisten von uns die herkömmliche Wirklichkeitsauffassung in Frage, denn wir können zwar Phänomene wie die Psychokinese mit einiger Mühe in unser heutiges Weltbild einbauen, aber die Erschaffung von Gegenständen aus der Luft erschüttert das Fundament ebendieses Weltbildes. Dennoch ist das noch nicht alles, wozu der Geist fähig ist. Bis jetzt haben wir uns mit Wundern befaßt, die nur »Teile« der Wirklichkeit betreffen – es war die Rede von Menschen, die Teile psychokinetisch umherbugsieren, von Menschen, die Teile (die Gesetze der Physik) verändern, um gegen Feuer immun zu werden, und von Menschen, die Teile (Blut, Salz, Steine, Schmuck, Asche, Nahrung und Tränen) materialisieren. Wenn aber die Wirklichkeit tatsächlich ein in sich geschlossenes Ganzes ist, warum scheinen sich dann Wunder immer nur auf Teile zu beziehen?

Falls Wunder Ausdruck der latenten Fähigkeiten des Geistes sind, lautet die Antwort natürlich: Das ist so, weil wir selbst so fest darauf programmiert sind, die Welt unter Teilaspekten zu sehen. Das bedeutet:

Wenn das Denken in Teilen nicht so tief in uns verankert wäre, wenn wir also die Welt anders begreifen könnten, dann würden auch die Wunder anders aussehen. Statt so viele Wunder zu entdecken, bei denen Teile der Realität umgestaltet werden, würden wir mehr Fälle ausfindig machen, in denen sich die gesamte Realität verändert. Es gibt dafür in der Tat einige Beispiele, doch sie sind selten, und sie stellen für unsere konventionelle Wirklichkeitsauffassung eine noch größere Herausforderung dar als die Materialisationen.

Ein solches Beispiel liefert Watson. In Indonesien lernte er noch eine andere Frau mit besonderen Kräften kennen. Die Frau hieß Tia, doch bei ihr war diese Macht – im Gegensatz zu Alin – offensichtlich kein Ausdruck einer unbewußten übersinnlichen Begabung. Sie war vielmehr bewußt gesteuert und hatte ihren Ursprung in Tias natürlicher Beziehung zu Kräften, die verborgen in den meisten Menschen angelegt sind.

Tia war, kurz gesagt, eine angehende Schamanin. Watson erlebte zahlreiche Beispiele ihres Talents. Er sah ihr bei Wunderheilungen zu, und eines Tages, als sie in einen Machtkampf mit dem örtlichen Moslemführer verstrickt war, setzte sie vor seinen Augen ihre geistigen Kräfte ein, um die Moschee des Dorfes in Brand zu stecken.

Doch die wohl unheimlichste Zurschaustellung von Tias Macht erlebte er, als er sie zufällig in einem schattigen *kenari*-Hain überraschte, wo sie sich mit einem kleinen Mädchen unterhielt. Selbst aus einiger Entfernung konnte Watson ihren Gesten entnehmen, daß sie dem Kind etwas Wichtiges mitzuteilen versuchte. Obwohl er das Gespräch nicht hörte, war an ihrer enttäuschten Miene zu erkennen, daß sie damit keinen Erfolg hatte. Schließlich schien ihr eine Idee zu kommen, und sie begann einen gespenstischen Tanz aufzuführen.

Wie verzaubert schaute Watson ihr zu, wie sie vor den Bäumen gestikulierte, und obgleich sie sich kaum zu bewegen schien, haftete ihren subtilen Gebärden etwas Hypnotisches an. Dann tat sie etwas, das Watson zugleich schockierte und entsetzte. Sie ließ urplötzlich den gesamten Hain verschwinden. Dazu Watson: »Zuerst tanzte Tia unter den schattigen *kenari*-Bäumen; im nächsten Augenblick stand sie allein im grellen Sonnenlicht.«[63]

Nach einigen Sekunden ließ sie den Hain wiedererscheinen, und aus der Art und Weise, wie das kleine Mädchen auf die Füße sprang und umherlief, um die Bäume zu berühren, schloß Watson, daß die Kleine das gleiche Erlebnis gehabt hatte. Aber Tia war noch nicht fertig. Sie ließ den Hain mehrmals hintereinander verschwinden und wiederauftauchen, während sie und das Mädchen sich an den Händen faßten und umhertanzten und kichernd das Geschehen bestaunten. Watson schlich sich unbemerkt davon, doch in seinem Kopf drehte sich alles.

1975, im letzten Jahr meines Studiums an der Michigan State University, hatte ich ein ähnlich aufwühlendes Erlebnis. Ich aß in einem Restaurant mit einer Professorin zu Abend und erörterte mit ihr die philosophischen Konsequenzen aus Carlos Castanedas Erfahrungen. Unser Gespräch kreiste insbesondere um ein Vorkommnis, das Castaneda in *Reise nach Ixtlan* beschreibt: Don Juan und Castaneda sind nachts in der Wüste auf der Suche nach einem Geist, als sie auf ein Lebewesen stoßen, das wie ein Kalb aussieht, aber die Ohren eines Wolfs und einen Vogelschnabel hat. Es krümmt sich zusammen und schreit wie im Todeskampf.

Zunächst gerät Castaneda in Panik, doch nachdem ihm klargeworden ist, daß das, was er sieht, unmöglich real sein kann, verändert sich seine Vision, und er erkennt, daß das sterbende »Gespenst« nur ein abgefallener Ast ist, der im Wind bebt. Castaneda verkündet stolz die wahre Identität des Objekts, aber wie gewöhnlich wird er von dem alten Yaqui-Schamanen zurechtgewiesen. Er erklärt Castaneda, daß der Ast tatsächlich ein sterbender Geist *war*, solange noch die Kraft in ihm lebte, doch er habe sich in einen Ast verwandelt, als Castaneda seine Existenz anzweifelte. Er betont jedoch, daß beide Realitäten gleichermaßen real seien.

In meinem Gespräch mit der Professorin gestand ich, mich fasziniere Don Juans Behauptung, daß zwei einander ausschließende Realitäten in der gleichen Weise real sein könnten, und ich würde spüren, daß dieser Gedanke viele paranormale Ereignisse erklären könne. Kurz darauf verließen wir das Restaurant, und da es ein schöner Sommerabend war, beschlossen wir, noch ein wenig spazierenzugehen. Während wir uns weiter unterhielten, bemerkte ich einige Leute, die vor uns hergingen. Sie sprachen eine unidentizifierbare Fremdsprache und waren offenbar betrunken. Überdies trug eine der Frauen einen grünen Regenschirm, was befremdlich wirkte, weil der Himmel völlig wolkenlos und kein Regen vorhergesagt war.

Da wir nicht mit der Gruppe zusammenstoßen wollten, gingen wir etwas langsamer, und in diesem Augenblick begann die Frau unvermittelt wild mit ihrem Schirm herumzufuchteln. Sie beschrieb mit ihm große Bögen in der Luft, und dabei hätte sie uns mehrere Male mit der Spitze des Schirms beinahe gestreift. Wir verlangsamten unsere Schritte noch mehr, doch es war offensichtlich, daß sie mit ihrer Darbietung unsere Aufmerksamkeit auf sich lenken wollte. Schließlich, als es ihr gelungen war, daß sich unsere Augen ganz auf ihr seltsames Treiben konzentrierten, hielt sie den Schirm mit beiden Händen über den Kopf und schleuderte ihn dann mit einer dramatischen Geste vor unsere Füße.

Wir beide starrten ihn ratlos an und fragten uns, warum sie das getan hatte, doch da geschah etwas höchst Merkwürdiges. Der Schirm tat etwas, das ich nur als »Flackern« bezeichnen kann – wie eine Fackel kurz vor dem Erlöschen. Er gab einen sonderbaren knisternden Laut von sich, wie wenn ein Stück Cellophan zerknüllt wird, und in einem grell funkelnden bunten Lichterspiel verkrümmten sich beide Enden des Schirms, und er nahm die Gestalt eines knorrigen braungrauen Stocks an. Ich war so benommen, daß ich mehrere Sekunden lang kein Wort herausbrachte. Meine Professorin sprach als erste und sagte mit leiser, bedrückter Stimme, sie habe geglaubt, der Gegenstand sei ein Regenschirm gewesen. Ich fragte sie, ob sie auch etwas Ungewöhnliches beobachtet habe, und sie nickte. Wir schrieben beide nieder, was nach unserer Meinung vorgefallen war, und unsere Darstellungen stimmten genau überein. Die einzige kleine Abweichung bestand darin, daß die Professorin meinte, der Schirm habe »gezischt«, als er sich in einen Stock verwandelte, doch dieses Geräusch unterscheidet sich nicht wesentlich von dem Knistern eines zerknüllten Cellophanpapiers.

Was hat das alles zu bedeuten?

Dieser Zwischenfall wirft viele Fragen auf, die ich nicht zu beantworten vermag. Ich weiß nicht, wer die Leute waren, die uns den Regenschirm vor die Füße geworfen haben, oder ob sie die magische Verwandlung überhaupt bemerkt haben, die sich vollzog, als sie ihren Weg fortsetzten. Allerdings läßt das groteske und scheinbar absichtsvolle Benehmen der Frau vermuten, daß die Leute nicht völlig ahnungslos waren. Wir beide, meine Professorin und ich, waren angesichts der wunderbaren Schirmtransformation so entgeistert, daß wir erst zur Besinnung kamen, als die Fremden längst verschwunden waren. Ich weiß auch nicht, was den Zwischenfall ausgelöst hat, doch der Verdacht liegt nahe, daß er auf irgendeine Weise mit unserem Gespräch über Castaneda zusammenhing, in dem von einem ähnlichen Ereignis die Rede gewesen war.

Ich weiß nicht einmal, wieso ich das Privileg habe, so viele paranormale Vorgänge zu erleben, es sei denn, es hat mit der Tatsache zu tun, daß mir eine nicht geringe übersinnliche Begabung angeboren ist. Als Heranwachsender begann ich lebhaft und detailliert von Geschehnissen zu träumen, die dann später eintraten. Vielfach wußte ich einiges über andere Menschen, das zu wissen ich kein Recht hatte. Schon mit siebzehn Jahren entwickelte sich bei mir spontan die Fähigkeit, ein Energiefeld oder eine »Aura« um Personen wahrzunehmen, und auch heute noch kann ich häufig etwas über den Gesundheitszustand eines Menschen aussagen, und zwar aufgrund der Anordnung und Farbe des Lichtnebels, der ihn umgibt. Wie dem auch sei, ich kann nur sagen, daß wir alle mit unterschiedlichen Fertigkeiten und Eigenschaften begabt sind. Manche sind geborene Künstler, andere geborene Tänzer. Ich bin offensichtlich mit einer Veranlagung zur Welt gekommen, die es mir ermöglicht, Wirklichkeitsverschiebungen zu bewirken und Kräfte zu mobilisieren, die eine Voraussetzung für die Auslösung paranormaler Vorgänge sind. Für diese Fähigkeit bin ich dankbar, denn durch sie habe ich vieles über das Universum erfahren, aber ich weiß nicht, warum ich sie besitze.

Was ich aber weiß, ist, daß die »Regenschirmepisode« von einer radikalen Veränderung des Umfeldes begleitet war. In diesem Kapitel haben wir uns mit Wundern befaßt, die durch eine zunehmende Realitätsverschiebung gekennzeichnet waren. Die Psychokinese ist für uns leichter zu begreifen als die Fähigkeit, einen Gegenstand aus der Luft zu holen, und die Materialisation eines Objekts können die meisten von uns eher akzeptieren als das Verschwinden und Wiedererscheinen eines ganzen Wäldchens oder den paranormalen Auftritt einer Menschengruppe, die imstande ist, Materie völlig umzugestalten. Solche Vorkommnisse deuten mehr und mehr darauf hin, daß die Wirklichkeit in einem ganz realen Sinne eine Hologramm, ein Konstrukt ist.

Die Frage stellt sich nun so: Ist sie ein Hologramm, das lange Zeit relativ stabil bleibt und nur minimalen Veränderungen durch das Bewußtsein unterliegt, wie Bohm behauptet? Oder ist sie ein Hologramm, das nur stabil zu sein scheint, aber unter bestimmten Bedingungen praktisch unbegrenzt verändert und umgeformt werden kann, wie die offenkundige Existenz des Wunderbaren vermuten läßt? Manche Wissenschaftler, die sich mit dem holographischen Konzept angefreundet haben, halten letzteres für zutreffend. Grof beispielsweise nimmt nicht nur Materialisationen und andere extreme paranormale Phänomene ernst, sondern er meint auch, daß die Realität in der Tat ein Wolkengebäude und der subtilen Herrschaft des Bewußtseins unterworfen ist. »Die Welt ist nicht notwendigerweise so fest gebaut, wie wir sie wahrnehmen«, sagt er.[64]

Der Physiker William Tiller, Leiter der Materialforschungsabteilung an der Stanford University und ebenfalls Anhänger der holographischen Theorie, ist der gleichen Ansicht. Für Tiller ähnelt die Realität dem »Holodeck« in der Fernsehserie *Star Trek: The Next Generation*. Dieses Holodeck ist ein Lebensraum, dessen Bewohner eine holographische Simulation jeder gewünschten Realität abrufen können, einen üppigen Regenwald ebenso wie eine verkehrsreiche Großstadt. Sie können auch jede Simulation beliebig verändern, indem sie etwa eine Lampe einbauen oder einen überflüssigen Tisch verschwinden lassen. Tiller betrachtet das Universum ebenfalls als eine Art Holodeck, hervorgegangen aus der »Integration« aller Lebewesen. »Wir haben es als ein Medium der Erfahrung geschaffen, und wir haben die Gesetze geschaffen, die es bestimmen«, versichert er. »Und wenn wir an die Grenzen unseres Verstehens stoßen, können wir die Gesetze abändern, so daß wir gleichzeitig auch die Physik erschaffen.«[65]

Wenn Tiller recht hat und das Universum ein riesiges Holodeck ist, erscheint uns die Fähigkeit, einen Goldring zu materialisieren oder eine Gruppe von *kenari*-Bäumen verschwinden zu lassen, nicht mehr so abwegig. Selbst die Regenschirmepisode kann dann als eine vorübergehende Umformung der holographischen Simulation, die wir gemeinhin Realität nennen, aufgefaßt werden. Obwohl meine Professorin und ich nicht wußten, daß wir diese Fähigkeit besaßen, hat vielleicht die emotionale Intensität unserer Castaneda-Diskussion unser Unterbewußtsein veranlaßt, das Hologramm der Wirklichkeit so zu verändern, daß es unsere momentanen Überzeugungen besser widerspiegelte. Geht man von Ullmans These aus, daß unsere Psyche uns ständig Dinge beizubringen versucht, deren wir uns im Wachzustand nicht bewußt sind, dann könnte unser Unterbewußtsein sogar darauf programmiert sein, gelegentlich solche Wunder zu wirken, um uns kurze Einblicke in die wahre Beschaffenheit der Wirklichkeit zu eröffnen, um uns zu zeigen, daß die Welt, die wir uns erschaffen, letztlich genauso unendlich kreativ ist wie die Realität unserer Träume.

Die Aussage, daß die Realität durch die Integration aller Lebewesen zustande kommt, unterscheidet sich im Grunde nicht von der These, daß das Universum aus Realitätsfeldern besteht. Wenn dies zutrifft, ist es eine Erklärung dafür, daß die Realität mancher subatomarer Teilchen, etwa der Elektronen, verhältnismäßig eindeutig erscheint, während die Realität anderer Teilchen, etwa des Anomalons, offenbar veränderlicher ist. Es könnte sein, daß die Realitätsfelder, die wir heute als Elektronen wahrnehmen, schon vor langer Zeit Bestandteil des kosmischen Hologramms geworden sind, womöglich lange vor der Einbindung des Menschen in die Integration aller Dinge. Demnach wären Elektronen so tief in das Hologramm integriert, daß sie nicht mehr so empfänglich sind für den Einfluß des menschlichen Bewußtseins wie andere, neue Realitätsfelder. Die Anomalonen variieren dagegen vielleicht deshalb von Labor zu Labor, weil sie jüngere Realitätsfelder darstellen und noch unfertig sind, also gleichsam noch immer umherschweifen auf der Suche nach einer Identität. In gewissem Sinne gleichen sie dem wunderbaren Strand, den Tarts Testpersonen wahrnahmen, als er noch grau in grau dalag und sich noch nicht vollständig aus dem Impliziten herausgelöst hatte.

Damit ließe sich auch erklären, warum Aspirintabletten Herzinfarkten bei Amerikanern vorbeugen, nicht aber bei Engländern. Hier könnte es sich gleichfalls um ein relativ junges Realitätsfeld handeln, um eines, das noch in der Entwicklung begriffen ist. Einiges deutet sogar darauf hin, daß selbst die Fähigkeit zur Materialisation von Blut ein vergleichsweise neues Realitätsfeld ist. Rogo zufolge beginnen die Berichte über Blutwunder erst im 14. Jahrhundert mit dem Wunder von San Gennaro. Die Tatsache, daß vor San Gennaro keine solchen Wunder bekannt geworden sind, scheint den Schluß zuzulassen, daß diese Fähigkeit erst um diese Zeit aufgetreten ist. Sobald sie jedoch einmal etabliert war, mag es anderen Menschen leichter gefallen sein, in das Realitätsfeld dieses Potentials einzudringen. Das könnte der Grund dafür sein, daß es seit San Gennaro zahlreiche Blutwunder gegeben hat, doch keines vorher.

Wenn das Universum tatsächlich ein Holodeck ist, müßten alle Gegebenheiten, die stabil und unveränderlich erscheinen, von den Gesetzen der Physik bis zur Substanz der Galaxien, als Realitätsfelder aufgefaßt werden, als Irrlichtereien, die nicht mehr oder weniger real sind als die Kulissen in einem gigantischen kollektiven Traum. Alles Dauerhafte erschiene dann illusorisch, und allein das Bewußtsein wäre ewig, das Bewußtsein des lebendigen Universums.

Natürlich gibt es noch eine andere Deutungsmöglichkeit. Es könnte sein, daß allein die anomalen Vorgänge wie etwa die Schirmepisode Realitätsfelder sind und daß die Welt insgesamt nach wie vor genauso stabil und vom Bewußtsein unbeeinflußt ist, wie man es uns gelehrt hat. Das Problem bei dieser Annahme ist, daß sie nie bewiesen werden kann. Der einzige Lackmustest, mit dem wir entscheiden können, ob etwas real ist - zum Beispiel der rote Elefant, der gerade in unser Wohnzimmer hereinspaziert ist -, besteht darin, daß wir ermitteln, ob andere Menschen es ebenfalls sehen können. Doch sobald wir zugeben, daß zwei oder mehr Personen eine Realität erschaffen können - gleichgültig, ob es dabei um die Umgestaltung eines Regenschirms oder das Verschwindenlassen von *kenari*-Bäumen geht -, haben wir keinerlei Möglichkeit mehr, zu beweisen, daß alles andere in der Welt nicht durch den Geist geschaffen wird. Alles ist dann eine Frage der persönlichen Einstellung.

Doch persönliche Einstellungen sind variabel. Jahn neigt zu der Auffassung, daß nur die von den Interaktionen des Bewußtseins erzeugte Wirklichkeit real ist. »Die Frage, ob es ›da draußen‹ etwas gibt, ist abstrakt. Wenn wir nicht die Möglichkeit haben, die Abstraktion zu verifizieren, ist es nutzlos, sie in eine Form bringen zu wollen«, meint er.[66] Globus, der bereitwillig einräumt, daß die Wirklichkeit ein Konstrukt des Bewußtseins ist, glaubt hingegen, daß außerhalb unseres Wahrnehmungsbereichs eine andere Welt existiert. »Ich bin an sauberen Theorien interessiert«, sagt er, »und eine saubere Theorie setzt Existenz voraus.«[67] Er gibt allerdings zu, daß dies lediglich seine Privatmeinung ist und daß es unmöglich sein dürfte, eine solche Annahme empirisch zu beweisen.

Was mich betrifft, so pflichte ich aufgrund meiner eigenen Erfahrungen Don Juan bei, der konstatiert: »Wir sind Wahrnehmende. Wir sind ein Bewußtsein; wir sind keine Objekte; wir haben keine Körperlichkeit. Wir sind grenzenlos. Die Welt der Dinge und der Körperlichkeit ist ein Mittel, mit dem wir uns den Aufenthalt auf Erden erleichtern. Wir - oder vielmehr unser *Verstand* - vergessen, daß die Beschreibung nur eine Beschreibung ist und wir damit die Totalität unseres Ichs in einen Circulus vitiosus einfügen, aus dem wir, solange wir leben, nur selten ausbrechen.«[68]

Es gibt, anders ausgedrückt, *keine* Wirklichkeit über und jenseits derjenigen, die durch die Integration des Gesamtbewußtseins geschaffen wird, und das holographische Universum kann durch den Geist potentiell nahezu unbegrenzt ausgestaltet werden.

Wenn das stimmt, sind die physikalischen Gesetze und die Substanz der Galaxien nicht die einzigen Gegebenheiten, die Realitätsfelder darstellen. Selbst unser Körper, der Träger unseres Bewußtseins in diesem Leben, müßte dann als nicht mehr und nicht weniger real angesehen werden als die Anomalonen oder die herrliche Strandlandschaft. Oder wie Keith Floyd, ein Psychologe am Virginia Intermont College und gleichfalls ein Anhänger der holographischen Idee, feststellt: »Im Gegensatz zur gängigen Lehrmeinung ist es möglicherweise nicht das Gehirn, das das Bewußtsein erzeugt, sondern vielmehr das Bewußtsein, das die Erscheinungsbilder des Gehirns erzeugt - Materie, Raum, Zeit und alles andere, was wir gern als das physische Universum interpretieren.«[69]

Das ist die vielleicht irritierendste Aussage überhaupt, denn da wir zutiefst davon überzeugt sind, daß unsere Körper fest und objekt real sind, können wir uns nur sehr schwer mit dem Gedanken befreunden, daß auch wir womöglich nichts anderes darstellen als eine Sinnestäuschung. Doch es gibt stichhaltige Belege dafür, daß dem so ist. Ein weiteres Phänomen, das häufig bei Heiligen auftritt, ist die Bilokation, also die Fähigkeit, gleichzeitig an zwei Orten anwesend zu sein. Nach Auskunft von Haraldsson beherrscht Sai Baba die Bilokation in Vollendung. Zahlreiche Augenzeugen haben berichtet, sie hätten gesehen, wie er mit den Fingern schnippte und verschwand, um im selben Augenblick hundert oder mehr Meter entfernt wiederaufzutauchen. Solche Vorgänge legen die Vermutung äußerst nahe, daß unsere Körper keine Objekte sind, sondern holographische Projektionen, die an einem Ort »abgeschaltet« und an einem anderen wieder »eingeschaltet« werden, und das mit der gleichen Leichtigkeit, mit der ein Bild auf dem Videoschirm verschwindet und wieder erscheint.

Ein Indiz, das die holographische und immaterielle Natur des Körpers bekräftigt, ergibt sich aus den Phänomenen, die bei einem isländischen Medium namens Indridi Indridason beobachtet wurden. Mehrere führende Wissenschaftler aus Island beschlossen 1905, sich mit der Erforschung des Paranormalen zu befassen, und als eine der Testpersonen wählten sie Indridason aus. Damals war er nichts weiter als ein einfacher Dorfbursche, der mit übersinnlichen Dingen noch keinerlei Erfahrungen gemacht hatte, aber er entpuppte sich sehr schnell als ein außergewöhnlich begabtes Medium. Er konnte rasch in Trance versetzt werden und leistete Erstaunliches auf dem Gebiet der Psychokinese. Doch am verblüffendsten war, daß sich im tiefen Hypnoseschlaf zuweilen verschiedene Körperteile vollständig entmaterialisierten. Vor den Augen der Wissenschaftler verschwand ein Arm oder eine Hand, materialisierte sich jedoch wieder, bevor der Mann aufwachte.[70]

Solche Geschehnisse gewähren uns einen weiteren irritierenden Einblick in das enorme Potential, das vielleicht in uns allen schlummert. Unser gegenwärtiges Weltverständnis ist, wie gesagt, ganz und gar unfähig, die in diesem Kapitel behandelten Phänomene zu erklären, und hat deshalb keine andere Wahl, als sie zu ignorieren. Sollten jedoch Forscher wie Grof und Tiller recht haben mit ihrer Ansicht, daß der Geist in die implizite Ordnung einzugreifen vermag, also in die holographische Schicht, die das von uns als Universum bezeichnete Hologramm hervorbringt, und damit alle gewünschten Wirklichkeiten und physikalischen Gesetze erschaffen kann, dann sind nicht nur solche, sondern praktisch alle Dinge möglich.

Falls dem so ist, stellt das scheinbar feste Gefüge der Welt lediglich einen kleinen Teil dessen dar, was unserer Wahrnehmung zugänglich ist. Die allermeisten Menschen sind in der Tat befangen in der herkömmlichen Sicht des Universums, aber einige wenige besitzen die Fähigkeit, über die festgefügte Welt hinauszuschauen. Im folgenden Kapitel werden wir uns mit ein paar von diesen Ausnahmemenschen beschäftigen und untersuchen, was sie sehen.

6

Holographisches Sehen

> Wir Menschen meinen, daß wir aus »fester Materie«
> bestehen. Tatsächlich ist jedoch *der physische Körper
> gewissermaßen das Endprodukt* der geheimnisvollen
> Informationsfelder, die unseren Leib ebenso formen
> wie die gesamte Materie. Diese Felder sind Holo-
> gramme, die sich mit der Zeit verändern und für unse-
> re normalen Sinne unerreichbar sind. Dies nehmen
> Hellseher als farbenprächtige Halos oder Auren wahr,
> die unsere Körper umgeben.
>
> Itzhak Bentov
> in *Stalking the Wild Pendulum*

Vor Jahren ging ich einmal mit einer Freundin spazieren, als ein Verkehrsschild meine Aufmerksamkeit erregte. Es trug die simple Aufschrift »No Parking« und unterschied sich anscheinend nicht im geringsten von allen anderen Parkverbotsschildern, die überall in den Großstadtstraßen zu finden sind. Doch aus irgendeinem Grund zog mich dieses Schild in seinen Bann. Ich war mir gar nicht bewußt, daß ich es anstarrte, bis meine Begleiterin plötzlich ausrief: »Die Aufschrift auf dem Schild ist falsch geschrieben!« Ihre Worte rissen mich aus meinem Tagtraum, und als ich hinsah, verwandelte sich das *i* in *Parking* blitzschnell in ein *e*.

Was war geschehen? Mein Geist war so an die korrekte Schreibweise gewöhnt, daß mein Unterbewußtsein das tatsächlich Vorhandene verdrängte und mich sehen ließ, was es dort erwartete. Wie sich herausstellte, hatte meine Freundin zunächst ebenfalls die richtige Schreibung gesehen; deshalb reagierte sie so lautstark, als sie die fehlerhafte erkannte. Wir gingen weiter, doch der Zwischenfall gab mir zu denken. Zum erstenmal war mir klargeworden, daß das Auge bzw. Gehirn keine zuverlässige Kamera ist, sondern die Welt zurechtpfuscht, bevor es sie uns vermittelt.

Den Neurophysiologen ist dieser Umstand seit langem bekannt. Bei seinen frühen optischen Experimenten entdeckte Pribram, daß die visuellen Informationen, die ein Affe über seine Sehnerven empfängt, nicht auf direktem Weg in seinen Sehkortex weitergeleitet, sondern zuvor in anderen Hirnbereichen gefiltert werden.[1] Aus zahllosen Untersuchun-

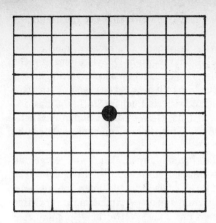

Abbildung 15: Um nachzuvollziehen, wie unser Gehirn Sinneswahrnehmungen verarbeitet, sollten Sie die Abbildung in Augenhöhe halten, das linke Auge schließen und mit dem rechten Auge den schwarzen Kreis im Gitter fixieren. Bewegen Sie das Buch in Blickrichtung langsam nach hinten und vorne, bis der Stern verschwindet (bei etwa 25–38 cm). Der Stern verschwindet, weil er mit Ihrem blinden Fleck zusammenfällt. Bewegen Sie dann das Buch nach hinten und nach vorne, bis der Kreis im Gitter verschwindet. Wenn das geschieht, werden Sie feststellen, daß die Linien des Gitters erhalten bleiben, obwohl der Kreis nicht dazusein scheint. Das hat seinen Grund darin, daß Ihr Gehirn das einsetzt, was es sich als vorhanden denkt.

gen geht hervor, daß dies auch auf den menschlichen Sehvorgang zutrifft. Visuelle Informationen, die unser Gehirn erreichen, werden von unseren Schläfenlappen bearbeitet und modifiziert, ehe sie zu unserer Sehrinde wandern. Einige Studien lassen den Schluß zu, daß weniger als 50 Prozent dessen, was wir »sehen«, wirklich auf den von den Augen aufgenommenen Informationen beruht. Die übrigen mehr als 50 Prozent ergeben sich aus unserer Erwartung, wie die Welt aussehen soll (und vielleicht aus anderen Quellen, etwa Realitätsfeldern). Die Augen sind zwar Sinnesorgane, aber das Sehen besorgt das Gehirn.

Deswegen fällt uns nicht sofort auf, wenn sich ein guter Freund seinen Schnurrbart abrasiert hat, und deswegen kommt uns unsere Wohnung merkwürdig fremd vor, wenn wir aus dem Urlaub zurückkehren. In beiden Fällen reagieren wir so gewohnheitsmäßig auf das, was wir vor uns zu haben glauben, daß wir nicht immer sehen, was tatsächlich da ist.

Einen noch eindrucksvolleren Beweis für die Rolle, die der Geist bei unseren Seheindrücken spielt, liefert der sogenannte blinde Fleck im Auge. Mitten auf der Netzhaut, wo der Sehnerv mit dem Auge verbunden ist, haben wir einen solchen Fleck, der keine Photorezeptoren aufweist. Das kann man leicht nachweisen mit Hilfe der Illustration in Abbildung 15.

Selbst wenn wir die Welt rings um uns her betrachten, merken wir nicht, daß im Gesehenen große Löcher klaffen. Dabei kommt es nicht darauf an, ob wir ein weißes Blatt Papier oder einen kräftig gemusterten Perserteppich anschauen. Das Gehirn füllt die Lücken geschickt aus, wie ein tüchtiger Schneider, der imstande ist, ein Loch im Stoff kunstzustopfen. Noch erstaunlicher aber ist, daß das Gewebe der visuellen Wirklichkeit so meisterhaft »kunstgestopft« wird, daß uns nicht einmal bewußt wird, was da vor sich geht.

Daraus ergibt sich eine beunruhigende Frage. Wenn wir weniger als die Hälfte dessen sehen, was draußen vorhanden ist, woraus besteht dann das, was wir nicht sehen? Welche falsch beschrifteten Schilder und blinden Flecken entgehen vollständig unserer Aufmerksamkeit? Unser technologisches Vermögen liefert uns einige Antworten. Spinnennetze beispielsweise wirken auf uns unscheinbar weiß, aber wir wissen heute, daß sie den für ultraviolettes Licht empfänglichen Insektenaugen, für die sie bestimmt sind, leuchtend bunt und deshalb verlockend erscheinen. Unser technologisches Wissen sagt uns auch, daß Fluoreszenzlampen nicht kontinuierlich Licht aussenden, sondern so schnell hintereinander aufleuchten und erlöschen, daß wir es nicht mehr wahrnehmen. Doch diese rasche Blitzlichtfolge ist durchaus sichtbar für Bienen, die in der Lage sein müssen, in großer Geschwindigkeit über eine Wiese dahinzufliegen und dennoch jede vorbeiflitzende Blüte auszumachen.

Gibt es noch andere wichtige Wirklichkeitsaspekte, die wir nicht sehen, Aspekte, die sich selbst unserem technologischen Zugriff entziehen? Geht man vom holographischen Modell aus, lautet die Antwort ja. Erinnern wir uns, daß nach Pribrams Auffassung die gesamte Realität im Grunde ein Frequenzbereich und unser Gehirn eine Art Linse ist, die diese Frequenzen in die Erfahrungswelt der Erscheinungen umwandelt. Pribram erforschte zwar zunächst die Frequenzen unserer normalen Sinneswelt, zum Beispiel Schall- und Lichtfrequenzen, aber heute verwendet er den Begriff »Frequenzbereich« für die Interferenzmuster, die die implizite Ordnung ausmachen.

Pribram zufolge existieren dort draußen im Frequenzbereich vermutlich alle möglichen Dinge, die wir nicht sehen und die unser Gehirn gewohnheitsmäßig aus unserer visuellen Wirklichkeit ausblendet. Er glaubt, daß Mystiker während ihrer transzendentalen Erlebnisse eigentlich nichts anderes tun, als den Frequenzbereich zu erspüren. »Mystische Erfahrung wird faßbar, wenn man mit Hilfe mathematischer Formeln nachweisen kann, wie ein Mensch sich zwischen der alltäglichen Welt oder dem ›Bild-Objekt‹-Bereich und dem ›Frequenz‹-Bereich hin und her bewegt«, meint Pribram.[2]

Das menschliche Energiefeld

Ein mysteriöses Phänomen, das offenbar die Fähigkeit, die Frequenzaspekte der Wirklichkeit wahrzunehmen, zur Voraussetzung hat, ist die Aura, das menschliche Energiefeld. Die Erkenntnis, daß der menschliche Körper von einem subtilen Energiefeld, einer heiligenscheinähnlichen Lichthülle, umgeben ist, die gleich hinter den Grenzen des menschlichen Wahrnehmungsbereichs existiert, finden sich in vielen alten Überlieferungen. In heiligen Schriften Indiens, die vor mehr als 5000 Jahren entstanden, wird diese Lebensenergie als Prana bezeichnet. In China wird sie seit dem 3. vorchristlichen Jahrtausend Ch'i genannt und als die Energie aufgefaßt, die das Akupunktur-Meridiansystem durchströmt. Die Kabbala nennt dieses Lebensprinzip *nefish* und lehrt, daß eine irisierende eiförmige Blase jeden menschlichen Körper umhüllt. In ihrem Buch *Future Science* listen der Schriftsteller John White und der Parapsychologe Stanley Krippner 97 Kulturen auf, in denen die Aura mit 97 verschiedenen Begriffen benannt wird.

In vielen Kulturen wird der Aura eines spirituell herausragenden Menschen eine solche Helligkeit zugeschrieben, daß sie auch von normalen Sterblichen wahrgenommen werden kann, und deshalb umgibt man in verschiedenen Religionen, unter anderem in der christlichen, buddhistischen und ägyptischen, den Kopf der Heiligen mit einem Heiligenschein oder einem ähnlichen kreisförmigen Symbol. In seinem Buch über das Wunderbare füllt Thurston ein ganzes Kapitel mit Berichten über Lichterscheinungen bei katholischen Heiligen, und sowohl Therese Neumann als auch Sai Baba sollen gelegentlich von einer sichtbaren Lichtaura umhüllt gewesen sein. Der große Sufi-Mystiker Hazrat Inayat Khan, der 1927 starb, hat angeblich manchmal so viel Licht ausgestrahlt, daß man in diesem Schein lesen konnte.[3]

Unter normalen Bedingungen ist das menschliche Energiefeld jedoch nur für solche Personen sichtbar, die dafür eine spezielle Befähigung entwickeln. Hin und wieder ist eine solche Begabung angeboren. In anderen Fällen entfaltet sie sich spontan zu einem bestimmten Zeitpunkt im Leben eines Menschen, so auch bei mir, und zuweilen ist sie das Resultat gewisser, meist spiritueller Praktiken oder Erfahrungen. Als ich zum erstenmal einen deutlichen Lichtschleier um meinen Arm erblickte, hielt ich ihn für Rauch, und ich riß meinen Arm hoch, um festzustellen, ob der Ärmel vielleicht Feuer gefangen hatte. Natürlich war das nicht der Fall, und ich entdeckte sehr bald, daß das Licht meinen gesamten Körper umfloß und auch alle anderen Menschen von einem Lichtkranz umgeben waren.

Manche behaupten, das menschliche Energiefeld bestehe aus mehreren getrennten Schichten. Ich selbst erkenne in dem Feld keine Schichten und kann deshalb nicht beurteilen, ob das zutrifft oder nicht. Diese Schichten sollen in Wirklichkeit dreidimensionale Energiekörper sein, die den gleichen Raum beanspruchen wie der physische Körper, aber ihren Umfang stufenweise vergrößern, so daß sie bei der Ausdehnung wie einzelne Schichten aussehen.

Viele übersinnlich Begabte versichern, es gebe sieben Hauptschichten oder »feinere Leiber«, deren Dichte schrittweise abnehme und die deswegen immer schwerer wahrzunehmen seien. Die verschiedenen Denkschulen bezeichnen diese Energiekörper mit unterschiedlichen Namen. In einem gängigen Nomenklatursystem heißen die ersten vier Ätherleib, Astral- oder Gefühlsleib, Geistleib und Kausal- oder Intuitionsleib. Man geht allgemein davon aus, daß der Ätherleib, der dem Körper am nächsten anliegt, eine Art Energieplan darstellt, der das körperliche Wachstum steuert und reguliert. Die nächsten drei Leiber sind, wie schon die Namen sagen, mit emotionalen, mentalen und intuitiven Prozessen gekoppelt. Praktisch keine Übereinstimmung besteht hinsichtlich der Benennung der übrigen drei Leiber, obwohl man sich einig ist, daß sie mit der Seele und höheren spirituellen Funktionen zu tun haben.

Nach Auffassung des indischen Yoga-Schrifttums und auch vieler übersinnlich begabter Menschen besitzen wir in unserem Körper außerdem spezielle Energiezentren. Diese Sammelpunkte »feinerer« Energie sind mit den endokrinen Drüsen und den Hauptnervenzentren verbunden, strahlen aber ebenfalls in das Energiefeld aus. Weil sie, von oben betrachtet, schnell rotierenden Energiewirbeln gleichen, werden sie in der Yoga-Literatur als *Chakras* bezeichnet (nach dem Sanskritwort für Rad), und dieser Begriff wird bis heute verwendet.

Das Scheitelchakra, ein wichtiges Chakra, das seinen Ursprung im obersten Teil des Gehirns hat und mit dem spirituellen Erwachen in Verbindung gebracht wird, wird von Hellsehern häufig mit einem kleinen Zyklon verglichen, der im Energiefeld auf dem Kopf herumwirbelt, und es ist das einzige Chakra, das ich deutlich erkennen kann. (Meine einschlägige Begabung scheint so rudimentär zu sein, daß ich die anderen Chakras nicht zu sehen vermag.) Seine Höhe schwankt zwischen einigen und etwa 30 und mehr Zentimetern. Wenn Menschen in fröhlicher Stimmung sind, wird dieser Energiewirbel größer und heller, und wenn sie tanzen, hüpft und wiegt er sich wie eine Kerzenflamme. Ich habe mich oft gefragt, was der heilige Lukas wohl gesehen haben mag, als er die »Pfingstflammen« beschrieb, jene Feuerzungen, die über den Köpfen der Apostel erschienen, als diese vom Heiligen Geist erfüllt wurden.

Das menschliche Energiefeld ist nicht immer bläulichweiß, sondern kann die verschiedensten Farben annehmen. Nach Aussage von parapsychologisch besonders talentierten Personen hängen diese Farben, ihre Verschwommenheit oder Leuchtkraft und ihr Platz innerhalb der Aura vom mentalen Zustand, der Gefühlslage, der Aktivität, der Gesundheit und vielerlei anderen Faktoren ab. Ich selbst kann Farben nur gelegentlich erkennen und interpretieren, aber, wie gesagt, meine Begabung auf diesem Gebiet ist nicht gerade stark ausgeprägt.

Ein Mensch, der in hohem Maße über solche Fähigkeiten verfügt, ist die Therapeutin und Heilerin Barbara Brennan. Sie begann ihre Karriere als Atmosphärenphysikerin bei der NASA im Goddard Space Flight Center, eine Stelle, die sie zugunsten ihrer jetzigen Tätigkeit aufgab. Ihre übersinnliche Begabung deutete sich erstmals an, als sie noch ein Kind war und entdeckte, daß sie mit verbundenen Augen durch den Wald wandern konnte; sie wich den Bäumen aus, indem sie mit den Händen deren Energiefelder erspürte. Mehrere Jahre nachdem sie sich selbständig gemacht hatte, begann sie bunte Lichtkränze um die Köpfe anderer Menschen zu sehen. Sie überwand ihren anfänglichen Schock und ihre Zweifel und machte sich daran, diese Fähigkeit weiterzuentwickeln, und schließlich erkannte sie, daß sie als Heilerin ein außergewöhnliches Naturtalent besaß.

Brennan sieht nicht nur die Chakras, Schichten und sonstigen Feinstrukturen des menschlichen Energiefeldes mit verblüffender Klarheit, sondern sie kann auch aufgrund dessen, was sie sieht, erstaunlich exakte medizinische Diagnosen stellen. Nachdem sie sich einmal das Energiefeld einer Frau angeschaut hatte, erklärte sie ihr, daß mit ihrer Gebärmutter etwas nicht stimme. Die Frau gestand dann, daß ihr Arzt denselben Befund erhoben und daß sie deswegen bereits eine Fehlgeburt gehabt habe. Verschiedene Mediziner hatten sogar eine Hysterektomie vorgeschlagen, und das war der Grund dafür, daß sie zu Barbara Brennan gekommen war. Brennan meinte, wenn sie einen Monat Urlaub nähme und sich schone, würde das Problem verschwinden. Der Vorschlag erwies sich als richtig, und einen Monat später bestätigte der behandelnde Arzt, daß sich der Uterus wieder normal zurückgebildet hatte. Ein Jahr danach brachte die Frau einen gesunden Jungen zur Welt.[4]

In einem anderen Fall konnte Brennan sehen, daß ein Mann Schwierigkeiten beim Geschlechtsverkehr hatte, weil er sich als Zwölfjähriger das Steißbein gebrochen hatte. Das schlecht zusammengewachsene Steißbein übte einen übermäßigen Druck auf die Wirbelsäule aus, und dies war wiederum die Ursache seiner sexuellen Funktionsstörung.[5]

Es gibt anscheinend nur wenige Störungen, die Brennan nicht aus dem Energiefeld eines Menschen abzulesen vermag. Sie versichert, bei Krebs im Frühstadium erscheine die Aura graublau, und wenn er weiter fortschreite, verfärbe sie sich schwarz. Schließlich zeigen sich im

Schwarz weiße Flecken, und sobald die weißen Flecken schillern und den Eindruck erwecken, als würden sie von einem Vulkan ausgestoßen, ist das ein Zeichen dafür, daß der Krebs Metastasen abgesiedelt hat. Drogen wie Alkohol, Marihuana und Kokain beeinträchtigen gleichfalls die leuchtenden, gesunden Farben der Aura und erzeugen das, was Brennan als »Ätherschleim« bezeichnet. Einem entgeisterten Patienten konnte sie sogar sagen, durch welches Nasenloch er gewöhnlich Kokain schnupfte, weil das Feld über dieser Gesichtshälfte durch den Ätherschleim stets grau verfärbt war.

Bei ärztlich verordneten Medikamenten ist es nicht viel anders. Sie lassen häufig im Energiefeld über der Leber dunkle Partien entstehen. Starke Wirkstoffe, wie sie in der Chemotherapie angewandt werden, »verschmieren« das gesamte Feld, und Brennan behauptet, sie habe noch nach vollen zehn Jahren in der Aura Spuren eines angeblich harmlosen Röntgenkontrastmittels nachweisen können, wie es bei der Diagnose von Wirbelsäulenschäden eingespritzt wird. Ihrer Meinung nach schlägt sich auch die seelische Verfassung eines Menschen in seinem Energiefeld nieder. Ein Mensch mit psychopathischen Anlagen hat eine »topplastige« Aura. Das Energiefeld eines Masochisten ist grob und dicht und erscheint eher grau als blau. Das Feld eines rücksichtslosen Menschen ist ebenfalls grob und gräulich, doch hier konzentriert sich die Energie hauptsächlich auf den äußeren Rand der Aura – und so weiter.

Brennan zufolge können Krankheiten tatsächlich durch Tränen, Blockaden und Ungleichgewichte in der Aura verursacht werden, doch indem sie diese Funktionsstörungsbereiche mit ihren Händen und ihrem eigenen Energiefeld behandelt, kann sie den Genesungsprozeß der betroffenen Person erheblich fördern. Ihre Talente sind nicht unbeachtet geblieben. Die Schweizer Psychiaterin und Thanatologin Elisabeth Kübler-Ross sieht in Barbara Brennan »wahrscheinlich eine der besten Geistheilerinnen der westlichen Hemisphäre«.[6] Bernie Siegel äußert sich ähnlich positiv: »Barbara Brennans Arbeit ist eine Offenbarung. Ihre Auffassung der Krankheit und des Heilvorgangs stimmt offenkundig mit meiner eigenen Erfahrung überein.«[7]

Als Physikerin ist Brennan bestrebt, das menschliche Energiefeld naturwissenschaftlich zu beschreiben, und sie hält Pribrams These, daß außerhalb unserer normalen Wahrnehmung ein Frequenzbereich existiert, für das bislang beste wissenschaftliche Modell zum Verständnis des Phänomens. »Aus holographischer Sicht gehen diese Erscheinungen [die Aura und die Heilkräfte, die zum Umgang mit ihren Energien erforderlich sind] aus Frequenzen hervor, die Zeit und Raum transzendieren; sie brauchen nicht übertragen zu werden. Sie sind potentiell simultan und überall anzutreffen«, meint sie.[8]

Daß das menschliche Energiefeld überall existiert und nicht ortsgebunden ist, bis es durch menschliche Wahrnehmung aus dem Frequenzbereich hervorgeholt wird, bezeugt Brennans Entdeckung, daß sie die Aura einer Person, die viele Kilometer entfernt ist, zu erfassen vermag. Die spektakulärste aurale Fernwahrnehmung gelang ihr während eines Telefongesprächs zwischen New York und Italien. Dies und viele andere Aspekte ihrer staunenswerten Fähigkeiten schildert sie in ihrem kürzlich erschienenen faszinierenden Buch *Hands of Light*.

Das Energiefeld der Seele

Eine andere übersinnlich begabte Frau, die eine Aura in allen Einzelheiten erfaßt, ist die in Los Angeles ansässige »Energiefeldberaterin« Carol Dryer. Sie kann laut eigener Aussage Auren wahrnehmen, solange sie denken kann, und es dauerte geraume Zeit, bis ihr klar wurde, daß anderen Menschen diese Fähigkeit abgeht. Ihre diesbezügliche Unwissenheit hat sie als Kind häufig in Schwierigkeiten gebracht, wenn sie ihren Eltern intime Details über ihre Freundinnen erzählte, die sie eigentlich gar nicht wissen konnte.

Dryer lebt von ihren übersinnlichen Fähigkeiten, und in den letzten anderthalb Jahrzehnten hat sie mehr als 5000 Klienten gehabt. In den Medien findet sie große Beachtung, weil zu ihrer Kundschaft viele Berühmtheiten wie etwa Tina Turner, Madonna, Rosanna Arquette, Judy Collins, Valerie Harper und Linda Gray gehören. Doch damit nicht genug. Dryers Klientel umfaßt auch Physiker, bekannte Journalisten, Archäologen, Rechtsanwälte und Politiker, und sie stellt ihr Talent häufig in den Dienst der Polizei und berät Psychologen, Psychiater und Mediziner.

Wie Brennan verfügt Dryer über die Gabe der Fernwahrnehmung, aber am liebsten befindet sie sich mit dem Klienten im selben Raum. Sie kann das Energiefeld eines Menschen ebenso gut mit geschlossenen wie mit offenen Augen erkennen. In der Regel schließt sie jedoch die Augen während einer Sitzung, um sich ganz auf das Energiefeld konzentrieren zu können. Das bedeutet freilich nicht, daß sie die Aura nur vor ihrem geistigen Auge sieht. »Sie steht immer vor mir, als ob ich einen Film oder ein Theaterstück anschauen würde«, erklärt sie. »Sie ist so real wie das Zimmer, in dem ich sitze. Tatsächlich ist sie sogar noch realer und noch farbenprächtiger.«[9]

Sie sieht allerdings den exakten Schichtenaufbau, von dem andere Hellseher sprechen, nicht, und vielfach erkennt sie nicht einmal den Umriß des physischen Körpers. »Der Körper kann ins Bild kommen, jedoch nur selten, weil ich eher den Ätherleib als die Aura oder das

Energiefeld, das ihn umgibt, wahrnehmen würde. Sehe ich den Ätherleib, dann zumeist deshalb, weil er Lücken oder Risse aufweist, die die Vollständigkeit der Aura beeinträchtigen. Ich kann sie also nicht komplett erkennen. Sie besteht nur aus Einzelteilen, wie eine zerfetzte Decke oder ein zerrissener Vorhang. Löcher im Ätherfeld sind in der Regel auf ein Trauma, eine Verletzung, eine Krankheit oder auf irgendeine andere schlimme Erfahrung zurückzuführen.«

Statt die Schichten einer Aura wie einen Schichtkuchen zu sehen, *erlebt* Dryer sie als unterschiedliche Strukturen und Intensitäten der visuellen Wahrnehmung. Es ist, als tauche sie ins Meer ein und spüre Wasser unterschiedlicher Temperaturen an sich vorübergleiten. »Anstatt mich auf starre Konzepte wie etwa den Schichtenaufbau einzulassen, betrachte ich das Energiefeld lieber unter dem Aspekt der Bewegung und der Energiewellen«, sagt sie. »Ich habe das Gefühl, daß mein Blick teleskopartig verschiedene Ebenen und Dimensionen des Energiefeldes durchdringt, aber ich sehe es eigentlich nicht säuberlich in Schichten angeordnet.«

Das heißt nicht, daß Dryers Wahrnehmung des menschlichen Energiefeldes weniger detailliert wäre als die von Barbara Brennan. Sie erkennt eine erstaunliche Fülle von Mustern und Strukturen: kaleidoskopähnliche Farbwolken, die durchsetzt sind mit Lichtern, komplizierten Bildern, leuchtenden Formen und Nebelschleiern. Doch nicht alle Energiefelder entstehen auf gleiche Weise. Seichte Menschen haben nach Dryer auch seichte und langweilige Auren. Je komplexer die Person, desto komplexer und interessanter auch ihr Energiefeld. »Das Energiefeld eines Menschen ist so individuell wie sein Fingerabdruck. Ich habe noch niemals zwei gesehen, die gleich ausgesehen hätten«, sagt sie.

Wie Brennan kann Dryer Krankheiten diagnostizieren, indem sie sich die Aura einer Person anschaut, und wenn sie will, vermag sie ihren Blick so einzustellen, daß sie die Chakras sieht. Dryers spezielle Begabung ist indes die Fähigkeit, tief in die Seele eines Menschen hineinzublicken und ihm eine unheimlich präzise Bestandsaufnahme der Schwächen, Stärken, Bedürfnisse und des Allgemeinzustands seiner emotionalen, psychischen und spirituellen Befindlichkeit zu liefern. So eindrucksvoll sind ihre Talente auf diesem Gebiet, daß manche Leute eine Sitzung bei Carol Dryer mit einer halbjährigen Psychotherapie verglichen haben. Zahllose Klienten verdanken es ihr, daß sich ihr Leben völlig verändert hat, und sie wird mit begeisterten Dankschreiben geradezu überschüttet.

Ich kann Carol Dryers Fähigkeiten ebenfalls bestätigen. Obwohl wir uns kaum kannten, erzählte sie mir in der ersten Sitzung Dinge über mich, von denen selbst meine besten Freunde nichts wußten. Es waren keine vagen Allgemeinplätze, sondern spezifische und eingehende Bewertungen meiner Begabung, Verletzlichkeit und Persönlichkeitsdynamik. Am Ende der zweistündigen Sitzung war ich davon überzeugt, daß sie nicht nur mein physisches Erscheinungsbild, sondern auch das Energiekonstrukt meiner Psyche ausgelotet hatte. Darüber hinaus hatte ich das Privileg, die Sitzungsprotokolle von mehr als zwei Dutzend Dryer-Klienten abhören und mit den Leuten sprechen zu können, und dabei habe ich festgestellt, daß alle, fast ohne Ausnahme, sie als ebenso zuverlässig und scharfsichtig einschätzten wie ich.

Das menschliche Energiefeld aus medizinischer Sicht

Die Existenz des menschlichen Energiefeldes wird zwar von der orthodoxen medizinischen Fachwelt nicht anerkannt, aber in der medizinischen Praxis wird es keineswegs vollständig ignoriert. So befaßt sich die Neurologin und Psychiaterin Shafica Karagulla ganz ernsthaft damit. Sie erwarb ihren medizinischen und chirurgischen Doktorgrad an der Amerikanischen Universität in Beirut im Libanon und erhielt ihre psychiatrische Ausbildung bei dem bekannten Psychiater Sir David K. Henderson am Royal Edinburgh Hospital for Mental and Nervous Disorders. Außerdem arbeitete sie dreieinhalb Jahre lang als Forschungsassistentin bei Wilder Penfield, dem kanadischen Neurochirurgen, dessen bahnbrechende Studien zum Erinnerungsvermögen sowohl Lashley als auch Pribram zu eigenen Untersuchungen anregten.

Karagulla war zunächst skeptisch, doch nachdem sie mehrere Personen, die Auren sehen konnten, kennengelernt hatte und akzeptieren mußte, daß sie aufgrund des Erschauten exakte medizinische Diagnosen zu stellen vermochten, ließ sie sich bekehren. Karagulla bezeichnet die Fähigkeit, menschliche Energiefelder zu sehen, als »höhere Sinnesperzeption« (HSP), und in den sechziger Jahren versuchte sie Fachkollegen aufzuspüren, die ebenfalls über dieses Talent verfügten. Sie streckte ihre Fühler im Freundes- und Kollegenkreis aus, aber anfangs tat sie sich schwer. Selbst solche Ärzte, die angeblich diese Fähigkeit besaßen, wollten sich nicht mit ihr treffen. Nachdem sie von einem dieser Mediziner wiederholt abgewiesen worden war, suchte sie ihn schließlich als Patientin auf.

Sie begab sich in seine Praxis, doch als er die übliche Untersuchung vornehmen wollte, forderte sie ihn auf, seine HSP einzusetzen. Er war durchschaut und fügte sich in sein Schicksal. »Na schön, bleiben Sie da«, sagte er. »Erzählen Sie mir nichts.« Dann ließ er einen prüfenden Blick über ihren Körper gleiten und gab sofort ein Resümee ihres Gesundheitszustands. Unter anderem beschrieb er eine innere Krankheit, an der sie litt und die letztlich einen chirurgischen Eingriff notwendig machte – eine Krankheit, die sie insgeheim schon selbst bei sich diagnostiziert hatte. Er hatte »in jeder Beziehung recht«, versichert Karagulla.[10]

Sie knüpfte immer mehr Kontakte und lernte einen Arzt nach dem anderen mit ähnlicher Begabung kennen. Ihre Begegnungen hat sie in ihrem Buch *Breakthrough to Creativity* geschildert. Die meisten dieser Mediziner wußten nicht, daß es noch andere Menschen mit solchen Fähigkeiten gab, und hielten sich für einmalige Ausnahmeerscheinungen. Gleichwohl beschrieben sie das, was sie sahen, unterschiedslos als ein »Energiefeld« oder ein »veränderliches Frequenzgewebe«, das den Körper umgibt und durchdringt. Manche erkannten auch Chakras, doch da ihnen der Begriff nicht geläufig war, umschrieben sie sie als »Energiewirbel an bestimmten Punkten längs der Wirbelsäule, die mit dem endokrinen System in Verbindung standen oder es beeinflußten«. Und fast ausnahmslos hielten sie ihre Begabung geheim, weil sie befürchteten, ihre berufliche Reputation könnte sonst Schaden nehmen.

Um den Schutz der Privatsphäre zu wahren, nennt Karagulla in ihrem Buch nur ihre Vornamen, aber sie versichert, daß sich unter ihnen berühmte Chirurgen, Medizinprofessoren der Cornell University, Chefärzte großer Krankenhäuser und Mediziner der Mayo-Klinik befinden. »Es hat mich immer wieder überrascht, wie viele Vertreter der medizinischen Fachwelt über HSP-Fähigkeiten verfügen«, schreibt sie. »Die meisten betrachteten ihre Begabung mit einigem Mißbehagen, aber da sie sich in der Diagnostik als nützlich erwies, bedienten sie sich ihrer. Sie stammten aus den verschiedensten Teilen des Landes, und obwohl sie einander nicht kannten, berichteten sie von ähnlichen Erfahrungen.« Sie beschließt ihren Bericht mit dem Satz: »Wenn viele glaubwürdige Personen unabhängig voneinander über gleichartige Phänomene berichten, dann wird es Zeit, daß die Wissenschaft dies zur Kenntnis nimmt.«[11]

Nicht alle Fachmediziner schrecken indes davor zurück, mit ihrer Spezialbegabung an die Öffentlichkeit zu treten. Eine solche Ausnahme ist Dolores Krieger, Professorin für Pflegeheilkunde an der New York University. Sie begann sich für Energiefelder zu interessieren, nachdem sie an einer Überprüfung der Fähigkeiten des bekannten ungarischen Heilers Oscar Estebany mitgewirkt hatte. Als sie entdeckte, daß Estebany den Hämoglobinspiegel von Patienten durch einfache Manipulationen ihrer Energiefelder zu heben vermochte, bemühte sie sich, mehr über diese mysteriösen Energien zu erfahren. Sie widmete sich dem Studium von Prāna, Chakras und Auren und wurde schließlich eine Schülerin von Dora Kunz, einer weiteren bekannten Hellseherin. Unter deren Anleitung lernte sie, wie man Blockaden im menschlichen Energiefeld erspürt und wie man Menschen heilt, indem man das Feld mit den Händen manipuliert.

Als ihr klar wurde, was für ein gewaltiges medizinisches Potential in den Kunzschen Behandlungsmethoden steckte, beschloß sie, das Erlernte an andere weiterzugeben. Da sie wußte, daß Begriffe wie »Aura« oder »Chakra« für viele Fachleute einen negativen Beiklang hatten, gab sie ihrem Heilverfahren den Namen »therapeutischer Kontakt«. Das erste einschlägige Seminar, das sie abhielt, war ein Fortgeschrittenenkurs für Krankenschwestern und -pfleger an der New Yorker Universität: »Grenzen der Krankenpflege – die Aktivierung des Potentials für die therapeutische Feldinteraktion«. Sowohl der Kurs als auch die Behandlungstechnik kamen so gut an, daß Krieger seither Tausende von Pflegekräften in dieser Methode unterwiesen hat, die mittlerweile in Krankenhäusern überall in der Welt angewandt wird.

Die Wirksamkeit des therapeutischen Kontakts ist durch mehrere Studien nachgewiesen worden. Janet Quinn, Lehrbeauftragte und stellvertretende Direktorin der Pflegeforschungsabteilung an der University of South Carolina in Columbia, ging beispielsweise der Frage nach, ob der therapeutische Kontakt den Angstpegel bei Herzpatienten zu senken vermag. Dazu konzipierte sie eine Doppelblindstudie, in der eine Gruppe von Krankenpflegern, die mit diesem Behandlungsverfahren vertraut waren, ihre Hände über den Körper mehrerer Herzpatienten hinweggleiten ließ. Die Kontrollgruppe, die keine entsprechende Ausbildung besaß, verfuhr genauso mit einer anderen Patientengruppe, ohne jedoch das fragliche Verfahren anzuwenden. Quinn stellte fest, daß der Angstpegel bei den wirklich behandelten Patienten schon nach einer fünfminütigen Therapie um 17 Prozent sank, während bei den Patienten, die eine Scheinbehandlung erhalten hatten, keinerlei Veränderung zu verzeichnen war. Quinns Untersuchungsergebnisse waren die Titelstory im Wissenschaftsteil der *New York Times* vom 26. März 1985.

Ein weiterer Mediziner, der ausgiebig über das menschliche Energiefeld liest, ist der Herz- und Lungenspezialist an der University of Southern California, W. Brugh Joy. Joy, der sowohl an der Johns Hopkins University als auch an der Mayo-Klinik graduiert wurde, entdeckte seine Begabung 1972, als er in seiner Praxis einen Patienten untersuchte. Joy konnte die Aura anfangs nicht sehen, sondern nur mit den Händen ertasten. »Ich untersuchte einen gesunden jungen Mann Anfang Zwanzig«, erzählt er. »Als ich mit der Hand die Umgebung des Solarplexus in der Magengrube abtastete, spürte ich etwas, das sich wie eine warme Wolke anfühlte. Sie schien etwa einen Meter hoch vom Körper abzustrahlen und hatte die Form eines Zylinders mit einem Durchmesser von ungefähr zehn Zentimetern.«[12]

Joy machte danach die Entdeckung, daß alle seine Patienten eine spürbare zylindrische Ausstrahlung besaßen, die nicht nur vom Magen, sondern auch von verschiedenen anderen Körperstellen ausging. Erst nachdem er ein altes hinduistisches Werk über das menschliche Energiesystem gelesen hatte, wurde ihm bewußt, daß er die Chakras entdeckt oder vielmehr wiederentdeckt hatte. Wie Brennan hält auch Joy das holographische Konzept für das beste Erklärungsmodell des menschlichen Energiefeldes. Ebenso glaubt er, daß die Fähigkeit, Auren wahrzunehmen, latent in uns allen angelegt ist. »Meiner Ansicht nach ist der Übergang in einen erweiterten Bewußtseinszustand lediglich die Angleichung unseres Zentralnervensystems an Wahrnehmungszustände, die seit jeher in uns vorhanden sind, aber durch unsere äußere mentale Konditionierung blockiert werden«, erklärt er.[13]

Um seine These zu beweisen, verwendet Joy heute den größten Teil seiner Zeit darauf, anderen Menschen das Erkennen des menschlichen Energiefeldes beizubringen. Zu seinen »Schülern« gehört auch der Bestsellerautor und Filmregisseur Michael Crichton. In seiner kürzlich erschienenen Autobiographie *Travels* beschreibt Crichton, der seinen medizinischen Doktorgrad in Harvard erwarb, wie er lernte, das Energiefeld zu erspüren und schließlich zu sehen, indem er die Technik bei Joy und anderen speziell begabten Lehrern studierte. Diese Erfahrung hat Crichton fasziniert und verwandelt. »Ein Irrtum ist ausgeschlossen. Es steht fest, daß diese Körperenergie tatsächlich existiert«, versichert er.[14]

Holographische Chaosmuster

Die wachsende Bereitschaft von Medizinern, mit solchen besonderen Fähigkeiten an die Öffentlichkeit zu gehen, ist nicht die einzige Veränderung, die sich seit den Forschungsarbeiten von Shafica Karagulla vollzogen hat. In den letzten zwei Jahrzehnten hat Valerie Hunt, eine Physiotherapeutin und Professorin für Bewegungskunde an der UCLA, ein Verfahren entwickelt, das dazu dient, die Existenz des menschlichen Energiefeldes experimentell nachzuweisen. In der medizinischen Wissenschaft ist seit langem bekannt, daß der Mensch ein elektromagnetisches Wesen ist. Die Ärzte benutzen routinemäßig Elektrokardiographen, um Elektrokardiogramme (EKGs) oder Aufzeichnungen der elektrischen Herztätigkeit zu machen, und Elektroenzephalographen für die Herstellung von Elektroenzephalogrammen (EEGs) der elektrischen Hirntätigkeit. Hunt hat nun entdeckt, daß ein Elektromyograph, ein Gerät, das zur Messung der elektrischen Muskeltätigkeit dient, auch die Aktionsströme des menschlichen Energiefeldes erfassen kann.

Obwohl Hunts eigentliches Fachgebiet die Erforschung der Muskelbewegungen des Menschen war, begann sie sich für das Energiefeld zu interessieren, nachdem sie eine Tänzerin kennengelernt hatte, die erklärte, sie bediene sich beim Tanzen ihres Energiefeldes. Daraufhin fertigte Hunt Elektromyogramme (EMGs) der elektrischen Muskelaktivität der Frau während des Tanzens an, und außerdem untersuchte sie die Auswirkungen, die Heiler auf die Aktionsströme in den Muskeln der von ihnen geheilten Menschen ausübten. Ihre Forschungsarbeit umfaßte schließlich auch die Beschäftigung mit Personen, die das menschliche Energiefeld wahrzunehmen vermochten, und hier machte sie eine ihrer wichtigsten Entdeckungen.

Die normale Frequenzspanne der Hirnstromtätigkeit schwankt zwischen 0 und 100 Zyklen pro Sekunde (cps), wobei sich die meisten Aktivitäten zwischen 0 und 30 cps bewegen. Die Muskelfrequenz geht bis auf etwa 225 cps hinauf, und das Herz erreicht sogar rund 250 cps, doch dann fällt die mit der biologischen Funktion gekoppelte elektrische Aktivität ab. Daneben entdeckte Hunt, daß die Elektroden des Elektromyographen noch ein weiteres Energiefeld erfaßten, das der Körper abstrahlt; es war zwar viel unauffälliger und hatte kleinere Amplituden als die üblicherweise registrierten Aktionsströme des Körpers, wies aber Frequenzen auf, die im Schnitt zwischen 100 und 1600 cps lagen und zuweilen noch höhere Werte erreichten. Außerdem ging das Feld nicht vom Gehirn, vom Herzen oder von der Muskulatur aus, sondern es war am stärksten in denjenigen Körperregionen ausgebildet, die mit den Chakras in Verbindung gebracht werden. »Die Resultate waren so aufregend, daß ich in jener Nacht nicht einschlafen konnte«, berichtet Hunt. »Das wissenschaftliche Modell, dem ich mein ganzes Leben lang angehangen hatte, konnte diese Befunde einfach nicht erklären.«[15]

Hunt fand überdies heraus, daß immer dann, wenn ein Aurawahrnehmer im Energiefeld einer Person eine bestimmte Farbe sah, der Elektromyograph ein spezifisches Frequenzmuster anzeigte, das die Forscherin mit ebendieser Farbe zu assoziieren lernte. Sie konnte das jeweilige Muster mit einem Oszilloskop erkennen, einem Apparat, der elektrische Wellen auf einem monochromen Videoschirm in ein sichtbares Muster umsetzt. Wenn zum Beispiel ein Aurawahrnehmer in einem Energiefeld die Farbe Blau sah, konnte Hunt dies bestätigen, indem sie einen Blick auf die Oszilloskopaufzeichnung warf. In einem Experiment testete sie sogar acht Aurawahrnehmer gleichzeitig, um zu ermitteln, ob ihre Beobachtungen mit dem Oszilloskop und miteinander übereinstimmten. »Es ergaben sich keinerlei Abweichungen«, sagt Hunt.[16]

Sobald sie die Existenz des menschlichen Energiefeldes nachgewiesen hatte, gewann auch sie die Überzeugung, daß das holographische Konzept ein Modell für die Deutung des Phänomens liefert. Ihrer Meinung nach sind Energiefelder – und im Grunde alle elektrischen Systeme des Körpers – nicht nur in bezug auf ihre Frequenzen, sondern auch in anderer Hinsicht holographisch. Wie die Informationen in einem Hologramm verteilen sich diese Systeme über den ganzen Körper. Die von einem Elektroenzephalographen gemessene elektrische Aktivität ist am stärksten im Gehirn, aber ein EEG entsteht auch dann, wenn man eine Elektrode an der großen Zehe befestigt. Genauso kann man ein EKG vom kleinen Finger machen. Es registriert zwar im Herzen kräftigere Ausschläge und höhere Amplituden, aber Frequenz und Musterbildung sind im ganzen Körper gleich. Für Hunt ist das ein wichtiger Gesichtspunkt. Obgleich jedes Teilstück dessen, was sie die »holographische Feldrealität« der Aura nennt, Aspekte des gesamten Energiefeldes enthält, sind die verschiedenen Teile nicht absolut identisch. Diese abweichenden Amplituden verhindern, daß das Energiefeld zu einem statischen Hologramm wird; sie erlauben vielmehr, daß es dynamisch und fließend bleibt, meint Hunt.

Eine der verblüffendsten Entdeckungen, die Hunt gemacht hat, ist die, daß bestimmte Talente und Fähigkeiten offenbar mit speziellen Frequenzen im Energiefeld eines Menschen in Beziehung stehen. Sie fand heraus, daß die Frequenzen des Energiefeldes einer Person, deren Bewußtsein vorwiegend auf materielle Dinge ausgerichtet ist, im allgemeinen im unteren Bereich liegen, nicht allzu weit entfernt von den 250 cps der biologischen Frequenzen des Körpers. Menschen, die übersinnliche Fähigkeiten oder eine Heilbegabung besitzen, haben daneben in ihrem Feld auch noch Frequenzen zwischen etwa 400 und 800 cps. Personen, die leicht in Trance verfallen und dabei augenscheinlich andere Informationsquellen kanalisieren, überspringen diese »übersinnlichen« Frequenzen und operieren in einem schmalen Bereich zwischen 800 und 900 cps. »Sie haben überhaupt keine übersinnliche Bandbreite«, konstatiert Hunt. »Sie stecken dort oben in ihrem eigenen Feld. Es ist eng und begrenzt.«[17]

Menschen mit Frequenzen über 900 cps bezeichnet Hunt als mystische Persönlichkeiten. Während übersinnlich Begabte und Trancemedien vielfach bloß Informationsvermittler sind, so Hunt, besitzen Mystiker so viel Weisheit, daß sie wissen, was sie mit den Informationen anfangen sollen. Sie sind sich der kosmischen Wechselbeziehungen aller Dinge bewußt und stehen in Verbindung mit sämtlichen Ebenen menschlicher Erfahrung. Sie sind verankert in der gewöhnlichen Wirklichkeit, haben aber häufig sowohl übersinnliche als auch mediale Fähigkeiten. Doch ihre Frequenzen überschreiten zugleich erheblich die Bandbreiten, die diesen Fähigkeiten zugeordnet sind. Mit Hilfe eines modifizierten Elektromyogramms (ein Elektromyogramm kann normalerweise nur Frequenzen bis 20 000 cps registrieren) hat Hunt Personen ermittelt, die in ihrem Energiefeld Frequenzen bis zu 200 000 cps aufwiesen. Das ist ein faszinierender Befund, denn in der mystischen Überlieferung ist oft davon die Rede, daß spirituell hochbegabte Menschen

»höhere Vibrationen« besitzen als normale Sterbliche. Sollten Hunts Resultate zutreffen, wäre dies eine zusätzliche Bestätigung dieser Vermutung.

Eine weitere Entdeckung Valerie Hunts betrifft das neue Gebiet der Chaosforschung. Wie schon der Name sagt, geht es dabei um die Erforschung von chaotischen Phänomenen, das heißt um Prozesse, die so zufällig ablaufen, daß sie keinerlei Gesetzen zu unterliegen scheinen. Wenn beispielsweise Rauch von einer erloschenen Kerze aufsteigt, fließt er in einem feinen und schmalen Strom nach oben. Schließlich bricht die Struktur des Stroms zusammen und verwirbelt. Verwirbelter Rauch erscheint chaotisch, weil sein Verhalten mit wissenschaftlichen Mitteln nicht mehr vorausgesagt werden kann. Andere Beispiele chaotischer Phänomene sind etwa das Wasser, das auf den Boden eines Wasserfalls auftrifft, die scheinbar beliebigen elektrischen Ströme, die während eines Anfalls das Gehirn eines Epileptikers durchrasen, oder das Wetter, wenn mehrere verschiedene Temperatur- und Luftdruckzonen miteinander kollidieren.

Im letzten Jahrzehnt hat die Wissenschaft erkannt, daß viele chaotische Phänomene nicht so ungeordnet sind, wie sie scheinen, und häufig verborgene Muster und Gesetzmäßigkeiten aufweisen (erinnern wir uns an Bohms Aussage, daß es so etwas wie Unordnung nicht gibt, nur Ordnungen unendlich hohen Grades). Die Wissenschaftler haben zudem mathematische Verfahren entwickelt, mit denen sich einige der in den chaotischen Prozessen verborgenen Regelmäßigkeiten aufspüren lassen. Eines davon ist eine spezielle mathematische Analyse, die Daten einer chaotischen Erscheinung auf dem Computerbildschirm in eine bestimmte Form umsetzen kann. Wenn die Daten keine versteckten Muster enthalten, ergibt die daraus resultierende Form eine Gerade. Wenn jedoch verborgene Regelmäßigkeiten vorhanden sind, gleicht die Form auf dem Monitor in etwa dem Spiralmuster, das entsteht, wenn Kinder bunte Fäden um eine Gruppe von Nägeln winden, die sie in ein Brett geschlagen haben. Diese Formen werden als »Chaosmuster« oder »fremdartige Attraktoren« bezeichnet (weil die Linien, die die Form bilden, offenbar immer wieder von bestimmten Punkten auf dem Bildschirm »angezogen« werden).

Als Hunt Energiefelddaten mit dem Oszilloskop betrachtete, fielen ihr ständige Veränderungen auf. Manchmal zeigten sich große Klumpen, manchmal verblaßte das Bild und wurde fleckig, als befände sich das Energiefeld selbst in einem unaufhörlichen Fluktuationszustand. Auf den ersten Blick wirkten diese Veränderungen zufällig, doch Hunt spürte intuitiv, daß ihnen eine gewisse Ordnung innewohnte. In der Annahme, daß die Chaosanalyse ihr möglicherweise verraten konnte, ob sie mit ihrer Vermutung richtig lag, wandte sie sich an einen Mathematiker. Als erstes schickten sie vier Sekunden lang EKG-Daten durch den Computer, um zu sehen, was passieren würde. Sie erhielten eine gerade Linie. Dann gaben sie die gleiche Datenmenge eines EEGs und eines EMGs ein. Das EEG zeigte eine gerade und das EMG eine leicht angeschwollene Linie, aber immer noch kein Chaosmuster. Selbst als sie es mit Daten aus den niedrigen Frequenzen des menschlichen Energiefeldes probierten, erhielten sie eine Gerade. Als sie jedoch die sehr hohen Frequenzen des Feldes analysierten, hatten sie Erfolg. »Wir bekamen das dynamischste Chaosmuster, das man sich vorstellen kann«, berichtet Hunt.[18]

Das bedeutet, daß die kaleidoskopartigen Veränderungen, die im Energiefeld vorgehen, zwar zufällig erscheinen, aber in Wirklichkeit eine sehr hohe Ordnung und eine große Mustervielfalt aufweisen. »Das Muster wiederholt sich niemals und ist so dynamisch und komplex, daß ich es als holographisches Chaosmuster bezeichne«, stellt Hunt fest.[19]

Sie sieht in ihrer Entdeckung das erste echte Chaosmuster, das in einem größeren elektrobiologischen System nachgewiesen worden ist. Neuerdings haben Forscher Chaosmuster auch in EEG-Aufzeichnungen des Gehirns gefunden, aber um ein solches Muster zu erzielen, mußten sie viele Minuten lang Daten aus zahlreichen Elektroden eingeben. Hunt brauchte für ihr Chaosmuster nur eine drei bis vier Sekunden während Dateneingabe aus einer einzigen Elektrode, was den Schluß zuläßt, daß das menschliche Energiefeld eine viel größere Informationsmenge enthält und weit komplexer und dynamischer organisiert ist als selbst die elektrische Aktivität des Gehirns.

Woraus besteht das menschliche Energiefeld?

Trotz der elektrischen Komponente des menschlichen Energiefeldes geht Hunt davon aus, daß es seinem Wesen nach nicht ausschließlich elektromagnetisch ist. »Wir haben den Eindruck, daß es sehr viel komplexer ist und zweifellos aus einer noch unentdeckten Energie besteht«, meint sie.[20]

Was für eine Energie könnte das sein? Bis heute wissen wir es noch nicht. Der brauchbarste Anhaltspunkt ergibt sich aus der Tatsache, daß nahezu alle übersinnlich begabten Menschen ihr eine höhere Frequenz oder Vibration zuschreiben als der gewöhnlichen Materieenergie. Angesichts der unheimlichen Präzision, mit der übersinnlich Talentierte Krankheiten durch die Beobachtung des Energiefeldes erkennen, sollten wir vielleicht diesem Faktum besondere Aufmerksamkeit schenken. Die Universalität dieser Erfahrung – sogar in der alten Hindu-Literatur wird versichert, daß der Energieleib eine höhere Vibration als die normale Materie besitzt – könnte ein Indiz dafür sein, daß solche Personen intuitiv einen wesentlichen Aspekt des Energiefeldes erfassen.

Im alten hinduistischen Schrifttum wird die Materie zudem als eine Zusammensetzung von *allem* oder von »Atomen« beschrieben, und es heißt dort, daß die subtile Schwingungsenergie des menschlichen Energiefeldes *paramanu,* also »jenseits des Atoms«, existiert. Das ist aufschlußreich, denn auch Bohm glaubt, daß es auf der Subquantumebene *jenseits des Atoms* viele feine Energien gibt, die der Wissenschaft noch unbekannt sind. Er gesteht, nicht zu wissen, ob das menschliche Energiefeld existiert oder nicht existiert, aber indem er die Möglichkeit unterstellt, behauptet er: »Die implizite Ordnung umfaßt viele Subtilitätsebenen. Falls wir zu ihnen vordringen könnten, würden wir mehr sehen, als wir gemeinhin sehen.«[21]

Es sei hier angemerkt, daß wir im Grunde nicht wissen, was ein Feld überhaupt ist. Wie Bohm sagte: »Was ist ein elektrisches Feld? Wir wissen es nicht.«[22] Wenn wir einen neuen Feldtyp entdecken, erscheint er uns zunächst mysteriös. Dann geben wir ihm einen Namen, gehen mit ihm um und beschreiben seine Eigenschaften, und er kommt uns nicht mehr geheimnisvoll vor. Doch gleichwohl können wir noch immer nicht sagen, was ein elektrisches oder Gravitationsfeld eigentlich ist. Wie wir in einem früheren Kapitel gesehen haben, wissen wir ja nicht einmal, was Elektronen sind. Wir können nur beschreiben, wie sie sich verhalten. Das legt die Vermutung nahe, daß wohl auch das menschliche Energiefeld letzten Endes durch sein Verhalten zu definieren sein wird. Forschungsarbeiten wie die von Valerie Hunt tragen jedoch in jedem Fall zu einem besseren Verständnis des Phänomens bei.

Dreidimensionale Bilder in der Aura

Wenn diese unvorstellbar feinen Energien der Stoff sind, aus dem das menschliche Energiefeld gemacht ist, können wir sicher sein, daß sie ganz andere Eigenschaften besitzen als die Energieformen, die uns allgemein vertraut sind. Eine solche Eigenschaft ergibt sich aus den »nicht-örtlichen« Merkmalen des Feldes. Ein weiteres, in hohem Maße holographisches Kennzeichen besteht in der Fähigkeit der Aura, sich als ein amorpher Energieschleier zu manifestieren oder gelegentlich in dreidimensionale Bilder überzugehen. Übersinnlich hochbegabte Menschen berichten des öfteren, sie hätten solche »Hologramme« in einer Aura umherschweben sehen. Diese Bilder stellen im allgemeinen Objekte und Ideen dar, die in den Gedanken der betreffenden Person eine wichtige Rolle spielen. In einigen okkulten Traditionen faßt man derartige Bilder als eine Hervorbringung der dritten oder mentalen Auraschicht auf, doch solange wir nicht die Möglichkeit haben, diese Annahme zu bestätigen oder zu widerlegen, müssen wir uns mit den Erfahrungen von Menschen begnügen, die in der Aura Bilder wahrzunehmen vermögen.

Eine solche Begabung ist Beatrice Rich. Wie so oft zeigten sich auch bei ihr die übersinnlichen Kräfte schon sehr früh. Sie war noch ein Kind, als sich in ihrer Gegenwart gelegentlich Gegenstände von selbst in Bewegung setzten. Etwas später stellte sie fest, daß sie von anderen Menschen Dinge wußte, die sie auf normale Weise nicht hätte erfahren können. Sie begann ihre berufliche Laufbahn als Künstlerin, doch ihre hellseherischen Fähigkeiten erwiesen sich als so übermächtig, daß sie daraus ihren Lebensberuf machte. Heute berät sie Menschen aus allen Schichten, von der Hausfrau bis zum Spitzenmanager, und Artikel über sie sind in so unterschiedlichen Publikationen wie der Zeitschrift *New York*, in *World Tennis* und *New York Woman* erschienen.

Rich sieht häufig Bilder, die ihre Klienten umschweben. Einmal erblickte sie silberne Löffel und Teller und ähnliche Gegenstände, die um den Kopf eines Mannes kreisten. Weil dies in der Anfangszeit ihrer übersinnlichen Explorationen geschah, war sie betroffen. Zunächst wußte sie nicht, warum sie sah, was sie sah. Schließlich erklärte sie dies dem Mann und erfuhr von ihm, daß er im Import- und Exporthandel tätig war und mit genau den gleichen Gegenständen zu tun hatte, die sie gesehen hatte. Das Erlebnis war für sie ein Wendepunkt, der ihr Wahrnehmungsvermögen veränderte.

Carol Dryer hat viele ähnliche Erfahrungen gemacht. Während einer Sitzung sah sie einmal einen Haufen Kartoffeln, der um den Kopf einer Frau herumwirbelte. Wie Rich war sie zuerst irritiert, aber dann nahm sie ihren Mut zusammen und fragte die Frau, ob Kartoffeln für sie eine besondere Bedeutung hätten. Die Klientin lachte und überreichte Dryer ihre Geschäftskarte. »Sie war Mitglied der Kartoffelkommission von Idaho oder etwas in der Art«, erzählt Dryer. »Wissen Sie, das ist das Pendant der Kartoffelanbauer zur amerikanischen Molkereigenossenschaft.«[23]

Solche Bilder schweben nicht immer in der Aura umher, sondern scheinen zuweilen gespenstische Auswüchse des Körpers selbst zu sein. Bei einer Gelegenheit erblickte Dryer eine zarte, hologrammähnliche Schlammschicht, die den Händen und Armen einer Frau anhaftete. Angesichts der untadeligen Gepflegtheit und teuren Aufmachung der Dame konnte Dryer sich nicht vorstellen, daß sich deren Gedanken ausgerechnet mit schmierigem Schmutz beschäftigen sollten. Dryer fragte sie, ob ihr das Bild etwas sage. Die Frau nickte und erklärte, sie sei

Bildhauerin und habe am Vormittag ein neues Material ausprobiert, das genauso, wie von Dryer beschrieben, an ihren Armen und Händen klebengeblieben sei.

Ich selbst habe ähnliches erlebt, wenn ich mein Energiefeld betrachtete. Als ich einmal tief in Gedanken versunken war, während ich an einem Roman über Werwölfe arbeitete (wie einige Leser vielleicht wissen, schreibe ich gern über folkloristische Themen), merkte ich, daß sich rings um meinen Körper das geisterhafte Abbild eines Werwolfs gebildet hatte. Ich möchte jedoch sogleich betonen, daß dies ein rein visuelles Phänomen war und daß ich niemals das Gefühl hatte, ich könnte mich in einen Werwolf verwandeln. Immerhin war das hologrammähnliche Bild, das mich umgab, so real, daß ich die einzelnen Haare im Fell und die Raubtierkrallen erkennen konnte, die aus der Wolfstatze, die meine eigene Hand umschloß, hervorragten. Ja, alles an diesen Merkmalen war absolut real, nur daß sie durchsichtig waren und meine eigene Hand aus Fleisch und Blut darunter sichtbar blieb. Das Erlebnis hätte mir eigentlich einen Schrecken einjagen müssen, aber aus unerfindlichen Gründen blieb der Schock aus, und ich empfand mich lediglich als faszinierten Zuschauer.

Bezeichnend war allerdings, daß Carol Dryer zu der Zeit Gast in meinem Hause war und zufällig ins Zimmer trat, als ich noch im Phantomkörper eines Werwolfs steckte. Sie reagierte sofort und sagte: »O Gott, Sie denken sicherlich gerade über Ihren Werwolfroman nach. Sie sind ja ein Werwolf geworden!« Wir verglichen unsere Eindrücke und stellten fest, daß wir die gleichen Merkmale gesehen hatten. Während wir uns in ein Gespräch vertieften und meine Gedanken von meinem Roman abschweiften, löste sich das Werwolfbild allmählich in Wohlgefallen auf.

Filmszenen in der Aura

Die Bilder, die übersinnlich Begabte im Energiefeld wahrnehmen, sind nicht immer statisch. Rich sieht laut eigener Aussage des öfteren so etwas wie eine kleine transparente Filmszene, die um den Kopf eines Klienten abläuft: »Manchmal erblicke ich hinter dem Kopf oder der Schulter ein verkleinertes Abbild der Person bei alltäglichen Verrichtungen. Ich kann ihr Büro und ihren Chef erkennen. Ich sehe, was sie im letzten halben Jahr gedacht und erlebt hat. Kürzlich sagte ich zu einer Klientin, ich könne ihre Wohnung sehen, und auch die Masken und Flöten, die an der Wand hingen. Sie entgegnete: ›Nein, nein, nein.‹ Ich versicherte ihr, es hingen Musikinstrumente, vor allem Flöten, sowie Masken an der Wand. Darauf meinte sie: ›Oh, das ist mein Sommerhaus.‹«[24]

Dryer berichtet, sie sehe auch so etwas Ähnliches wie dreidimensionale Filmszenen im Energiefeld eines Menschen. »Gewöhnlich sind sie in Farbe, doch sie können auch braun sein oder wie eine Ferrotypie aussehen. Oft erzählen sie eine Geschichte über den Betreffenden, die zwischen fünf Minuten und einer Stunde dauert. Die Bilder sind unglaublich reich an Details. Wenn ich einen Menschen in einem Zimmer sitzen sehe, kann ich sagen, wie viele Pflanzen im Raum sind, wie viele Blätter eine jede Pflanze hat und aus wie vielen Steinen die Wand besteht. Meist lasse ich mich allerdings nicht auf so ausführliche Beschreibungen ein, sofern ich sie nicht für wesentlich halte.«[25]

Ich kann Dryers Genauigkeit bezeugen. Ich bin schon immer ein ordentlicher Mensch gewesen, eine Eigenschaft, die sich ziemlich früh bei mir ausbildete. Im Alter von sechs Jahren habe ich einmal mehrere Stunden damit zugebracht, alle meine Spielsachen fein säuberlich in einem Schrank zu verstauen. Als ich damit fertig war, zeigte ich meiner Mutter, was ich geleistet hatte, und ermahnte sie, doch bitte nichts im Schrank anzufassen, weil ich nicht wollte, daß sie mein sorgfältig geordnetes Arrangement durcheinanderbrachte. Mit der Schilderung dieser Episode hat meine Mutter immer wieder die ganze Familie amüsiert. Während meiner ersten Sitzung bei Carol Dryer beschrieb sie die Geschichte in allen Einzelheiten und obendrein noch viele andere Szenen aus meinem Leben, die sich wie ein Film in meinem Energiefeld entfalteten. Auch Dryer mußte kichern, als sie sie mir schilderte.

Sie vergleicht die Bilder, die sie sieht, mit Hologrammen, und wenn sie sich eines vornimmt und es betrachtet, so scheint es sich auszudehnen und den ganzen Raum auszufüllen. »Wenn ich erkenne, daß mit der Schulter eines Klienten etwas passiert, daß sie zum Beispiel verletzt ist, dann weitet sich die gesamte Szene plötzlich aus. Dabei gewinne ich den Eindruck, daß es sich um ein Hologramm handelt, weil ich manchmal das Gefühl habe, ich könnte mich direkt hineinversetzen und ein Teil von ihm werden. Es geschieht nicht mir, sondern um mich herum. Es ist beinahe so, als wäre ich zusammen mit der Person in einem dreidimensionalen Film, einem holographischen Film.«[26]

Dryers holographische Visionen beschränken sich nicht auf Ereignisse aus dem Leben eines Menschen. Sie nimmt auch visuell die Aktivitäten des Unterbewußtseins wahr. Wie wir alle wissen, äußert sich das Unterbewußtsein in einer Symbol- und Metaphernsprache. Deshalb erscheinen uns Träume oft so unsinnig und mysteriös. Sobald man jedoch gelernt hat, die Sprache des Unbewußten zu deuten, wird der Sinn der Träume klar. Träume sind indes nicht die einzigen Vorgänge, die sich der Sprache des Unbewußten bedienen. Menschen, die mit der Sprache der Seele vertraut sind – der Psychologe Erich Fromm nennt sie die »vergessene Sprache«, weil die meisten von uns vergessen haben, wie man sie interpretiert -, entdecken sie auch in anderen Schöpfungen des Menschen, in Mythen, Märchen und religiösen Visionen.

Manche holographischen Filmszenen, die Dryer im menschlichen Energiefeld beobachtet, sind ebenfalls in dieser Sprache abgefaßt und ähneln den metaphorischen Traumbotschaften. Wir wissen heute, daß das Unterbewußtsein nicht nur dann aktiv ist, wenn wir träumen, sondern ständig. Dryer ist fähig, das »wache Ich« eines Menschen aufzudröseln und unmittelbar den endlosen Bilderstrom zu schauen, der unaufhörlich das Unterbewußtsein durchfließt. Und dank ihrer Praxis und ihrer intuitiven Naturbegabung besitzt sie ein außergewöhnliches Geschick bei der Entzifferung der Sprache des Unterbewußtseins. »Die Jung-Anhänger unter den Psychologen lieben mich«, meint sie.

Darüber hinaus verfügt Dryer über eine spezielle Methode, mit deren Hilfe sie feststellen kann, ob sie ein Bild richtig gedeutet hat. »Wenn ich es nicht richtig erklärt habe, verschwindet es nicht«, sagt sie. »Es bleibt einfach im Energiefeld erhalten. Doch sobald ich dem Klienten alles gesagt habe, was er über ein bestimmtes Bild wissen muß, beginnt es sich aufzulösen und verschwindet.«[27] Nach Dryer ist das so, weil das Unterbewußtsein des Klienten selbst darüber entscheidet, welche Bilder es ihr vorführt. Wie Ullman glaubt sie, daß die Psyche stets versucht, dem bewußten Ich Kenntnisse zu vermitteln, die es benötigt, um gesünder und glücklicher zu werden und sich spirituell weiterzuentwickeln.

Dryers Fähigkeit, die innersten Vorgänge in der Seele eines Menschen zu erkennen und zu interpretieren, ist einer der Gründe dafür, daß sie bei vielen Klienten eine so tiefgreifende Wandlung bewirken kann. Als sie zum erstenmal die Bilderflut beschrieb, die sie in meinem eigenen Energiefeld erblickte, hatte ich das merkwürdige Gefühl, daß sie mir von einem meiner Träume erzählte, doch es war ein Traum, den ich noch gar nicht geträumt hatte. Zuerst kamen mir die phantasmagorischen Bilder nur seltsam vertraut vor, aber als sie jedes Symbol und Gleichnis enträtselte und erläuterte, durchschaute ich, was sich in meinem Innersten abspielte - sowohl die Dinge, die mir gefielen, als auch das, was mir weniger behagte. Auf jeden Fall machen die Erfahrungen von übersinnlich hochbegabten Menschen wie Rich und Dryer deutlich, daß das Energiefeld eine gewaltige Informationsmenge in sich birgt. Man fragt sich, ob nicht das die Erklärung dafür ist, daß Valerie Hunt ein so ausgeprägtes Chaosmuster erhielt, als sie die Daten der Aura analysierte.

Die Fähigkeit, Bilder im menschlichen Energiefeld wahrzunehmen, ist nicht neu. Schon vor etwa 250 Jahren berichtete der große schwedische Mystiker und Naturforscher Emanuel von Swedenborg, er könne eine die Menschen umgebende »Wellensubstanz« erkennen; in dieser Substanz wurden die Gedanken einer Person als Bilder sichtbar, die er »Porträts« nannte. Zu der Frage, warum nicht auch andere Leute die

Wellensubstanz sehen könnten, bemerkte er: »Ich vermochte solide Abbilder von Gedanken zu sehen, so als ob sie von einer Art Welle umgeben wären. Doch nichts erreicht die [normale] menschliche Sinneswahrnehmung, sofern es nicht in der Mitte und solide ist.«[28] Swedenborg konnte auch in seinem eigenen Energiefeld »Porträts« erkennen: »Wenn ich über jemanden, den ich kannte, nachdachte, dann erschien sein Bild so, wie er aussah, sobald sein Name in Gegenwart von Menschen genannt wurde; doch ringsum – wie etwas, das in Wellen schwebt – war alles vorhanden, was ich seit der Knabenzeit von ihm gewußt und gedacht hatte.«[29]

Holographische Körperwahrnehmung

Nicht nur Frequenzen sind holographisch über das ganze Feld verteilt. Menschen mit übersinnlicher Begabung berichten, daß die Fülle der persönlichen Informationen, die im Feld enthalten ist, auch in jedem Teil der Körperaura zu finden ist. Dazu Brennan: »Die Aura repräsentiert nicht nur, sondern enthält auch das Ganze.«[30] Der klinische Psychologe Ronald Wong Jue aus Kalifornien ist der gleichen Ansicht. Jue, ehemaliger Präsident der Association for Transpersonal Psychology und ein begabter Hellseher, hat herausgefunden, daß die Lebensgeschichte eines Menschen sogar in den »Energiemustern« enthalten ist, die *im* Körper vorhanden sind. »Der Körper ist eine Art Mikrokosmos, ein in sich geschlossenes Universum, in dem sich alle unterschiedlichen Komponenten widerspiegeln, die eine Person verarbeitet und zu integrieren versucht«, erklärt Jue.

Wie Dryer und Rich verfügt Jue über die Gabe, sich in Filmszenen von wichtigen Vorkommnissen im Leben eines Menschen einzuklinken, doch er sieht sie nicht im Energiefeld, sondern beschwört sie vor seinem geistigen Auge herauf, indem er der Person die Hände auflegt und ihren Leib regelrecht psychometrisiert. Jue versichert, mit dieser Technik könne er sehr schnell die emotionalen »Drehbücher«, die Hauptprobleme und die Beziehungsmuster erfassen, die für den Betreffenden besonders wichtig seien, und er wendet sie bei seinen Patienten häufig an, um den therapeutischen Prozeß zu erleichtern. »Die Technik hat mir eigentlich ein Psychiaterkollege namens Ernest Pecci beigebracht«, berichtet Jue. »Er bezeichnete sie als ›Körpersehen‹. Doch statt vom Ätherleib und ähnlichen Dingen zu reden, benutze ich lieber das holographische Modell als Erklärungsversuch und spreche von der ›holographischen Körperwahrnehmung‹.«[31] Jue bedient sich dieses Verfahrens nicht nur in seiner klinischen Praxis, sondern veranstaltet auch Seminare, in denen er andere mit seiner Methode vertraut macht.

Röntgenblick

Im letzten Kapitel haben wir die Möglichkeit untersucht, daß der Körper kein festes Konstrukt, sondern selbst so etwas wie ein holographisches Bild ist. Eine bestimmte Fähigkeit, über die viele Hellseher verfügen, scheint diese Annahme zu bestätigen, diejenige nämlich, buchstäblich in den Körper eines Menschen hineinzublicken. Wer die Gabe besitzt, das Energiefeld wahrzunehmen, kann oft auch durch das Fleisch und die Knochen im Körper hindurchsehen, als wären sie nichts weiter als farbige Nebelschwaden.

Im Laufe ihrer Nachforschungen konnte Karagulla eine Reihe von Medizinern und Laien ausfindig machen, die diesen Röntgenblick besaßen. Zu ihnen gehörte auch eine Frau mit dem Vornamen Diane, die an der Spitze eines Unternehmens stand. Über ihre erste Begegnung mit Diane schrieb Karagulla: »Für mich als Psychiaterin bedeutete das Zusammentreffen mit einer Person, die angeblich imstande war, mich völlig zu ›durchschauen‹, eine totale Umkehrung meiner üblichen Vorgehensweise.«[32]

Karagulla unterzog Diane einer Reihe von Tests, indem sie sie mit allen möglichen Leuten bekannt machte und ad hoc Diagnosen stellen ließ. In einem Fall beschrieb Diane das Energiefeld einer Frau als »verdorrt« und »zerstückelt« und erklärte, dies deute auf eine schwere körperliche Krankheit hin. Dann schaute sie in den Körper der Frau und erkannte einen Darmverschluß in der Nähe der Milz. Karagulla war überrascht, denn die Frau zeigte keines jener Symptome, die normalerweise mit einem so ernsten Zustand einhergehen. Gleichwohl suchte die Frau ihren Arzt auf, und die Röntgenaufnahme ergab, daß sich genau in der von Diane angegebenen Körperregion ein Verschluß befand. Drei Tage danach wurde die Frau operiert.

In einer anderen Testreihe ließ Karagulla Diane zufällig ausgewählte Patienten in der Tagesklinik eines großen New Yorker Krankenhauses diagnostizieren. Nach der Diagnose überprüfte Karagulla die Zuverlässigkeit der Beobachtungen anhand des jeweiligen Krankenblatts. Einmal sah sich Diane eine Patientin an, die beiden unbekannt war, und erklärte Karagulla, die Frau besitze keine Hypophyse (Hirnanhangdrüse), ihre Bauchspeicheldrüse funktioniere offensichtlich nicht einwandfrei, ihre Brüste seien von einer Krankheit befallen gewesen und inzwischen nicht mehr vorhanden, ihre Wirbelsäule lasse von der Hüfte abwärts nicht mehr genügend Energie durch und sie habe Beschwerden in den Beinen. Aus den medizinischen Unterlagen der Frau ging hervor, daß ihre Hypophyse chirurgisch entfernt worden war, daß sie Hormone nahm, die ihre Bauchspeicheldrüse beeinträchtigten, daß ihr wegen eines Krebsleidens beide Brüste amputiert worden waren, daß sie eine

Rückenoperation zur Entlastung der Wirbelsäule und zur Linderung ihrer Beinschmerzen hinter sich hatte und daß dabei ihre Nerven geschädigt worden waren, so daß sie Schwierigkeiten beim Wasserlassen hatte.

In einem Fall nach dem andern zeigte sich, daß Diane mühelos in alle Winkel des menschlichen Körpers hineinschauen konnte. Sie gab exakte Zustandsbeschreibungen der inneren Organe. Sie erkannte, in welcher Verfassung die Därme waren, ob die verschiedenen Drüsen vorhanden waren oder fehlten und sogar die Festigkeit oder Brüchigkeit der Knochen. Karagullas Fazit lautet: »Ich konnte zwar ihre Befunde hinsichtlich des Energieleibs nicht nachprüfen, aber ihre Aussagen über den jeweiligen körperlichen Zustand stimmten verblüffend genau mit den medizinischen Diagnosen überein.«[33]

Auch Brennan hat Übung in der Kunst, in den menschlichen Körper hineinzusehen, und bezeichnet diese Fähigkeit als »innere Vision«. Mit Hilfe der inneren Vision hat sie eine Vielzahl von Krankheiten diagnostiziert, unter anderem Frakturen, Fasergeschwülste (Fibrome) und Krebs. Sie behauptet, daß sie den Zustand eines Organs oft schon an der Farbe erkennen kann: Eine gesunde Leber beispielsweise erscheint dunkelrot, eine Gelbsuchtleber kränklich gelbbraun und die Leber eines Menschen, der sich einer Chemotherapie unterzieht, meist grünbraun. Wie viele Hellseher mit der gleichen Begabung kann Brennan die »Brennweite« ihrer Vision scharf einstellen und sogar mikroskopisch kleine Strukturen ausmachen, etwa Viren und einzelne Blutzellen.

Ich habe mehrere einschlägig begabte Hellseher persönlich kennengelernt und kann bestätigen, daß an der inneren Vision etwas dran ist. Demonstriert wurde sie mir am eigenen Leibe von Carol Dryer. Bei einer dieser Demonstrationen diagnostizierte sie bei mir nicht nur exakt ein inneres Leiden, sondern sie gab mir dazu auch noch ein paar beunruhigende Informationen ganz anderer Art. Einige Jahre vorher waren bei mir Milzbeschwerden aufgetreten. In dem Bestreben, hier Abhilfe zu schaffen, begann ich täglich Bildvorstellungsübungen zu machen: Ich stellte mir meine Milz makellos und gesund vor, sah sie eingehüllt in heilendes Licht und so weiter. Leider bin ich ein sehr ungeduldiger Mensch, und als sich der Erfolg nicht über Nacht einstellen wollte, wurde ich wütend. Bei meiner nächsten Meditation beschimpfte ich im Geiste meine Milz und machte ihr mit unmißverständlichen Worten klar, daß sie gefälligst tun sollte, was ich von ihr verlangte. Dieser Zwischenfall ereignete sich ausschließlich in meinen Gedanken, und ich vergaß ihn sehr schnell.

Einige Tage später traf ich Carol Dryer und bat sie, in meinen Körper hineinzuschauen und mir zu sagen, ob irgend etwas nicht in Ordnung sei (ich hatte ihr von meinem Gesundheitsproblem nichts erzählt). Sie erklärte mir sofort, was mit meiner Milz los war, doch dann hielt sie inne und setzte eine ärgerliche Miene auf, als wüßte sie nicht mehr weiter. »Ihre Milz hat sich über irgend etwas sehr aufgeregt«, murmelte sie. Dann kam ihr plötzlich die Erleuchtung. »Haben Sie Ihre Milz *angebrüllt*?« Betreten gestand ich es ein. Dryer hob die Hände. »Das dürfen Sie nicht. Ihre Milz ist krank geworden, weil sie das zu tun glaubte, was Sie von ihr wollten. Das kam daher, daß Sie ihr unbewußt falsche Anweisungen gegeben haben. Seitdem Sie sie angebrüllt haben, ist sie erst recht verwirrt.« Sie schüttelte bekümmert den Kopf. »Niemals, niemals dürfen Sie auf Ihren Körper oder Ihre inneren Organe wütend werden«, ermahnte sie mich. »Übermitteln Sie ihnen nur positive Botschaften.«

Diese Episode offenbarte nicht nur Dryers Fähigkeit, in den menschlichen Körper hineinzuschauen, sondern schien auch den Verdacht nahezulegen, daß meine Milz so etwas wie ein eigenes geistiges Leben oder Bewußtsein besitzt. Das erinnerte mich an Perts Aussage, sie könne nicht sagen, wo das Gehirn aufhört und wo der Körper anfängt, und ließ mich der Frage nachgehen, ob vielleicht alle Bestandteile des Körpers – Drüsen, Knochen, Organe und Zellen – eine eigene Intelligenz haben. Wenn der Körper tatsächlich holographisch ist, steckt in Perts Bemerkung möglicherweise mehr Wahrheit, als wir vermuten, und das Bewußtsein des Ganzen wäre somit durchaus in all seinen Teilen enthalten.

Innere Vision und Schamanismus

In einigen schamanischen Kulturen ist die innere Vision eine der Voraussetzungen für das Schamanentum. Bei den Araukanern in Chile und den argentinischen Pampas muß ein soeben initiierter Schamane speziell um diese Gabe beten. Das hat seinen Grund darin, daß die Hauptfunktion eines Schamanen in der araukanischen Kultur im Erkennen und in der Heilung von Krankheiten besteht, und dafür wird die innere Vision als wesentlich angesehen.[34] Australische Schamanen bezeichnen diese Fähigkeit als das »starke Auge« oder das »Sehen mit dem Herzen«.[35] Die Jívaro-Indianer, die auf den bewaldeten Osthängen der ecuadorianischen Anden leben, erwerben die Gabe, indem sie einen Extrakt der Urwaldrebe *ayahuasca* trinken, einer Pflanze, die eine halluzinogene Substanz enthält, die dem Trinkenden übersinnliche Kräfte verleihen soll. Nach Michael Harner, einem Anthropologen an der New School for Social Research in New York, der sich auf die Schamanenforschung spezialisiert hat, versetzt *ayahuasca* die Jívaro-Schamanen in die Lage, »in den Körper der Kranken hineinzusehen, als ob er aus Glas wäre«.[36]

Die Fähigkeit, eine Krankheit zu »sehen« – ob man nun tatsächlich in den Körper hineinblickt oder die Erkrankung in Form eines metaphorischen Hologramms abgebildet sieht, etwa als ein dreidimensionales Bild eines dämonischen oder widerwärtigen Wesens innerhalb oder in der Nähe des Körpers –, ist ein Charakteristikum des Schamanentums. Doch wie auch immer die Kultur beschaffen ist, in der die innere Vision vorkommt, die aus ihr abzuleitenden Schlußfolgerungen sind überall gleich. Der Körper ist ein Energiekonstrukt und letzten Endes möglicherweise nicht materiell-stofflicher als das Energiefeld, in das er eingebettet ist.

Das Energiefeld als kosmische Blaupause

Das Konzept, wonach der physische Körper bloß eine weitere Dichtestufe im menschlichen Energiefeld darstellt und seinerseits eine Art Hologramm ist, das sich aus den Interferenzmustern der Aura zusammensetzt, könnte sowohl die ungewöhnlichen Heilkräfte des Geistes als auch den gewaltigen Einfluß erklären, die der Geist auf den Körper im allgemeinen ausübt. Da eine Krankheit im Energiefeld schon Wochen oder gar Monate früher erscheinen kann als im Körper, glauben viele Parapsychologen, daß Krankheiten ihren Ursprung im Energiefeld haben. Das läßt vermuten, daß dieses Feld in gewisser Weise ursprünglicher ist als der Körper und eine Art Blaupause darstellt, eine »Bauanleitung« für den Körper. Das Energiefeld wäre dann, anders ausgedrückt, die körpereigene Version einer impliziten Ordnung.

Damit ließen sich Achterbergs und Siegels Befunde erklären, wonach Patienten ihre Krankheiten bereits viele Monate früher »imaginieren«, als sie sich im Körper manifestieren. Derzeit kann die medizinische Wissenschaft noch nicht die Frage beantworten, auf welche Weise geistige Bildvorstellungen tatsächlich eine Erkrankung zu bewirken vermögen. Doch wie wir gesehen haben, tauchen Gedanken, die uns sehr bewegen, unverzüglich als Bilder im Energiefeld auf. Falls das Energiefeld die Blaupause ist, die den Körper anleitet und formt, dann kann es sein, daß wir durch die »Einbildung« einer Krankheit und die ständig wiederholte Verstärkung dieses Eindrucks im Energiefeld den Körper darauf programmieren, diese Krankheit manifest werden zu lassen.

Im gleichen Sinne könnte ebendiese dynamische Verbindung zwischen geistigen Bildern, Energiefeld und Körper auch einer der Gründe dafür sein, daß Bildvorstellungen und »Einbildungen« den Körper zu heilen vermögen. Das wäre vielleicht sogar eine Erklärung dafür, daß Stigmatisierte kraft ihres Glaubens und ihrer religiösen Bildmeditationen nagelähnliche Gewebebildungen an ihren Händen entstehen lassen können. Die heutige Wissenschaft steht ratlos vor diesem biologischen Phänomen, aber, wie gesagt, ständiges Beten und Meditieren könnten solche Bilder dem Energiefeld so tief einprägen, daß diese Muster schließlich im Körper Gestalt annehmen.

Ein Forscher, der davon überzeugt ist, daß das Energiefeld den Körper formt und nicht umgekehrt, ist Richard Gerber, ein Mediziner aus Detroit, der während der letzten zwölf Jahre die medizinische Bedeutung von Energiefeldern untersucht hat. »Der Ätherleib ist eine holographische Energieschablone, die das Wachstum und die Entwicklung des physischen Körpers steuert«, meint Gerber.[37]

Für Gerber spielen die getrennten Schichten, die manche übersinnlich Begabte in der Aura erkennen, ebenfalls eine Rolle in der dynamischen Wechselbeziehung zwischen dem Denken, dem Energiefeld und dem Körper. So wie der physische Körper dem Ätherleib untergeordnet ist, ist der Ätherleib dem Astral- oder Gefühlsleib und dieser wiederum dem Geistleib untergeordnet, behauptet Gerber, und jeder Leib dient dem jeweils voraufgehenden als Schablone. Je »feiner« die Schicht des Energiefeldes ist, in der sich ein Bild oder ein Gedanke manifestiert, desto größer ist somit ihr Vermögen, den Körper zu heilen und umzugestalten. »Weil der Geistleib den Astral- oder Gefühlsleib mit Energie versorgt, die dann in den Ätherleib und den physischen Körper übergeht, ist die Heilung eines Menschen auf der geistigen Ebene nachhaltiger und anhaltender als eine Heilung, die von der Astral- oder Ätherstufe ausgeht«, behauptet Gerber.[38]

Der Physiker Tiller stimmt dem zu. »Die Gedanken, die ein Mensch hervorbringt, erzeugen Muster auf der geistigen Ebene der Natur. Demnach manifestiert sich eine Krankheit schließlich durch eine Verschiebung der geistigen Muster – zunächst wirkt sie sich auf der Ätherebene aus und dann letztlich auf der physischen Ebene, wo wir sie eindeutig als Krankheit erkennen.« Den Grund für das häufige Wiederauftreten von Krankheiten sieht Tiller darin, daß die medizinische Behandlung heutzutage allein auf der physischen Ebene erfolgt. Er meint, die Ärzte würden länger anhaltende Heilerfolge erzielen, wenn sie auch das Energiefeld behandeln könnten. Doch bis es so weit ist, werden viele Heilungen »nicht von Dauer sein, weil wir das grundlegende Hologramm auf der geistigen und spirituellen Ebene nicht verändern«, stellt er fest.[39]

In einer weit ausgreifenden Spekulation stellt Tiller sogar die These auf, daß das Universum selbst als ein subtiles Energiefeld seinen Anfang genommen hat und sich dank einer ähnlichen Verschiebung allmählich verdichtete und in Materie verwandelte. Aus seiner Sicht hat Gott das Universum möglicherweise als ein göttliches Muster oder eine göttliche Idee erschaffen. Wie das Bild, das ein Hellseher im menschlichen Energiefeld wahrnimmt, diente auch dieses göttliche Grundmuster als eine

Schablone, die die immer feineren Ebenen des kosmischen Energiefeldes beeinflußte und modifizierte, »und zwar mittels einer Serie von Hologrammen«, bis es sich am Ende zu einem Hologramm des physischen Universums verfestigte.[40]

Wenn das zutrifft, liegt die Vermutung nahe, daß der menschliche Körper noch in einem anderen Sinne holographisch ist, denn dann wäre jeder Mensch in der Tat ein Universum en miniature. Wenn außerdem unsere Gedanken geisterhafte holographische Bilder entstehen lassen können – nicht nur in unserem eigenen Energiefeld, sondern auch in den subtilen energetischen Schichten der Realität –, dann wäre dies eine mögliche Erklärung dafür, daß der menschliche Geist Wunder zu wirken vermag, wie wir sie im letzten Kapitel besprochen haben. Damit ließen sich sogar die Synchronizitäten erklären oder die Art und Weise, wie Vorgänge und Bilder aus den tiefsten Tiefen unserer Psyche in der Außenrealität Gestalt annehmen können. Auch hier wäre es möglich, daß unsere Gedanken ständig auf die feinen Energiestufen des holographischen Universums einwirken, daß aber nur stark emotional aufgeladene Gedanken, wie sie in Zeiten der Krise und des Umbruchs entstehen – also bei Anlässen, die Synchronizitäten hervorbringen –, genügend Macht besitzen, um sich als eine Reihe von Koinzidenzen in der physischen Realität zu manifestieren.

Teilhabe an der Realität

Selbstverständlich setzen diese Prozesse nicht unbedingt einen starren Schichtenaufbau in den Energiefeldern des Universums voraus. Sie können auch ablaufen, wenn die Felder ein einheitliches Kontinuum darstellen. Ja, wenn wir davon ausgehen, daß die Felder für unsere Gedanken empfänglich sind, müssen wir sehr vorsichtig sein, sobald wir versuchen, ihre Organisation und Struktur in feste Begriffe zu zwängen. Wie wir über sie denken, könnte nämlich dazu beitragen, ihre Struktur umzuformen oder gar hervorzubringen.

Vielleicht sind sich deshalb Menschen mit übersinnlichen Fähigkeiten nicht darüber einig, ob das menschliche Energiefeld aus Schichten zusammengesetzt ist. Jene, die an scharf abgegrenzte Schichten glauben, bewirken womöglich tatsächlich, daß sich das Feld schichtenförmig aufbaut. Die Person, deren Energiefeld gerade wahrgenommen wird, könnte gleichfalls an diesem Vorgang beteiligt sein. Brennan spricht das sehr deutlich aus, wenn sie sagt, daß die Schichtung um so klarer hervortritt, je mehr ein Klient über die Unterschiede zwischen den Schichten weiß. Sie gibt zu, daß die Struktur, die sie im Energiefeld erkennt, somit nur ein System repräsentiert und daß andere mit abweichenden Systemen aufwarten. Die Tantras, hinduistische Yoga-Texte, beispielsweise sprechen nur von drei Schichten im Energiefeld.

Es zeigt sich, daß die Strukturen, die Hellseher unbekümmert dem Energiefeld zuschreiben, erstaunlich langlebig sein können. Jahrhundertelang glaubten die alten Hindus, jedem Chakra sei ein Sanskritbuchstabe eingeschrieben. Der japanische Forscher Hiroshi Motoyama, ein klinischer Psychologe, der ein Meßverfahren für die elektrische Ladung der Chakras entwickelt hat, berichtet, sein Interesse an den Chakras sei dadurch geweckt worden, daß seine Mutter, eine einfache Frau mit einer hellseherischen Naturbegabung, sie deutlich wahrnehmen konnte. Doch jahrelang habe sie herumgerätselt, warum sie in ihrem Herzchakra etwas erblickte, das wie ein auf dem Kopf stehendes Segelboot aussah. Erst als Motoyama mit seinen Nachforschungen begann, entdeckte er, daß es sich dabei um den Sanskritbuchstaben *yam* handelte, denselben Buchstaben, den die alten Hindus im Herzchakra sahen.[41] Manche Hellseher, so auch Dryer, behaupten, in den Chakras ebenfalls Sanskritzeichen zu erkennen. Andere verneinen das. Die einzige Erklärung scheint die zu sein, daß sich die übersinnlich Begabten, die solche Buchstaben sehen, in holographische Strukturen einblenden, die vor langer Zeit durch die Glaubensvorstellungen der alten Hindus dem Energiefeld aufgeprägt worden sind.

Diese Deutung mag auf den ersten Blick abwegig erscheinen, doch es gibt dazu eine Parallele. Wie wir bereits wissen, besagt eine der Grundannahmen der Quantenphysik, daß wir die Realität nicht entdecken, sondern an ihrer Entstehung teilhaben. Je tiefer wir in die Wirklichkeitsschichten unterhalb des Atoms vordringen, also in jene Schichten, in denen offenbar die »feinen« Energien der menschlichen Aura verborgen liegen, desto klarer wird möglicherweise die partizipatorische Natur der Wirklichkeit zutage treten. Deswegen ist höchste Vorsicht geboten, wenn jemand versichert, er habe im menschlichen Energiefeld ein bestimmtes Gefüge oder Muster entdeckt – derjenige hat womöglich selbst geschaffen, was er gefunden hat.

Der Geist und das menschliche Energiefeld

Es ist bezeichnend, daß die Erforschung des menschlichen Energiefelds zu genau derselben Schlußfolgerung führt, die Pribram zog, nachdem er entdeckt hatte, daß das Gehirn Sinneseindrücke in eine Frequenzsprache umwandelt. Das heißt, daß wir zwei Wirklichkeiten besitzen: eine, in der unser Körper konkret erscheint und einen festen Ort in Raum und Zeit hat, und eine, in der unser Ich primär als eine schillernde Energiewolke zu existieren scheint, deren eigentliche Position im Raum nicht exakt bestimmbar ist. Daraus ergeben sich einige gewichtige Fragen. Die erste lautet: Was wird aus dem Geist? Wir haben gelernt, daß unser Geist ein Produkt unseres Gehirns ist, doch wenn das Gehirn und der physische Körper nichts weiter als Hologramme sind, also der dichteste Bestandteil eines zunehmend subtilen Kontinuums von Energiefeldern, was bedeutet das für den Geist? Die Energiefeldforschung weiß darauf eine Antwort.

Vor kurzem hat eine Entdeckung der Neurophysiologen Benjamin Libet und Bertram Feinstein vom Mount Zion Hospital in San Francisco in der wissenschaftlichen Welt für Aufruhr gesorgt. Die beiden maßen die Zeit, die ein Berührungsreiz auf der Haut eines Patienten braucht, um als elektrisches Signal ins Gehirn zu gelangen. Der Patient wurde gleichzeitig aufgefordert, in dem Moment auf einen Knopf zu drücken, in dem er sich der Berührung bewußt werde. Libet und Feinstein fanden heraus, daß das Gehirn den Reiz nach einer zehntausendstel Sekunde registrierte, während der Patient den Knopf eine Zehntelsekunde nach der Reizeinwirkung drückte.

Merkwürdigerweise jedoch erklärte der Proband, er habe *fast eine halbe Sekunde* gebraucht, um den Reiz und den Knopfdruck bewußt wahrzunehmen. Das bedeutet, daß die Entscheidung zu reagieren vom Unterbewußtsein des Patienten getroffen wurde. Das Bewußtsein war demnach das langsamste Pferd im Rennen. Noch irritierender war, daß keiner der getesteten Patienten merkte, daß sein Unterbewußtsein ihn bereits veranlaßt hatte, den Knopf zu drücken, bevor er sich bewußt dazu entschlossen hatte. Irgendwie erzeugte das Gehirn der Probanden das beruhigende Gefühl, sie hätten die Handlung bewußt kontrolliert, obwohl dem nicht so war.[42] Daraufhin haben sich manche Wissenschaftler gefragt, ob der freie Wille vielleicht eine Illusion sei. Nachfolgende Untersuchungen haben ergeben, daß das Gehirn, bereits anderthalb Sekunden bevor wir »entscheiden«, einen Muskel zu bewegen, etwa einen Finger zu heben, mit der Erzeugung von Signalen beginnt, die für die Ausführung der Bewegung notwendig sind.[43] Wer also trifft die Entscheidung, das Bewußtsein oder das Unterbewußtsein?

Hunt setzt auf diesen Befund noch einen drauf. Sie hat entdeckt, daß das menschliche Energiefeld sogar noch vor dem Gehirn auf Reize reagiert. Sie hat EMGs des Energiefeldes und EEGs des Gehirns simultan aufgezeichnet und dabei festgestellt, daß immer dann, wenn sie ein lautes Geräusch machte oder eine helle Lampe aufleuchten ließ, das EMG des Energiefeldes den Reiz bereits registrierte, bevor er im EEG auftauchte. Was bedeutet das? »Ich glaube, wir haben das Gehirn als aktive Komponente in der Beziehung des Menschen zur Welt ein wenig überschätzt«, meint sie. »Es ist bloß ein guter Computer. Aspekte des Geistes, die mit Kreativität, Phantasie, Spiritualität und dergleichen zu tun haben, finde ich im Gehirn überhaupt nicht wieder. Der Geist steckt nicht im Gehirn. Er steckt in diesem verflixten Feld.«[44]

Auch Dryer hat bemerkt, daß das Energiefeld reagiert, ehe ein Mensch eine Reaktion bewußt registriert. Folglich versucht sie nicht mehr, die Reaktion ihrer Klienten aus deren Gesichtsausdruck abzulesen, sondern sie hält ihre Augen geschlossen und achtet darauf, wie ihr Energiefeld reagiert. »Während ich spreche, kann ich die Farbveränderung in ihrem Energiefeld wahrnehmen. Ich sehe, wie sie meine Worte aufnehmen, ohne daß ich sie danach fragen muß. Wenn sich beispielsweise ihr Feld eintrübt, weiß ich, daß sie nicht verstehen, was ich ihnen sage«, berichtet sie.[45]

Falls der Geist nicht im Gehirn steckt, sondern im Energiefeld, das sowohl das Gehirn als auch den physischen Körper durchdringt, könnte dies eine Erklärung dafür sein, daß Hellseher wie Dryer in diesem Feld soviel vom »Inhalt« der Psyche eines Menschen erfassen. So ließe sich auch begründen, warum meine Milz – ein Organ, das man normalerweise nicht mit dem Denken in Verbindung bringt – über eine eigene rudimentäre Form von Intelligenz verfügt. Ja, wenn der Geist im Energiefeld angesiedelt ist, kann man davon ausgehen, daß unser Bewußtsein, der denkende und fühlende Teil unseres Ichs, nicht auf den physischen Körper beschränkt ist.

Doch zunächst müssen wir unsere Aufmerksamkeit einem anderen Problem zuwenden. Die Stofflichkeit des Körpers ist nicht das einzige, was in einem holographischen Universum zur Illusion wird. Wie wir gesehen haben, nimmt Bohm an, daß selbst die Zeit nicht absolut ist, sondern sich aus der impliziten Ordnung entfaltet. Das deutet darauf hin, daß die lineare Unterteilung der Zeit in Vergangenheit, Gegenwart und Zukunft ebenfalls ein Konstrukt des Geistes ist. Im folgenden Kapitel wollen wir die Belege für diese Auffassung sowie die Konsequenzen untersuchen, die sich daraus für unser Dasein im Hier und Heute ergeben.

Dritter Teil

Raum und Zeit

Durch die allgemeine Krise des abendländischen Denkens und durch den Umbruch der klassischen Denkparadigmen begünstigt, gewinnen auch solch mysteriöse Forschungsgebiete wie Schamanismus wieder an Bedeutung, da sie neue Modelle des Geistes und ein weiteres Universum des Bewußtseins formulieren ... Die gewaltigste Idee, die der menschliche Geist seit seiner Evolution zur Kulturfähigkeit zum Leitmotiv seiner Werke und Handlungen machte und die wohl von keinem Gedanken, keiner Spekulation und Theorie in allen verflossenen Epochen übertroffen werden konnte, ist der Glaube, das Wissen, ja die Erfahrung, daß unsere physische Sinneswelt eine Welt der Schatten, der Illusion und der Täuschung ist und daß unser Körper, jenes dreidimensionale Werkzeug, einem Etwas als Hülle und Wohnung dient, das - weit größer und allumfassender als er - die Matrix des wirklichen Lebens bildet.

Holger Kalweit
in *Traumzeit und innerer Raum*

7

Die zeitlose Zeit

Die »Heimat« der Seele, wie aller Dinge, ist die implizite Ordnung. Auf dieser Ebene, die das Fundament des gesamten erfahrbaren Universums bildet, gibt es keine lineare Zeit. Der implizite Bereich ist zeitlos; die Augenblicke reihen sich nicht aneinander wie die Perlen auf einer Schnur.

Larry Dossey
in *Recovering the Soul*

Als der Mann zum Himmel aufblickte, wurde der Raum, in dem er sich befand, verzaubert und transparent, und an seiner Stelle materialisierte sich eine Szene aus der fernen Vergangenheit. Unvermittelt stand der Mann auf dem Hof eines Palastes, und vor ihm tauchte eine junge Frau auf, sehr hübsch und mit olivbrauner Haut. Er sah den Goldschmuck, den sie um den Hals, an den Handgelenken und Fesseln trug, ihr durchscheinendes weißes Gewand und ihr schwarzes geflochtenes Haar, das sie wie eine Königin unter einer hohen quadratischen Tiara zusammengebunden hatte. Während er sie ansah, wurde sein Geist mit Informationen über ihr Leben überschwemmt. Er erfuhr, daß sie Ägypterin war, die Tochter eines Prinzen, nicht eines Pharaos. Sie war verheiratet. Ihr Gatte war schlank und trug sein Haar in einer Fülle von kleinen Flechten, die das Gesicht umrahmten.

Der Mann konnte die Szene im Schnellgang »weiterdrehen«. Vor seinen Augen liefen Bilder aus dem Leben der Frau ab wie in einem Film. Er sah, wie sie im Kindbett starb. Er betrachtete den langwierigen und komplizierten Vorgang der Einbalsamierung, den Leichenzug, das Ritual, mit dem sie in den Sarkophag gelegt wurde, und als alles zu Ende war, verblaßten die Bilder, und das Zimmer kam wieder in Sicht.

Der Mann hieß Stefan Ossowiecki. Er war ein in Rußland geborener Pole und einer der begabtesten Hellseher dieses Jahrhunderts, und das Ganze fand statt am 14. Februar 1935. Seine Vision der Vergangenheit wurde ausgelöst, als er das Bruchstück eines versteinerten Menschenfußes in die Hand nahm.

Ossowiecki bewies bei der Psychometrisierung von Artefakten so viel Geschick, daß schließlich Stanislaw Poniatowski auf ihn aufmerksam wurde, Professor an der Warschauer Universität und der bedeutendste

Ethnologe im damaligen Polen. Poniatowski testete Ossowiecki mit einer Vielzahl von Feuersteinen und anderen Steinwerkzeugen, die aus archäologischen Fundstätten in aller Welt stammten. Die meisten dieser Steingeräte waren so unscheinbar, daß nur ein geübtes Auge erkennen konnte, daß sie von Menschenhand bearbeitet worden waren. Sie waren bereits von Experten begutachtet worden, so daß Poniatowski ihr Alter und ihre Herkunft kannte, doch dieses Wissen verbarg er sorgsam vor Ossowiecki.

Aber das half nichts. Reihum bestimmte Ossowiecki die Objekte korrekt; er nannte ihr Alter, die Kultur, in der sie entstanden waren, und die geographische Lage der Fundstätten. In mehreren Fällen stimmten die von Ossowiecki genannten Fundorte nicht mit den Angaben überein, die sich Poniatowski notiert hatte, aber er mußte feststellen, daß der Fehler jedesmal in seinen Aufzeichnungen und nicht in Ossowieckis Aussagen steckte.

Ossowiecki ging immer in der gleichen Weise vor. Er nahm den Gegenstand in beide Hände und konzentrierte sich, bis der Raum vor ihm und sogar sein eigener Körper verschwammen und sich fast in nichts auflösten. Nach dieser Verwandlung empfand er sich als Betrachter eines dreidimensionalen Films der Vergangenheit. Er konnte dann in der Szene frei umhergehen und sich alles ansehen. Während er in die Vergangenheit blickte, bewegten sich seine Augen hin und her, als ob die Dinge, die er beschrieb, leibhaftig vor ihm stünden.

Er sah die Vegetation, die Menschen und die Behausungen, in denen sie lebten. Nachdem er einmal ein Steinwerkzeug aus dem Magdalénien, einer altsteinzeitlichen Kultur, die in Westeuropa von etwa 15 000 bis 10 000 v. Chr. florierte, abgetastet hatte, erklärte er dem Professor, daß die Haartracht der Frauen im Magdalénien sehr kunstvoll gewesen sei. Diese Aussage erschien damals völlig absurd, aber später entdeckte Magdalénien-Statuetten von Frauen mit raffinierten Frisuren bewiesen, daß Ossowiecki recht gehabt hatte.

Im Laufe der Versuchsreihe lieferte Ossowiecki mehr als hundert Informationen dieser Art, Detailkenntnisse über die Vergangenheit, die zunächst als unzutreffend galten, sich hinterher aber als richtig erwiesen. Er behauptete, daß die Steinzeitmenschen Öllampen benutzt hätten, und dies wurde bestätigt, als man bei Ausgrabungen in der Dordogne Öllampen fand, die in Größe und Form genau seiner Beschreibung entsprachen. Er fertigte detaillierte Zeichnungen von Tieren an, die von verschiedenen Völkern bejagt worden waren, von deren Hütten und Bestattungsbräuchen – Darstellungen, die allesamt später durch archäologische Funde bestätigt wurden.[1]

Poniatowskis Zusammenarbeit mit Ossowiecki ist kein Einzelfall. Norman Emerson, Anthropologieprofessor an der University of Toronto und Gründungsvizepräsident der Canadian Archaeological Association, hat ebenfalls den Wert des Hellsehens für die Archäologie untersucht. Er befaßte sich vor allem mit einem Lastwagenfahrer namens George McMullen. Wie Ossowiecki besitzt McMullen die Gabe, Gegenstände zu psychometrisieren und sich mit ihrer Hilfe in Szenen aus der Vergangenheit zu versetzen. Er kann das auch, indem er einfach eine Grabungsstätte aufsucht. Sobald er dort angekommen ist, geht er auf und ab, bis sich die Bilder bei ihm einstellen. Dann beginnt er die Menschen und die Kultur zu beschreiben, die einst an dieser Stätte heimisch waren. Einmal beobachtete Emerson, wie McMullen auf einer kahlen Bodenfläche umhersprang, um angeblich den Grundriß eines irokesischen Langhauses abzuschreiten. Emerson markierte des Areal mit Pflöcken und grub ein halbes Jahr später an genau derselben Stelle die Überreste des alten Bauwerks aus.[2]

Emerson war anfangs skeptisch, aber die Arbeit mit McMullen hat ihn bekehrt. Auf einer Jahrestagung der führenden kanadischen Archäologen führte er 1973 aus: »Ich bin davon überzeugt, daß ich meine Kenntnis archäologischer Artefakte und Fundstätten einem übersinnlich begabten Informanten verdanke, der diese Informationen an mich weitergibt, ohne sich dabei bewußt seines Verstandes zu bedienen.« Er beschloß seinen Vortrag mit den Worten, daß er den Eindruck habe, McMullens Demonstrationen könnten der Archäologie »ganz neue Wege eröffnen«, und daß man der Erforschung der hellseherischen Fähigkeiten im Dienste der archäologischen Wissenschaft »höchste Priorität« einräumen solle.[3]

Die Existenz der »Retrokognition«, also der Fähigkeit gewisser Menschen, den Brennpunkt ihrer Wahrnehmung zu verschieben und in die Vergangenheit zurückzublicken, ist von Wissenschaftlern wiederholt bestätigt worden. In einer Versuchsreihe, die in den sechziger Jahren von W. H. C. Tenhaeff, dem Direktor des Parapsychologischen Instituts der Universität Utrecht, und von Marius Valkhoff, dem Dekan der philosophischen Fakultät der University of Witwatersrand im südafrikanischen Johannesburg, durchgeführt wurde, hat sich gezeigt, daß der große holländische Hellseher Gérard Croiset sogar den kleinsten Knochensplitter psychometrisieren und dessen Vergangenheit exakt beschreiben konnte.[4] Lawrence LeShan, ein klinischer Psychologe aus New York und ein weiterer bekehrter Skeptiker, hat ähnliche Experimente mit der bekannten amerikanischen Hellseherin Eileen Garrett angestellt.[5] Auf dem Jahreskongreß der American Anthropological Association 1961 gestand der Archäologe Clarence W. Weiant, er hätte seine berühmte Entdeckung von Tres Zapotes, einer der bedeutendsten Fundstätten in Mittelamerika, nicht machen können, wenn ihm nicht die Unterstützung eines Hellsehers zuteil geworden wäre.[6]

Stephan A. Schwartz, ein ehemaliger Mitherausgeber des *National Geographic* und Mitglied der Secretary of Defense Discussion Group on Innovation, Technology, and Society am MIT, hält dafür, daß die Retrokognition nicht nur eine Realität ist, sondern am Ende auch einen ebenso tiefgreifenden wissenschaftlichen Umbruch herbeiführen wird wie die Entdeckungen von Kopernikus und Darwin. Schwartz' starkes Engagement für dieses Thema dokumentiert seine umfassende Geschichte der Partnerschaft zwischen Hellsehern und Archäologen, die den Titel *The Secret Vaults of Time* trägt. »Seit einem dreiviertel Jahrhundert ist die ›übersinnliche‹ Archäologie eine Realität«, schreibt er. »Dieser neue Ansatz hat eindrucksvoll demonstriert, daß das Zeit-und-Raum-Gerüst, das für die materialistische Weltauffassung so grundlegend ist, keineswegs eine so absolut gültige Konstruktion darstellt, wie die meisten Wissenschaftler glauben.«[7]

Die Vergangenheit als Hologramm

Solche übersinnlichen Fähigkeiten lassen vermuten, daß die Vergangenheit nicht endgültig verloren ist, sondern in einigen Formen, die der menschlichen Wahrnehmung zugänglich sind, noch immer existiert. Unser normales Weltbild läßt einen solchen Sachverhalt nicht zu, wohl aber das holographische Modell. Bohms Ansicht, daß der Strom der Zeit das Produkt einer ständigen Aufeinanderfolge von Enthüllung und Verhüllung ist, besagt, daß die Gegenwart nicht aufhört zu bestehen, wenn sie sich verhüllt und Teil der Vergangenheit wird, sondern lediglich in das kosmische Vorratslager des Impliziten eingeht. Oder wie Bohm es ausdrückt: »Die Vergangenheit ist als eine Form der impliziten Ordnung in der Gegenwart aktiv.«[8]

Wenn, wie Bohm annimmt, das Bewußtsein seinen Ursprung ebenfalls in der impliziten Ordnung hat, bedeutet dies, daß der menschliche Geist und die holographische Aufzeichnung der Vergangenheit bereits im selben Bereich existieren, daß sie gewissermaßen schon Nachbarn sind. Folglich wäre nur eine Verschiebung der Wahrnehmung nötig, um Zugang zur Vergangenheit zu erlangen. Hellseher wie McMullen und Ossowiecki verfügen offenbar über das angeborene Talent, diese Verschiebung bewerkstelligen zu können, aber wie bei so vielen anderen außergewöhnlichen Fähigkeiten, die wir kennengelernt haben, läßt auch hier das holographische Konzept den Schluß zu, daß dieses Talent in uns allen latent vorhanden ist.

Eine Metapher für die Art und Weise, wie Vergangenes im Impliziten gespeichert wird, liefert das Hologramm. Wenn jede Phase einer Handlung, beispielsweise wenn eine Frau einen Luftballon aufbläst, in einem

Mehrfachbild-Hologramm als eine Reihe von aufeinanderfolgenden Bildern aufgezeichnet wird, entspricht jedes Bild gleichsam dem Einzelbild eines Kinofilms. Handelt es sich um ein sogenanntes »Weißlicht«-Hologramm – einen holographischen Film, dessen Bild mit dem bloßen Auge wahrgenommen werden kann und nicht mit Laserlicht verstärkt werden muß, um sichtbar zu werden –, wird ein Betrachter, der an dem Film vorbeigeht und damit seinen Blickwinkel verändert, so etwas wie eine 3-D-Filmszene der ballonaufblasenden Frau sehen. Mit anderen Worten: Während sich die verschiedenen Bilder enthüllen und verhüllen, scheinen sie ineinanderzufließen und erzeugen die Illusion eines Bewegungsablaufs.

Wer mit Hologrammen nicht vertraut ist, könnte fälschlicherweise vermuten, die verschiedenen Phasen des Ballonaufblasens seien vergänglich und man könne sie nie wieder sehen, nachdem man sie sich einmal angeschaut hat, aber das stimmt nicht. Der gesamte Vorgang ist für immer im Hologramm registriert, und es ist die wechselnde Perspektive des Betrachters, die die Illusion erweckt, daß er sich in der Zeit entfaltet. Nach der holographischen Theorie trifft dies auch auf unsere eigene Vergangenheit zu. Statt dem Vergessen anheimzufallen, bleibt sie im kosmischen Hologramm aufgezeichnet und kann jederzeit wieder abgerufen werden.

Ein weiteres auffällig hologrammähnliches Merkmal der Retrokognition ist die Dreidimensionalität der wahrgenommenen Szenen. Beatrice Rich beispielsweise, die ebenfalls Gegenstände psychometrisieren kann, weiß angeblich genau, was Ossowiecki meinte, als er erklärte, die Bilder, die er erblickte, seien genauso dreidimensional und real wie der Raum, in dem er sich befand, vielleicht sogar noch realer. »Es ist, als ob die Szene die Herrschaft übernähme«, sagt Rich. »Sie dominiert, und sobald sie sich zu entfalten beginnt, werde ich ein Teil von ihr. Das ist so, als wäre ich an zwei Orten gleichzeitig. Ich bin mir bewußt, daß ich in einem Zimmer sitze, doch ich bin auch in der Szene.«[9]

Ähnlich holographisch ist die Ortsungebundenheit der hellseherischen Begabung. Menschen mit solchen Fähigkeiten haben Zugang zur Vergangenheit einer bestimmten Grabungsstätte sowohl dann, wenn sie sich an Ort und Stelle aufhalten, als auch dann, wenn sie viele Kilometer von ihr entfernt sind. Das Zeugnis der Vergangenheit scheint demnach nicht an einem einzigen Ort gespeichert zu sein, sondern es ist, wie die Information in einem Hologramm, »nicht-örtlich« und kann von irgendeinem Punkt im Raum-Zeit-Gefüge aus erfaßt werden. Die Ortsunabhängigkeit des Phänomens wird noch unterstrichen durch den Umstand, daß manche Hellseher nicht einmal die Psychometrie zu Hilfe nehmen müssen, um sich in die Vergangenheit zu versetzen. Der berühmte Hellseher Edgar Cayce aus Kentucky konnte Vergangenes heraufbeschwören, indem er sich zu Hause auf eine Couch legte und in einen schlafähnlichen Zustand verfiel. Er diktierte bändeweise Kommentare zur Geschichte der Menschheit und machte dabei oft erstaunlich exakte Aussagen. Er nannte zum Beispiel den Ort und beschrieb die historische Rolle der Essener-Gemeinschaft von Qumran bereits elf Jahre vor der Entdeckung der Schriftrollen vom Toten Meer (in den Höhlen über Qumran), die seine Darstellung bestätigte.[10]

Interessant ist, daß viele Personen mit retrokognitiven Fähigkeiten auch das menschliche Energiefeld wahrnehmen können. Als Ossowiecki noch ein Kind war, verabreichte seine Mutter ihm Augentropfen, weil sie damit die Farbstreifen wegbringen wollte, von denen er andere Menschen umgeben sah, und McMullen ist mit Hilfe des Energiefeldes imstande, Krankheiten zu diagnostizieren. Das deutet darauf hin, daß die Retrokognition gekoppelt sein könnte mit der Befähigung, die feineren und schwingungsreicheren Aspekte der Wirklichkeit wahrzunehmen. Die Vergangenheit ist vielleicht, anders ausgedrückt, nur eine weitere Gegebenheit, die in Pribrams Frequenzbereich kodiert ist, ein Teilstück der kosmischen Interferenzmuster, welche die meisten Menschen nicht erfassen und nur sehr wenige einfangen und in hologrammartige Bilder umsetzen. »Im holographischen Zustand - im Frequenzbereich - ist die Zeit vor 4000 Jahren vielleicht morgen«, meint Pribram.[11]

Phantome aus der Vergangenheit

Die Möglichkeit, daß die Vergangenheit in den kosmischen Luftwellen holographisch registriert ist und gelegentlich vom menschlichen Geist hervorgeholt und in Hologramme umgewandelt werden kann, ist vielleicht auch eine Erklärung für manche Geistererscheinungen. Viele dieser Erscheinungen sind offenbar kaum mehr als Hologramme, dreidimensionale Erinnerungsbilder von Personen oder Geschehnissen der Vergangenheit. Eine Theorie besagt, daß Gespenster die Seele oder den Geist von Verstorbenen darstellen, aber nicht alle Gespenster sind Menschen. Es sind zahlreiche Fälle bezeugt, in denen es sich um Phantombilder von unbelebten Gegenständen handelte - ein Faktum, das die Annahme widerlegt, bei Erscheinungen handle es sich um körperlose Seelen. *Phantasms of the Living*, eine gewichtige zweibändige Dokumentation von Berichten über Geistererscheinungen und andere paranormale Phänomene, zusammengestellt von der Society for Psychical Research in London, enthält eine Fülle von einschlägigen Beispielen. In einem Fall beobachtete ein britischer Offizier mit seiner Familie eine geisterhafte Pferdekutsche, die auf seinem Rasen vorfuhr und anhielt. So real war das Gefährt, daß der Sohn des Offiziers darauf zuging und im Innern der Kutsche eine offenbar weibliche Gestalt sitzen sah. Die Erscheinung verschwand, bevor er genauer hinsehen konnte, und es blieben keine Huf- oder Radspuren zurück.[12]

Wie häufig sind solche Erlebnisse? Das wissen wir nicht, aber aus Untersuchungen in den Vereinigten Staaten und England geht hervor, daß 10 bis 17 Prozent der Bevölkerung schon einmal eine Erscheinung begegnet ist, was bedeutet, daß solche Phänomene womöglich sehr viel häufiger sind, als man gemeinhin vermutet.[13]

Der Verdacht, daß gewisse Vorkommnisse im holographischen Gedächtnis stärkere Spuren hinterlassen als andere, wird auch dadurch bekräftigt, daß Geistererscheinungen mit Vorliebe an Örtlichkeiten auftreten, an denen eine furchtbare Gewalttat oder ein besonders erschütterndes Ereignis stattgefunden hat. Die Literatur ist voll von Gespenstern, die an den Stätten von Mordtaten, Schlachten oder sonstigen Katastrophen umgehen. Daraus kann man schließen, daß neben Bildern und Geräuschen auch die durch ein Ereignis ausgelösten Emotionen im kosmischen Hologramm registriert werden. Die emotionale Intensität scheint zu bewirken, daß sich solche Geschehnisse in der holographischen Aufzeichnung ebenfalls stärker ausprägen, was auch normalen Menschen unbeabsichtigt den Zugang zu ihnen eröffnen kann.

Wie gesagt, viele Erscheinungen dieser Art sind offensichtlich weniger das Produkt leidgeprüfter irdischer Geister als vielmehr bloß zufällige Einblicke in das holographische Datenmaterial der Vergangenheit. Dafür gibt es auch literarische Belege. So begab sich auf Anregung des Dichters William Butler Yeats 1907 W. Y. Evans-Wentz, ein Anthropologe und Religionswissenschaftler an der UCLA, auf eine zweijährige Reise durch Irland, Schottland, Wales, Cornwall und die Bretagne, um Leute zu befragen, die angeblich Feen und anderen Spukgestalten begegnet waren. Evans-Wentz unterzog sich dieser Mühe, weil Yeats ihm erklärt hatte, Begegnungen mit Feen kämen immer seltener vor, da die alten Glaubensvorstellungen durch die Geisteshaltung des 20. Jahrhunderts verdrängt würden, und sie müßten unbedingt dokumentiert werden, bevor sich die Tradition völlig verliere.

Als Evans-Wentz von Dorf zu Dorf reiste und die zumeist älteren Anhänger des Geisterglaubens interviewte, erfuhr er, daß nicht alle Feen, die den Leuten in Bergschluchten und auf mondhellen Wiesen erschienen waren, klein von Gestalt waren. Manche waren groß und glichen gewöhnlichen menschlichen Wesen, nur daß sie leuchteten und durchsichtig wirkten und die merkwürdige Angewohnheit hatten, die Kleidung längst vergangener historischer Epochen zu tragen.

Darüber hinaus traten diese »Feen« häufig im Umkreis von archäologischen Stätten auf - Grabhügel, Steinsetzungen, Burgruinen aus dem

6. Jahrhundert usw. –, und sie betätigten sich wie Menschen verflossener Zeiten. Viele Zeugen, mit denen Evans-Wentz sprach, hatten Feen gesehen, die in elisabethanischer Tracht auf die Jagd gingen, die in gespenstischen Prozessionen zwischen den Überresten alter Festungsanlagen umherzogen oder die in den Ruinen uralter Kirchen Glocken läuteten. Eine Aktivität, die sich bei den Feen anscheinend besonderer Beliebtheit erfreute, war der Krieg. In seinem Buch *The Fairy-Faith in Celtic Countries* präsentiert Evans-Wentz die Aussagen von Dutzenden von Leuten, die behaupteten, solche Geisterschlachten gesehen zu haben – mondbeschienene Wiesen, auf denen Männer in mittelalterlichen Rüstungen kämpften, oder einsame Moore, wo sich Soldaten in bunten Uniformen tummelten. Zuweilen herrschte bei diesem Kampfgeschehen eine unheimliche Stille. Manchmal war die Luft erfüllt vom Schlachtenlärm, und manchmal konnte man die Kämpfer nur hören, aber nicht sehen.

Aus alledem zog Evans-Wentz den Schluß, daß zumindest einige der Phänomene, die seine Zeugen als Geistererscheinungen gedeutet hatten, eigentlich Nachbilder von früheren Ereignissen waren. »Die Natur selbst hat ein Gedächtnis«, spekulierte er. »Es gibt in der Erdatmosphäre irgendein undefinierbares übernatürliches Element, in dem sich alle menschlichen und physikalischen Vorgänge oder Phänomene abbilden oder einprägen. Unter bestimmten Umständen, die sich nicht erklären lassen, können normale Menschen, die keine Seher sind, die geistigen Erinnerungen der Natur betrachten wie Bilder, die auf eine Leinwand geworfen werden – vielfach so wie im Kino.«[14]

Was die Frage betrifft, weshalb Begegnungen mit Feen immer seltener wurden, so ergibt sich ein Hinweis aus einer Bemerkung, die einer der Befragten Evans-Wentz gegenüber machte. Es war ein älterer Herr namens John Davies, der auf der Insel Man lebte. Nachdem er zahlreiche Begegnungen mit Geistern geschildert hatte, stellte er fest: »Bevor die Bildung auf die Insel gekommen ist, konnten mehr Leute die Feen sehen; heutzutage sind nur noch sehr wenige dazu imstande.«[15] Da »Bildung« zweifellos gleichbedeutend war mit einem Bannfluch gegen den Feenglauben, besagt Davies' Äußerung, daß ein Wandel in der Einstellung das weitverbreitete Retrokognitionsvermögen der Inselbewohner hat verkümmern lassen. Das unterstreicht erneut die enorme Macht, die unserem Glauben zukommt, wenn es darum geht, welche außergewöhnlichen Potentiale wir aktivieren und welche nicht.

Doch ob nun die Glaubensvorstellungen uns ermöglichen, diese hologrammähnlichen Filmszenen aus der Vergangenheit zu sehen, oder ob sie unser Gehirn veranlassen, sie zu verdrängen – die Indizien sprechen dafür, daß sie in jedem Fall existieren. Dergleichen Erfahrungen sind im übrigen auch nicht auf keltische Regionen beschränkt. Es gibt Berichte über Menschen, die in Indien Phantomsoldaten in alten Hindu-Kostümen gesehen haben.[16] Auf Hawaii sind solche Geistererscheinungen allgemein bekannt, und in Büchern über die Insel ist immer wieder die Rede von Personen, die Phantomprozessionen hawaiianischer Krieger in Federmänteln, bewaffnet mit Kriegskeulen und Fackeln, erblickt haben.[17] Geisterheere, die ebenso gespenstische Schlachten austrugen, werden sogar schon in altassyrischen Texten erwähnt.[18]

Gelegentlich sind Historiker in der Lage, das »wiederaufgeführte« Ereignis zu bestimmen. Am 4. August 1951, um vier Uhr morgens, wurden zwei Engländerinnen, die in Puys an der französischen Küste Urlaub machten, durch den Lärm von Geschützfeuer geweckt. Sie stürzten ans Fenster, stellten aber zu ihrer Verwunderung fest, daß das Dorf und das Meer ruhig und keinerlei Aktivitäten erkennbar waren, die Ursache des Gehörten hätten sein können. Die British Society for Psychical Research ging der Sache nach und kam zu dem Ergebnis, daß die Darstellung der beiden Frauen exakt mit der militärischen Dokumentation eines Feuerüberfalls übereinstimmte, den die Alliierten am 19. August 1942 in Puys gegen deutsche Truppen vorgetragen hatten. Die Frauen hatten offenkundig den Lärm einer Kampfhandlung gehört, die neun Jahre zurücklag.[19]

Solche Ereignisse ragen zwar infolge ihrer beklemmenden Intensität aus der holographischen Landschaft hervor, aber wir dürfen nicht vergessen, daß auch alle erfreulichen Erfahrungen des Menschengeschlechts im schillernden Hologramm der Vergangenheit enthalten sind. Es ist gleichsam eine Bibliothek, in der alles Vergangene gespeichert ist, und wenn es uns gelingen sollte, diesen unermeßlichen Fundus gründlicher und systematischer auszuschöpfen, könnten wir unser Wissen über uns selbst und das Universum auf eine Weise erweitern, von der wir heute nicht einmal zu träumen wagen. Vielleicht kommt der Tag, an dem wir imstande sind, die Realität wie den Kristall in Bohms Gleichnis zu manipulieren; wir könnten dann das Reale und das Unsichtbare wie in einem Kaleidoskop durcheinanderschütteln und Bilder aus der Vergangenheit ebenso mühelos abrufen, wie wir heute ein Programm auf dem Computer abrufen. Doch das ist noch nicht alles, was eine holographische Auffassung der Zeit zu leisten vermag.

Die holographische Zukunft

So irritierend die Möglichkeit eines Zugangs zur gesamten Vergangenheit auch sein mag, sie verblaßt neben der Erkenntnis, daß die Zukunft im kosmischen Hologramm gleichermaßen zugänglich ist. Jedenfalls gibt es zahllose Belege dafür, daß zumindest einige künftige Ereignisse ebenso leicht wahrzunehmen sind wie vergangene.

Das ist in Hunderten von Untersuchungen nachgewiesen worden. In den dreißiger Jahren entdeckten J. B. und Louisa Rhine, daß Versuchspersonen erraten konnten, welche Karten aufs Geratewohl aus einem Päckchen gezogen werden würden, und zwar mit einer Erfolgsrate, die im Verhältnis 3 000 000 : 1 über dem Zufallsergebnis lag.[20] In den siebziger Jahren erfand Helmut Schmidt, ein Physiker im Flugzeugwerk Boeing in Seattle, ein Gerät, mit dem er testen konnte, ob sich subatomare Zufallsereignisse voraussagen ließen. In wiederholten Tests mit drei Versuchspersonen und mehr als 60 000 Versuchen erhielt er Resultate, bei denen die Relation, die gegen den Zufall sprach, 1 000 000 000 : 1 betrug.[21]

Im Dream Laboratory des Maimonides Medical Center konnte Montague Ullman zusammen mit dem Psychologen Stanley Krippner und dem Forscher Charles Honorton den überzeugenden Nachweis führen, daß zuverlässige Vorausinformationen auch im Traum gewonnen werden können. Bei dieser Studie wurden freiwillige Testpersonen gebeten, acht aufeinanderfolgende Nächte im Schlaflabor zuzubringen und jede Nacht von einem Bild zu träumen, das am nächsten Tag zufällig ausgewählt und ihnen gezeigt wurde. Ullman und seine Mitarbeiter hofften auf eine Erfolgsrate von eins zu acht, entdeckten aber, daß sich die »Trefferquote« bei einigen Probanden auf fünf zu acht belief.

Zum Beispiel erklärte ein Proband nach dem Aufwachen, er habe von »einem großen Betongebäude« geträumt, aus dem ein »Patient« zu entfliehen versuchte. Der Patient hatte einen weißen Mantel an, ähnlich einem Arztkittel, und war »nur bis zum überwölbten Torweg« gekommen. Das Bild, das am folgenden Tag aufs Geratewohl ausgewählt wurde, war van Goghs *Krankenhausflur in Saint-Rémy,* ein Aquarell, das einen einsamen Patienten zeigt, der am Ende eines tristen und massiv gebauten Ganges steht und gerade eine bogengeschmückte Tür durchschreiten will.[22]

Im Zuge ihrer Fernsichtexperimente im Stanford Research Institute haben Puthoff und Targ herausgefunden, daß Versuchspersonen auf übersinnlichem Wege nicht nur entfernte Orte beschreiben konnten, an denen sich die Versuchsleiter im selben Augenblick aufhielten, sondern auch solche Örtlichkeiten, die die Versuchsleiter demnächst aufsuchen würden, noch *bevor* sie sich für diese Orte entschieden hatten. In einem Fall wurde eine besonders begabte Probandin, eine Berufsphotographin namens Hella Hammid, aufgefordert, die Gegend zu schildern, die Puthoff eine halbe Stunde später besuchen würde. Sie konzentrierte sich und sagte dann, sie sehe ihn »ein schwarzes eisernes Dreieck« betreten. Das Dreieck sei »größer als ein Mensch«; sie konnte zwar nicht genau sagen, was es war, aber sie hörte einen rhythmischen Quietschlaut, der sich im Abstand »von ungefähr einer Sekunde« wiederholte.

Zehn Minuten vor dieser Aussage hatte Puthoff eine halbstündige Autofahrt in der Gegend von Menlo Park und Palo Alto angetreten. Am Ende der halben Stunde und lange nach Hammids Beschreibung des schwarzen eisernen Dreiecks holte Puthoff zehn verschlossene Umschläge hervor, die zehn verschiedene Zielortangaben enthielten. Mit Hilfe eines Zufallszahlenermittlers wählte er einen Umschlag. In ihm befand sich die Adresse eines kleinen Parks, etwa zehn Kilometer vom Labor entfernt. Er fuhr zu dem Park und fand dort eine Kinderschaukel – das schwarze eiserne Dreieck – vor. Als er sich auf die Schaukel setzte, gab sie beim Hinundherschwingen rhythmische Quietschtöne von sich.[23]

Puthoffs und Targs präkognitive Fernsichtversuche sind von zahlreichen Laboratorien in aller Welt wiederholt worden, unter anderem in Jahns und Dunnes Forschungsinstitut in Princeton. In 334 kontrollierten Versuchen haben Jahn und Dunne ermittelt, daß Testpersonen in 62 Prozent der Fälle zutreffende Voraussagen machen konnten.[24]

Noch eindrucksvoller sind die Resultate der sogenannten »Sitztests«, einer berühmt gewordenen Versuchsreihe, die Croiset entwickelt hat. Als erstes wählt der Experimentator aus dem Sitzplan eines großen Saals, in dem demnächst eine öffentliche Veranstaltung stattfindet, aufs Geratewohl einen Stuhl aus. Der Saal kann sich in einer beliebigen Großstadt befinden, doch in Frage kommen nur solche Veranstaltungen, bei denen keine Platzreservierung möglich ist. Ohne Croiset den Namen und den Standort des Saales oder die Art der Veranstaltung zu nennen, fordert dann der Versuchsleiter den holländischen Hellseher auf, die Person zu beschreiben, die am fraglichen Abend auf dem Stuhl Platz nehmen wird.

Über 25 Jahre hinweg haben zahlreiche Forscher in Europa und Amerika Croiset diesem schwierigen Sitztest unterzogen und festgestellt, daß er fast immer eine präzise und detaillierte Beschreibung des gesuchten Stuhlbesetzers zu geben vermochte, die unter anderem Geschlecht, Gesichtszüge, Kleidung, Beruf und sogar Ereignisse aus dem Leben des Betreffenden umfaßte.

In einer Studie, die Jule Eisenbud, ein Professor für klinische Psychiatrie an der medizinischen Fakultät der University of Colorado, durchführte, wurde Croiset am 6. Januar 1969 mitgeteilt, man habe einen Stuhl ausgesucht für ein Ereignis, das am 23. Januar 1969 stattfinden werde. Croiset, der sich zu der Zeit im holländischen Utrecht aufhielt, erklärte Eisenbud, die Person, die auf dem Stuhl sitzen werde, sei ein Mann; er sei fünf Fuß und neun Zoll groß, kämme sein schwarzes Haar glatt zurück, habe einen Goldzahn im Unterkiefer und eine Narbe am großen Zeh, er sei sowohl in der Wissenschaft als auch in der Industrie tätig und beschmutze sich manchmal seinen Laborkittel mit einer grünlichen Chemikalie. Auf den Mann, der am 23. Januar 1969 auf dem Stuhl saß

– der sich übrigens in einem Saal in Denver, Colorado, befand –, traf Croisets Beschreibung in jeder Hinsicht zu, mit einer Ausnahme: Er maß nicht fünf Fuß und neun Zoll, sondern fünf Fuß und neundreiviertel Zoll![25]

Die Liste der Erfolge ließe sich beliebig fortsetzen.

Wie sind solche Versuchsergebnisse zu deuten? Eine Erklärung sieht Krippner in Bohms These, daß sich der Geist Zugang zur impliziten Ordnung verschaffen kann.[26] Puthoff und Targ meinen, daß die »nichtörtliche« Quantenvernetzung bei der Präkognition eine Rolle spielt, und Targ ergänzt, daß der Geist während eines Fernsichtvorgangs offenbar in der Lage ist, in eine Art »holographische Suppe« oder Region vorzudringen, in der alle Punkte nicht nur räumlich, sondern auch zeitlich unbegrenzt miteinander verbunden sind.[27]

David Loye, ein klinischer Psychologe und ehemaliges Mitglied der medizinischen Fakultäten von Princeton und der UCLA, vertritt den gleichen Standpunkt: »Für diejenigen, die sich über das Rätsel der Präkognition Gedanken machen, bietet offensichtlich die holographische Geisttheorie von Pribram und Bohm den bislang besten Ansatz für die gesuchte Lösung.« Loye, der gegenwärtig Kodirektor des Institute for Future Forecasting in Nordkalifornien ist, weiß, wovon er spricht. Er hat sich in den beiden letzten Jahrzehnten der Erforschung der Präkognition und der Vorhersagekunst im allgemeinen gewidmet und ist dabei, Techniken zu entwickeln, die es Menschen ermöglichen sollen, sich über ihr eigenes Zukunftsbewußtsein klarzuwerden.[28]

Die Hologrammähnlichkeit vieler präkognitiven Erfahrungen ist ein weiterer Beleg dafür, daß die Fähigkeit, in die Zukunft zu sehen, ein holographisches Phänomen ist. Wie bei der Retrokognition empfangen übersinnlich Begabte die präkognitiven Informationen in Form von dreidimensionalen Bildern. Der in Cuba geborene Tony Cordero versichert, seine Zukunftsvisionen glichen einem Kinofilm, der in seinem Geist ablaufe. Einen der ersten Filme dieser Art sah Cordero in seiner Kindheit, als er eine Vision der kommunistischen Machtübernahme in Cuba hatte. »Ich erzählte meiner Familie, daß ich über ganz Cuba rote Fahnen wehen sähe und daß meine Leute das Land verlassen müßten und daß viele Familienmitglieder erschossen würden. Ich konnte Rauch riechen und Gewehrfeuer hören. Ich habe das Gefühl, in der Situation drinzustecken. Ich kann Menschen reden hören, aber sie können mich weder hören noch sehen. Es ist so etwas wie eine Reise durch die Zeit.«[29]

Die Worte, mit denen Hellseher ihre Erfahrungen schildern, haben ebenfalls Ähnlichkeit mit Bohms Aussagen. Garrett beschrieb das Hellsehen als »eine ungewöhnlich scharfe Wahrnehmung verschiedener Aspekte von Lebensabläufen, und da auf der hellseherischen Ebene die Zeit *ungeteilt und einheitlich* [Hervorhebungen von mir] ist, nimmt man häufig das Objekt oder Ereignis in einem abrupten Wechsel in seiner vergangenen, gegenwärtigen und/oder künftigen Phase wahr«.[30]

Wir sind alle Hellseher

Bohms Ansicht, daß jedes menschliche Bewußtsein seinen Ursprung im Impliziten hat, bedeutet indirekt, daß wir alle die Fähigkeit besitzen, in die Zukunft zu sehen, und auch hierfür gibt es Beweise. Jahns und Dunnes Entdeckung, daß sogar gewöhnliche Sterbliche bei präkognitiven Fernsichttests gut abschneiden, ist ein Indiz für die weite Verbreitung dieser Befähigung. Zahllose andere Befunde, sowohl experimentelle als auch anekdotische, liefern zusätzliche Belege. In einer Rundfunksendung der BBC forderte Dame Edith Lyttelton, ein Mitglied der politisch und gesellschaftlich einflußreichen englischen Familie Balfour und Präsidentin der British Society for Psychical Research, 1934 ihre Hörer auf, Berichte über eigene präkognitive Erfahrungen einzusenden. Sie wurde von Briefen förmlich überschwemmt, und selbst nachdem sie die Zuschriften, die keine Beweiskraft hatten, ausgeschieden hatte, verfügte sie immer noch über so viel Material, daß sie einen ganzen Band zu diesem Thema füllen konnte.[31] Auch aus Umfragen, die Louisa Rhine durchführte, geht hervor, daß präkognitive Telepathie häufiger vorkommt als alle anderen Formen übersinnlicher Erlebnisse.[32]

Untersuchungen haben überdies ergeben, daß Zukunftsvisionen vorwiegend tragische Ereignisse betreffen; bei den Vorhersagen beträgt das Verhältnis zwischen unglücklichen und freudigen Vorkommnissen vier zu eins. Vorahnungen von Todesfällen stehen an erster Stelle, es folgen Unglücksfälle und Krankheiten.[33] Der Grund dafür scheint auf der Hand zu liegen. Wir sind so gründlich konditioniert, die Erkenntnis der Zukunft für *nicht* möglich zu halten, daß unsere naturgegebenen präkognitiven Fähigkeiten entschlummert sind. Gleich den übermenschlichen Kräften, die manche Leute in lebensgefährlichen Situationen aufbringen, bemächtigen auch sie sich nur in kritischen Zeiten unseres Bewußtseins – wenn jemand, der uns nahesteht, sterben wird, wenn unsere Kinder oder ein anderer geliebter Mensch in Gefahr sind und so weiter. Daß unser »hochgezüchtetes« Wirklichkeitsverständnis verantwortlich ist für unser Unvermögen, die wahre Natur unseres Verhältnisses zur Zeit zu erfassen und zu nutzen, läßt sich durch die Tatsache belegen, daß bei ESP-Tests Angehörige sogenannter primitiver Kulturen fast immer bessere Werte erzielen als Zivilisationsmenschen.[34]

Ein weiterer Anhaltspunkt dafür, daß wir unsere angeborenen präkognitiven Fähigkeiten in das Hinterstübchen des Unterbewußtseins verbannt haben, ergibt sich aus der engen Verbindung von Vorahnungen und Träumen. Untersuchungen haben gezeigt, daß 60 bis 68 Prozent aller Vorahnungen im Traum geschehen.[35] Wir haben zwar unsere Gabe, in die Zukunft zu sehen, aus unserem Bewußtsein eliminiert, aber in den Tiefenschichten unserer Psyche ist sie nach wie vor äußerst aktiv.

Stammeskulturen sind sich dessen sehr wohl bewußt, und im Schamanentum wird fast einhellig anerkannt, wie wesentlich Träume für das Erkennen der Zukunft sind. Schon in den ältesten Schriften ist die Rede von der Macht der Weissagung, die den Träumen innewohnt, wie der biblische Bericht über den Traum des Pharaos von den sieben fetten und den sieben mageren Kühen bezeugt. Das hohe Alter solcher Überlieferungen spricht dafür, daß es mit solchen Traumgeschichten mehr auf sich hat, als unsere heutige skeptische Einstellung zur Präkognition wahrhaben will. Die enge Verbindung des Unterbewußtseins mit dem zeitlosen Bereich des Impliziten mag dabei eine Rolle spielen. Weil unser träumendes Ich tiefer in der Seele als in unserem Bewußtsein verankert ist – und somit dem »Urmeer« nähersteht, in dem Vergangenheit, Gegenwart und Zukunft eins werden –, findet es vermutlich leichter Zugang zu Informationen, die die Zukunft betreffen.

Wie dem auch sei, es sollte uns nicht wundernehmen, daß andere Verfahren zur Aktivierung des Unbewußten ebenfalls Vorauswissen zutage fördern können. In den sechziger Jahren haben beispielsweise Karlis Osis und der Hypnotiseur J. Fahler herausgefunden, daß hypnotisierte Testpersonen bei Präkognitionsversuchen erheblich besser abschnitten als nichthypnotisierte.[36] Andere Studien haben gleichfalls die ESP-steigernde Wirkung der Hypnose nachgewiesen.[37] Doch selbst noch so viele statistische Daten haben nicht die gleiche Aussagekraft wie ein Beispiel aus dem wirklichen Leben. In seinem Buch *The Future Is Now: The Significance of Precognition* teilt Arthur Osborn die Ergebnisse eines Hypnose-Präkognitionsexperiments mit, dem sich die französische Schauspielerin Irène Muza unterzogen hatte. Als sie in Hypnose versetzt war und gefragt wurde, ob sie ihre eigene Zukunft sehen könne, erwiderte sie: »Meine Karriere wird kurz sein. Ich wage nicht zu sagen, wie mein Ende aussehen wird: Es wird furchtbar.«

Die entsetzten Experimentatoren beschlossen, der Muza zu verheimlichen, was sie gesagt hatte, und gaben ihr die posthypnotische Anweisung, alles zu vergessen, was sie geäußert hatte. Als sie aus der Trance erwachte, hatte sie keine Erinnerung mehr an ihre Prognose. Doch selbst wenn sie sie gekannt hätte, die Ursache ihres schrecklichen Todes war sie gewiß nicht. Wenige Monate später verschüttete ihr Friseur versehentlich eine alkoholische Flüssigkeit auf einem brennenden Ofen, und das Haar und die Kleider der Schauspielerin fingen sofort Feuer. In wenigen Sekunden stand sie in Flammen, und sie starb einige Stunden danach in einem Krankenhaus.[38]

Holosprünge des Glaubens

Das Schicksal von Irène Muza wirft eine wichtige Frage auf: Wenn sie gewußt hätte, was ihr zustoßen würde, hätte sie dann das Unheil verhindern können? Mit anderen Worten: Ist die Zukunft starr und ganz und gar vorherbestimmt, oder läßt sie sich verändern? Auf den ersten Blick scheint die Existenz präkognitiver Phänomene darauf hinzudeuten, daß ersteres zutrifft, doch dies wäre ein sehr beunruhigender Zustand. Wenn die Zukunft ein Hologramm ist, das in allen Einzelheiten festgelegt ist, so bedeutet das, daß wir keinen freien Willen besitzen. Wir sind dann nichts weiter als Marionetten des Schicksals, die blind nach einem Drehbuch agieren, das bereits geschrieben ist.

Glücklicherweise gibt es überwältigende Indizien dafür, daß dies nicht der Fall ist. Die Literatur ist voll von Beispielen dafür, daß Menschen mittels ihrer Präkognition Katastrophen vermeiden konnten: Sie sahen einen Flugzeugabsturz voraus und entgingen dem Tod, indem sie nicht mitflogen, oder sie erahnten, daß ihre Kinder bei einer Überschwemmung ertrinken würden, und brachten sie im allerletzten Augenblick aus der Gefahrenzone. Neunzehn Fälle sind verbürgt, in denen Menschen den Untergang der »Titanic« voraussahen – einige waren Passagiere, die ihre Vorahnungen ernst nahmen und überlebten, andere waren ebenfalls Passagiere, die das böse Omen ignorierten und ertranken, und wieder andere gehörten in keine dieser beiden Kategorien.[39]

Solche Vorfälle lassen den Schluß zu, daß die Zukunft nicht festgelegt, sondern plastisch und veränderbar ist. Diese Auffassung bringt freilich auch ein Problem mit sich. Wenn die Zukunft sich immer in einem Fluxzustand befindet, worauf stützt sich dann Croiset, wenn er die Person beschreibt, die siebzehn Tage später auf einem bestimmten Stuhl Platz nimmt? Wie kann die Zukunft zugleich existieren und nicht existieren?

Loye gibt eine mögliche Antwort auf solche Fragen. Er geht davon aus, daß die Wirklichkeit ein Riesenhologramm *ist* und daß in ihm die Vergangenheit, die Gegenwart und die Zukunft tatsächlich festgelegt sind, zumindest bis zu einem gewissen Grad. Entscheidend ist, daß dies nicht das einzige Hologramm ist. Es gibt viele holographische Gebilde, die in den zeit- und raumlosen Gewässern des Impliziten treiben und einander umkreisen und umschweben wie Amöben. »Solche holographischen Gebilde könnte man auch als Parallelwelten oder Paralleluniversen betrachten«, meint Loye.

Die Zukunft eines jeden holographischen Universums *ist* prädeterminiert, und wenn ein Mensch einen präkognitiven Blick in die Zukunft wirft, klinkt er sich nur in die Zukunft dieses bestimmten Hologramms ein. Wie Amöben verschlingen diese Hologramme einander zuweilen; sie verschmelzen und teilen sich wie die Protoplasma-Energieklumpen, die sie in Wahrheit sind. Manchmal schrecken uns diese Zusammenstöße auf, und sie sind dann verantwortlich für die Vorahnungen, die uns hin und wieder heimsuchen. Und wenn wir aufgrund einer Vorahnung handeln und scheinbar die Zukunft verändern, springen wir im Grunde nur von einem Hologramm zum andern. Loye bezeichnet diese Sprünge *innerhalb* der holographischen Welt als »Holosprünge« und meint, daß wir daraus unsere eigentliche Befähigung zur Einsicht und zur Freiheit beziehen.[40]

Bohm faßt denselben Sachverhalt in einer leicht abweichenden Form zusammen: »Wenn Menschen zutreffend von Katastrophen träumen und daraufhin nicht das fragliche Flugzeug oder Schiff besteigen, haben sie nicht die konkrete Zukunft vorausgesehen, sondern nur etwas in der Gegenwart, das verhüllt ist und sich auf die Ausformung dieser Zukunft zubewegt. In Wahrheit unterschied sich die Zukunft, die sie erschaut haben, von der tatsächlichen Zukunft, weil sie sie veränderten. Deshalb erscheint mir die Aussage plausibler, daß es sich hier, falls diese Phänomene existieren, um eine Vorwegnahme der Zukunft in der impliziten Ordnung in der Gegenwart handelt. Kommende Ereignisse werfen, wie man zu sagen pflegt, ihre Schatten voraus. Ihre Schatten werden tief in der impliziten Ordnung geworfen.«[41]

Bohms und Loyes Äußerungen scheinen zwei unterschiedliche Versuche zu sein, denselben Tatbestand zu beschreiben – die Darstellung der Zukunft als ein Hologramm, das substantiell genug ist, um von uns wahrgenommen zu werden, und flexibel genug, um Veränderungen zuzulassen. Andere benutzen noch andere Formulierungen für denselben Grundgedanken. Cordero beschreibt die Zukunft als einen Hurrikan, der allmählich entsteht, an Kraft gewinnt und beim Näherkommen immer konkreter und unausweichlicher wird.[42] Ingo Swann, ein begabter Hellseher, der eine Reihe von eindrucksvollen Leistungen erbracht hat, unter anderem in den Fernsichtexperimenten von Puthoff und Targ, spricht von der Zukunft als einem Gemisch von »Kristallisationsmöglichkeiten«.[43] Die hawaiischen Kahuna, weithin bekannt für ihre präkognitiven Fähigkeiten, sehen in der Zukunft ebenfalls eine Flüssigkeit im Prozeß der »Kristallisation« und glauben, daß diese bei großen Weltereignissen am weitesten fortgeschritten ist; das gleiche gilt für die wichtigsten Ereignisse im Leben eines Menschen, also für Heirat, Unglücksfälle und Tod.[44]

Die zahlreichen Vorahnungen, die nachweislich sowohl der Ermordung Kennedys als auch dem amerikanischen Bürgerkrieg vorausgingen (selbst George Washington hatte die Vision eines künftigen Bürgerkriegs, in der ein Bezug zu »Afrika«, die Einsicht, daß alle Menschen

»Brüder« seien, und der Begriff »Union« auftauchten[45]), scheinen eine Bestätigung für diesen Glauben der Kahunas zu sein.

Loyes These, daß es viele getrennte holographische Zukünfte gibt und daß wir darüber entscheiden, welche Ereignisse sich manifestieren werden, indem wir von einem Hologramm zum andern springen, impliziert noch einen weiteren Aspekt. Die Auswahl einer bestimmten holographischen Zukunft ist im Grunde gleichbedeutend mit der Erschaffung der Zukunft. Wie wir gesehen haben, gibt es reichlich Anhaltspunkte dafür, daß das Bewußtsein bei der Erschaffung des Hier und Heute eine wesentliche Rolle spielt. Wenn aber der Geist jenseits der Grenzen der Gegenwart umherschweifen und zuweilen die nebelverhangene Landschaft der Zukunft betreten kann, sind wir dann auch an der Entstehung künftiger Ereignisse beteiligt? Sind also, anders ausgedrückt, die Irrungen und Wirrungen des Lebens wirklich dem Zufall unterworfen, oder haben wir teil an der Ausgestaltung unseres eigenen Schicksals? Einige faszinierende Indizien sprechen dafür, daß letzteres der Fall sein könnte.

Die Schattenwelt der Seele

Joel Whitton, Psychiatrieprofessor an der medizinischen Fakultät der University of Toronto, erforscht ebenfalls mit Hilfe der Hypnose, was Menschen unbewußt über sich selbst wissen. Whitton, ein Fachmann für klinische Hypnose, der außerdem ein Abschlußexamen im Fach Neurobiologie vorweisen kann, befragt die Leute jedoch nicht über ihre Zukunft, sondern über ihre Vergangenheit – ihre ferne Vergangenheit, um genau zu sein. In den letzten Jahrzehnten hat er in aller Stille Befunde zusammengetragen, die sich auf die Reinkarnation oder Seelenwanderung beziehen.

Die Reinkarnation ist ein heikles Thema, denn über sie ist so viel Unsinn verbreitet worden, daß viele Menschen nichts mehr davon hören wollen. Die meisten wissen freilich nicht, daß neben den – man könnte sogar sagen: trotz der – sensationellen Enthüllungen von Berühmtheiten und den Geschichten über wiedergeborene Kleopatras, die in den Medien breitgetreten werden, auch seriöse Reinkarnationsforschung betrieben wird, und zwar in beachtlichem Umfang. Eine kleine, aber ständig wachsende Schar von hochangesehenen Wissenschaftlern hat seit mehreren Jahrzehnten eine beeindruckende Fülle von einschlägigen Daten gesammelt. Einer dieser Wissenschaftler ist Whitton.

Das Datenmaterial belegt nicht, daß es eine Seelenwanderung gibt, und auch in diesem Buch wird eine solche Behauptung nicht aufgestellt. Ein unwiderleglicher Beweis für die Reinkarnation ist in der Tat schwer vorstellbar. Die Resultate, die im folgenden zur Sprache kommen, werden nur deshalb präsentiert, weil sie faszinierende Möglichkeiten eröffnen und weil sie für unser Gesamtthema relevant sind. In diesem Sinne sollten wir uns unvoreingenommen mit ihnen auseinandersetzen.

Whittons Hypnoseforschung gründet im wesentlichen auf einer ebenso simplen wie aufregenden Tatsache. In Hypnose versetzte Individuen erinnern sich oft an Dinge, die offenbar einer früheren Existenz angehören. Studien haben ergeben, daß mehr als 90 Prozent aller hypnotisierbaren Menschen Erinnerungen dieser Art heraufbeschwören können.[46] Die Existenz des Phänomens wird allgemein akzeptiert, selbst von Skeptikern. Das psychiatrische Handbuch *Trauma, Trance and Transformation* beispielsweise mahnt angehende Hypnotherapeuten, sich nicht überrascht zu zeigen, wenn bei ihren Patienten solche Erinnerungen spontan zum Vorschein kommen. Der Autor lehnt zwar die Idee der Wiedergeburt ab, merkt aber an, daß die Erinnerungen gleichwohl eine erstaunliche Heilwirkung haben können.[47]

Es versteht sich, daß die Bedeutung dieses Phänomens heiß umstritten ist. Viele Forscher vertreten die Ansicht, daß solche Erinnerungen Phantasieprodukte oder Erfindungen des Unterbewußtseins seien, und es besteht kein Zweifel, daß dies zuweilen zutrifft, insbesondere dann, wenn die Hypnosesitzung oder »Regression« von einem unerfahrenen Hypnotiseur durchgeführt wird, der die richtige Fragetechnik, mit der Phantasieäußerungen unterdrückt werden sollen, nicht beherrscht. Aber es sind auch zahllose Fälle belegt, in denen Personen unter Anleitung von bewährten Experten Erinnerungen hervorbrachten, die offensichtlich keine Phantasiegebilde waren. In diese Kategorie fallen die von Whitton zusammengetragenen Befunde.

Für seine Forschungsarbeit stellte Whitton eine Kerngruppe von etwa dreißig Versuchspersonen zusammen. Es waren Menschen aus allen Lebensbereichen, Fernfahrer ebenso wie Computerwissenschaftler; einige glaubten an die Seelenwanderung, andere hingegen nicht. Er hypnotisierte sie individuell und hat in Abertausenden von Stunden alles aufgezeichnet, was sie über ihre angeblichen früheren Existenzen zu sagen hatten.

Die so gewonnenen Informationen ergaben ein faszinierendes Gesamtbild. Ein auffälliger Aspekt war das hohe Maß an Übereinstimmung zwischen den Darstellungen der Testpersonen. Alle berichteten von mehreren früheren Leben, manchmal bis zu zwanzig oder fünfundzwanzig, doch in der Praxis war das Limit erreicht, wenn Whitton sie bis zu ihrer »Höhlenmenschexistenz«, wie er es nannte, zurückführte, wo sich die einzelnen Lebenszeiten nicht mehr unterscheiden ließen.[48] Alle Probanden versicherten, die Seele sei nicht geschlechtsgebunden – viele hatten zumindest ein Leben als Angehörige des jeweils anderen Geschlechts geführt. Und alle erklärten, der Zweck des Daseins sei es, sich zu entwickeln und zu lernen, und multiple Existenzen würden diesen Prozeß fördern.

Whitton fand zudem stichhaltige Belege dafür, daß sich die geschilderten Erlebnisse tatsächlich auf frühere Existenzen bezogen. Eine ungewöhnliche Besonderheit war, daß die Erinnerungen eine Vielzahl von scheinbar unzusammenhängenden Ereignissen und Erfahrungen im gegenwärtigen Leben der Probanden zu erklären vermochten. Ein in Kanada geborener und aufgewachsener Psychologe zum Beispiel hatte als Kind einen unerklärlichen britischen Akzent gehabt. Er hatte auch eine irrationale Angst vor einem Beinbruch und eine Flugphobie, war ein notorischer Nägelkauer und besessen von dem Gedanken an Folterqualen, und als Teenager hatte er eine kurze, rätselhafte Vision gehabt, in der er sich in einem Raum mit einem Nazi-Offizier sah, kurz nachdem er während der Fahrprüfung die Pedale des Wagens betätigt hatte. In der Hypnose erinnerte sich der Mann, daß er im Zweiten Weltkrieg ein britischer Pilot gewesen war. Bei einem Kampfeinsatz über Deutschland war seine Maschine von Granaten getroffen worden, und eine hatte den Rumpf durchschlagen und sein Bein zerschmettert. Dadurch verlor er die Kontrolle über die Pedale des Flugzeugs und wurde zu einer Bruchlandung gezwungen. Die Nazis nahmen ihn gefangen und folterten ihn, indem sie seine Nägel herausrissen; kurze Zeit danach starb er.[49]

Bei vielen Probanden bewirkte die Aufdeckung der traumatischen Erinnerungen an die früheren Existenzen eine nachhaltige seelische und physische Gesundung, und sie beschrieben die Zeiten, in denen sie gelebt hatten, unheimlich präzise und detailliert. Einige redeten sogar in Sprachen, die ihnen unbekannt waren. Ein siebenunddreißigjähriger Verhaltensforscher rief, während er sein früheres Dasein als Wikinger durchlebte, Worte, die von Linguisten später als Altnordisch identifiziert wurden.[50] Nachdem sich derselbe Mann in sein früheres Leben im alten Persien zurückversetzt hatte, begann er spinnwebartige, arabisch anmutende Schriftzeichen zu kritzeln, die ein Fachmann für die Sprachen des Mittleren Ostens als authentische Wiedergabe des sassanidischen Pahlawi bezeichnete, einer längst erloschenen mesopotamischen Sprache, die von 226 bis 651 in Gebrauch war.[51]

Seine bemerkenswerteste Entdeckung machte Ben Whitton indes, als er seine Probanden in die Phasen zwischen den früheren Existenzen versetzte, einen schillernden, lichtdurchfluteten Bereich, in dem »Zeit und Raum, wie wir sie kennen, aufgehoben waren«.[52] Nach Aussage der Betroffenen hatten diese Zwischenphasen unter anderem die Funktion, ihnen die Möglichkeit zu geben, ihr nächstes Leben zu planen und alle wichtigen künftigen Begebenheiten und Verhältnisse zu entwerfen. Aber dieser Prozeß war nicht einfach eine Form des Wunschdenkens wie im

Märchen. Whitton erkannte, daß Personen, die sich in diesem Zwischenbereich aufhielten, in einen ungewöhnlichen Bewußtseinszustand gerieten, in dem sie sich ihrer selbst ungemein bewußt waren und ein gesteigertes moralisches und ethisches Empfinden besaßen. Sie waren dann nicht mehr imstande, ihre Fehler und Untaten wegzudiskutieren, und sich selbst gegenüber absolut ehrlich. Um diesen Zustand höchster Gewissenhaftigkeit von unserem normalen Alltagsbewußtsein zu unterscheiden, hat Whitton den Begriff »Metabewußtsein« eingeführt.

Wenn also Probanden ihr nächstes Leben planten, zeigten sie großes moralisches Verantwortungsbewußtsein. Sie wollten wiedergeboren werden unter Menschen, denen sie in einem früheren Leben unrecht getan hatten, damit sie die Chance erhielten, das Begangene wiedergutzumachen. Sie planten die Wiederbegegnung mit »Seelengefährten«, zu denen sie im Laufe vieler Existenzen eine liebevolle und für beide Seiten ersprießliche Beziehung aufgebaut hatten, und sie richteten sich auf »ergänzende« Episoden ein, in denen sie andere Verpflichtungen und Aufgaben zu erfüllen gedachten. Ein Mann berichtete, bei der Planung seines nächsten Lebens habe er sich »eine Art Uhrwerk vorgestellt, in das man bestimmte Teile einfügen konnte, damit sich spezifische Konsequenzen ergäben«.[53]

Diese Konsequenzen waren nicht immer angenehm. Nach der Regression in einen metabewußten Zustand enthüllte eine Frau, die im Alter von siebenunddreißig Jahren vergewaltigt worden war, sie habe in Wahrheit das Ereignis geplant, bevor sie in diese Inkarnation eingetreten sei. Sie hatte, wie sie erläuterte, in dem genannten Alter eine Tragödie erleben müssen, um gezwungen zu sein, ihre »gesamte Seelenverfassung« zu verändern und damit den Durchbruch zu einem tieferen und positiveren Verständnis des Lebenssinns zu schaffen.[54] Ein Mann, der an einer schweren, lebensbedrohenden Nierenkrankheit litt, offenbarte, daß er diese Krankheit gewählt habe, um sich selbst für sein Fehlverhalten in einem früheren Leben zu bestrafen. Er fügte allerdings hinzu, daß der Tod infolge des Nierenleidens nicht in seinem Drehbuch stehe; vor dem Antritt seines jetzigen Lebens hatte er deshalb dafür gesorgt, daß er jemandem begegnete, der ihm helfen konnte, sich an diesen Punkt zu erinnern, und ihm somit die Möglichkeit gab, seine Schuld zu tilgen und seinen Körper zu heilen. Seine Worte bewahrheiteten sich: Nachdem er seine Sitzungen bei Whitton aufgenommen hatte, wurde er auf wunderbare Weise vollständig gesund.[55]

Nicht alle Versuchspersonen waren so erpicht darauf, etwas über die Zukunft zu erfahren, die ihr Metabewußtsein vor ihnen ausgebreitet hatte. Mehrere zensierten ihre eigenen Erinnerungen und baten Whitton, er möge ihnen den posthypnotischen Befehl geben, alles zu vergessen, was sie im Hypnoseschlaf gesagt hatten. Sie erklärten, sie wollten nicht in Versuchung geraten, in dem Drehbuch herumzupfuschen, das ihr metabewußtes Ich für sie verfaßt hatte.[56]

Das ist ein verblüffender Gedanke. Ist es möglich, daß unser Unterbewußtsein nicht nur den ungefähren Ablauf unseres Schicksals kennt, sondern uns auch tatsächlich zu dessen Erfüllung hinsteuert? Whittons Forschungsarbeit ist nicht der einzige Beleg dafür, daß dies der Fall sein könnte. In einer statistischen Untersuchung von achtundzwanzig schweren Eisenbahnunfällen in den USA hat der Parapsychologe William Cox ermittelt, daß an den Unglückstagen signifikant weniger Personen mit dem Zug fuhren als am gleichen Tag in den Vorwochen.[57]

Cox' Befund deutet darauf hin, daß wir alle offenbar ständig unbewußt die Zukunft vorausahnen und Entscheidungen treffen, die sich auf diese Informationen gründen: Manche entscheiden sich für die Vermeidung eines Mißgeschicks, andere hingegen – wie die Frau, die eine persönliche Tragödie erleben wollte, oder der Mann, der die Nierenkrankheit auf sich nahm – wählen die Erfahrung unangenehmer Situationen, um andersartige unterbewußte Pläne und Aufgaben erfüllen zu können. »Genau kalkulierend oder auf gut Glück bestimmen wir unsere Lebensumstände«, meint Whitton. »Die Botschaft des Metabewußtseins besagt, daß die Situation eines jeden Menschen weder beliebig noch unangemessen ist. Objektiv betrachtet, vom ›Zwischenleben‹ her, ist jede menschliche Erfahrung nichts anderes als eine Unterrichtsstunde im kosmischen Klassenzimmer.«[58]

An dieser Stelle ist eine wichtige Einschränkung angebracht: Die Existenz solcher unbewußten Agenden bedeutet nicht, daß unser Leben starr vorherbestimmt und jedes Schicksal unabwendbar wäre. Die Tatsache, daß viele Probanden Whittons sich nicht daran erinnern wollten, was sie in der Hypnose gesagt hatten, impliziert, daß die Zukunft nur in groben Zügen vorgezeichnet ist und immer noch modifiziert werden kann.

Whitton ist nicht der einzige Reinkarnationsforscher, der den Nachweis geführt hat, daß unser Unterbewußtsein einen größeren Einfluß auf unser Leben ausübt, als wir vermuten. Ein anderer ist Ian Stevenson, Professor für Psychiatrie an der medizinischen Fakultät der University of Virginia. Er bedient sich nicht der Hypnose, sondern befragt Kinder, die sich spontan an angebliche frühere Existenzen erinnern. Er hat sich über 30 Jahre lang mit diesem Thema befaßt und Tausende von Fällen aus aller Welt zusammengetragen und analysiert.

Nach Stevenson ist die spontane Erinnerung an ein früheres Leben bei Kindern relativ weit verbreitet, so verbreitet, daß die Zahl der untersuchungswürdigen Fälle das Leistungsvermögen seiner Mitarbeiter bei weitem übersteigt. In der Regel sind die Kinder zwei bis vier Jahre alt, wenn sie von ihrem »anderen Leben« zu erzählen beginnen, und vielfach erinnern sie sich an Dutzende von Einzelheiten, etwa an ihren Namen, die Namen ihrer Angehörigen und Freunde, den Wohnort, das Aussehen des Hauses, ihren Beruf, ihren Tod und sogar daran, wo sie ihr Geld versteckten, bevor sie starben, und zuweilen, im Falle eines gewaltsamen Todes, auch an ihren Mörder.[59]

Die Erinnerungen der Kinder sind häufig so detailliert, daß Stevenson die Identität ihrer früheren Persönlichkeit ermitteln und nahezu sämtliche Aussagen verifizieren kann. Er hat sogar Kinder in die Gegend begleitet, in der ihre frühere Inkarnation lebte, und beobachtet, wie sie sich mühelos in der fremden Umgebung zurechtfanden und ihr ehemaliges Haus, ihre Besitztümer und ihre einstigen Verwandten und Freunde korrekt identifizierten.

Wie Whitton hat auch Stevenson ein gewaltiges Datenmaterial gesammelt, und seine Forschungsergebnisse füllen bereits sechs Bände.[60] Und wie Whitton hat er Anhaltspunkte dafür gefunden, daß das Unbewußte in unserem Verhalten und Schicksal eine sehr viel größere Rolle spielt, als man bisher angenommen hat.

Er hat Whittons Erkenntnis bestätigt, daß wir oft zusammen mit Menschen wiedergeboren werden, die wir in früheren Leben gekannt haben, und daß die Triebkräfte, die unsere Wahl bestimmten, vielfach Zuneigung oder Schuldgefühle sind.[61] Er meint ebenfalls, daß die persönliche Verantwortung, nicht der Zufall, über unser Schicksal entscheidet. Obwohl die materiellen Verhältnisse eines Menschen – das hat er herausgefunden – von einem Leben zum andern sehr unterschiedlich sein können, bleiben sein moralisches Verhalten, seine Interessen, Anlagen und Einstellungen gleich. Wer in seinem früheren Leben ein Verbrecher war, zeigt auch später kriminelle Neigungen; wer großzügig und freundlich war, behält diese Eigenschaften bei und so weiter. Daraus zieht Stevenson den Schluß, daß es nicht auf die äußeren Umstände des Lebens ankommt, sondern auf die inneren Werte, auf die Freuden, Leiden und das »innere Wachstum« der Persönlichkeit.

Am bedeutsamsten jedoch ist, daß er keinen zwingenden Beweis für ein »vergeltendes Karma« und auch keinerlei Indizien dafür entdeckte, daß wir im kosmischen Rahmen für unsere Sünden bestraft werden. »Es gibt demnach – wenn wir von den Fallbeispielen ausgehen – keinen externen Richter unseres Verhaltens und kein Wesen, das uns gemäß unserer Lebensführung von einem Dasein ins nächste versetzt. Wenn diese Welt (mit Keats' Worten) ›ein Tal der Seelengestaltung‹ ist, dann sind wir die Gestalter unserer eigenen Seele«, konstatiert Stevenson.[62]

Stevenson hat überdies ein Phänomen enthüllt, das in Whittons Studie nicht aufgetaucht war, und diese Entdeckung liefert einen noch eindrucksvolleren Beleg für die Macht, mit der das Unbewußte unsere Lebensumstände beeinflußt. Er hat festgestellt, daß die frühere Inkarnation eines Menschen augenscheinlich sogar das Erscheinungsbild und die Struktur seines gegenwärtigen Körpers prägen kann. Zum Beispiel haben birmanische Kinder, die sich an ein früheres Leben als englische oder amerikanische Piloten erinnern, die im Zweiten Weltkrieg über Birma abgeschossen wurden, allesamt helleres Haar und eine hellere Haut als ihre Geschwister.[63]

Er hat auch Fälle entdeckt, in denen unverwechselbare Gesichtszüge, Fußmißbildungen und andere Merkmale von einem Leben zum nächsten weitergegeben wurden.[64] Am zahlreichsten sind dabei körperliche Schäden, die in Form von Narben oder Muttermalen überliefert werden. Ein Junge, der sich erinnerte, durch einen Halsschnitt ermordet worden zu sein, hatte am Hals noch immer einen rötlichen Streifen, der wie eine Narbe aussah.[65] Ein anderer Junge, der in seiner früheren Inkarnation durch einen Schuß in den Kopf Selbstmord begangen hatte, besaß zwei narbenähnliche Muttermale, die genau dem Schußkanal entsprachen – eines markierte das Einschußloch, das andere das Austrittsloch der Kugel.[66] Ein dritter Junge hatte ein Muttermal, das einer Operationsnarbe glich und von einer Reihe roter Punkte umgeben war, die einer Wundnaht ähnelten, und zwar genau an der Stelle, an der in seinem früheren Leben ein chirurgischer Eingriff vorgenommen worden war.[67]

Stevenson hat Hunderte von Fällen dieser Art erfaßt. Einige Male konnte er sogar die Krankenhaus- und/oder Autopsieberichte der verstorbenen »Vorgänger« einsehen und nachweisen, daß solche Verletzungen nicht nur vorlagen, sondern sich auch exakt an der Stelle der gegenwärtigen Muttermale oder Mißbildungen befanden. Für ihn sind die Male eines der stärksten Indizien, die für die Reinkarnation sprechen, aber sie lassen ebenso die Existenz eines wie auch immer gearteten nichtphysischen Übergangskörpers vermuten, der als Träger dieser Merkmale zwischen zwei Inkarnationen fungiert. Er meint dazu: »Mir scheint, daß die Wunden am Körper der früheren Persönlichkeit auf eine Art Zwischenkörper übertragen werden, der seinerseits als Schablone für die deckungsgleiche Anordnung von Muttermalen und Mißbildungen auf einem neuen physischen Körper dient.«[68]

Der von Stevenson postulierte »Schablonenkörper« erinnert an Tillers These, wonach das menschliche Energiefeld eine holographische Schablone ist, die die Form und Struktur des physischen Körpers bestimmt. Es ist, mit anderen Worten, eine Art dreidimensionale Blaupause, aus der sich der Körper entwickelt. Stevensons Forschungsergebnisse hinsichtlich der Körpermale sind eine weitere Bestätigung der Annahme, daß wir im Grunde nur Bilder sind, holographische Konstrukte, die das Denken erschafft.

Stevenson zufolge verhalten wir uns bei diesem Prozeß so passiv, daß es fast als widerwillig erscheint, obgleich seine Untersuchungen vermuten lassen, daß wir die Schöpfer unseres Lebens und, bis zu einem gewissen Grade, unseres Körpers sind. Tiefenschichten der Psyche sind offenbar für diese Optionen zuständig, Schichten, die sehr viel engeren Kontakt zum Impliziten haben. Oder wie Stevenson es formuliert: »Mentale Aktivitätsebenen, die weit tiefer angesiedelt sind als jene, welche die Verdauung unseres Abendessens im Magen oder unsere Atmung regulieren, müssen diese Prozesse steuern.«[69]

So unorthodox viele Ansichten Stevensons auch sein mögen, seine Reputation als gewissenhafter und gründlicher Forscher hat ihm selbst in eher skeptischen Kreisen Respekt eingetragen. Seine Forschungsresultate sind in so angesehenen wissenschaftlichen Zeitschriften wie dem *American Journal of Psychiatry,* dem *Journal of Nervous and Mental Disease* sowie dem *International Journal of Comparative Sociology* erschienen. Und eine Rezension einer seiner Arbeiten im renommierten *Journal of the American Medical Association* stellt fest, er habe »sorgfältig und emotionslos eine Reihe von ausführlich beschriebenen Fallbeispielen zusammengetragen, die für das Verständnis der Reinkarnation unentbehrlich sind ... Er hat eine große Fülle von Daten dokumentiert, die nicht ignoriert werden dürfen.«[70]

Das Denken als Baumeister

Die Vorstellung, daß ein zutiefst unbewußter und sogar spiritueller Teil unseres Wesens die Grenzen der Zeit sprengen kann und für unser Schicksal verantwortlich ist, findet sich auch in vielen schamanischen und in anderen Kulturen. Nach dem Glauben der Batak in Indonesien sind sämtliche Erfahrungen eines Menschen in seiner Seele, dem *tondi,* vorherbestimmt, die durch Reinkarnation von einem Körper in den nächsten übergeht und ein Medium darstellt, das nicht nur das Verhalten, sondern auch die physischen Eigenschaften des früheren Ich reproduziert.[71] Die Ojibwa-Indianer glaubten ebenfalls, daß der Lebensweg einer Person durch ein unsichtbares Geist- oder Seelenwesen vorgezeichnet ist, und zwar in einer Weise, die das Wachstum und die Entwicklung fördert. Stirbt ein Mensch, ohne das ihm zugedachte Lernpensum absolviert zu haben, kehrt sein spiritueller Körper zurück und wird in einem anderen physischen Körper wiedergeboren.[72]

Die Kahunas nennen dieses unsichtbare Wesen *aumakua* (»hohes Selbst«). Wie Whittons Metabewußtsein ist es die unbewußte Komponente eines Menschen, die diejenigen Teile der Zukunft, die kristallisiert oder »festgelegt« sind, wahrzunehmen vermag. Es ist zugleich jene Komponente unseres Wesens, die für die Gestaltung unseres Schicksals zuständig ist, doch es kommt noch etwas anderes hinzu. Wie viele in diesem Buch genannten Forscher glauben die Kahunas, daß Gedanken stoffliche Gebilde sind und aus einer subtilen energetischen Substanz bestehen, die sie als *kino mea* (»schattenhafter Körperstoff«) bezeichnen. Demnach verschwinden unsere Hoffnungen, Ängste, Pläne, Sorgen, Schuldgefühle, Träume und Phantasien nicht, nachdem sie unseren Geist verlassen haben, sondern sie verwandeln sich in Gedankenformen und werden zu Fäden in dem Strang, aus dem das »hohe Selbst« die Zukunft webt.

Die meisten Menschen sind nach Ansicht der Kahunas nicht Herr über ihre Gedanken und bombardieren ihr hohes Selbst unaufhörlich und ungezielt mit einem widersprüchlichen Gemisch aus Absichten, Wünschen und Befürchtungen. Dadurch gerät das hohe Selbst in Verwirrung, und deshalb erscheint das Leben der meisten Leute gleichermaßen wirr und unkontrolliert. Mächtige Kahunas, die frei mit ihrem hohen Selbst kommunizierten, waren angeblich in der Lage, einem Menschen bei der Umgestaltung seiner Zukunft zu helfen. In diesem Sinne hielt man es auch für äußerst wichtig, daß sich die Menschen regelmäßig die Zeit nahmen, über ihr Leben nachzudenken und sich konkret vorzustellen, wie ihre Zukunft aussehen sollte. Auf diese Weise können sie, wie die Kahunas versichern, künftige Ereignisse bewußt steuern und die eigene Zukunft gestalten.[73]

Ähnlich wie Tiller und Stevenson, die einen vergeistigten Übergangskörper postulieren, gingen die Kahunas davon aus, daß dieser Schattenkörper eine Art Schablone darstellt, nach der der physische Körper modelliert wird. Kahunas, die in einem intensiven Einklang mit ihrem hohen Selbst standen, konnten den schattenhaften Körperstoff und somit auch den physischen Leib eines anderen Menschen formen und umbilden, und auf diese Weise kamen Wunderheilungen zustande.[74] Diese Auffassung ist eine interessante Parallele zu unserer eigenen Erkenntnis, derzufolge Gedanken und Bilder einen nachhaltigen Einfluß auf die Gesundheit ausüben.

Die tantrischen Mystiker Tibets bezeichneten den »Stoff« der Gedanken als *tsal* und vertraten die Ansicht, daß jede mentale Aktivität Wellen dieser geheimnisvollen Energie erzeuge. Sie hielten das gesamte Universum für eine Hervorbringung des Geistes, geschaffen und belebt durch das kollektive *tsal* aller Lebewesen. Die meisten Menschen, so die Tantristen, sind sich nicht bewußt, daß sie diese Macht besitzen, denn der gewöhnliche Menschengeist funktioniert »wie ein kleiner Tümpel, der vom großen Ozean getrennt ist«. Nur große Yogis, die in die tieferen Schichten des Geistes einzudringen vermögen, können angeblich solche Kräfte bewußt nutzen, und eine Möglichkeit, dieses Ziel zu erreichen, besteht darin, das Gewünschte immer wieder zu visualisieren.

Die tibetischen Tantra-Texte sind voll von einschlägigen Bildvorstellungsübungen oder Sādhanas, und die Mönche einiger Sekten, etwa die Kargyupa, verbrachten bis zu sieben Jahren völlig abgeschieden in einer Höhle oder einem verschlossenen Raum, um ihre Visualisationsfähigkeit zu vervollkommnen.[75] Die persischen Sufis des 12. Jahrhunderts betonten ebenfalls die Bedeutung der Bildvorstellung für die Veränderung und Umgestaltung des eigenen Schicksals; sie nannten die subtile Materie des Denkens *alam almithal*. Wie viele Hellseher glaubten sie, der Mensch besitze einen von chakraähnlichen Energiezentren gesteuerten »Geistkörper«. Auch sie nahmen an, daß die Wirklichkeit in eine Reihe von subtileren Seinsebenen oder *hadarat* gegliedert ist und daß die Ebene, die der gegenwärtigen unmittelbar benachbart ist, eine Art Realitätsschablone darstellt, in der das *alam almithal* der eigenen Gedanken sich in Ideen-Bilder umformt, die ihrerseits schließlich den Weg des Lebens bestimmen. Die Sufis gaben dem Ganzen noch eine eigene Wendung: Für sie war das Herzchakra oder *himma* das für diesen Prozeß zuständige Agens, und die Kontrolle über das Herzchakra war deswegen eine Vorbedingung für die Steuerung des eigenen Geschicks.[76]

Edgar Cayce hat die Gedanken gleichfalls als greifbare Gebilde, als eine feinere Form der Materie, bezeichnet, und wenn er in Trance war, erklärte er seinen Klienten des öfteren, daß ihre Gedanken ihr Schicksal hervorbrächten und daß »das Denken der Baumeister ist«. In seinen Augen gleicht der Denkvorgang einer Spinne, die unablässig Fäden absondert und ihr Netz erweitert. In jedem Augenblick unseres Daseins schaffen wir laut Cayce die Bilder und Muster, die unserer Zukunft Energie und Gestalt verleihen.[77]

Paramahamsa Yogānanda empfahl den Menschen, sich die Zukunft, die sie sich wünschten, bildhaft vorzustellen und sie mit der »Energie der Konzentration« aufzuladen. Er meinte: »Die richtige Visualisation durch Konzentrations- und Willenskraftübungen befähigt uns, die Gedanken zu materialisieren, nicht nur als Träume oder Visionen auf dem geistigen Gebiet, sondern auch als Erfahrungen im materiellen Bereich.«[78]

Solche Gedankengänge finden sich in einer Vielzahl unterschiedlicher Quellen. »Wir sind, was wir denken«, sagte Buddha. »Alles, was wir sind, entsteht aus unseren Gedanken. Mit unseren Gedanken erschaffen wir die Welt.«[79] »Wie ein Mensch handelt, so wird er. Wie das Streben eines Menschen ist, so ist sein Schicksal«, heißt es in der altindischen *Brihadāranyaka-Upanishad*.[80] »Alle Dinge in der Welt der Natur unterliegen nicht dem Schicksal, denn die Seele hat ein eigenes Wirkprinzip«, erklärte der griechische Philosoph Iamblichos im 4. Jahrhundert n. Chr.[81] »Bittet, so wird euch gegeben. ... Wenn ihr Glauben habt ... wird euch nichts unmöglich sein«, sagt die Bibel.[82] »Das Schicksal eines Menschen ist verknüpft mit dem, was er selbst schafft und tut«, schrieb Rabbi Steinsaltz in seinem kabbalistischen Buch *The Thirteen-Petaled Rose*.[83]

Ein Hinweis auf Tieferes

Die Vorstellung, daß unsere Gedanken unser Schicksal bestimmen, ist auch heute noch aktuell. Sie ist das Thema von Selbsthilfe-Bestsellern wie Shakti Gawains *Creative Visualization* und Louise L. Hays *You Can Heal Your Life*. Louise Hay, die versichert, sie habe sich selbst durch die Veränderung ihrer Denkmuster vom Krebs geheilt, veranstaltet ungeheuer erfolgreiche Seminare über ihre Methode. Die gleiche Grundanschauung prägt viele populäre Werke für »Eingeweihte«, etwa *A Course in Miracles* oder die Seth-Bücher von Jane Roberts.

Sie hat auch das Interesse einiger hervorragender Psychologen gefunden. Jean Houston, ehemalige Präsidentin der Association for Humanistic Psychology und gegenwärtig Direktorin der Foundation for Mind Research in Pomona, New York, setzt sich in ihrem Buch *The Possible Human* ausführlich mit dieser Idee auseinander. Sie stellt darin eine Reihe von Bildvorstellungsübungen vor; eine bezeichnet sie als »Orchestrierung des Gehirns und Eintritt in das Holoversum«.[84]

Ein anderes einschlägiges Werk, das sich auf das holographische Modell stützt, ist *Changing your Destiny* von Mary Orser und Richard A. Zarro. Zarro ist außerdem der Begründer von Futureshaping Technologies, einem Unternehmen, das in Firmen Seminare über »zukunftgestaltende« Methoden abhält und zu dessen Klientel sowohl Panasonic als auch die International Banking and Credit Association gehören.[85]

Der frühere Astronaut Edgar Mitchell, der sechste Mensch, der auf dem Mond war, und der sich seit langem mit der Erkundung der inneren und äußeren Welt befaßt, hat einen ähnlichen Weg eingeschlagen. 1973 gründete er das Institute of Noetic Sciences, eine in Kalifornien ansässige Organisation, die sich der Erforschung der geistigen Kräfte widmet. Das Institut gedeiht prächtig, und zu seinen neueren Projekten zählen eine umfassende Untersuchung der Rolle des Geistes bei Wunderheilungen und spontanen Remissionen sowie eine Studie über die Rolle, die das Bewußtsein bei der Schaffung einer positiven globalen Zukunft zu spielen vermag. »Wir erzeugen unsere eigene Wirklichkeit, weil unsere innere emotionale – oder unterbewußte – Realität uns in Situationen bringt, aus denen wir lernen«, meint Mitchell. »Wir erfahren sie als seltsame Dinge, die uns zustoßen, und wir begegnen in unserem Leben Menschen, die uns etwas beibringen können. Und so schaffen wir diese Verhältnisse auf einer sehr tiefen metaphysischen und unbewußten Ebene.«[86]

Ist die derzeitige Beliebtheit der Idee, daß wir unser Schicksal selbst gestalten, nur eine Modetorheit, oder ist ihre Verbreitung in so vielen verschiedenen Kulturen und Epochen ein Hinweis auf etwas Fundamentaleres, ein Zeichen dafür, daß es hier um etwas geht, das von allen Menschen intuitiv als wahr erkannt wird? Im Augenblick muß diese Frage unbeantwortet bleiben, aber in einem holographischen Universum – einem Universum, in dem der Geist an der Wirklichkeit *partizipiert* und in dem das Innerste unserer Psyche sich in Form von Synchronizitäten in die objektive Welt einschalten kann – ist die Vorstellung, daß wir auch die Gestalter des eigenen Schicksals sind, nicht so weit hergeholt. Die Wahrscheinlichkeit spricht sogar dafür.

Noch drei Indizien

Bevor wir das Thema abschließen, verdienen drei weitere Anhaltspunkte unsere Beachtung. Sie haben zwar keine Beweiskraft, eröffnen uns aber Einblicke in andersartige zeittranszendierende Fähigkeiten, die das Bewußtsein in einem holographischen Universum möglicherweise besitzt.

Massenträume von der Zukunft

Die mittlerweile verstorbene Reinkarnationsforscherin Helen Wambach aus San Francisco hat ebenfalls darauf hingewiesen, daß der Geist an der Gestaltung der eigenen Zukunft beteiligt ist. Ihre Methode war es, Gruppen von Menschen in kleinen Workshops zu hypnotisieren, in bestimmte Epochen zurückzuversetzen und ihnen dann anhand eines vorher festgelegten Katalogs Fragen zu stellen, die ihr Geschlecht, ihre Kleidung, ihren Beruf, ihre Eßwerkzeuge usw. betreffen. Im Verlauf ihrer neunundzwanzigjährigen Forschungsarbeit zum Phänomen der Seelenwanderung hat sie Tausende und aber Tausende von Personen hypnotisiert und einige aufschlußreiche Befunde zusammengetragen.

Ein Einwand, der gegen die Reinkarnation vorgebracht wird, lautet, die Betreffenden würden sich nur an ein früheres Dasein als berühmte oder historische Persönlichkeiten erinnern. Mehr als 90 Prozent der Probanden Wambachs beschworen jedoch ein Leben herauf, in dem sie Bauern, Arbeiter oder primitive Sammler gewesen waren. Weniger als 10 Prozent blickten auf Inkarnationen als Aristokraten zurück, und keiner war einmal eine Berühmtheit gewesen – ein Resultat, das der Annahme widerspricht, Erinnerungen an frühere Wiedergeburten seien bloße Phantasieprodukte.[87] Die Probanden äußerten sich zudem außergewöhnlich präzise über historische Details, und seien diese noch so entlegen. Als sie die Leute beispielsweise auf ihr Vorleben im 18. Jahrhundert ansprach, erzählten sie, sie hätten beim Abendessen eine dreizinkige Gabel benutzt, nach 1790 jedoch hätten die Gabeln meist vier Zinken gehabt, eine Beobachtung, die exakt die geschichtliche Entwicklung der Eßgabel widerspiegelt. Ebenso zuverlässig waren Beschreibungen der Kleider, des Schuhwerks, der Speisen usw.[88]

Wambach machte die Entdeckung, daß sie Menschen auch in die Zukunft versetzen konnte. Die Schilderungen der Probanden, die sich auf künftige Jahrhunderte bezogen, waren dermaßen faszinierend, daß Wambach in Frankreich und in den Vereinigten Staaten ein einschlägiges Projekt in die Wege leitete. Leider starb sie, bevor die Studie abgeschlossen werden konnte, aber ihr Kollege Chet Snow setzte ihr Werk fort und veröffentlichte die Ergebnisse in einem Buch mit dem Titel *Mass Dreams of the Future*.

Als die Berichte der 2500 Personen, die an dem Projekt teilgenommen hatten, analysiert wurden, ergaben sich mehrere interessante Aspekte. Zum ersten waren sich praktisch alle Probanden darin einig, daß die Erdbevölkerung drastisch schrumpfen wird. Viele sahen sich sogar in zukünftigen Epochen nicht mehr »verkörpert«, und jene, auf die das nicht zutraf, konstatierten eine sehr viel geringere Körpergröße als heute.

Im übrigen ließen sich die Antworten säuberlich in vier Kategorien einteilen. Eine Gruppe beschrieb eine freudlose, sterile Zukunftswelt, in der die meisten Menschen in Raumstationen lebten, silberne Anzüge trugen und synthetische Nahrung zu sich nahmen. Eine zweite, die »New Agers«, berichtete von einem glücklicheren Leben in einer natürlichen Umgebung, geprägt von allseitiger Harmonie und dem Streben nach Wissen und spiritueller Weiterentwicklung. Typ 3, die »High-Tech-Großstädter«, erlebte eine triste, mechanisierte Zukunft, in der die Menschen in unterirdischen Städten lebten, eingeschlossen in Kuppeln und Luftblasen. Typ 4 beschrieb sich als Überlebende einer Katastrophe inmitten einer Welt, die von einem globalen, möglicherweise nuklearen Desaster verwüstet worden war. Die Probanden dieser Gruppe hausten in Trümmerstädten, Höhlen oder einsamen Bauernhäusern, trugen handgenähte Kleider, meist aus Tierfellen, und ernährten sich hauptsächlich von der Jagd.

Wie läßt sich das erklären? Snows Antwort stützt sich auf das holographische Modell; er glaubt, wie Loye, daß die Befunde auf mehrere potentielle Zukünfte oder Holoversen hindeuten, die sich im dichten Nebel des Schicksals herausbilden. Doch wie andere Reinkarnationsforscher vertritt auch er die Ansicht, daß wir sowohl individuell als auch kollektiv unser Schicksal selbst erschaffen, und somit sind die vier Szenarien im Grunde nur ein kleiner Einblick in die verschiedenen potentiellen Zukünfte, die die Menschheit insgesamt hervorzubringen sich anschickt.

Folglich empfiehlt Snow, keine Bunker zu bauen oder in Gegenden überzusiedeln, die bei den von manchen Physikern vorhergesagten »drohenden Erdveränderungen« verschont bleiben würden, sondern die Zeit zu nutzen und an eine positive Zukunft zu glauben und diese zu visualisieren. Er nennt die Planetary Commission (ein weltweiter Ad-hoc-Zusammenschluß von Millionen von Menschen, die an jedem 31. Dezember von 12 bis 13 Uhr Greenwich Time in Gebet und Meditation des Weltfriedens gedenken) einen Schritt in die richtige Richtung. »Wenn wir unsere zukünftige physische Realität ständig durch unser heutiges kollektives Denken und Handeln bestimmen, dann ist *jetzt* die Zeit gekommen, die Alternative, die wir geschaffen haben, auch wahrzunehmen«, erklärt Snow. »Die Wahlmöglichkeiten in bezug auf die Welten, die durch die verschiedenen Typen vorgegeben sind, sind klar. Welche wünschen wir uns für unsere Enkelkinder? In welche möchten wir vielleicht selbst eines Tages zurückkehren?«[89]

Veränderung der Vergangenheit

Die Zukunft ist womöglich nicht das einzige, was durch das Denken gestaltet werden kann. Auf der Jahrestagung 1988 der Parapsychological Association teilten Helmut Schmidt und Marilyn Schlitz mit, sie hätten mehrere Experimente durchgeführt, die den Schluß zuließen, daß der Geist auch die Vergangenheit verändern könne. In einer Studie hatten Schmidt und Schlitz einen computerisierten Zufallsprozeß benutzt, um 1000 verschiedene Lautsequenzen aufzuzeichnen. Jede Sequenz bestand aus 100 Tönen unterschiedlicher Länge, die teils angenehm zu hören, teils bloßer Krach waren. Da der Auswahlvorgang dem Zufall überlassen war, mußte jede Sequenz nach den Gesetzen der Wahrscheinlichkeit ungefähr je 50 Prozent angenehme und unangenehme Töne enthalten.

Kassettenüberspielungen der Tonfolgen wurden an freiwillige Versuchspersonen verschickt. Sie erhielten die Anweisung, beim Abhören der Kassetten auf psychokinetische Weise zu versuchen, die Dauer der angenehmen Töne zu verlängern und die der unangenehmen zu verkürzen. Nach Abschluß dieses Versuchs informierten sie das Labor, und Schmidt und Schlitz analysierten dann die ursprünglichen Sequenzen. Sie machten die Entdeckung, daß die von den Probanden abgehörten Aufzeichnungen signifikant längere angenehme Passagen als mißtönende enthielten. Mit anderen Worten: Es hatte den Anschein, als hätten die Versuchspersonen psychokinetisch in die Vergangenheit zurückgegriffen und auf den Zufallsprozeß eingewirkt, auf dem die Kassettenüberspielungen beruhten.

In einem anderen Experiment programmierten Schmidt und Schlitz den Computer so, daß er aufs Geratewohl eine aus vier verschiedenen Tönen bestehende Sequenz von 100 Einheiten hervorbrachte, und die Testpersonen wurden angewiesen, auf dem Band psychokinetisch mehr hohe als niedrige Töne erscheinen zu lassen. Auch hier war ein rückwirkender PK-Effekt zu verzeichnen. Schmidt und Schlitz stellten zudem fest, daß Personen, die regelmäßig meditierten, eine größere PK-Wirkung erzielten als nichtmeditierende, was darauf hindeutet, daß der Kontakt mit dem Unterbewußtsein der Schlüssel ist, der den Zugang zu den realitätsgestaltenden Kräften der Psyche eröffnet.[90]

Daß wir auf psychokinetischem Wege Ereignisse, die bereits stattgefunden haben, verändern können, ist ein beunruhigender Gedanke, denn der Glaube, die Vergangenheit sei so starr wie ein in Acrylglas eingegossener Schmetterling, ist uns so fest einprogrammiert, daß wir uns etwas anderes kaum vorstellen können. Doch in einem holographischen Universum, in dem die Zeit eine Illusion und die Wirklichkeit nichts weiter als ein vom Geist erzeugtes Bild ist, besteht diese Möglichkeit, an die wir uns vielleicht noch gewöhnen müssen.

Ein Gang durch den Garten der Zeit

So phantastisch diese Aussagen auch klingen mögen, sie werden noch überboten von der letzten Spielart der Zeitanomalie, die unsere Aufmerksamkeit verdient. Am 10. August 1901 gingen zwei Professorinnen aus Oxford, Anne Moberly, die Rektorin des St. Hugh's College, und Eleanor Jourdain, ihre Stellvertreterin, im Park des Petit Trianon in Versailles spazieren, als sie einen Lichtschimmer über die Landschaft vor ihnen hinweggleiten sahen, vergleichbar den Spezialeffekten bei einer Szenenüberblendung im Kino. Nachdem der Schimmer verschwunden war, erkannten die beiden Damen, daß sich die Landschaft verändert hatte. Die Leute ringsum trugen auf einmal Kleider und Perücken aus dem 18. Jahrhundert und wirkten sehr aufgeregt. Als die Damen noch ganz benommen dastanden, trat ein ekelhafter Kerl mit einem pockennarbigen Gesicht auf sie zu und forderte sie auf, eine andere Richtung einzuschlagen. Sie folgten ihm längs einer Baumreihe zu einem Garten, wo sie Musik vernahmen und eine adlige Dame erblickten, die an einem Aquarell arbeitete.

Schließlich verflüchtigte sich die Vision, und die Landschaft nahm wieder ihr normales Aussehen an, aber die Verwandlung war so dramatisch gewesen, daß die beiden Damen, als sie einen Blick zurückwarfen, zu ihrer Verblüffung feststellten, daß der Weg, den sie soeben gegangen waren, jetzt durch eine alte Steinmauer versperrt war. Nach ihrer Rückkehr nach England sichteten sie historische Berichte und kamen zu dem Ergebnis, daß sie zu dem Tag zurückversetzt worden waren, an dem die

Plünderung der Tuilerien und das Massaker der Schweizergarde stattgefunden hatten – was die Aufregung der Leute im Park erklärte –, und daß die vornehme Dame im Garten niemand anders als Marie Antoinette gewesen war. Das Erlebnis hatte die beiden Professorinnen dermaßen beeindruckt, daß sie einen umfangreichen Bericht über die Begebenheit anfertigten und der British Society for Psychical Research übergaben.[91]

Die Bedeutung dieses Vorgangs liegt darin, daß Moberly und Jourdain nicht einfach nur eine retrokognitive Vision der Vergangenheit hatten, sondern tatsächlich *in die Vergangenheit versetzt wurden* und im Tuileriengarten umherspazierten, so wie er mehr als 100 Jahre früher gewesen war. Es fällt schwer, das Erlebnis der beiden Professorinnen für real zu halten, doch wenn man bedenkt, daß es ihnen offensichtlich nicht zum Vorteil gereichte und sie damit höchstwahrscheinlich ihren akademischen Ruf aufs Spiel setzten, kann man sich kaum vorstellen, daß sie eine solche Geschichte erfunden haben könnten.

Das ist übrigens nicht das einzige Vorkommnis dieser Art, das der British Society for Psychical Research gemeldet wurde. Im Mai 1955 hatten ein Londoner Anwalt und seine Frau in demselben Park eine Begegnung mit Gestalten aus dem 18. Jahrhundert. Und die Mitarbeiter einer Botschaft, die von ihren Büros aus Versailles überblicken konnten, haben behauptet, sie hätten ebenfalls die Verwandlung des Parks in eine frühere Epoche beobachtet.[92] In den USA hat der Parapsychologe Gardner Murphy, ein früherer Präsident sowohl der American Psychological Association als auch der American Society for Psychical Research, einen ähnlichen Fall untersucht: Eine Frau, die nur unter dem Namen Buterbaugh bekannt ist, schaute aus dem Fenster ihres Büros in der Nebraska Wesleyan University und erblickte das Universitätsgelände in dem Zustand, in dem es sich fünfzig Jahre vorher befunden hatte. Verschwunden waren die verkehrsreichen Straßen und die Studentinnenheime, und an ihrer Stelle erstreckte sich ein offenes Terrain mit vereinzelten Bäumen, in deren Laub der frische Wind eines längst vergangenen Sommers rauschte.[93]

Ist die Grenze zwischen der Gegenwart und der Vergangenheit so durchlässig, daß wir unter Umständen ebenso mühelos in die Vergangenheit zurückwandern können, wie wir in einem Garten umherschlendern? Das wissen wir heute noch nicht, aber in einer Welt, die weniger aus festen Objekten besteht, die sich in Raum und Zeit bewegen, als aus geisterhaften Energiehologrammen, deren Veränderungen zumindest partiell mit dem menschlichen Bewußtsein gekoppelt sind, sind derartige Ereignisse vielleicht nicht so unmöglich, wie sie erscheinen.

Und wenn uns der Gedanke irritiert, daß unser Geist und sogar unser

Körper weit weniger als bisher angenommen den Gesetzmäßigkeiten der Zeit unterliegen, sollten wir uns daran erinnern, daß die Idee von der Kugelgestalt der Erde die Menschen, die an deren Scheibenform glaubten, einst nicht minder erschreckt hat. Die in diesem Kapitel vorgelegten Beweisstücke lassen vermuten, daß wir noch immer Kinder sind, wenn es darum geht, das wahre Wesen der Zeit zu begreifen. Und wie alle Kinder, die an der Schwelle des Erwachsenwerdens stehen, sollten wir unsere Ängste überwinden und mit der Welt, so wie sie wirklich ist, ins reine kommen. Denn in einem holographischen Universum, in dem alle Dinge bloß gespenstische Energieblitze sind, muß sich mehr verändern als nur unser Zeitbegriff. Es gibt noch andere Lichterscheinungen, die über unsere Landschaft hinwegziehen, tiefere Tiefen, die es auszuloten gilt.

8

Reisen im Superhologramm

Der Zugang zur holographischen Wirklichkeit wird *empirisch* erreicht, wenn sich das Bewußtsein aus seiner Abhängigkeit vom physischen Leib befreit. Solange man an den Körper und dessen sensorische Modalitäten gefesselt ist, kann die holographische Wirklichkeit *bestenfalls* nur ein intellektuelles Konstrukt sein. Doch wenn man sich vom Körper befreit hat, kann man sie unmittelbar erfahren. Das ist der Grund, weshalb Mystiker mit solcher Gewißheit und Überzeugung von ihren Visionen sprechen, während diejenigen, die diesen Bereich nicht für sich erschlossen haben, dem Ganzen skeptisch oder gar gleichgültig gegenüberstehen.

Kenneth Ring
in *Life at Death*

Nicht nur die Zeit ist illusorisch in einem holographischen Universum. Auch der Raum muß als ein Produkt unseres Wahrnehmungsmodus betrachtet werden. Dies ist noch schwerer zu verstehen als die Idee, daß die Zeit ein Konstrukt ist, denn wenn wir versuchen, die »Raumlosigkeit« zu erfassen, bieten sich keine bequemen Analogien an, keine Bilder von amöboiden Universen oder kristallisierenden Zukünften. Wir sind dermaßen konditioniert, den Raum als eine absolute Gegebenheit aufzufassen, daß wir uns einfach nicht vorstellen können, wie das Leben in einem Bereich, in dem der Raum nicht existiert, aussehen würde. Gleichwohl deutet einiges darauf hin, daß wir letztlich durch den Raum nicht mehr gebunden sind als durch die Zeit.

Ein gewichtiger Anhaltspunkt dafür, daß dem so sein könnte, ergibt sich aus den sogenannten Entkörperlichungsphänomenen, Erlebnissen, in denen sich das Bewußtsein eines Menschen vom Körper zu lösen und an einen anderen Ort zu reisen scheint. Berichte über solche »Out-of-Body-Experiences« (OBEs) liegen aus allen Zeiten und von Menschen aus sämtlichen Lebensbereichen vor. Aldous Huxley, Goethe, D. H. Lawrence, August Strindberg und Jack London haben erklärt, sie hätten außerkörperliche Erfahrungen gemacht. Dieses Phänomen war den alten Ägyptern, den nordamerikanischen Indianern, den Chinesen, den griechischen Philosophen, den mittelalterlichen Alchimisten, den Völkern Ozeaniens, den Hindus, den Hebräern und den Moslems bekannt. In einer vergleichenden Untersuchung von 44 außerwestlichen Kulturen hat Dean Shields nur drei ermittelt, in denen der Glaube an OBEs *nicht* verbreitet war.[1] In einer ähnlichen Studie hat die Anthropologin Erika Bourguignon 488 Gesellschaften in aller Welt – das sind rund 57 Prozent aller bekannten Gesellschaften – durchleuchtet und dabei herausgefunden, daß in 437 (89 Prozent) zumindest eine gewisse OBE-Überlieferung vorhanden war.[2]

Auch heute noch sind, wie Untersuchungen belegen, OBEs eine weitverbreitete Erscheinung. Der verstorbene Robert Crookall, Geologe an der University of Aberdeen und Amateurparapsychologe, recherchierte so viele Fälle, daß er damit neun Bände füllen konnte. In den sechziger Jahren führte Celia Green, die Direktorin des Institute of Psychophysical Research in Oxford, eine Erhebung bei 115 Studenten der Southampton University durch und stellte fest, daß 19 Prozent ein solches Erlebnis gehabt hatten. Als 380 Oxford-Studenten befragt wurden, kamen 34 Prozent positive Antworten.[3] Bei einer Umfrage unter 902 Erwachsenen ermittelte Haraldsson, daß 8 Prozent wenigstens einmal die Ablösung vom Körper erfahren hatten.[4] Und aus einer Erhebung, die Harvey Irwin 1980 an der University of New England in Australien durchführte, geht hervor, daß 20 Prozent der 177 Studenten mit OBE vertraut waren.[5] Aus diesen Zahlen ergibt sich, daß im Schnitt jeder fünfte Mensch einmal im Leben eine OBE hat. Andere Untersuchungen lassen vermuten, daß die Relation eher bei 1:10 liegt, aber das ändert nichts an der Tatsache, daß OBEs sehr viel häufiger vorkommen, als die meisten Menschen ahnen.

Ein solches Erlebnis erfolgt gewöhnlich spontan und am häufigsten während des Schlafs, einer Anästhesie, einer Krankheit oder bei einem Anfall von traumatischen Schmerzen (aber auch unter anderen Bedingungen). Der Betreffende hat plötzlich das intensive Gefühl, daß sich sein Geist von seinem Körper trennt. Vielfach meint er, über dem Körper zu schweben, und er entdeckt, daß er an einen anderen Ort reisen oder fliegen kann. Was empfindet man, wenn man von aller Erdenschwere befreit ist und auf seinen eigenen Körper hinabblickt? In einer 1980 durchgeführten Untersuchung von 339 einschlägigen Fällen haben Glen Gabbard von der Menninger Foundation in Topeka, Stuart Twemlow vom Veterans' Administration Medical Center in Topeka und Fowler Jones von der medizinischen Fakultät der University of Kansas herausgefunden, daß 85 Prozent das Erlebnis als angenehm und über die Hälfte davon es sogar als lustvoll beschrieben.[6]

Ich kenne das Gefühl. Ich hatte als Teenager eine spontane OBE, und nachdem ich mich von dem Schock erholt hatte, daß ich plötzlich über meinem Körper schwebte und auf meine im Bett schlafende Gestalt hinabsah, überkam mich eine unbeschreibliche Heiterkeit, während ich durch die Wände flog und über den Baumwipfeln kreiste. Auf meiner körperlosen Reise stieß ich sogar auf einen Bibliotheksband, den eine Nachbarin verloren hatte, und ich konnte ihr am nächsten Tag sagen, wo sich das Buch befand. Diese Erfahrung habe ich in meinem Buch *Jenseits der Quanten* ausführlicher geschildert.

Aufschlußreich ist, was Gabbard, Twemlow und Jones über das psychologische Profil der »OBEer« herausfanden; es zeigte sich, daß die Befragten psychisch normal und insgesamt überdurchschnittlich ausgeglichen waren. Auf dem Kongreß der American Psychiatric Association von 1980 legten die Forscher ihre Resultate vor und versicherten ihren Fachkollegen, daß OBEs keine ungewöhnlichen Vorkommnisse seien und daß die Beschäftigung mit Büchern zu diesem Thema auf die Patienten eine »größere therapeutische Wirkung« haben könne als eine psychiatrische Behandlung. Sie gaben sogar zu verstehen, daß Patienten von einem Gespräch mit einem Yogi womöglich mehr profitieren könnten als von der Konsultation eines Psychiaters![7]

Wie dem auch sei, noch so umfassende statistische Erhebungen sind weniger aussagekräftig als konkrete Berichte über derartige Erlebnisse. Ein Beispiel: Kimberly Clark, eine Sozialarbeiterin in einem Krankenhaus in Seattle, nahm OBEs nicht ernst, bis sie eine Herzpatientin namens Maria kennenlernte. Mehrere Tage nach der Einlieferung ins Krankenhaus erlitt Maria einen Herzstillstand, konnte aber rasch wiederbelebt werden. Clark suchte sie am Nachmittag desselben Tages auf und rechnete damit, daß sie wegen ihres Herzversagens von Ängsten geplagt sei. Wie zu erwarten, war Maria sehr aufgeregt, jedoch aus einem anderen Grund.

Maria vertraute Clark an, daß sie etwas sehr Seltsames erlebt hatte. Nachdem ihr Herz stehengeblieben war, sah sie sich plötzlich an der Decke schweben und auf die Ärzte und Schwestern herabblicken, die sich um sie bemühten. Dann wurde sie durch etwas abgelenkt, das auf dem Zufahrtsweg über der Notfallstation vorging, und sobald sie sich »dorthin dachte«, *war* sie auch schon dort. Als nächstes »dachte sich« Maria in die zweite Etage des Gebäudes hinauf und sah unmittelbar vor sich, »Auge an Schnürsenkel«, einen Tennisschuh auf dem Sims. Der Schuh war alt, und ihr fiel auf, daß der kleine Zeh ein Loch in das Gewebe gebohrt hatte. Sie bemerkte noch weitere Details, etwa daß der Schuhriemen unter dem Absatz steckte. Nachdem Maria zu Ende erzählt hatte, bat sie Clark, auf dem Sims nachzuschauen, ob dort ein Schuh lag.

Skeptisch, aber neugierig geworden, ging Clark hinaus und blickte zum Sims empor, sah aber nichts. Sie begab sich in den zweiten Stock und klapperte die Krankenzimmer ab, deren Fenster so schmal waren, daß sie das Gesicht an die Scheiben pressen mußte, um den Sims überhaupt sehen zu können. Schließlich fand sie das richtige Zimmer; sie blickte nach unten und erkannte den Tennisschuh. Doch sie konnte von hier aus nicht feststellen, ob der Schuh ein Loch hatte und ob die anderen Einzelheiten, die Maria beschrieben hatte, auf ihn zutrafen. Erst als sie den Schuh geholt hatte, war sie imstande, Marias Aussagen zu bestätigen. »Diese Beobachtungen konnte sie nur machen, wenn sie nach außen und in unmittelbare Nähe des Tennisschuhs geschwebt war«, erklärt Kimberly Clark, die seither an OBEs glaubt. »Dies war für mich ein handfester Beweis.«[8]

Während eines Herzstillstands kommen OBEs relativ häufig vor, so häufig, daß der Kardiologe Michael B. Sabom, Medizinprofessor an der Emory University und Chefarzt am Atlanta Veterans' Administration Medical Center, es leid wurde, sich ständig solche »Phantasien« seiner Patienten anzuhören, und beschloß, die Sache ein für allemal zu klären. Er wählte zwei Gruppen aus, von denen die eine aus 32 chronischen Herzpatienten bestand, die OBEs während eines Herzstillstands erlebt haben wollten, während die andere 25 ebensolche Patienten umfaßte, die eine solche Erfahrung noch nicht gemacht hatten. Dann befragte er die Patienten; die OBEer sollten ihre Wiederbelebung beschreiben, wie sie sie im Zustand ihrer »Entkörperlichung« erlebt hatten, und von der Kontrollgruppe wollte er wisse, was nach ihrer Vorstellung während der Wiederbelebung vorgegangen war.

Aus der letzteren Gruppe machten zwanzig Patienten schwere Fehler, als sie ihre Wiederbelebung schilderten, drei gaben zwar korrekte, aber allgemeine Antworten, und zwei hatten keine Ahnung, was mit ihnen passiert war. Von den OBEern beschrieben sechsundzwanzig den Vorgang korrekt, aber allgemein, sechs machten sehr detaillierte und präzise Angaben, und einer lieferte einen Bericht, der in allen Einzelheiten so exakt war, daß Sobom nur staunen konnte. Diese Resultate bewogen ihn, sich noch intensiver mit dem Phänomen zu beschäftigen. Wie Clark hat er sich bekehren lassen, und er hält inzwischen sogar Vorträge über dieses Thema. Für ihn gibt es »keine plausible Erklärung für die Genauigkeit dieser Beobachtungen, wenn man von der normalen Sinneswahrnehmung ausgeht. Die Entkörperlichungshypothese scheint den vorliegenden Befunden einfach am ehesten gerecht zu werden.«[9]

Bei Herzkranken treten OBEs spontan auf, einige Menschen jedoch besitzen die Fähigkeit, ihren Körper nach Belieben verlassen zu können. Einer der berühmtesten unter ihnen ist ein ehemaliger Rundfunk- und Fernsehmanager namens Robert Monroe. Als er in den späten fünfziger Jahre erstmals eine OBE hatte, glaubte er, er werde verrückt, und begab sich sofort in medizinische Behandlung. Die Ärzte konnten keinen

Defekt feststellen, doch er hatte weiterhin diese merkwürdigen Erlebnisse, die ihn sehr beunruhigten. Nachdem er schließlich von einem befreundeten Psychologen erfahren hatte, daß indische Yogis von sich behaupteten, sie könnten ihren Körper jederzeit verlassen, begann er sich mit seinem unerbetenen Talent abzufinden. »Es gab für mich zwei Alternativen«, erinnert sich Monroe. »Entweder mußte ich mich für den Rest meines Lebens ruhigstellen lassen, oder ich konnte mich eingehender mit dieser Veranlagung befassen, um sie beherrschen zu lernen.«[10]

Fortan führte Monroe Tagebuch über seine Erfahrungen. Sorgfältig dokumentierte er alles, was mit dem Zustand der Entkörperlichung zusammenhing. Er entdeckte, daß er durch feste Gegenstände hindurchfliegen und im Nu große Entfernungen zurücklegen konnte, indem er sich einfach an einen bestimmten Ort »dachte«. Er stellte fest, daß andere Menschen seine Anwesenheit nur selten bemerkten, doch die Freunde, die er in seinem »zweiten Zustand« aufsuchte, ließen sich sehr schnell überzeugen, wenn er ihnen präzise ihre Kleider und Aktivitäten zu der fraglichen Zeit beschrieb. Außerdem machte er die Entdeckung, daß er nicht der einzige war, der über diese Fähigkeit verfügte, und hin und wieder stieß er mit anderen körperlosen Reisenden zusammen. Seine bisherigen Erfahrungen hat er in zwei faszinierenden Büchern zusammengefaßt: *Journeys out of the Body* und *Far Journeys*.

OBEs sind auch im Labor nachgewiesen worden. In einem Experiment konnte der Parapsychologe Charles Tart eine geübte OBEerin, die er nur als Miss Z bezeichnet, dazu bringen, eine fünfstellige Zahl von einem Zettel abzulesen, zu dem sie nur im entkörperlichten Schwebezustand Zugang haben konnte.[11] In einer Versuchsreihe der American Society for Psychical Research in New York machten Karlis Osis und die Psychologin Janet Lee Mitchell mehrere begabte Probanden ausfindig, die imstande waren, von verschiedenen Orten der USA aus »einzufliegen« und eine Vielzahl von Zielobjekten korrekt zu bestimmen, unter anderem Gegenstände, die auf einem Tisch lagen, bunte geometrische Muster, die sich auf einem freischwebenden Bord unter der Decke befanden, und optische Täuschungen, die nur zu erkennen waren, wenn ein Beobachter mit einem Spezialinstrument durch ein kleines Fenster lugte.[12] Robert Morris, Forschungsleiter der Psychical Research Foundation in Durham, North Carolina, hat sogar Tiere eingesetzt, um »körperlose« Besucher aufzuspüren. Bei einem Experiment fand Morris heraus, daß eine Katze, die einer talentierten Testperson mit Namen Keith Harary gehörte, jedesmal aufhörte zu miauen und anfing zu schnurren, wenn Harary unsichtbar anwesend war.[13]

Entkörperlichung als holographisches Phänomen

Alles in allem scheint die Beweislage eindeutig zu sein. Wir haben zwar gelernt, daß wir mit dem Gehirn »denken«, aber das trifft nicht immer zu. Unter entsprechenden Bedingungen kann sich unser Bewußtsein - unser denkender und wahrnehmender Teil - vom physischen Körper lösen und nach Belieben anderswo existieren. Mit unserem gegenwärtigen wissenschaftlichen Verständnis läßt sich dieses Phänomen nicht erklären, aber es wird uns begreiflicher, wenn wir das holographische Konzept zugrunde legen.

Erinnern wir uns, daß Örtlichkeit in einem holographischen Universum eine Illusion ist. So wie das Bild eines Apfels auf einem holographischen Film keinen festen Platz hat, besitzen auch Dinge und Objekte in einem holographisch organisierten Universum keinen bestimmten Ort; letztlich ist alles, einschließlich des Bewußtseins, ortsungebunden. Unser Bewußtsein scheint zwar in unserem Kopf angesiedelt zu sein, aber unter Umständen kann es offenbar ebenso mühelos oben in einer Zimmerecke schweben, über eine Rasenfläche hinwegfliegen oder zu einem Tennisschuh auf dem Sims in der zweiten Etage eines Gebäudes hochsteigen.

Für denjenigen, der Schwierigkeiten hat, sich ein nicht-örtliches Bewußtsein vorzustellen, mag der Traum eine brauchbare Analogie sein. Stellen Sie sich vor, Sie träumen, daß Sie eine stark frequentierte Kunstausstellung besuchen. Während Sie zwischen den Menschen umhergehen und sich die Kunstwerke anschauen, scheint Ihr Bewußtsein im Kopf der Person zu stecken, die Sie im Traum sind. Doch wo ist Ihr Bewußtsein tatsächlich? Wenn Sie darüber nachdenken, wird Ihnen klar, daß es eigentlich in allem ist, was Sie träumen, in den anderen Ausstellungsbesuchern, in den Kunstwerken, sogar im leeren Raum der Traumwelt. In einem Traum ist der Ort ebenfalls eine Illusion, weil alles - Menschen, Gegenstände, Raum, Bewußtsein usw. - der fundamentaleren Realität des Träumenden entstammt.

Ein weiteres auffällig holographisches Kennzeichen von OBE ist die Plastizität der Gestalt, die eine Person annimmt, sobald sie den Körper verlassen hat. Nach der Ablösung vom Physischen finden sich OBEer zuweilen in einem geisterhaften Leib wieder, der eine genaue Replik ihres biologischen Körpers ist. Das war für frühere Forscher ein Grund zu der Annahme, menschliche Wesen besäßen ein »Phantomdouble«, nicht unähnlich dem aus der Literatur bekannten Doppelgänger.

Neuere Erkenntnisse haben indes die Problematik dieser Vermutung offenbart. Einige OBEer beschreiben das Phantomdouble als nackt, andere sehen sich in einem vollständig bekleideten Körper. Das läßt den Schluß zu, daß das Double keine permanente Energiereplik des biologischen Körpers ist, sondern eine Art Hologramm, das vielerlei Formen annehmen kann. Dies ergibt sich aus der Tatsache, daß Phantomdoubles nicht die einzigen Gestalten sind, in denen sich Menschen während einer OBE wiederfinden. Zahlreichen Berichten zufolge haben sich Leute auch als Lichtkugeln, als unförmige Energiewolken oder gar als völlig gestaltlose Wesen wahrgenommen.

Einiges spricht dafür, daß die Gestalt, in die sich ein Mensch während eines OBE verwandelt, eine unmittelbare Folge seiner Überzeugungen und Erwartungen darstellt. So hat der Mathematiker J. H. M. Whiteman in seinem 1961 erschienenen Buch *The Mystical Life* enthüllt, daß er fast während seines gesamten Erwachsenenlebens mindestens zwei OBEs im Monat hatte, und insgesamt registrierte er mehr als 2000 Vorfälle dieser Art. Überdies erklärte er, er habe sich stets wie eine Frau gefühlt, die in einem männlichen Körper gefangen war, und dies habe bei der Trennung manchmal zur Folge gehabt, daß er sich in einer weiblichen Gestalt wiederfand. Seine OBE-Abenteuer erlebte er noch in verschiedenen anderen Gestalten, auch im Körper von Kindern, und er zieht daraus den Schluß, daß Überzeugungen, sowohl bewußte als auch unterbewußte, die Form determinieren, die der »zweite Körper« annimmt.[14]

Monroe ist der gleichen Meinung. Er behauptet, daß es unsere »Denkgewohnheiten« sind, die unsere entkörperlichten Formen hervorbringen. Weil wir so daran gewöhnt sind, in einem Körper zu stecken, neigen wir dazu, diese Gestalt im OBE-Zustand zu reproduzieren. Dementsprechend sieht Monroe auch in dem Unbehagen, das die meisten Menschen empfinden, wenn sie nackt sind, den Grund dafür, daß die OBEer unbewußt Kleider für sich entwerfen, sobald sie eine menschliche Gestalt annehmen. »Ich vermute, daß man den ›zweiten Körper‹ in jede gewünschte Form verwandeln kann«, sagt Monroe.[15]

Was aber ist unsere wahre Gestalt, wenn wir uns im entkörperlichten Zustand befinden? Nach Monroe sind wir, wenn wir alle diese Verkleidungen fallenlassen, im Grunde nur ein »Schwingungsmuster, zusammengesetzt aus vielen miteinander in Wechselwirkung und Resonanz befindlichen Frequenzen«.[16] Diese Aussage verweist auf einen holographischen Vorgang und ist ein weiteres Indiz dafür, daß wir - wie alle Dinge in einem holographischen Universum - letztlich ein Frequenzphänomen sind, das unser Geist in unterschiedliche holographische Formen umsetzt. Sie untermauert auch Hunts These, wonach unser Bewußtsein nicht im Gehirn enthalten ist, sondern in einem plasmischen holographischen Energiefeld, das den physischen Leib zugleich durchdringt und umgibt.

Doch nicht nur die Gestalt, die wir im OBE-Zustand annehmen, weist diese holographische Plastizität auf. Ungeachtet der Exaktheit der Beobachtungen von talentierten OBE-Reisenden bei ihrem körperlosen Umherschweifen fühlen sich die Forscher schon seit langem irritiert von den auffälligen Ungenauigkeiten, die dabei andererseits zu konstatieren sind. Der Titel des verlorengegangenen Bibliotheksbandes, auf den ich während meines eigenen OBE stieß, beispielsweise wirkte hellgrün, als ich mich im körperlosen Zustand befand. Aber nachdem ich in meinen physischen Leib zurückgekehrt war und mir das Ganze ins Gedächtnis zurückrief, merkte ich, daß die Schrift schwarz gewesen war. In der Literatur wimmelt es von Berichten über ähnliche Diskrepanzen, etwa von Fällen, in denen OBEer einen entfernten Raum voller Menschen exakt beschrieben, nur daß sie eine Person hinzufügten oder eine Couch sahen, wo in Wirklichkeit ein Tisch stand.

Eine Erklärung im Sinne des holographischen Konzepts wäre, daß solche OBEer die Fähigkeit, die im Zustand der Körperlosigkeit wahrgenommenen Frequenzen in ein völlig exaktes holographisches Abbild der erfahrbaren Wirklichkeit umzuwandeln, noch nicht voll entwickelt haben. Anders ausgedrückt: Da sich OBEer offensichtlich auf einen neuartigen Sinnesapparat verlassen, könnten diese Sinne noch unscharf sein und noch ungeübt in der Kunst, den Frequenzbereich in ein scheinbar objektives Konstrukt der Wirklichkeit umzusetzen.

Diese nichtphysischen Sinne werden ferner eingeschränkt durch die Zwänge, die unsere Überzeugungen ihnen auferlegen. Mehrere begabte OBE-Reisende haben festgestellt, daß sie, sobald sie sich in ihrem »zweiten Körper« einigermaßen heimisch fühlten, gleichzeitig in alle Richtungen »sehen« konnten, ohne den Kopf zu bewegen. Obwohl das Sehen in alle Richtungen im entkörperlichten Zustand normal zu sein scheint, war bei diesen Leuten der Glaube, sie könnten nur mit den Augen sehen, so tief verwurzelt, daß sie selbst dann, wenn sie sich in einem nichtphysischen Hologramm ihres Körpers befanden, zunächst nicht wahrhaben wollten, daß sie über ein Gesichtsfeld von 360 Grad verfügten.

Es gibt Anhaltspunkte dafür, daß selbst unsere physischen Sinne Opfer einer solchen Zensur sind. Ungeachtet unserer unerschütterlichen Überzeugung, daß wir mit unseren Augen sehen, wird von Menschen berichtet, die ein »augenloses Sehvermögen« besitzen, also fähig sind, mit anderen Körperregionen zu sehen. Vor kurzem hat David Eisenberg, ein Forschungsassistent an der medizinischen Fakultät von Harvard, einen Aufsatz über zwei chinesische Schulkinder aus Peking publiziert, die mit der Haut ihrer Achselhöhlen so gut »sehen«, daß sie Noten lesen und Farben unterscheiden können.[17] In Italien untersuchte der Neurologe Cesare Lombroso ein blindes Mädchen, das mit der Nasenspitze und mit dem linken Ohrläppchen zu sehen vermochte.[18] In den sechziger Jahren hat sich die angesehene Sowjetische Akademie der Wissenschaften mit einer russischen Bäuerin namens Rosa Kuleschowa befaßt, die mit ihren Fingerspitzen Photographien erkennen und die Zeitung lesen konnte, und die Echtheit dieser Fähigkeit bekräftigt. Die sowjetischen Wissenschaftler haben die Möglichkeit ausgeschlossen, daß die Kuleschowa lediglich die unterschiedlichen Wärmemengen wahrnahm, die verschiedene Farben abgeben – die Frau konnte eine schwarz auf weiß gedruckte Zeitung selbst dann lesen, wenn diese unter einer erwärmten Glasscheibe lag.[19] Die Kuleschowa wurde so berühmt, daß die Zeitschrift *Life* einen Beitrag über sie veröffentlichte.[20]

Wir scheinen also beim Sehen nicht allein auf unsere physischen Augen angewiesen zu sein. Dies bezieht sich natürlich auch auf die Fähigkeit von meines Vaters Freund Tom, der die Inschrift einer Uhr lesen konnte, selbst wenn sie durch den Leib seiner Tochter abgeschirmt war, sowie auf das Fernsichtphänomen. Man muß sich fragen, ob das Sehen ohne Augen nicht ein weiterer Beleg dafür ist, daß die Wirklichkeit in der Tat *maya,* eine Täuschung, ist und daß unser physischer Körper und die scheinbare Absolutheit seiner Physiologie ebenso ein holographisches Konstrukt unserer Wahrnehmung sind wie unser »zweiter Körper«. Vielleicht steckt der Glaube, wir könnten nur mit den Augen sehen, so tief in uns, daß wir selbst im physischen Bereich nicht mehr die ganze Bandbreite unseres Wahrnehmungsvermögens nutzen.

Ein weiterer holographischer Aspekt der OBEs ist die Verwischung der Grenzen zwischen Vergangenheit und Zukunft, zu der es zuweilen während solcher Erlebnisse kommt. Osis und Mitchell haben zum Beispiel folgende Entdeckung gemacht: Wenn Alex Tanous, ein bekannter Sensitiver und begabter OBEer aus Maine, »einschwebte« und die Testobjekte, die sie auf einem Tisch ausgelegt hatten, zu beschreiben versuchte, benannte er nicht selten Gegenstände, die dort erst einige Tage *später* aufgebaut werden sollten![21] Das deutet darauf hin, daß der Bereich, in den OBEer vordringen, zu den subtileren Realitätsebenen gehört, von denen bei Bohm die Rede ist, zu einer Region, die dem Impliziten und somit der Realitätsebene näher steht, in der die Trennung zwischen Vergangenheit, Gegenwart und Zukunft aufgehoben ist. Es hat also den Anschein, daß sich Tanous' Geist nicht in die Frequenzen einschaltete, welche die Gegenwart kodierten, sondern versehentlich in jene, die Informationen über die Zukunft enthielten, und daß er diese dann in ein Wirklichkeitshologramm umwandelte.

Daß Tanous' Raumwahrnehmung ein holographisches Phänomen war und nicht bloß eine präkognitive Vision, die allein in seinem Kopf stattfand, erhellt aus einer anderen Tatsache. An dem Tag, an dem er eine OBE demonstrieren sollte, bat Osis die New Yorker Hellseherin Christine Whiting, sie solle in dem Raum Wache halten und versuchen, den etwaigen heimlichen Besucher zu beschreiben. Obwohl Whiting nicht wußte, wer wann auftauchen würde, sah sie Tanous' Erscheinung deutlich vor sich und gab an, er habe eine braune Cordhose und ein weißes Baumwollhemd angehabt – genau die Sachen, die er trug, als er in Maine seinen Versuch unternahm.[22]

Auch Harary hat gelegentlich körperlose Reisen in die Zukunft gemacht, und er bestätigt, daß sich diese Erfahrungen qualitativ von sonstigen präkognitiven Vorgängen unterscheiden. »OBEs in künftigen Zeiten und Räumen weichen insofern von normalen Präkognitionsträumen ab, als ich eindeutig ›außer mir‹ bin und mich in einer finsteren Region bewege, die in einer hell erleuchteten Zukunftsszene endet«, erklärt er. Wenn er einen solchen Besuch in der Zukunft macht, erblickt er bisweilen sogar eine Silhouette seines künftigen Ich, doch das ist noch nicht alles. Wenn die Ereignisse, deren Zeuge er geworden ist, schließlich eintreten, kann er auch sein zeitreisendes körperloses Ich erkennen. Er beschreibt diesen gespenstischen Eindruck als »eine Begegnung mit mir selbst ›hinter‹ meinem Ich, so als wäre ich ein Doppelwesen« – eine Erfahrung, die jedes normale Déjà-vu-Erlebnis in den Schatten stellt.[23]

Körperlose Reisen in die Vergangenheit sind ebenfalls belegt. Der schwedische Schriftsteller August Strindberg schildert eine solche Reise in seinem Buch *Legenden*. Sie ereignete sich, als Strindberg in einer Weinhandlung saß und einen jungen Freund davon abzubringen versuchte, seine militärische Laufbahn aufzugeben. Um seinen Argumenten Nachdruck zu verleihen, brachte Strindberg ein früheres Ereignis zur Sprache, dessen Zeugen er und sein Freund eines Abends in einer Kneipe geworden waren. Während der Dichter den Vorfall beschrieb, »verlor er plötzlich das Bewußtsein« und sah sich in der fraglichen Kneipe sitzen, wo er das Vorkommnis noch einmal erlebte. Das Ganze dauerte nur wenige Augenblicke, dann fand er sich abrupt in seinen Körper und in die Gegenwart zurückversetzt.[24] Man kann im übrigen die Ansicht vertreten, daß die im letzten Kapitel behandelten retrokognitiven Visionen, in denen sich Hellseher tatsächlich in frühere Epochen versetzt fühlten, ebenfalls eine Form der OBE-Projektion in die Vergangenheit darstellen.

Wenn man das umfangreiche Schrifttum durcharbeitet, das inzwischen zu dem Thema OBE vorliegt, ist man immer wieder verblüfft, in welchem Maße die Schilderungen der OBE-Reisenden den für ein holographisches Universum charakteristischen Merkmalen ähneln. Monroe beschreibt den entkörperlichten Zustand nicht nur als eine Situation, in der Zeit und Raum im eigentlichen Sinne nicht mehr existieren, in der Gedanken in hologrammartige Formen umgewandelt werden können und das Bewußtsein letzten Endes ein Schwingungsmuster ist, sondern er betont auch, daß die Wahrnehmung während einer OBE offenbar weniger auf »einer Reflexion von Lichtwellen« als auf

»einer Strahlungserscheinung« beruht – eine Beobachtung, die darauf hindeutet, daß man beim Eintritt in die OBE-Welt in Pribrams Frequenzbereich vorzustoßen beginnt.[25] Andere OBEer haben gleichfalls auf die frequenzartigen Eigenschaften des »zweiten Zustands« hingewiesen. Der französische Experte Marcel Louis Forhan (Pseudonym: Yram) widmet einen großen Teil seines Buchs zum Thema »Praktische Astralprojektion« dem Versuch, die wellenähnlichen und elektromagnetischen Eigenschaften der OBE-Welt zu beschreiben. Andere wiederum verweisen auf das Gefühl des kosmischen Einswerdens, das man in diesem Zustand erlebt, und sprechen von dem Eindruck, daß »alles in allem ist« und daß »ich darin bin«.[26]

So holographisch OBE auch sein mag, es handelt sich dabei doch nur um die Spitze des Eisbergs, wenn es um die unmittelbare Erfahrung der Frequenzaspekte der Wirklichkeit geht. OBEs werden nur sehr wenigen Menschen zuteil, aber es gibt noch eine andere Situation, in der wir alle in engeren Kontakt mit dem Frequenzbereich kommen. Nämlich dann, wenn wir die Reise in jenes unentdeckte Land antreten, aus dem kein Wanderer wiederkehrt. Bei allem Respekt vor Shakespeare, dem wir dieses geflügelte Wort verdanken: Tatsache ist, daß einzelne Wanderer dennoch wiederkehren. Und die Geschichten, die sie erzählen, enthalten allerlei Besonderheiten, die abermals holographisch anmuten.

Die Erfahrung der Todesnähe

Heutzutage hat fast jeder schon einmal von Nah-Todeserfahrungen gehört, also von Fällen, in denen Menschen für klinisch tot erklärt, dann aber wiederbelebt wurden und hinterher berichteten, sie hätten während dieser Phase ihren physischen Leib verlassen und eine Zone des »Nachlebens« kennengelernt. In unserem Kulturbereich erregte dieses Phänomen erstmals 1975 großes Aufsehen, als der Psychiater und promovierte Philosoph Raymond A. Moody jr. seine einschlägige Untersuchung *Life after Life* (deutsch 1978 unter dem Titel *Leben nach dem Tod*) veröffentlichte, die zum Bestseller wurde. Wenig später gab Elisabeth Kübler-Ross bekannt, daß sie gleichzeitig ähnliche Recherchen angestellt hatte, die Moodys Aussagen bestätigten. Als immer mehr Forscher das Phänomen zu dokumentieren begannen, wurde zunehmend deutlich, daß Nah-Todeserfahrungen nicht nur über Erwarten weit verbreitet sind – nach einer Gallup-Umfrage von 1981 hatten acht Millionen Amerikaner, also fast jeder zwanzigste, schon einmal eine solche Erfahrung gemacht –, sondern auch den bislang überzeugendsten Beweis für ein Leben nach dem Tod darstellen.

Wie die OBEs scheinen Nah-Todeserfahrungen eine universale Erscheinung zu sein. Sie werden ausführlich sowohl im tibetischen Totenbuch aus dem 8. Jahrhundert als auch in dem 2500 Jahre alten ägyptischen Totenbuch beschrieben. Im 10. Buch seines Werkes *Der Staat* berichtet Platon von einem griechischen Soldaten namens Er, der wenige Sekunden vor dem Anzünden seines Scheiterhaufens zum Leben erwachte und versicherte, er habe seinen Körper verlassen und ein »Tor« zum Totenreich durchschritten. Der englische Mönch Beda Venerabilis (um 673 bis 735) hat einen ähnlichen Fall in seine *Kirchengeschichte des englischen Volkes* aufgenommen, und in ihrem kürzlich erschienenen Buch *Otherworld Journeys* weist Carol Zaleski, Religionswissenschaftlerin in Harvard, nach, daß es in der Literatur des Mittelalters von einschlägigen Berichten nur so wimmelt.

Die Betroffenen weisen keine besonderen demographischen Merkmale auf. Aus verschiedenen Studien geht hervor, daß kein Zusammenhang besteht zwischen Nah-Todeserfahrungen und dem Alter, dem Geschlecht, dem Stand, der Rasse, der Religion, der sozialen Schicht, dem Bildungsniveau, dem Einkommen, dem Kirchenbesuch und der Herkunft. Das Phänomen kann, wie der Blitz, jederzeit jeden treffen. Fromme Menschen machen diese Erfahrung genauso wie Ungläubige.

Zu den interessantesten Aspekten der Nah-Todeserfahrungen zählen die auffälligen Übereinstimmungen, die man bei solchen Erlebnissen feststellen kann. Der typische Ablauf ist folgender:

Ein Mensch liegt im Sterben und spürt plötzlich, wie er über seinem Körper schwebt und beobachtet, was hier vorgeht. Wenige Augenblicke später bewegt er sich mit hoher Geschwindigkeit durch einen dunklen Raum oder einen Tunnel. Er betritt eine Umgebung voller Licht und wird von kürzlich verstorbenen Freunden und Verwandten herzlich begrüßt. Häufig hört er eine unbeschreiblich schöne Musik, und er erblickt eine Landschaft – sanft gewellte Wiesen, blühende Täler und glitzernde Bäche –, die herrlicher ist als alles, was er auf Erden je gesehen hat. In dieser lichtdurchfluteten Welt fühlt er weder Schmerz noch Angst, und ihn durchdringt ein überwältigendes Gefühl der Freude, Liebe und des Friedens. Er begegnet einem »Lichtwesen«, das ein grenzenloses Mitgefühl ausstrahlt, und wird von ihm dazu gebracht, »sein ganzes Leben Revue passieren zu lassen«. Vom Erleben dieser höheren Wirklichkeit ist er so hingerissen, daß er nichts anderes mehr wünscht, als hierzubleiben. Doch das Wesen erklärt ihm, seine Zeit sei noch nicht gekommen, und überredet ihn, in sein irdisches Leben und seinen physischen Körper zurückzukehren.

Es sei angemerkt, daß es sich hierbei nur um eine allgemeine Beschreibung handelt und daß nicht alle Nah-Todeserfahrungen sämtliche angeführten Elemente enthalten. Einige Ingredienzien können fehlen, andere hinzukommen. Die symbolträchtigen Kulissen sind variabel. Angehörige westlicher Kulturen betreten beispielsweise den Nachlebensbereich in der Regel durch einen Tunnel, während man in anderen Kulturen vielleicht auf einer Straße oder auf einem Wasserweg ins »Jenseits« gelangt.

Gleichwohl gibt es ein erstaunlich hohes Maß an Übereinstimmungen zwischen den entsprechenden Berichten aus verschiedenen Kulturbereichen und Epochen. Der Lebensrückblick zum Beispiel, eine Komponente, die in heutigen Nah-Todeserfahrungen immer wieder vorkommt, findet sich auch im ägyptischen und im tibetischen Totenbuch, in Platons *Staat* sowie in den mehr als 2000 Jahre alten Yoga-Schriften des indischen Weisen Patañjali. Die kulturenübergreifenden Ähnlichkeiten sind auch durch eine wissenschaftliche Untersuchung bestätigt worden. Osis und Haraldsson haben 1977 fast 900 Totenbettvisionen verglichen, die Patienten Ärzten und anderen medizinischen Betreuern sowohl in Indien als auch in den Vereinigten Staaten anvertraut haben, und daraus ergibt sich, daß zwar einige kulturelle Unterschiede bestehen – Amerikaner empfanden etwa das Lichtwesen als eine christliche, die Inder als eine hinduistische Gestalt –, daß aber der »Kern« des Erlebnisses im wesentlichen gleich ist und den von Moody und Kübler-Ross beschriebenen Nah-Todeserfahrungen entspricht.[27]

Nach orthodoxer Auffassung sind Nah-Todeserfahrungen einfach nur Halluzinationen, doch gewichtige Gründe sprechen dagegen. Wenn die Betroffenen ihren Körper verlassen haben, können sie, wie die OBEer, Einzelheiten schildern, die ihrem normalen Wahrnehmungsvermögen nicht zugänglich sind. Moody berichtet von einer Frau, die während einer Operation ihrem Körper entstieg, in das Wartezimmer schwebte und sah, daß ihre Tochter nicht zusammenpassende Sachen trug. Wie sich herausstellte, hatte die Hausgehilfin das kleine Mädchen so hastig angezogen, daß sie ihren Irrtum nicht bemerkt hatte, und sie war höchst erstaunt, als die Mutter, die ihre Tochter an diesem Tag nicht zu Gesicht bekommen hatte, sich über diesen Fehlgriff ausließ.[28] In einem anderen Fall begab sich eine Frau nach Verlassen des Körpers in die Vorhalle des Krankenhauses und hörte, wie ihr Schwager einem Freund erzählte, er werde wohl eine Geschäftsreise absagen und statt dessen an der Beerdigung seiner Schwägerin teilnehmen müssen. Nachdem die Frau wieder zu sich gekommen war, machte sie ihrem verdutzten Schwager Vorwürfe, weil er sie so schnell abgeschrieben hatte.[29]

Dies sind nicht einmal die spektakulärsten Beispiele für außergewöhnliche Sinneswahrnehmungen im Zustand der Nah-Todeserfahrung. Forscher haben herausgefunden, daß sogar völlig blinde Patienten genau erkennen und beschreiben können, was um sie herum vorgeht, wenn sie ihren Körper verlassen haben. Kübler-Ross hat mehrere Personen dieses Typs kennengelernt und ausgiebig interviewt, um die Richtigkeit ihrer Aussagen zu überprüfen. »Zu unserer Überraschung konnten sie die Farben und Muster der Kleider und des Schmucks der anwesenden Leute beschreiben«, versichert sie.[30]

Am aufregendsten sind jene Nah-Todeserfahrungen und Totenbettvisionen, die zwei oder mehr Personen betreffen. Als eine Frau erlebte, wie sie sich durch den Tunnel bewegte und sich dem lichten Bereich näherte, erblickte sie einen Freund, der auf dem Rückweg war! Beim Zusammentreffen gab der Freund ihr telepathisch zu verstehen, daß er gestorben, aber wieder »zurückgeschickt« worden sei. Die Frau wurde schließlich ebenfalls »zurückgeschickt«, und als sie wieder bei Bewußtsein war, erfuhr sie, daß ihr Freund ungefähr gleichzeitig mit ihrem Erlebnis einen Herzstillstand erlitten hatte.[31]

Es sind noch zahlreiche weitere Fälle verbürgt, in denen Sterbende wußten, wer in der »anderen Welt« auf sie wartete, bevor sie die Nachricht vom Tod des betreffenden Menschen auf normalem Weg erreichte.[32]

Um letzte Zweifel auszuräumen, kann noch ein anderes Argument gegen den Verdacht, Nah-Todeserfahrungen seien bloß Halluzinationen, ins Feld geführt werden, nämlich die Tatsache, daß sie bei Patienten auftreten, die ein flaches EEG haben. Unter Normalbedingungen registriert das EEG sehr viel Aktivität, wenn eine Person redet, denkt, phantasiert, träumt oder sich sonstwie betätigt. Selbst Halluzinationen zeichnen sich im EEG ab. Es gibt jedoch viele Fälle, in denen Menschen mit einem flachen EEG Nah-Todeserfahrungen hatten. Wären dies einfache Halluzinationen gewesen, hätten sie ihre Spuren im EEG hinterlassen.

Faßt man alle Fakten zusammen – die weite Verbreitung der Nah-Todeserfahrungen, die fehlenden demographischen Besonderheiten, die Universalität des Kernerlebnisses, die Fähigkeit der Betroffenen, Dinge zu sehen und zu wissen, die sie auf normalem Wege nicht erkennen können, schließlich das Auftreten von Nah-Todeserfahrungen bei Patienten mit flachem EEG –, dann kann man daraus offensichtlich nur einen Schluß ziehen: Menschen, die eine Nah-Todeserfahrung machen, leiden nicht an Halluzinationen oder Sinnestäuschungen, sondern *dringen tatsächlich in eine völlig andere Wirklichkeitsschicht ein*.

Zu diesem Ergebnis gelangen auch viele Forscher, die sich mit diesem Problem befaßt haben. Einer von ihnen ist Melvin Morse, ein Kinderarzt aus Seattle. Sein Interesse an Nah-Todeserfahrungen wurde geweckt, nachdem er ein siebenjähriges Mädchen, das ertrunken war, behandelt hatte. Als die Kleine wiederbelebt wurde, befand sie sich in einem komatösen Zustand, sie hatte starre, erweiterte Pupillen und zeigte weder Muskelreflexe noch Hornhautreaktionen. Medizinisch gesehen, lag sie in einem so tiefen Koma, daß eine Rettung schier unmöglich erschien. Trotzdem wurde sie wieder ganz gesund, und als Morse zum erstenmal nach ihr sah, nachdem sie das Bewußtsein wiedererlangt hatte, erkannte sie ihn und versicherte, sie habe ihm zugeschaut, während er sich um ihren im Todesschlaf liegenden Körper bemühte. Auf weitere Fragen antwortete sie, sie habe ihren Körper verlassen und sei durch einen Tunnel in den Himmel gelangt, wo sie dem »himmlischen Vater« begegnet sei. Der Himmelsvater erklärte ihr, ihr Aufenthalt hier sei eigentlich noch nicht vorgesehen, und fragte sie, ob sie bleiben oder zurückkehren wolle. Zuerst wäre sie am liebsten geblieben, aber als der Himmelsvater sie darauf hinwies, daß sie dann ihre Mutter nie wiedersehen würde, änderte sie ihre Meinung und kehrte in ihren Körper zurück.

Morse war zugleich skeptisch und fasziniert, und fortan bemühte er sich, soviel wie möglich über dieses Phänomen in Erfahrung zu bringen. Damals war er für einen Luftrettungsdienst tätig, der Patienten ins Krankenhaus beförderte, und dadurch hatte er Gelegenheit, mit Dutzenden von wiederbelebten Kindern zu sprechen. Im Laufe von zehn Jahren befragte er jedes Kind, das im Krankenhaus einen Herzstillstand überlebt hatte, und stets erfuhr er dabei das gleiche: Nachdem die Kinder das Bewußtsein verloren hatten, fanden sie sich außerhalb ihres Körpers wieder; sie sahen den Ärzten zu, die sich an ihnen zu schaffen machten, durchschritten einen Tunnel und wurden von Lichtwesen getröstet.

Morses Bedenken blieben bestehen, und in seiner zunehmend verzweifelten Suche nach einer rationalen Erklärung las er alles, was er über die Nebenwirkungen der Medikamente, die seinen Patienten verabreicht wurden, finden konnte. Er sondierte verschiedene psychologische Möglichkeiten, doch keine erschien ihm befriedigend. »Dann las ich eines Tages einen langen Aufsatz in einer medizinischen Fachzeitschrift, in dem versucht wurde, Nah-Todeserfahrungen mit allerlei Tricks des Gehirns zu erklären«, sagt Morse. »Mittlerweile hatte ich mich intensiv mit der Materie befaßt, und ich erkannte, daß keine der von diesem Wissenschaftler angebotenen Deutungen zutraf. Endlich war mir klar, daß ihm die offenkundigste Erklärung entgangen war – daß Nah-Todeserfahrungen eine Realität sind. Er hatte die Möglichkeit übersehen, daß die Seele tatsächlich umherschweifen kann.«[33]

Moody denkt ähnlich. Nach zwanzig Jahren Forschung ist er davon überzeugt, daß Personen, die eine Nah-Todeserfahrung machen, in der Tat zu einer anderen Wirklichkeitsebene vordringen. Er meint, daß die meisten auf diesem Gebiet engagierten Forscher seine Ansicht teilen.

»Ich habe mich mit fast jedem Experten über seine Arbeit unterhalten. Ich weiß, daß die meisten insgeheim glauben, daß Nah-Todeserfahrungen Einblicke in das Leben nach dem Leben sind. Aber sie haben eben noch nicht den ›wissenschaftlichen Beweis‹ erbracht, daß ein Teil unseres Ich weiterlebt, wenn unser Körper tot ist. Dieser Mangel an Beweisen hindert sie daran, sich zu ihren wahren Gefühlen zu bekennen.«[34]

Aus einer Umfrage aus dem Jahre 1981 zieht George Gallup jr., der Präsident des Gallup-Instituts, ein ähnliches Fazit: »Eine wachsende Zahl von Forschern hat Berichte von Personen, die seltsame Nah-Todeserfahrungen gemacht haben, zusammengetragen und ausgewertet. Die vorläufigen Ergebnisse legen den Schluß nahe, daß es sich dabei um eine Art von Begegnung mit einem extradimensionalen Wirklichkeitsbereich handelt. Unsere eigene Erhebung, die letzte einschlägige Untersuchung, offenbart ebenfalls gewisse Trends, die auf irgendein paralleles Superuniversum hindeuten.«[35]

Eine holographische Erklärung der Nah-Todeserfahrungen

Dies sind erstaunliche Aussagen. Noch erstaunlicher ist jedoch die Tatsache, daß das wissenschaftliche Establishment sowohl die Schlußfolgerungen dieser Forscher als auch das umfangreiche Belegmaterial, das ihnen zugrunde liegt, weitgehend ignoriert hat. Die Gründe sind komplex und mannigfaltig. Einer ist gewiß darin zu suchen, daß es gegenwärtig in der Wissenschaft nicht opportun ist, irgendwelche Phänomene, die die Idee einer spirituellen Wirklichkeit nahelegen, ernsthaft zu erwägen, und Überzeugungen gleichen, wie zu Beginn dieses Buches ausgeführt, Suchtkrankheiten und lassen sich nur schwer ausrotten. Ein weiterer Grund ist laut Moody das unter Wissenschaftlern weitverbreitete Vorurteil, daß nur solche Ideen Anerkennung finden dürfen, die im strengen wissenschaftlichen Sinne beweisbar sind. Hinzu kommt die weitgehende Unfähigkeit unseres heutigen wissenschaftlichen Wirklichkeitsverständnisses, eine Erklärung der Nah-Todeserfahrungen, falls sie denn eine Realität sind, auch nur in Angriff zu nehmen.

Dieser letzte Punkt ist vielleicht nicht so gravierend, wie er erscheint. Mehrere Forscher haben darauf hingewiesen, daß das holographische Modell eine Möglichkeit zum Verständnis dieser Erfahrungen anbietet. Zu diesen Forschern gehört Kenneth Ring, Psychologieprofessor an der University of Connecticut und einer der ersten Wissenschaftler, die das zur Debatte stehende Phänomen mit Hilfe von statistischen Analysen und standardisierten Befragungstechniken untersucht haben. In seinem 1980 veröffentlichten Buch *Life at Death* legt er eine Fülle von Argumenten zugunsten einer holographischen Deutung der Nah-Todeserfahrungen vor. Ring geht, kurz gesagt, davon aus, daß es sich bei den Nah-Todeserfahrungen um Ausflüge in die frequenzartigen Bereiche der Wirklichkeit handelt.

Ring stützt seine Schlußfolgerungen auf die zahlreichen unverkennbar holographischen Aspekte der Nah-Todeserfahrungen. Einer davon ist die bei den betroffenen Personen vorherrschende Tendenz, die jenseitige Welt als ein Reich des »Lichts«, der »höheren Schwingungen« oder »Frequenzen« zu charakterisieren. Manche empfinden sogar die himmlische Musik, die vielfach solche Erlebnisse begleitet, eher als »eine Kombination von Schwingungen« denn als wirkliche Musik – für Ring ein Beleg dafür, daß mit dem Vorgang des Sterbens eine Bewußtseinsverschiebung von der alltäglichen Welt der Erscheinungen zu einer mehr holographischen Realität der reinen Frequenz verbunden ist. Außerdem wird häufig berichtet, daß der Jenseitsbereich von einem Licht durchflutet ist, das heller ist als alles, was der Betreffende jemals auf Erden gesehen hat, ungeachtet seiner unvorstellbaren Intensität den Augen aber nicht weh tut – für Ring ein weiteres Indiz für den Frequenzcharakter des Jenseits.

Ein anderes Element, das Ring für eindeutig holographisch hält, ist die Art und Weise, wie die betroffenen Personen Raum und Zeit im »Nachleben« beschreiben. Am häufigsten wird die jenseitige Welt als eine Dimension dargestellt, in der Raum und Zeit aufhören zu existieren. »Ich fand mich in einem Raum und in einer Zeit, wo meines Erachtens Raum und Zeit gar keine Rolle mehr spielten«, lautet eine ziemlich ungeschickte Formulierung dieses Sachverhaltes.[36] Jemand anders erklärt: »Es *muß* sich außerhalb von Zeit und Raum befinden. Es *muß* so sein, weil … es sich nicht zeitlich festlegen läßt.«[37] Wenn wir davon ausgehen, daß im Frequenzbereich Zeit und Raum aufgehoben sind und die Örtlichkeit keine Bedeutung mehr hat, dann entspricht dies genau dem, was wir erwarten, wenn die Nah-Todeserfahrungen in einem holographischen Zustand des Bewußtseins stattfinden, meint Ring.

Falls der Bereich der Todesnähe noch stärker von Frequenzen geprägt ist als unsere normale Wirklichkeitsebene, warum wirkt er dann so gänzlich unstrukturiert? Unter der Voraussetzung, daß sowohl OBEs als auch Nah-Todeserfahrungen den Beweis dafür liefern, daß der Geist unabhängig vom Gehirn existieren kann, liegt für Ring die Vermutung nahe, daß der Geist ebenfalls holographisch funktioniert. Wenn sich der Geist in den »höheren« Frequenzen der todesähnlichen Dimension befindet, tut er weiterhin das, was er am besten kann: Er setzt diese Frequenzen in eine Erscheinungswelt um. Dazu Ring: »Ich glaube, daß dies ein Bereich ist, der durch *interagierende Denkstrukturen* hervorgebracht wird. Diese Strukturen oder ›Denkformen‹ verbinden sich zu

Mustern, so wie Interferenzwellen Muster auf einer holographischen Platte erzeugen. Und so wie das holographische Bild ganz und gar real erscheint, wenn es durch einen Laserstrahl aufgehellt wird, so erscheinen auch die durch interagierende Denkformen produzierten Bilder real.«[38]

Ring ist nicht der einzige, der solche Spekulationen anstellt. In einem programmatischen Vortrag auf der Tagung der International Association for Near-Death Studies (IANDS) von 1989 vertrat Elizabeth W. Fenske, eine klinische Psychologin mit einer Privatpraxis in Philadelphia, die Ansicht, daß Nah-Todeserfahrungen Reisen in einen holographischen Bereich höherer Frequenzen seien. Sie stimmt Rings Hypothese zu, daß die Landschaften, die Blumen, die physischen Strukturen usw. der Nachlebensdimension aus interagierenden (oder interferierenden) Denkmustern hervorgehen. »Ich glaube, wir sind hier an einem Punkt angelangt, an dem die Unterscheidung zwischen Denken und Licht schwierig wird. In der Erfahrung der Todesnähe scheint Denken zu Licht zu werden«, meint sie.[39]

Der Himmel als Hologramm

Neben den von Ring und Fenske genannten Merkmalen weisen Nah-Todeserfahrungen noch viele weitere Eigenheiten auf, die ausgesprochen holographisch sind. Sobald sich die Betreffenden, so wie die OBEer, vom Physischen gelöst haben, finden sie sich in einer von zwei möglichen Formen wieder, entweder als körperlose Energiewolke oder als ein vom Denken gestalteter hologrammartiger Körper. Wenn letzteres der Fall ist, ist die geistgeschaffene Natur des Körpers für diejenigen, die die Nah-Todeserfahrung machen, oft erstaunlich evident. Einer berichtet beispielsweise, daß er, nachdem er seinen Körper verlassen hatte, zunächst »fast wie eine Qualle« ausgesehen habe und leicht wie eine Seifenblase zu Boden gesunken sei. Dann dehnte er sich schnell zu einem geisterhaften dreidimensionalen Abbild eines nackten Mannes aus. Doch es war ihm peinlich, daß sich zwei Frauen im Raum aufhielten, und diese Empfindung bewirkte, daß er plötzlich bekleidet war (die Frauen ließen freilich nicht erkennen, daß sie ihn überhaupt wahrnahmen).[40]

Daß unsere innersten Gefühle und Wünsche verantwortlich sind für die Gestalt, die wir in der Nachlebensdimension annehmen, kennzeichnet auch die Erlebnisse anderer Betroffener. Menschen, die in ihrer physischen Existenz an den Rollstuhl gefesselt sind, erleben sich in einem gesunden Körper und können umhergehen und tanzen. Amputierte erhalten stets ihre fehlenden Gliedmaßen zurück. Ältere Menschen bekommen einen jugendlichen Körper, und, was noch merkwürdiger ist, Kinder sehen sich oft als Erwachsene, was vielleicht die kindliche Phantasievorstellung vom raschen Erwachsenwerden widerspiegelt oder – eine tiefgründigere Deutung – ein symbolischer Hinweis darauf sein könnte, daß wir in unserer Seele vielfach sehr viel älter sind, als wir vermuten.

Diese hologrammartigen Körper weisen oft einen verblüffenden Detailreichtum auf. Im Falle des Mannes, dem seine Nacktheit peinlich war, war zum Beispiel die Kleidung, die er für sich materialisierte, so fein gearbeitet, daß er sogar die Nähte im Stoff erkennen konnte![41] Ein anderer Mann, der in dem fraglichen Zustand seine Hände inspizierte, versicherte, daß sie »aus Licht« bestanden und »winzige Strukturen« hatten; als er genauer hinschaute, konnte er sogar »die ›zierlichen Linien seiner Fingerabdrücke und die Lichtadern seiner Arme‹ sehen«.[42]

Auch einige von Whittons Forschungsarbeiten sind in diesem Zusammenhang von Bedeutung. Wenn Whitton hypnotisierte Patienten in den Zustand zwischen zwei Existenzen zurückversetzte, schilderten sie ebenfalls die typischen Stationen der Nah-Todeserfahrung: Durchqueren eines Tunnels, Begegnungen mit toten Verwandten und/oder »Führern«, Eintritt in einen von gleißendem Licht durchfluteten Bereich, in dem Zeit und Raum aufgehoben waren, Zusammentreffen mit Lichtgestalten sowie Lebensrückblick. Whittons Probanden zufolge war der Hauptzweck des Lebensrückblicks die Auffrischung ihrer Erinnerungen, damit sie ihr künftiges Leben sorgfältiger planen konnten – ein Prozeß, bei dem ihnen die Lichtwesen sanft und ohne Zwang auszuüben beistanden.

Nach der Analyse der Aussagen seiner Probanden kam Whitton, wie Ring, zu dem Ergebnis, daß die Gestalten und Strukturen, die in der Nachlebensdimension wahrgenommen werden, Denkformen sind, die der Geist hervorbringt. »René Descartes' berühmter Ausspruch ›Ich denke, also bin ich‹ hat nirgendwo mehr Gültigkeit als in diesem Zwischenstadium«, meint Whitton. »Es gibt keine Seinserfahrung ohne Denken.«[43]

Das trifft vor allem in bezug auf die Gestalt zu, die Whittons Patienten in dieser Phase annahmen. Mehrere versicherten, wenn sie das Denken ausschalteten, besäßen sie nicht einmal einen Körper. »Ein Mann beschrieb das so: Sobald er aufhöre zu denken, sei er nur eine formlose Wolke in einer endlosen Wolke«, berichtet Whitton. »Doch sobald er zu denken begann, wurde er wieder er selbst«[44] (eine merkwürdige Parallele zu Tarts Doppel-Hypnoseexperiment, bei dem die Testpersonen entdeckten, daß sie keine Hände hatten, solange sie sie nicht als existent »dachten«). Anfangs glichen die Körper, die Whittons Probanden annahmen, den Personen, die sie im letzten Leben gewesen waren. Aber wenn das Zwischenstadium andauerte, verwandelten sie sich nach und nach in ein hologrammähnliches Gemisch aus all ihren früheren Existenzen.[45] Diese zusammengesetzte Identität hatte sogar einen Namen, der sich von allen Namen unterschied, die die Versuchspersonen in ihren physischen Inkarnationen getragen hatten; allerdings vermochte keine ihn mit Hilfe des physischen Stimmapparats auszusprechen.[46]

Wie sehen Menschen in der Nah-Todeserfahrung aus, solange sie für sich selbst keinen hologrammähnlichen Körper ausgebildet haben? Viele sagen, sie seien sich nicht bewußt geworden, überhaupt eine Gestalt zu besitzen; sie seien einfach »sie selbst« oder »ihr Geist« gewesen. Andere haben genauere Vorstellungen und beschreiben sich selbst als »eine Farbenwolke«, einen »Nebelschleier«, ein »Energiemuster« oder als ein »Energiefeld« – lauter Begriffe, die abermals darauf hindeuten, daß wir alle letztlich bloß Frequenzerscheinungen sind, Muster irgendeiner unbekannten Schwingungsenergie, die sich in der umfassenderen Grundsubstanz des Frequenzbereichs verhüllt. Einige Leute mit Nah-Todeserfahrung behaupten, wir Menschen bestünden nicht nur aus farbigen Lichtfrequenzen, sondern auch aus Tönen. »Ich erkannte, daß alle Personen und Dinge sowohl eine eigene musikalische Tonlage als auch ein bestimmtes Farbenspektrum aufweisen«, erklärt eine Hausfrau aus Arizona, die während einer Geburt eine Nah-Todeserfahrung machte. »Wenn Sie sich vorstellen können, daß Sie schwerelos zwischen prismatischen Lichtstrahlen umherschweben und hören, wie die musikalischen Töne der Menschen, die Sie berühren oder die an Ihnen vorüberziehen, miteinander verschmelzen oder mit Ihren eigenen harmonieren, dann wissen Sie ungefähr, wie es in der Welt des Unsichtbaren zugeht.« Die Frau, die im Nachlebensbereich vielen Menschen begegnete, die sich lediglich als Wolken von Farben und Tönen manifestierten, betrachtet die Klänge, die jede Seele von sich gibt, als das, was andere Leute meinen, wenn sie von einer herrlichen Musik sprechen, die während der Nah-Todeserfahrung zu vernehmen sei.[47]

Wie Monroe berichten auch manche Personen mit Nah-Todeserfahrung, sie hätten in ihrem körperlosen Zustand in alle Richtungen blicken können. Ein Mann, der wissen wollte, wie er aussah, erlebte plötzlich, daß er seinen eigenen Rücken anstarrte.[48] Robert Sullivan, ein Amateurforscher aus Pennsylvania, der sich auf Nah-Todeserfahrungen bei Soldaten spezialisiert hat, interviewte einen Veteranen des Zweiten Weltkriegs, der diese Fähigkeit nach der Rückkehr in seinen physischen Körper eine Zeitlang beibehielt. »Er hatte eine Rundumsicht, während er von einer deutschen Maschinengewehrstellung wegrannte«, erklärt Sullivan. »Er konnte beim Laufen nicht nur nach vorne schauen, sondern er sah auch die MG-Schützen, die hinter ihm auf ihn zielten.«[49]

Schlagartiger Erkenntnisgewinn

Eine andere Komponente der Nah-Todeserfahrung, die viele holographische Merkmale aufweist, ist der Lebensrückblick. Ring bezeichnet ihn als »holographisches Phänomen par excellence«. Grof und Joan Halifax, eine Anthropologin aus Harvard, mit der zusammen Grof *Die Begegnung mit dem Tod* schrieb, haben sich gleichfalls über die holographischen Aspekte des Lebensrückblicks ausgelassen. Nach Auskunft verschiedener Forscher, zu denen auch Moody gehört, verwenden viele Betroffene selbst den Begriff »holographisch« bei der Beschreibung ihrer Erlebnisse.[50]

Der Grund für diese Charakterisierung wird einsichtig, sobald man Berichte über die Lebensrückblicke liest. Immer wieder werden die gleichen Adjektive benutzt, um sie zu beschreiben; sie werden als ein unglaublich eindringlicher, umfassender, dreidimensionaler Nachvollzug des gesamten Lebens empfunden. »Es ist, als steige man direkt in einen Kinofilm über das eigene Leben ein«, meint einer. »Jeder Augenblick aus jedem Lebensjahr erscheint im Playback in allen sinnlich erfahrbaren Details. Erinnerung total. Und das alles passiert in einem Nu.«[51] »Das Ganze war wirklich merkwürdig. Ich war dort; ich erlebte konkret diese Rückblenden; ich wanderte durch sie hindurch, und es ging so schnell. Dennoch dauerte es so lange, daß ich alles erfassen konnte«, berichtete ein anderer.[52]

Während dieses blitzartigen und umfassenden Erinnerungsvorgangs durchleben diese Leute nochmals sämtliche Emotionen, die Freuden und Leiden ihrer Erdentage. Mehr noch, sie haben zugleich alle Gefühle der Menschen, mit denen sie in Beziehung standen. Sie empfinden das Glück aller Personen, denen sie zugetan waren. Wenn sie jemand verletzt haben, wird ihnen schmerzhaft das Leid bewußt, das sie dem Betreffenden durch ihre Unbedachtheit zugefügt haben. Selbst das banalste Vorkommnis wird wieder lebendig. Als eine Frau eine Episode aus ihrer Kindheit durchlebte, vergegenwärtigte sie sich plötzlich die ohnmächtige Betroffenheit ihrer Schwester, der sie damals ein Spielzeug weggenommen hatte.

Whitton hat Belege dafür entdeckt, daß im Lebensrückblick nicht nur solches Fehlverhalten Anlaß zur Reue ist. Unter Hypnose berichteten seine Versuchspersonen, daß auch unerfüllte Träume und Ambitionen – Dinge, die sie sich erhofft, aber nicht erreicht hatten – Schmerz und Trauer in ihnen ausgelöst hätten.

Gedanken werden ebenfalls mit großer Präzision im Lebensrückblick wieder lebendig. Phantasievorstellungen, Gesichter, die man nur einmal gesehen, aber jahrelang im Gedächtnis behalten, Witze, über die man gelacht hat, die Freude beim Anblick eines bestimmten Gemäldes, kindliche Kümmernisse und längst vergessene Tagträume – all dies schießt in Sekundenschnelle durch den Kopf. Ein Betroffener erklärt kurz und bündig: »Nicht einmal deine Gedanken gehen verloren ... Jeder Gedanke war präsent.«[53]

Der Lebensrückblick ist demnach holographisch nicht nur in seiner Dreidimensionalität, sondern auch hinsichtlich der verblüffenden Informationsspeicherkapazität. Er ist holographisch auch noch in einem dritten Sinn. Wie das kabbalistische »Aleph«, ein mythischer Punkt in Raum und Zeit, der alle anderen Raum- und Zeitpunkte in sich einschließt, ist er ein Augenblick, der alle anderen Augenblicke enthält. Selbst die Fähigkeit, den Lebensrückblick wahrzunehmen, erscheint insofern holographisch, als der betreffende Mensch imstande ist, etwas zu erleben, das paradoxerweise zugleich unvorstellbar schnell und dennoch so langsam abläuft, daß es in allen Einzelheiten erfaßt werden kann. Wie es 1821 jemand formulierte, ist es die Fähigkeit, »das Ganze und jeden Teil des Ganzen simultan zu begreifen«.[54]

Der Lebensrückblick weist in der Tat eine auffallende Ähnlichkeit mit den »Gerichtsszenen« nach dem Tode auf, die in den heiligen Schriften vieler Weltreligionen beschrieben werden, von der altägyptischen bis zu jüdisch-christlichen, freilich mit einem entscheidenden Unterschied. Wie Whittons Probanden berichten die Personen mit Nah-Todeserfahrung übereinstimmend, sie würden *von den Lichtwesen niemals verurteilt,* sondern empfänden in deren Gegenwart nichts als Liebe und Verständnis. Das einzige Urteil, das jemals gefällt wird, ist ein Selbst-Urteil und erwächst allein aus den Schuld- und Reuegefühlen des Betroffenen. Hin und wieder treten die Lichtwesen sehr bestimmt auf, aber sie benehmen sich nicht autoritär, sondern fungieren als Führer und Berater, deren einziges Anliegen die Belehrung ist.

Daß ein kosmisches »Jüngstes Gericht« und/oder ein göttliches Bestrafungs-und-Belohnungs-System gänzlich fehlen, war in religiösen Kreisen einer der umstrittensten Aspekte der Nah-Todeserfahrungen, aber die meisten einschlägigen Berichte sind in dieser Hinsicht eindeutig. Welche Erklärung gibt es dafür? Moody bietet eine ebenso simple wie polemische Lösung an: Wir leben, so meint er, in einem Universum, das weitaus menschenfreundlicher ist, als wir vermuten.

Das heißt jedoch nicht, daß im Lebensrückblick alles »durchgeht«. Wie Whittons Hypnoseprobanden werden auch die Menschen, die ein Nah-Todeserlebnis haben, nach Betreten der Lichtwelt offensichtlich in einen Zustand gesteigerten Wahrnehmungsvermögens oder eines Metabewußtseins versetzt und reflektieren ihr Leben mit klarsichtiger Ehrlichkeit.

Es ist auch nicht so, daß die Lichtwesen keine Wertmaßstäbe anlegen würden. Es ist ihnen durchgängig um zwei Dinge zu tun. Das erste ist die Bedeutung der Liebe. Immer wieder verkünden sie die Botschaft, daß wir lernen müssen, den Zorn durch Liebe zu ersetzen, mehr zu lieben als bisher, jedermann bedingungslos zu vergeben und Liebe entgegenzubringen und zu erkennen, daß wir wiedergeliebt werden. Dies scheint das alleinige ethische Kriterium zu sein, auf das sich die Lichtwesen berufen. Selbst die sexuelle Betätigung ist nicht mehr mit dem moralischen Makel behaftet, den wir Menschen ihr so gerne anhängen. Einer von Whittons Probanden berichtete, er sei nach mehreren einsamen und trübseligen Inkarnationen gedrängt worden, ein Leben als liebebedürftige und sexuell aktive Frau zu planen, um die Gesamtentwicklung seiner Seele besser ins Gleichgewicht zu bringen.[55] Für die Lichtwesen ist anscheinend Mitgefühl das Barometer der Liebe, und wenn sich jemand fragt, ob irgendeine Tat, die er begangen hat, recht oder unrecht war, reagieren sie darauf vielfach, indem sie von ihm wissen wollen: Hast du es aus Liebe getan? War dein Beweggrund Liebe?

Wir Menschen sind, versichern die Lichtwesen, nur deshalb auf der Welt, um zu lernen, daß Liebe das Schlüsselwort ist. Sie räumen ein, daß dies ein schwieriges Unterfangen ist, aber lassen uns wissen, daß es für unser biologisches und spirituelles Dasein eine Bedeutung hat, die zu erfassen wir vielleicht noch nicht einmal begonnen haben. Sogar Kindern, die aus dem Bereich des Todes zurückkehren, ist die Botschaft fest eingeprägt. Ein kleiner Junge, der von einem Auto angefahren worden war und von zwei Gestalten »in ganz weißen Gewändern« in die jenseitige Welt geleitet wurde, berichtete hinterher: »Was ich dort gelernt habe, ist, daß das Wichtigste im Leben die Liebe ist.«[56]

Das zweite, worauf die Lichtwesen Wert legen, ist Wissen. Häufig versichern einschlägig Erfahrene, die Lichtwesen zeigten sich erfreut, sobald im Lebensrückblick etwas erscheine, das mit Wissen oder Erkenntnis zu tun habe. Manchen wird ganz unverblümt geraten, sie sollten sich nach der Rückkehr in den Körper auf die Suche nach Wissen machen, insbesondere nach Erkenntnissen, die sich auf die eigene Weiterentwicklung beziehen oder die Bereitschaft fördern, anderen Menschen zu helfen. Andere werden bedrängt mit Aussprüchen wie »Lernen ist ein unaufhörlicher Prozeß, der auch nach dem Tod weitergeht« oder »Wissen gehört zu den wenigen Dingen, die du mitnehmen kannst, wenn du gestorben bist«.

Der Vorrang von Wissen und Erkenntnis in der Nachlebensdimension offenbart sich auch noch auf andere Weise. Einige Betroffene entdeckten, daß sie im Lichtbereich plötzlich direkten Zugang zu *allem* Wissen hatten. Dieser Zugang manifestierte sich in unterschiedlicher Form. Zuweilen ergab er sich infolge von Fragen. Ein Mann erklärte, er habe nur eine Frage zu stellen brauchen, etwa wie es wäre, wenn man sich in ein Insekt verwandle, und schon sei ihm die entsprechende

Erfahrung zuteil geworden.[57] Ein anderer beschreibt den Vorgang so: »Du denkst dir eine Frage aus – und *sofort* weißt du die Antwort. So einfach ist das. Und es kann jede beliebige Frage sein. Sie kann einen Gegenstand betreffen, von dem du keine Ahnung hast, ja, den du nicht im entferntesten verstehen zu können glaubst, und schon gibt dir das Licht die richtige Antwort und sorgt dafür, daß du sie begreifst.«[58]

Manche berichten, sie hätten nicht einmal Fragen zu stellen brauchen, um Zugang zu dieser unermeßlich großen Bibliothek des Wissens zu erhalten. Nach ihrem Lebensrückblick hätten sie unverhofft einfach alles gewußt, alles, was man wissen müsse vom Anbeginn bis zum Ende der Zeiten. Andere kamen in Berührung mit diesem Wissen, nachdem das Lichtwesen eine bestimmte Geste gemacht hatte, etwa eine Handbewegung. Wieder andere sagten, sie hätten das Wissen nicht erworben, sondern sich daran *erinnert*, es aber größtenteils wieder vergessen, sobald sie in ihren physischen Leib zurückgekehrt seien (eine Amnesie, wie sie offenbar typisch ist bei solchen Visionen).[59] Wie dem auch sei, es scheint, daß wir, sobald wir uns in der jenseitigen Welt befinden, nicht mehr in einen veränderten Bewußtseinszustand überwechseln müssen, um Zugang zu dem überpersönlichen und unendlich vernetzten Informationsbereich zu gewinnen, den Grofs Patienten kennengelernt haben.

Neben den bereits genannten holographischen Merkmalen besitzt diese Vision der totalen Erkenntnis noch einen weiteren holographischen Aspekt. Menschen mit Nah-Todeserfahrung behaupten des öfteren, während einer Vision kämen die Informationen in »Schüben«, die vom Denken unverzüglich eingeordnet würden. Mit anderen Worten: All diese Fakten, Details, Bilder und Erkenntnisse sind nicht linear gegliedert wie die Wörter eines Satzes oder die Szenen eines Films, sondern dringen schlagartig in das Bewußtsein ein. Ein Betroffener bezeichnete diese Informationsschübe als »Gedankenbündel«.[60] Monroe, der im entkörperlichten Zustand ebenfalls derartige Informationsexplosionen erlebt hat, spricht von »Gedankengeschossen«.[61]

Im Grunde ist diese Erfahrung jedem Menschen vertraut, der über nennenswerte übersinnliche Fähigkeiten verfügt, denn das ist die Form, in der wir auch die übersinnlichen Informationen erlangen. Wenn ich beispielsweise einem Fremden begegne (und gelegentlich sogar, wenn ich bloß den Namen einer Person höre), kann es passieren, daß sofort eine »Granate« von Informationen über den Betreffenden in meinem Bewußtsein einschlägt. Diese Informationen beziehen sich auf wichtige Fakten im Zusammenhang mit der psychischen und emotionalen Befindlichkeit, dem Gesundheitszustand und sogar mit Vorgängen aus der Vergangenheit solcher Personen. Ich habe das Gefühl, daß ich besonders empfänglich bin für Informationen über Menschen, die in irgendeiner Krise stecken. Vor kurzem traf ich mit einer Frau zusammen, von der ich sofort wußte, daß sie mit den Gedanken spielte, sich das Leben zu nehmen. Ich kannte auch einige ihrer Beweggründe. Wie immer in einer solchen Situation begann ich mich mit ihr zu unterhalten und lenkte das Gespräch behutsam auf übersinnliche Dinge. Nachdem ich gemerkt hatte, daß sie auf dieses Thema ansprach, konfrontierte ich sie mit meinem Wissen und brachte sie dazu, über ihre Probleme zu reden. Sie versprach mir schließlich, den Rat eines Fachmanns zu suchen und von ihrem Vorhaben abzulassen.

Ein Informationsempfang dieser Art ist vergleichbar der Art und Weise, wie man im Traum Wissen erlangt. Nahezu jeder hat schon einmal einen Traum gehabt, in dem er sich in eine bestimmte Situation versetzt sah und plötzlich über alle Begleitumstände Bescheid wußte, ohne daß er sie von jemandem erfahren hätte. Ein Beispiel: Sie träumen, daß Sie sich auf einer Party befinden, und wissen augenblicklich alles über den Gastgeber und den Grund der Veranstaltung. Ähnlich verhält es sich, wenn einem blitzartig eine Idee durch den Kopf schießt. Solche Erfahrungen sind bescheidenere Versionen des Gedankenbündeleffekts.

Weil diese übersinnlichen Informationsschübe in nichtlinearen »Klumpen« erfolgen, brauche ich manchmal mehrere Monate, um sie in Worte zu übersetzen. Wie die »Gestalten«, die Menschen bei transpersonalen Erlebnissen wahrnehmen, sind sie holographisch in dem Sinne, daß sie schlagartig auftretende »Ganzheiten« darstellen, mit denen sich unser zeitorientierter Geist eine Weile abmühen muß, wenn er sie entwirren und in eine Abfolge von Teilen umwandeln will.

Welche Gestalt nimmt das Wissen an, das in den Gedankenzusammenballungen enthalten ist, wie man sie in Nah-Todeserfahrungen erlebt? Nach Aussage der betroffenen Personen werden alle möglichen Kommunikationsformen benutzt: Töne, bewegliche hologrammartige Bilder, sogar Telepathie – eine Tatsache, die nach Rings Ansicht wieder einmal beweist, daß das Leben nach dem Tod »eine Seinswelt ist, in der das Denken König ist«.[62]

Der aufmerksame Leser fragt sich vielleicht, warum das Streben nach Erkenntnis im hiesigen Leben so wichtig sein soll, wenn wir doch Zugang zu allem Wissen erlangen, sobald wir gestorben sind. Leute mit Nah-Todeserfahrung erwiderten auf diese Frage, sie könnten es nicht genau sagen, aber sie hätten das sichere Gefühl, daß es mit dem Sinn des Lebens zusammenhänge und mit der Fähigkeit eines jeden Menschen, über sich hinauszuwachsen und anderen zu helfen.

Lebenspläne und parallele Zeitbahnen

Wie Whitton haben auch die Forscher, die sich mit der Nah-Todeserfahrung befassen, Anhaltspunkte dafür gefunden, daß unser Leben, zumindest bis zu einem gewissen Grad, vorausgeplant ist und daß wir alle bei dieser Planung mitwirken. Das zeigt sich an mehreren Aspekten der Nah-Todeserfahrungen. Nachdem die betreffenden Personen in der Welt des Lichts angekommen sind, wird ihnen häufig erklärt, daß »ihre Zeit noch nicht gekommen ist«. Nach Rings Auffassung impliziert diese Bemerkung eindeutig die Existenz eines »Lebensplans«.[63] Es ist ebenfalls offenkundig, daß die Menschen, die eine Nah-Todeserfahrung machen, an der Gestaltung ihres Schicksals beteiligt sind, denn sie werden oft vor die *Wahl* gestellt, ob sie zurückkehren oder bleiben wollen. Es gibt sogar Fälle, in denen solche Leute erfuhren, daß ihre Zeit gekommen sei, und dennoch die Erlaubnis zur Rückkehr erhielten. Moody berichtet von einem Mann, der zu weinen begann, als ihm klar wurde, daß er tot war, weil er befürchtete, seine Frau sei nicht in der Lage, ihren Neffen allein großzuziehen. Als das Lichtwesen dies hörte, eröffnete es ihm, er dürfe zurückkehren, da er nicht für sich selbst darum gebeten habe.[64] In einem anderen Fall brachte eine Frau den Einwand vor, sie habe noch nicht genug getanzt. Über ihre Begründung mußte das Lichtwesen herzhaft lachen, doch auch sie erhielt die Erlaubnis, ins irdische Dasein zurückzukehren.[65]

Daß unsere Zukunft zumindest teilweise vorherbestimmt ist, wird auch durch ein Phänomen bestätigt, das Ring als »persönliche Vorausschau« bezeichnet. Zuweilen umfaßt die Erkenntnisvision auch kleine Einblicke in die eigene Zukunft. In einem besonders eindrucksvollen Fall erfuhr ein Kind verschiedene Details über sein weiteres Leben, unter anderem, daß es mit 28 Jahren heiraten und zwei Kinder bekommen würde. Dem Jungen wurden sogar sein erwachsenes Ich und seine künftigen Kinder vorgeführt, die in einem Zimmer des Hauses saßen, das er dereinst bewohnen würde, und als er das Zimmer betrachtete, bemerkte er an der Wand einen höchst absonderlichen Gegenstand, mit dem er nichts anfangen konnte. Nachdem Jahrzehnte vergangen und alle Voraussagen eingetroffen waren, fand er sich in genau derselben Umgebung wieder, die er als Kind gesehen hatte, und er erkannte, daß der seltsame Gegenstand an der Wand eine Heißluftheizung war, ein Heizungstyp, der zur Zeit seiner Nah-Todeserfahrung noch nicht erfunden war.[66]

In einer gleichermaßen verblüffenden Vorausschau wurde einer Frau ein Photo von Moody vorgelegt; man nannte ihr seinen vollen Namen und ersuchte sie, sie solle ihm zu gegebener Zeit von ihrem Erlebnis berichten. Das war 1971, als Moody sein Buch *Leben nach dem Tod* noch nicht veröffentlicht hatte, so daß sein Name und sein Bild der Frau nichts sagten. Die »gegebene« Zeit kam vier Jahre später, als Moody mit seiner Familie zufällig durch die Straße spazierte, in der die Frau wohnte. Es war am Halloween-Tag, an dem die Geister und Hexen ihr Unwesen treiben, und Moodys Sohn, der sich einen Jux machen wollte, klopfte an die Tür der Frau. Als sie den Namen des Jungen hörte, bat sie ihn, seinem Vater auszurichten, daß sie mit ihm sprechen müsse. Moody folgte ihrem Wunsch, und sie erzählte ihm ihre ungewöhnliche Geschichte.[67]

Manche Leute mit Nah-Todeserfahrung stützen sogar Loyes These, daß es mehrere holographische Parallelwelten oder Zeitbahnen gibt. Vereinzelt wurde solchen Leuten eine Vorausschau gewährt mit der Maßgabe, daß die darin vorgeführte Zukunft nur dann eintreten werde, wenn sie ihren gegenwärtigen Kurs beibehielten. Eine Frau – freilich ein Einzelfall – lernte sogar einen völlig anderen Verlauf der Weltgeschichte kennen, so, wie sich diese entfaltet hätte, wenn nicht zur Zeit des griechischen Philosophen und Mathematikers Pythagoras »gewisse Ereignisse« stattgefunden hätten. Die Vision enthüllte, daß wir, wenn diese Dinge, über die die Frau nichts Genaueres aussagte, nicht geschehen wären, heute in einer Welt des Friedens und der Harmonie leben würden, die gekennzeichnet wäre »durch die Abwesenheit von Religionskriegen und einer Christusgestalt«.[68] Solche Erlebnisse lassen vermuten, daß die Gesetze von Zeit und Raum, die in einem holographischen Universum gelten, in der Tat höchst seltsam beschaffen sein müssen.

Selbst jene Menschen, die nicht unmittelbar erleben, welchen Anteil sie an ihrem eigenen Schicksal haben, besitzen nach ihrer Rückkehr ins Leben vielfach eine feste Vorstellung von der holographischen Verwobenheit aller Dinge. Ein 62 Jahre alter Geschäftsmann, der während eines Herzstillstands eine Nah-Todeserfahrung machte, drückt das folgendermaßen aus: »Eines habe ich gelernt, nämlich daß wir alle Teil eines einzigen großen lebendigen Universums sind. Wenn wir glauben, wir könnten einen anderen Menschen oder ein anderes Lebewesen verletzen, ohne uns selbst zu schaden, so unterliegen wir einem traurigen Irrtum. Ich betrachte heute einen Wald, eine Blume oder einen Vogel und sage: ›Das bin ich, das ist ein Teil von mir.‹ Wir sind mit allen Dingen verbunden, und wenn wir auf diesen Verbindungswegen Liebe aussenden, dann sind wir glücklich.«[69]

Du kannst essen, mußt es aber nicht

Die holographischen und geisterzeugten Komponenten der Nachlebensdimension offenbaren sich noch in vielen anderen Formen. Bei der

Schilderung des Jenseits berichtete ein kleines Mädchen, auf seinen Wunsch hin seien jedesmal Speisen aufgetaucht, aber man brauche nicht zu essen - eine Beobachtung, die abermals die illusorische und hologrammartige Natur der Nachlebensrealität unterstreicht.[70] Selbst die Symbolsprache der Psyche erhält eine »objektive« Form. Ein Whitton-Proband gab beispielsweise folgendes zu Protokoll: Als er einer Frau vorgestellt wurde, die in seinem nächsten Leben eine wichtige Rolle spielen sollte, erschien sie ihm nicht als menschliches Wesen, sondern in einer Gestalt, die teils eine Rose, teils eine Kobra war. Er wurde aufgefordert, die Symbolik zu entschlüsseln, und erkannte, daß er die Frau in zwei früheren Leben geliebt hatte. Sie hatte allerdings auch zweimal seinen Tod verschuldet. Folglich manifestierten sich die liebevollen und düsteren Elemente ihres Charakters nicht in menschlicher Gestalt, sondern in einer hologrammartigen Form, die diese beiden gegensätzlichen Eigenschaften besser symbolisierten.[71]

Das ist keine Einzelerfahrung. Hazrat Inayat Khan versicherte, daß die Lebewesen, denen er begegnete, wenn er in einen mystischen Zustand versank und sich in »göttlichen Wirklichkeiten« bewegte, ebenfalls zuweilen eine halb menschliche und halb tierische Gestalt besaßen. Wie Whittons Testperson faßte auch Khan diese Transfigurationen symbolisch auf, und wenn ein Wesen zur Hälfte eine Tiergestalt annahm, dann versinnbildlichte das betreffende Tier eine bestimmte Eigenschaft. Ein Mensch, der große Kraft besaß, konnte etwa mit einem Löwenhaupt auftreten, ein ungewöhnlich kluger und verschlagener Mensch nahm das Aussehen eines Fuchses an. Khan stellte die Theorie auf, daß deshalb die Götter des Totenreichs in alten Kulturen, etwa in der ägyptischen, mit Tierkörpern dargestellt worden seien.[72]

Die in der Nachlebensrealität angelegte Tendenz, sich in hologrammartige Formen zu verwandeln, welche die in unserem Geist vorhandenen Gedanken, Wünsche und Symbole widerspiegeln, ist eine Erklärung dafür, daß wir im Westen die Lichtwesen als christliche Gestalten auffassen, daß die Inder in ihnen hinduistische Heilige und Gottheiten sehen und so weiter. Die Plastizität des Jenseitsbereichs legt die Vermutung nahe, daß solche äußeren Erscheinungsformen nicht mehr und nicht weniger real sind als die Speisen, die sich das vorhin erwähnte kleine Mädchen herbeiwünschte, als die Frau, die ein Mischwesen aus Rose und Kobra darstellte, oder als die schemenhafte Bekleidung, die der von seiner Nacktheit peinlich berührte Mann herbeizauberte. Ebendiese Plastizität erklärt auch die anderen kulturbedingten Unterschiede in der Erfahrung der Todesnähe - weshalb beispielsweise manche der Betroffenen einen Tunnel durchschreiten, andere eine Brücke überqueren, wieder andere über das Wasser gehen oder einfach eine Straße benutzen, um ins Jenseits zu gelangen. Auch hier scheint es so zu sein, daß in einer Wirklichkeit, die allein durch interagierende Denkstrukturen hervorgebracht wird, selbst die Landschaft durch die Gedanken und Erwartungen der betreffenden Person geformt wird.

An dieser Stelle muß ich auf einen wichtigen Punkt hinweisen. So irritierend und fremdartig die Nachlebensdimension auch erscheinen mag, die in diesem Buch ausgebreiteten Belege lassen den Schluß zu, daß unsere eigene Seinsebene vielleicht gar nicht soviel anders beschaffen ist. Wie wir gesehen haben, können auch wir Zugang zu allen Informationen erlangen, es ist für uns nur ein bißchen schwieriger. Auch wir sind gelegentlich imstande, in die Zukunft zu schauen oder unmittelbar das trügerische Wesen von Raum und Zeit zu erleben. Und wir können auch unseren Körper, manchmal sogar unsere Wirklichkeit kraft unseres Glaubens gestalten und verändern; wir brauchen dazu nur etwas mehr Zeit und Mühe. Sai Babas außergewöhnliche Fähigkeiten zeigen uns, daß wir durch bloßes Wünschen selbst Nahrung zu materialisieren vermögen, und Therese Neumanns Fasten liefert den Beweis dafür, daß die Nahrungsaufnahme für uns letztlich genauso entbehrlich sein kann wie für die Menschen im Nachlebensbereich.

Es hat tatsächlich den Anschein, als unterschieden sich die irdische und die andere Realität nur graduell, aber nicht essentiell. Beide sind hologrammartige Konstrukte, es sind Wirklichkeiten, die, wie Jahn und Dunne es ausdrücken, allein durch die Interaktion von Bewußtsein und Außenwelt entstehen. Unsere Wirklichkeit scheint, anders formuliert, eine eher erstarrte Version der Nachlebensdimension zu sein. Unsere Überzeugungen benötigen nur ein wenig mehr Zeit, um unseren Körper in Gebilde wie etwa die nagelähnlichen Stigmata umzuformen, und die symbolische Sprache unserer Psyche braucht etwas länger, um sich in Synchronizitäten zu manifestieren. Aber sie manifestiert sich auf jeden Fall, in einem langsam und unaufhaltsam dahinfließenden Strom, dessen beständige Gegenwart uns lehrt, daß wir in einem Universum leben, das wir gerade erst zu verstehen beginnen.

Informationen über den Nachlebensbereich aus anderen Quellen

Man kann auch, ohne in einer lebensbedrohenden Krise zu stecken, in die Nachlebensdimension eintauchen. Es spricht einiges dafür, daß dies im entkörperlichten Zustand (OBE) möglich ist. In seinen Veröffentlichungen schildert Monroe mehrere Begegnungen mit verstorbenen Freunden.[73] Ein noch erfahrenerer körperloser Besucher des Totenreichs war der schwedische Mystiker Swedenborg. Der 1688 geborene Swedenborg war so etwas wie der Leonardo da Vinci seiner Epoche. In seiner Jugend studierte er die Naturwissenschaften. Er wurde der führende Mathematiker Schwedens, beherrschte neun Sprachen, war Kupferstecher, Politiker, Astronom und Geschäftsmann, baute in seiner Freizeit Uhren und Mikroskope, schrieb Bücher über Metallurgie, Farbenlehre, Wirtschaftskunde, Physik, Chemie, Hüttenwesen und Anatomie und erfand Vorläufer des Flugzeugs und des Unterseeboots.

Bei alledem meditierte er regelmäßig, und in mittleren Jahren entwickelte er die Fähigkeit, in tiefe Trance zu versinken. In diesem Zustand verließ er seinen Körper und besuchte eine Region, die ihm wie der Himmel vorkam und in der er mit »Engeln« und »Geistern« Konversation trieb. Diese Fähigkeit machte ihn so berühmt, daß die Königin von Schweden ihn bat, herauszufinden, warum ihr verstorbener Bruder ihr die Antwort auf einen Brief schuldig geblieben war, den sie ihm vor seinem Tod geschrieben hatte. Swedenborg versprach, den Abgeschiedenen zu befragen, und schon am nächsten Tag überbrachte er der Königin eine Botschaft, die nach ihrer Aussage Informationen enthielt, von denen nur sie und ihr toter Bruder etwas wissen konnten. Swedenborg leistete verschiedenen Personen, die ihn um Hilfe ersuchten, einen solchen Dienst; einmal verriet er einer Witwe, wo sich im Schreibtisch ihres verstorbenen Gatten ein Geheimfach befand, in dem sie dann dringend benötigte Dokumente entdeckte. Diese Episode wurde so bekannt, daß sich Immanuel Kant veranlaßt fühlte, unter dem Titel *Träume eines Geistersehers* ein ganzes Buch über Swedenborg zu schreiben.

Am meisten erstaunt uns jedoch an Swedenborgs Berichten über den Nachlebensbereich, wie stark sie mit den Darstellungen von Nah-Todeserfahrungen von heute übereinstimmen. Swedenborg spricht zum Beispiel davon, daß er einen dunklen Tunnel durchschritt, von freundlichen Geistern begrüßt wurde, Landschaften erblickte, die schöner waren als alle irdischen und in denen weder Zeit noch Raum existierten, einen gleißenden Lichtschein wahrnahm, der ein Gefühl der Liebe verströmte, mit Lichtgestalten zusammentraf und von einem allumfassenden heiteren Frieden umfangen war.[74] Er berichtet ferner, daß er die Ankunft der soeben Verstorbenen im Himmel miterleben und zuschauen durfte, wie sie ihren Lebensrückblick absolvierten, einen Vorgang, den er »das Aufschlagen des Lebensbuches« nannte. Er bestätigt auch, daß dabei jeder Mensch »all das, was er jemals getan hatte oder gewesen war«, nacherlebt, doch er macht noch einen merkwürdigen Zusatz: Swedenborg zufolge waren die Informationen, die beim Aufschlagen des Lebensbuchs ans Licht kamen, im Nervensystem des Geistkörpers der betreffenden Person gespeichert. Um also die Lebensrückschau zu bewerkstelligen, mußte ein »Engel« den gesamten Körper erforschen, »beginnend mit den Fingern beider Hände und zum Ganzen fortschreitend«.[75]

Swedenborg verweist auch auf die holographischen Gedankenbündel, die von den Engeln als Kommunikationsmittel benutzt wurden, und versichert, sie unterschieden sich in nichts von den »Porträts«, die er in der »Wellensubstanz« erkannte, von der die Personen umhüllt waren. Wie die meisten Menschen mit Nah-Todeserfahrung beschreibt er diese telepathischen Erkenntnisschübe als eine Bildersprache, die mit Informationen so dicht gespickt ist, daß jedes Bild tausend Gedanken enthält. Die Übermittlung einer solchen Porträtserie kann im übrigen recht langwierig sein; sie »dauert oft mehrere Stunden und geschieht in einer so logischen Aufeinanderfolge, daß man nur staunen kann«.[76]

Auch hier hängt Swedenborg noch einen faszinierenden Schlenker an. Die Engel verwenden zusätzlich zu den Porträts eine eigene Sprache, durchsetzt mit Begriffen, die das menschliche Begriffsvermögen übersteigen. Der Hauptgrund, warum sie Porträts benutzen, besteht darin, daß dies die einzige Möglichkeit ist, ihre Gedanken und Ideen wenigstens in abgeschwächter Form menschlichen Wesen verständlich zu machen.[77]

Swedenborgs Erfahrungen bestätigen sogar einige der weniger häufig dokumentierten Elemente der Nah-Todeserfahrungen. Er stellte fest, daß man in der Geistwelt keine Nahrung mehr zu sich zu nehmen braucht, fügt aber hinzu, daß Wissen die Nahrung ersetze.[78] Wenn Geister und Engel sprächen, verschmölzen ihre Gedanken unaufhörlich zu dreidimensionalen symbolischen Bildern, vor allem zu Tiergestalten. Zum Beispiel, so berichtet er, erschienen, wenn die Engel von Liebe und Zuneigung redeten, »wunderschöne Tiere, etwa Lämmer ... Wenn jedoch die Engel von bösen Leidenschaften sprechen, bildet sich dies in häßlichen, wilden und unnützen Tieren ab, etwa in Tigern, Bären, Wölfen, Skorpionen, Schlangen und Mäusen.«[79] Swedenborg erwähnt auch etwas, das in einschlägigen modernen Berichten nicht vorkommt: Er zeigte sich verwundert, im Himmel auch Geister von anderen Planeten anzutreffen – eine erstaunliche Aussage eines Mannes, der vor mehr als drei Jahrhunderten geboren wurde![80]

Am aufregendsten sind indes jene Äußerungen Swedenborgs, die sich auf die holographischen Eigenschaften der Wirklichkeit zu beziehen scheinen. So erklärte er beispielsweise, wir alle seien, obgleich menschliche Wesen offensichtlich getrennt voneinander existieren, in einer kosmischen Einheit miteinander verbunden. Nach seiner Auffassung ist jeder von uns ein Himmel en miniature und jeder Mensch, ja das gesamte physische Universum ein Mikrokosmos der umfassenderen göttlichen Realität. Wie schon erwähnt, glaubte er überdies, daß der sichtbaren Wirklichkeit eine Wellensubstanz zugrunde liegt.

Mehrere Swedenborg-Kenner haben sich mit den zahlreichen Parallelen zwischen Swedenborgs Ansichten und der von Bohm und Pribram aufgestellten Theorie beschäftigt. Einer dieser Gelehrten ist George F. Dole, ein Theologieprofessor an der Swedenborg School of Religion in Newton, Massachusetts. Für Dole, der akademische Titel der Universitäten Yale, Oxford und Harvard besitzt, besteht eine der fundamentalsten Erkenntnisse Swedenborgs darin, daß unser Universum ständig von zwei wellenähnlichen Strömen geschaffen und in Gang gehalten wird, von einem, der vom Himmel stammt, und von einem zweiten, der von unserer Seele oder unserem Geist ausgeht. »Wenn wir diese Bilder zusammenfügen, ist die Ähnlichkeit mit einem Hologramm verblüffend«, meint Dole. »Wir entstehen durch den Zusammenfluß zweier Ströme – eines direkten, der aus dem Göttlichen hervorgeht, und eines indirekten, der aus dem Göttlichen auf dem Umweg über unsere Außenwelt zu uns kommt. Wir können uns selbst als Interferenzmuster begreifen, weil der Zustrom ein Wellenphänomen ist und wir uns dort befinden, wo die Wellen aufeinandertreffen.«[81]

Swedenborg zufolge ist der Himmel, ungeachtet seiner schemenhaften und ephemeren Beschaffenheit, in Wahrheit eine elementarere Realitätsebene als unsere physische Welt. Er ist, so meinte er, die archetypische Quelle, aus der alle irdischen Formen hervorgehen und zu der sie alle zurückkehren – eine Vorstellung, die eine gewisse Ähnlichkeit mit Bohms Konzept der impliziten und expliziten Ordnung hat. Ferner glaubte auch Swedenborg, daß der Nachlebensbereich und die sinnlich erfahrbare Welt nur dem Grad, nicht aber dem Wesen nach verschieden sind und daß die Welt der Materie lediglich eine erstarrte Version der vom Denken geschaffenen Himmelswirklichkeit darstellt. Der Stoff, aus dem Himmel und Erde bestehen, »entströmt stufenweise dem Göttlichen«, meint Swedenborg, und »auf jeder neuen Stufe wird er allgemeiner und somit gröber und nebelhafter, und er wird langsamer und somit zähflüssiger und kälter«.[82]

Swedenborg füllte fast zwanzig Bände mit der Schilderung seiner Erfahrungen, und als er auf dem Totenbett gefragt wurde, ob er irgend etwas zu bereuen habe, entgegnete er feierlich: »Alles, was ich geschrieben habe, ist so wahr, wie ihr mich jetzt vor euch seht. Ich hätte vielleicht noch sehr viel mehr gesagt, wenn es mir gestattet worden wäre. Nach dem Tode werdet ihr alles sehen, und dann werden wir uns zu diesem Thema noch viel zu sagen haben.«[83]

Das Land Nirgendwo

Swedenborg ist nicht die einzige geschichtliche Persönlichkeit, die die Fähigkeit besaß, körperlose Reisen in die Tiefenschichten der Wirklichkeit zu unternehmen. Die persischen Sufis des 12. Jahrhunderts bedienten sich ebenfalls der tranceähnlichen Meditation, um sich in das »Land, wo die Geister wohnen«, zu versetzen. Und wiederum sind die Parallelen zwischen ihren Berichten und dem in diesem Kapitel vorgelegten Belegmaterial verblüffend. Die Sufis versicherten, daß der Mensch in jener anderen Welt einen »subtilen Leib« besitze und sich auf Sinneswahrnehmungen verlasse, die nicht immer mit »spezifischen Organen« dieses Leibs gekoppelt seien. Nach ihrer Auffassung handelt es sich dabei um eine Dimension, die von zahlreichen spirituellen Lehrern oder »Imamen« besiedelt ist, und zuweilen bezeichneten sie sie als »das Land des verborgenen Imams«.

Für die Sufis ist dies eine Welt, die allein aus der »feinen« Materie des *alam almithal*, also des Denkens, hervorgeht. Auch der Raum selbst, einschließlich der »Nähe«, der »Ferne« und der »fernsten« Regionen, wurde durch das Denken erschaffen. Das bedeutet freilich nicht, daß das Land des verborgenen Imams unwirklich wäre, eine Welt aus schierem Nichts. Es ist auch keine Landschaft, die nur ein einziger Geist hervorgebracht hätte. Vielmehr ist es eine Seinsebene, *die durch die Einbildungskraft vieler Menschen entstanden ist,* und zugleich eine, die ihre eigene Körperlichkeit und Dimension besitzt, ihre eigenen Wälder, Berge und sogar Städte. Ein großer Teil des sufischen Schrifttums ist der Klarstellung dieses Sachverhalts gewidmet. Die Vorstellung wirkt auf viele westliche Denker so befremdlich, daß der verstorbene Henry Corbin, Professor für islamische Religion an der Sorbonne und ein bedeutender Kenner der iranisch-islamischen Weltanschauung, dafür eigens den Begriff »imaginal« prägte, der sich auf eine Welt bezieht, die aus der Imagination hervorgeht, aber ontologisch nicht weniger real ist als die physische Wirklichkeit. »Der Grund dafür, daß ich unbedingt ein neues Adjektiv erfinden mußte, liegt darin, daß ich von Berufs wegen viele Jahre lang arabische und persische Texte zu interpretieren hatte, deren Sinn ich mit Sicherheit verfälscht hätte, wenn ich mich einfach mit dem Begriff ›imaginär‹ zufriedengegeben hätte«, meint Corbin.[84]

Wegen der imaginalen Natur des Nachlebensbereichs kamen die Sufis zu dem Ergebnis, *daß die Imagination selbst eine Wahrnehmungsfähigkeit ist.* Diese Erkenntnis wirft ein neues Licht auf die Frage, warum Whittons Proband erst dann eine Hand materialisieren konnte, als er zu denken begann, und warum Bildvorstellungen eine so nachhaltige Wirkung auf den Gesundheitszustand und die physische Struktur unseres Körpers ausüben. Sie entsprach auch der Überzeugung der Sufis, daß man die Visualisierung, von ihnen »kreatives Gebet« genannt, dazu benutzen könne, das Geflecht des eigenen Schicksals zu verändern und umzugestalten.

Ausgehend von einem Grundgedanken, der Bohms These von der impliziten und expliziten Ordnung entspricht, glaubten die Sufis, daß der Nachlebensbereich, trotz seiner Schemenhaftigkeit, den Nährboden bildet, aus dem das gesamte physische Universum hervorgeht. Alle Dinge der erfahrbaren Wirklichkeit entstehen aus dieser spirituellen Wirklichkeit. Doch selbst die gelehrtesten Sufis empfanden es als unheimlich, daß man durch Meditation und Versenkung in die Tiefen der Seele in eine innere Welt vorzudringen vermochte, die »sich nach außen kehrt, um all das zu umhüllen, zu umschließen und zu umfassen, was zuerst äußerlich und sichtbar war«.[85]

Diese Einsicht ist augenscheinlich ein weiterer Hinweis auf die »nicht-örtlichen« und holographischen Eigenschaften der Realität. In jedem von uns ist der ganze Himmel enthalten. Mehr noch: In jedem von uns ist der Ort des Himmels enthalten. Wir brauchen also, um mit den Sufis zu sprechen, die spirituelle Wirklichkeit nicht »in einem Wo« zu suchen – das »Wo« ist *in* uns. Bei der Erörterung der »nicht-örtlichen« Aspekte des Nachlebensbereichs erklärte Sohrawardi, ein persischer Mystiker des 12. Jahrhunderts, man solle das Land des verborgenen Imams besser *Na-Koja-Abad* nennen, »das Land Nirgendwo«.[86]

Zugegeben, dieser Gedanke ist nicht neu. Er enthält die gleiche Aussage wie der Satz: »Das Himmelreich ist in uns.« Neu aber ist die Idee, daß solche Einsichten konkret auf die Ortsgebundenheit der subtileren Wirklichkeitsebenen verweisen. Wiederum wird angedeutet, daß Menschen, die eine OBE haben, womöglich nirgendwohin reisen. Sie verändern vielleicht lediglich das stets illusorische Hologramm der Wirklichkeit, so daß sie den Eindruck gewinnen, sie würden sich auf eine Reise begeben. In einem holographischen Universum ist das Bewußtsein nicht nur bereits überall, es ist auch nirgendwo.

Der Gedanke, daß der Nachlebensbereich tief in den nicht-örtlichen Weiten der Psyche liegt, ist auch von einigen Menschen mit Nah-Todeserfahrung angedeutet worden. Ein Siebenjähriger hat das so ausgedrückt: »Der Tod ist wie ein Gang in die Seele.«[87] Bohm faßt das, was beim Übergang von diesem Leben zum nächsten geschieht, ähnlich auf, wenn er schreibt: »Gegenwärtig ist unser ganzes Denken darauf ausgerichtet, daß wir unsere Aufmerksamkeit dem Hier und Jetzt widmen. Wir könnten nicht einmal die Straße überqueren, wenn wir das nicht täten. Aber das Bewußtsein steckt stets in der unergründlichen Tiefe außerhalb von Raum und Zeit, in den subtileren Schichten der impliziten Ordnung. Wenn man tief genug in die konkrete Gegenwart hinabsteigt, besteht vielleicht kein Unterschied mehr zwischen diesem Augenblick und dem nächsten. Das heißt, daß man in der Todeserfahrung dorthin gelangen würde. Der Kontakt mit der Ewigkeit erfolgt im gegenwärtigen Augenblick, aber er wird vermittelt durch das Denken. Es ist eine Frage der Aufmerksamkeit und Bereitschaft.«[88]

Intelligente und koordinierte »Lichtbilder«

Der Gedanke, daß die subtileren Wirklichkeitsschichten allein durch eine Bewußtseinsveränderung zugänglich werden können, gehört auch zu den Grundthesen der Yoga-Tradition. Viele Yoga-Praktiken verfolgen den speziellen Zweck, den Menschen beizubringen, wie man solche Reisen bewerkstelligt. Und diejenigen, denen dies gelingt, beschreiben ein Szenario, das uns inzwischen schon vertraut ist. Einer dieser Experten war Shrī Yukteshvar Giri, ein wenig bekannter, aber allseits hochgeschätzter »heiliger« Hindu, der 1936 im indischen Puri gestorben ist. Evans-Wentz, der Shrī Yukteshvar in den zwanziger Jahren kennenlernte, schilderte ihn als einen Mann von »angenehmem Äußeren und starkem Charakter«, der »die Verehrung, die ihm seine Anhänger entgegenbrachten, durchaus verdiente«.[89]

Shrī Yukteshvar, offenkundig ein besonders begabter »Pendler« zwischen den beiden Welten, beschrieb die Nachlebensdimension als einen Bereich, der aus »vielfältigen subtilen Licht- und Farbschwingungen« besteht und »viele hundertmal größer als der materielle Kosmos« ist. Für ihn war diese Sphäre unendlich viel schöner als unser irdischer Lebensraum, eine Welt voller »opalblauer Seen, schimmernder Meere und farbenprächtiger Flüsse«. Weil sie stärker vom »schöpferischen Licht Gottes« durchflutet wird, ist das Wetter immer freundlich, und die einzigen klimatischen Besonderheiten sind vereinzelte »Schnee- und Regenfälle, die in vielen Farben schillern«.

Menschen, die in dieser Wunderwelt leben, können jeden gewünschten Körper materialisieren und mit jeder beliebigen Körperaura »sehen«. Sie sind auch in der Lage, jede Frucht oder sonstige Nahrung zu materialisieren, obgleich sie »nahezu befreit sind von der Notwendigkeit der Nahrungsaufnahme« und »nur die Ambrosia ewig neuer Erkenntnis genießen«.

Sie verständigen sich mit telepathischen »Lichtbildern«, erfahren »die Unzerstörbarkeit der Liebe«, fühlen heftige Schmerzen, »sobald ein Fehler im Verhalten oder im Streben nach Wahrheit begangen wird«, und wenn sie mit ihrer zahlreichen Verwandtschaft konfrontiert werden, mit Vätern, Müttern, Ehepartnern und Freunden aus ihren »verschiedenen Inkarnationen auf Erden«, wissen sie nicht, wen sie am meisten lieben sollen, und lernen so, »allen die gleiche göttliche Liebe zu schenken«.

Wie aber verhält es sich mit uns, wenn wir in diesem herrlichen Land Einzug gehalten haben? Auf diese Frage gab Shrī Yukteshvar eine Antwort, die ebenso schlicht wie holographisch klingt. In einer Welt, in der Essen und sogar Atmen überflüssig sind, in der ein einziger Gedanke einen »ganzen Garten voller duftender Blumen« materialisieren kann und in der alle physischen Wunden »sofort durch bloßes Wünschen geheilt werden«, sind wir, ganz einfach, »intelligente und koordinierte Lichtbilder«.[90]

Weitere Aussagen über die Lichtwelt

Shrī Yukteshvar ist nicht der einzige Yoga-Lehrer, der sich zur Beschreibung der »feineren« Wirklichkeitsebenen einer solchen Hologrammterminologie bedient. Ein anderer ist Shrī Aurobindo Ghose, ein Denker, politischer Aktivist und Mystiker, der von den Indern kaum weniger verehrt wird als Gandhi. Der 1872 geborene Sohn einer vornehmen indischen Familie erhielt seine Ausbildung in England, wo er sich den Ruf eines Wunderkindes erwarb. Er sprach nicht nur Englisch, Hindi, Russisch, Deutsch und Französisch, sondern auch Sanskrit. Er konnte an einem Tag mehrere Bücher durcharbeiten (als junger Mann hatte er all die vielen und umfangreichen heiligen Schriften Indiens studiert) und alles, was er gelesen hatte, wortwörtlich wiedergeben. Sein Konzentrationsvermögen war legendär, und ihm wurde nachgesagt, daß er beim Studium die ganze Nacht lang dieselbe Körperhaltung beibehalten konnte, ohne sich von den Moskitos stören zu lassen.

Wie Gandhi war Shrī Aurobindo in der indischen Unabhängigkeitsbewegung aktiv, und wie jener verbrachte er wegen Anstiftung zum Aufruhr einige Zeit im Gefängnis. Er war Atheist, bis er eines Tages miterlebte, wie sein Bruder auf unerklärliche Weise von einem Wanderyogi schlagartig von einer lebensgefährlichen Krankheit geheilt wurde. Fortan widmete er sein Leben dem Yoga, und mittels Meditation wurde er schließlich, wie Shrī Yukteshvar, zu »einem Erforscher der Bewußtseinsebenen«.

Das war kein leichtes Unterfangen, und eines der größten Hindernisse, das er zu überwinden hatte, um sein Ziel zu erreichen, bestand darin, daß der lernen mußte, den unaufhörlichen Strom von Worten und Gedanken einzudämmen, der den Geist eines jeden normalen Menschen durchfließt. Wer jemals versucht hat, auch nur einen Augenblick lang alles Denken abzuschalten, weiß, wie schwierig das ist. Doch es ist unbedingt notwendig, denn in diesem Punkt sind die Yoga-Texte ganz unerbittlich. Die Ergründung der subtileren und impliziteren Regionen der Seele setzt in der Tat eine Bohmsche Bewußtseinsveränderung voraus. Oder wie Shrī Aurobindo es formuliert hat: Um das »neue Land in uns« entdecken zu können, müssen wir zunächst lernen, »das alte Land hinter uns zu lassen«.

Shrī Aurobindo brauchte Jahre, um die Fähigkeit zu erwerben, seinen Geist zum Schweigen zu bringen und sein Inneres zu erkunden, doch sobald ihm dies gelang, entdeckte er das gleiche unermeßliche Territorium, das alle spirituellen Entdeckungsreisenden, die wir kennengelernt haben, vorfanden – einen Bereich außerhalb von Raum und Zeit, bestehend aus einer »vielfarbigen Schwingungsvielfalt« und bevölkert von körperlosen Wesen, die dem menschlichen Bewußtsein so weit überlegen sind, daß wir dagegen wie Kinder wirken. Diese Wesen können, so Shrī Aurobindo, jede beliebige Gestalt annehmen; dem Christen erscheinen sie als christliche, dem Inder als hinduistische Heilige. Er weist jedoch nachdrücklich darauf hin, daß sie nicht die Absicht haben, einen zu täuschen, sondern sich »dem jeweiligen Bewußtsein« zugänglich zu machen.

In ihrer wahren Gestalt stellen sich diese Wesen laut Shrī Aurobindo als »reine Schwingung« dar. In seinem zweibändigen Werk *On Yoga* vergleicht er ihre Fähigkeit, sich entweder als Gestalt oder als Schwingung zu offenbaren, mit der von der »modernen Naturwissenschaft« entdeckten Dualität der Wellenteilchen. Im übrigen hat auch er festgestellt, daß man in dieser Lichtwelt Informationen nicht mehr nur »Punkt für Punkt« aufnimmt, sondern sie »in großen Massen« absorbieren kann und daß man mit einem einzigen Blick »ausgedehnte Raum- und Zeitbereiche« zu erfassen vermag.

Eine ganze Reihe von Aussagen Shrī Aurobindos stimmt völlig mit vielen Thesen Bohms und Pribrams überein. Für ihn steht fest, daß die meisten Menschen einen »mentalen Schirm« besitzen, der sie daran hindert, den »Schleier der Materie« zu durchdringen, doch wer gelernt hat, hinter diesen Schleier zu blicken, erkennt, daß alles »aus Lichtschwingungen unterschiedlicher Intensität« besteht. Seiner Ansicht nach setzt sich auch das Bewußtsein aus verschiedenartigen Schwingungen zusammen, und er glaubt, daß alle Materie bis zu einem gewissen Grade »bewußt« ist. Wie Bohm leitet er sogar die Psychokinese unmittelbar aus dem Umstand ab, daß die gesamte Materie ein gewisses Bewußtsein hat. Wäre dem nicht so, könnte kein Yogi einen Gegenstand mittels geistiger Kraft in Bewegung versetzen, weil es dann keine Kontaktmöglichkeit zwischen dem Yogi und dem Objekt gäbe.

Die größte Übereinstimmung mit Bohmschem Gedankengut bildet Shrī Aurobindos Auffassung von Ganzheit und Fragmentierung. Eine der wichtigsten Einsichten, die man in »den großen und lichten Reichen des Geistes« gewinnt, ist laut Shrī Aurobindo die Erkenntnis, daß alle Trennung eine Illusion ist und daß alle Dinge letztlich miteinander verwoben und eins sind. Immer wieder wies er in seinen Schriften auf diese Tatsache hin; seiner Meinung nach wird das »Gesetz einer fortschreitenden Fragmentierung« nur dann wirksam, wenn man von den höheren Schwingungsebenen der Realität zu den niedrigeren hinabsteigt. Wir zerlegen die Dinge, weil wir auf einer niedrigen Schwingungsebene des Bewußtseins und der Wirklichkeit existieren, sagt Shrī Aurobindo, und gerade unsere Zergliederungssucht hindert uns daran, die Intensität des Bewußtseins, der Freude, der Liebe und des Daseinsglücks zu erleben, die in den höheren und subtileren Bereichen die Norm ist. Wenn Bohm davon ausgeht, daß Unordnung in einem vollkommen ungebrochenen und ganzheitlichen Universum nicht zu existieren vermag, so nimmt Shrī Aurobindo das gleiche vom Bewußtsein an.

Das Ganzheitsverständnis führt bei Shrī Aurobindo, wie bei Bohm, zur Einsicht in die letztendliche Realität aller Wahrheiten und in die Vergeblichkeit des Versuchs, die in sich geschlossene Holobewegung in »Dinge« aufzuspalten. Er war fest davon überzeugt, daß jedes Bestreben, das Universum auf absolute Fakten und starre Dogmen zu reduzieren, nur ein Zerrbild zur Folge haben würde, und deshalb sprach er sich sogar gegen jegliche Religion aus. Sein ganzes Leben lang beharrte er auf seinem Standpunkt, daß sich die wahre Spiritualität nicht von irgendeiner Organisation oder Priesterschaft herleite, sondern aus dem spirituellen Universum in uns:

Wir müssen nicht nur den Fallstrick des Geistes und der Sinne zerschneiden, wir müssen auch dem Fallstrick des Denkers, dem Fallstrick des Theologen und Kirchengründers, den Schlingen des »Wortes« entfliehen und dürfen der »Idee« nicht hörig sein. Sie alle sind in uns und wollen den Geist in Formen einsperren; doch wir müssen uns davon befreien und immer wieder dem Kleineren zugunsten des Größeren, dem Endlichen zugunsten des Unendlichen entsagen; wir müssen bemüht sein, von Erleuchtung zu Erleuchtung, von Erfahrung zu Erfahrung, von Seelenzustand zu Seelenzustand fortzuschreiten. ... Und wir dürfen uns nicht einmal an jene Wahrheiten klammern, die wir für die sichersten halten, denn sie sind lediglich Formen und Begriffe des Unaussprechlichen, das sich nicht in Formen oder Begriffe zwängen läßt.[91]

Wenn aber der Kosmos letztlich unaussprechlich ist, ein Gemisch vielfarbiger Schwingungen, was sind dann all die Formen, die wir wahrnehmen? Was ist die physische Wirklichkeit? Sie ist, erklärt Shrī Aurobindo, nur »eine Masse aus stabilem Licht«.[92]

Überleben im Unendlichen

Das von Personen mit Nah-Todeserfahrung beschriebene Bild der Wirklichkeit ist, so unser Fazit, nicht nur erstaunlich einhellig, es wird auch durch das Zeugnis der begabtesten Mystiker in aller Welt bestätigt. Noch erstaunlicher ist, daß diese subtileren Wirklichkeitsschichten, die uns, den Vertretern der »fortschrittlichsten« Zivilisationen, ebenso faszinierend wie fremdartig erscheinen, für die sogenannten primitiven Völker ein alltägliches, vertrautes Gelände darstellen.

Der Anthropologe E. Nandisvara Nayake Thero, der in einer Stammesgemeinschaft australischer Aborigines gelebt und geforscht hat, weist darauf hin, daß die »Traumzeit« der Ureinwohner – eine Welt, die australische Schamanen aufsuchen, indem sie sich in einen tiefen Trancezustand versetzen – nahezu identisch ist mit der Nachlebensdimension, wie sie in westlichen Quellen geschildert wird. Es ist der Bereich, in den die Geister der Menschen nach dem Tod eingehen, und sobald ein Schamane dort eintrifft, kann er mit den Toten sprechen und sofort über alles Wissen verfügen. Es ist zugleich eine Dimension, in der Zeit und Raum und die übrigen Begrenzungen des irdischen Daseins aufgehoben sind und in der man lernen muß, mit der Unendlichkeit umzugehen. Deshalb bezeichnen australische Schamanen das Nachleben vielfach als »Überleben im Unendlichen«.[93]

Der deutsche Ethnopsychologe Holger Kalweit, der ein abgeschlossenes Studium sowohl der Psychologie als auch der Kulturanthropologie hinter sich hat, geht noch einen Schritt über Thero hinaus. Als Schamanismusexperte, der sich auch mit der Todesforschung befaßt, macht Kalweit darauf aufmerksam, daß praktisch in allen schamanischen Kulturen der Welt Beschreibungen dieses unermeßlichen, extradimensionalen Bereichs vorhanden sind, in denen immer wieder die Rede ist von Lebensrückblicken, von höheren Geistwesen, die lehren und leiten, von Nahrung, die durch Gedanken materialisiert wird, von unvorstellbar schönen Wiesen, Wäldern und Bergen. Und die Fähigkeit, in die Nachlebensdimension zu reisen, ist nicht nur die universalste Voraussetzung des Schamanentums, sondern ein Nah-Todeserlebnis ist vielfach auch der eigentliche Katalysator, der einen Menschen in diese Rolle hineinversetzt. Die Oglala-Indianer, die Seneca, die sibirischen Jakuten, die südamerikanischen Guajiro, die Zulu, die kenianischen Kikuyu, die koreanischen Mu-dang, die Bewohner der indonesischen Mentawai-Inseln und die Karibu-Eskimo – sie alle berichten von Personen, die zu Schamanen wurden, nachdem eine lebensbedrohende Krankheit sie Hals über Kopf in den Nachlebensbereich versetzte.

Doch im Unterschied zu westlichen Menschen, die solche Erfahrungen als irritierend neu empfinden, verfügen die schamanischen »Entdeckungsreisenden« offensichtlich über eine sehr viel umfassendere Kenntnis der Geographie dieser subtileren Regionen, und sie sind vielfach auch in der Lage, immer wieder zu ihnen zurückzukehren. Wieso? Nach Kalweit liegt der Grund darin, daß derartige Erfahrungen für die

Angehörigen solcher Kulturen eine alltägliche Realität sind. Während man in unserem Kulturkreis jeden Gedanken an den Tod und an das Sterben möglichst unterdrückt und das Mystische durch eine streng materialistische Deutung der Wirklichkeit abwertet, haben Stammesgesellschaften Tag für Tag Kontakt mit den übersinnlichen Aspekten der Wirklichkeit. Folglich begreifen ihre Mitglieder, so Kalweit, auch besser die Gesetzmäßigkeiten dieser Innenwelten, in denen sie sich mit mehr Geschick bewegen.[94]

Daß Schamanenvölker diese Innenwelten ausgiebig bereisen, wird bezeugt durch ein Experiment, das der Anthropologe Michael Harner bei den Conibo-Indianern im peruanischen Amazonasgebiet anstellte. Das American Museum of Natural History entsandte Harner 1960 auf eine einjährige Forschungsexpedition zu den Conibo, und während er sich bei ihnen aufhielt, befragte er sie auch über ihre religiösen Vorstellungen. Wenn er das wirklich wissen wolle, erklärten sie ihm, müsse er einen heiligen Schamanentrank zu sich nehmen, hergestellt aus der halluzinogenen Pflanze *ayahuasca* (»Seelenrebe«). Harner war einverstanden, und nachdem er den bitteren Absud getrunken hatte, erlebte er einen körperlosen Zustand, in dem er eine Wirklichkeitsebene bereiste, die offenkundig von den Göttern und Teufeln der Conibo-Mythologie bevölkert war. Er erblickte Dämonen mit grinsenden Krododilsköpfen. Er sah zu, wie eine »Energie-Essenz« aus seiner Brust emporstieg, und schwebte auf ein Drachenkopfschiff zu, das bemannt war mit ägyptisch aussehenden Gestalten mit Blauhäherköpfen. Und er verspürte etwas, das er als eine langsam fortschreitende Todesstarre empfand.

Doch sein dramatischstes Erlebnis war die Begegnung seines Geistes mit einer Gruppe von geflügelten, drachenähnlichen Geschöpfen, die aus seiner Wirbelsäule emporwuchsen. Nachdem sie aus seinem Körper hervorgekrochen waren, »projizierten« sie vor seinen Augen eine Szene, in der sie ihm, wie sie versicherten, die »wahre« Geschichte der Erde vorführten. Mit Hilfe einer Art »Gedankensprache« erklärten sie ihm, sie seien verantwortlich für die Entstehung und Evolution aller Lebensformen auf unserem Planeten. Sie wohnten angeblich nicht nur den Menschen, sondern allem Leben inne und behaupteten, sie hätten die Vielfalt der irdischen Lebewesen erschaffen, um sich in ihnen vor einem nicht näher beschriebenen Feind im Weltraum zu verbergen. (Harner merkt an, daß die seltsamen Wesen fast wie die DNA ausgesehen hätten, obwohl er damals, 1961, noch keine Ahnung von der DNA hatte.)

Nach diesem Selbstversuch suchte Harner einen für seine paranormalen Talente berühmten blinden Conibo-Schamanen auf, um sich mit ihm über sein Erlebnis zu unterhalten. Der Schamane, der schon viele Ausflüge in die Geistwelt unternommen hatte, nickte hin und wieder bei

Harners Bericht, doch als Harner dem alten Mann von den drachenähnlichen Wesen erzählte und von deren Behauptung, sie seien die wahren Herren der Erde, lächelte der Schamane amüsiert. »Oh, das sagen sie immer. Aber sie sind nur die Herren der äußeren Dunkelheit«, stellte er richtig.

»Ich war verblüfft«, berichtet Harner. »Was ich erlebt hatte, war diesem barfüßigen, blinden Schamanen bereits vertraut. Es war ihm bekannt aufgrund seiner eigenen Entdeckungsreisen in derselben verborgenen Welt, in die ich vorgedrungen war.« Das war indes nicht der einzige Schock, der Harner versetzt wurde. Er schilderte seine Erfahrungen auch zwei christlichen Missionaren, die in der Nähe lebten, und staunte nicht schlecht, daß sie offenbar wußten, wovon er sprach. Als er geendet hatte, erklärten sie ihm, daß einige seiner Schilderungen mehr oder weniger identisch seien mit bestimmten Passagen der Geheimen Offenbarung, Passagen, die der Atheist Harner nie gelesen hatte.[95] Es hat also den Anschein, daß der alte Conibo-Schamane nicht der einzige Mensch war, der das Terrain erforscht hatte, das Harner später und eher zögernd erkundete. Einige der von alt- und neutestamentlichen Propheten beschriebenen Visionen und »Himmelsreisen« waren womöglich nichts anderes als schamanische Expeditionen in das innere Reich.

Kann es sein, daß das, was wir bislang als absonderliche Folklore und als liebenswerte, aber naive Mythologie betrachtet haben, in Wahrheit kunstvolle Schilderungen der subtileren Wirklichkeitsebenen sind? Kalweits Antwort ist jedenfalls ein entschiedenes Ja. »Wir können die Stammesreligionen und ihre Todeswelten nicht mehr als eine beschränkte Konzeption des Denkens ansehen, sondern müssen sie als erweiterte Erfahrung anerkennen«, meint er. »Die umwälzenden Erkenntnisse der Todesforschung ernennen gerade« den Schamanen »zum modernsten, zum fortgeschrittensten Psychologen«.[96]

Eine unbestreitbare spirituelle Ausstrahlung

Ein letztes Indiz für die Realität der Nah-Todeserfahrung ist der Verwandlungseffekt, den sie bei den betreffenden Personen hat. Forscher haben herausgefunden, daß die Reise ins Jenseits fast immer mit einer tiefgehenden Wandlung verbunden ist. Die Zurückgekehrten sind glücklicher, optimistischer, unbeschwerter und unbekümmerter, was materiellen Besitz angeht. Am auffälligsten aber ist, daß ihre Liebesfähigkeit gewaltig zunimmt. Gleichgültige Ehepartner zeigen sich plötzlich warmherzig und liebevoll, Arbeitsbesessene wirken entspannter und widmen sich mehr ihrer Familie, und Introvertierte verwandeln sich in Extrovertierte. Diese Veränderungen sind oft so dramatisch, daß die Bekannten des Betreffenden versichern, er sei ein ganz anderer Mensch geworden. Es sind sogar Fälle verbürgt, in denen Kriminelle ihr Leben vollkommen umgemodelt und Unheilsprediger statt Verdammnis auf einmal Liebe und Mitgefühl verkündet haben.

Außerdem ist bei den Rückkehrern eine sehr viel stärkere spirituelle Orientierung zu beobachten. Sie sind nicht nur fest von der Unsterblichkeit der menschlichen Seele überzeugt, sondern sie haben auch die tiefe und unbeirrbare Einsicht gewonnen, daß das Universum mitfühlend und intelligent ist, und in dieser liebevollen Umwelt fühlen sie sich geborgen. Diese Erkenntnis führt allerdings nicht notwendigerweise zu einer größeren Religiosität. Wie Shrī Aurobindo legen viele dieser Menschen Wert auf die Unterscheidung zwischen Religion und Spiritualität, und sie versichern, daß letztere, nicht aber erstere, an Bedeutung für sie zugenommen habe. Untersuchungen haben gezeigt, daß die Nah-Todeserfahrung sehr viel offener macht für Ideen außerhalb des eigenen religiösen Vorlebens, etwa für die Seelenwanderung und fernöstliche Religionen.[97]

Diese Interessenerweiterung erstreckt sich vielfach auch auf andere Gebiete. Die betreffenden Personen zeigen sich beispielsweise oft fasziniert von den Themen, die im vorliegenden Buch behandelt werden, insbesondere von übersinnlichen Phänomenen und der neuen Physik. Ein Mann, mit dem sich Ring eingehend beschäftigt hat, war Fahrer eines Schwertransporters und hatte sich nie für Bücher oder für wissenschaftliche Fragen interessiert. Doch während seines Nah-Todeserlebnisses hatte er eine Vision der »Allwissenheit«, und obwohl er sich nach seiner Wiederbelebung nicht mehr an den Inhalt der Vision zu erinnern vermochte, blieben verschiedene physikalische Fachbegriffe in seinem Kopf haften. Eines Morgens, nicht lange nach seinem Erlebnis, platzte unvermittelt das Wort »Quant« aus ihm heraus. Wenig später verkündete er geheimnisvoll: »Max Planck – von dem wird man demnächst hören«, und im Laufe der Zeit tauchten in seinen Gedanken allerlei Gleichungsfragmente und mathematische Symbole auf.

Weder er noch seine Frau wußten, was das Wort »Quant« bedeutet oder wer Max Planck (der allgemein als Begründer der Quantenphysik gilt) war, bis der Mann eines Tages in eine Bibliothek ging und die Wörter nachschlug. Als er feststellte, daß er keinen Unsinn geredet hatte, begann er eifrig zu lesen, nicht nur Bücher über Physik, sondern auch über Parapsychologie, Metaphysik und dergleichen, und er belegte am College sogar Physik im Hauptfach. Seine Ehefrau schrieb Ring später einen Brief, in dem sie die Verwandlung ihres Mannes schilderte: »Sehr oft sagt er ein Wort, das er bei uns noch nie gehört hat – es kann ein fremdes Wort aus einer anderen Sprache sein –, aber lernt es ... im Zusammenhang mit der ›Licht‹-Theorie ... Er redet über manche Sachen schneller als die Lichtgeschwindigkeit, so daß ich ihn kaum verstehe ... Wenn er ein Buch über Physik in die Hand nimmt, weiß er schon die Antwort, und er ahnt anscheinend noch mehr ...«[98]

Der Mann entwickelte nach seinem Erlebnis zudem verschiedene mediale Fähigkeiten, was bei Menschen mit Nah-Todeserfahrung nichts Ungewöhnliches ist. Bruce Greyson, ein Psychiater an der University of Michigan und Forschungsdirektor bei IANDS, legte 1982 69 Personen, die ein Nah-Todeserlebnis hatten, einen Fragebogen vor und ermittelte eine Zunahme bei nahezu allen untersuchten übersinnlichen und Psi verwandten Phänomenen.[99] Phyllis Atwater, eine Hausfrau aus Idaho, die nach ihrem einschneidenden Erlebnis eine Nah-Todesforscherin wurde, interviewte Dutzende von Betroffenen und kam zu einem ähnlichen Ergebnis. »Telepathie und Heilbegabungen sind weit verbreitet«, stellt sie fest. »Ebenso ›Erinnerungen‹ an die Zukunft. Zeit und Raum sind aufgehoben, und man durchlebt eine zukünftige Szenenfolge in allen Einzelheiten. Wenn das Ereignis dann eintritt, erkennt man es wieder.«[100]

Für Moody ist der nachhaltige, positive Identitätswechsel, den solche Menschen vollziehen, der überzeugendste Beweis dafür, daß Nah-Todeserfahrungen tatsächlich Reisen in eine spirituelle Wirklichkeitsebene sind. Ring ist derselben Meinung: »[Im Zentrum des Nah-Todeserlebnisses] finden wir eine absolute und unbestreitbare spirituelle Ausstrahlung. Dieser spirituelle Kern ist so beeindruckend und überwältigend, daß die betreffende Person ein für allemal in eine völlig neue Seinsweise gestoßen wird.«[101]

Nicht nur Nah-Todesforscher sind bereit, die Existenz dieser Dimension und die spirituelle Komponente der menschlichen Spezies zu akzeptieren. Der Nobelpreisträger Brian Josephson, der seit langem die Meditation pflegt, vertritt ebenfalls die Überzeugung, daß es »feinere« Wirklichkeitsebenen gibt, Ebenen, die durch Meditation zugänglich werden können und zu denen man möglicherweise nach dem Tod gelangt.[102]

Auf einem Symposion über die Möglichkeit eines Lebens nach dem biologischen Tod, das 1985 auf Betreiben des US-Senators Claiborne Pell an der Georgetown University stattfand, zeigte sich der Physiker Paul Davies ähnlich aufgeschlossen. »Wir alle sind uns darin einig, daß der Geist, zumindest soweit es um menschliche Wesen geht, ein Produkt der Materie ist oder, präziser gesagt, sich durch die Materie (speziell durch unser Gehirn) ausdrückt. Die Lehre der Quantenphysik ist, daß Materie eine konkrete, gut abgegrenzte Existenz allein in Verbindung mit dem Geist erlangen kann. Wenn der Geist ein *Muster* und keine

Substanz ist, kann er sich zweifellos in vielerlei Formen manifestieren.«[103]

Selbst die Psychoneuroimmunologin Candace Pert, die ebenfalls an dem Symposion teilnahm, war für diesen Gedanken empfänglich: »Ich glaube, es ist wichtig zu erkennen, daß Informationen im Gehirn gespeichert werden, und ich kann mir vorstellen, daß sich diese Informationen in einen anderen Bereich übergehen können. Wohin gehen die Informationen nach der Zerstörung der Moleküle (der Masse), die sie ausmachen? Materie kann weder erschaffen noch vernichtet werden, und vielleicht verschwindet der biologische Informationsstrom nicht einfach mit dem Tod, sondern nimmt eine andere Dimension an.«[104]

Ist womöglich das, was Bohm die implizite Wirklichkeitsebene genannt hat, in Wahrheit das Reich des Geistes, der Urgrund der spirituellen Strahlung, die die Mystiker aller Zeiten verklärt hat? Bohm selbst weist diesen Gedanken keineswegs von sich. Der implizite Bereich »könnte ebensogut als das Ideale, als Geist oder Bewußtsein bezeichnet werden«, stellt er mit der ihm eigenen Sachlichkeit fest. »Die Trennung der beiden – Materie und Geist – ist eine Abstraktion. Die Grundlage ist stets eine Einheit.«[105]

Wer sind die Lichtwesen?

Weil die oben angeführten Aussagen zumeist von Physikern und nicht von Theologen stammen, muß man sich fragen, ob nicht vielleicht das Interesse an der neuen Physik, das der Fernfahrer, der ein Nah-Todeserlebnis hatte, an den Tag legte, auf etwas Tieferes verweist. Wenn, wie Bohm andeutet, die Physik in Bereiche einzudringen beginnt, die einst das ausschließliche Territorium der Mystiker waren – ist es dann möglich, daß diese Vorstöße bereits vorweggenommen worden sind von den Wesen, die den Nachlebensbereich bewohnen? Sind Personen mit Nah-Todeserfahrung deswegen von einem solchen Erkenntnishunger erfüllt? Werden sie – stellvertretend für die übrige Menschheit – auf eine künftige Verschmelzung von Wissenschaft und Spiritualität vorbereitet?

Diese Möglichkeit wollen wir etwas später erörtern. Hier muß zunächst noch eine andere Frage gestellt werden. Wenn die Existenz dieser höheren Dimension nicht mehr bezweifelt wird, wie sehen dann ihre Parameter aus? Konkreter gefragt: Wer sind die Wesen, die sie bewohnen, und wie ist ihre Gemeinschaft – oder darf man gar von einer Zivilisation sprechen? – tatsächlich beschaffen?

Diese Fragen sind freilich schwer zu beantworten. Als Whitton zu ergründen versuchte, was es mit den fraglichen Wesen auf sich hatte, erhielt er ausweichende Auskünfte. »Der Eindruck, den meine Probanden vermittelten, und zwar jene, die die Frage beantworten konnten, war der, daß es sich um Entitäten handelt, die ihren Inkarnationszyklus hienieden abgeschlossen haben«, sagt er.[106]

Nach Hunderten von Exkursionen in die Innenwelt und nach der Befragung von Dutzenden von Gewährsleuten steht auch Monroe mit leeren Händen da. »Wer diese Wesen auch sein mögen, sie strahlen jedenfalls eine Menschenfreundlichkeit aus, die vollkommenes Vertrauen schafft«, meint er. »Unsere Gedanken zu durchschauen ist für sie ein Kinderspiel.« Und »die gesamte Geschichte der Menschheit und der Erde ist ihnen bis in die letzte Einzelheit vertraut«. Aber auch Monroe gesteht sein Nichtwissen ein, wenn es um die eigentliche Identität dieser nichtphysischen Entitäten geht; er weiß nur, daß es offenbar ihre Hauptaufgabe ist, »sich ganz und gar für das Wohlbefinden der Menschen einzusetzen, denen sie verbunden sind«.[107]

Nicht *viel* mehr läßt sich über die Zivilisationen dieser subtilen Welten sagen, außer daß die Menschen, die sie besuchen dürfen, übereinstimmend berichten, sie hätten dort zahlreiche Riesenstädte von himmlischer Schönheit gesehen. Personen mit Nah-Todeserfahrung, Yoga-Anhänger und Schamanen beschreiben diese geheimnisvollen Metropolen allesamt mit erstaunlicher Gleichförmigkeit. Die Sufis des 12. Jahrhunderts kannten sich mit ihnen so gut aus, daß sie ihnen sogar Namen gaben.

Das Hauptkennzeichen der großen Städte ist ihre Lichterpracht. Ihre Architektur wird überdies häufig als so fremdartig und erhaben-schön empfunden, daß Worte solche Herrlichkeit – das gilt auch für alle anderen Eigentümlichkeiten dieser impliziten Dimensionen – nicht auszudrücken vermögen. In der Beschreibung einer derartigen Stadt versicherte Swedenborg, es sei ein Ort »von atemberaubender architektonischer Konzeption, so wunderschön, daß man meinen möchte, dies sei die Heimat und der Ursprung der Kunst an sich«.[109]

Besucher dieser Städte behaupten häufig, es gebe dort ungewöhnlich viele Schulen und andere Einrichtungen, die dem Streben nach Wissen und Erkenntnis dienen. Die meisten Whitton-Probanden erinnerten sich, wenigstens eine Zeitlang in großen Unterrichtsgebäuden, ausgestattet mit Bibliotheken und Seminarräumen, hart gearbeitet zu haben, während sie sich im Zwischenstadium zweier Existenzen aufhielten.[109] Viele Menschen mit Nah-Todeserfahrung berichten gleichfalls, man habe ihnen »Schulen«, »Bibliotheken« und »höhere Lehranstalten« vorgeführt.[110] In tibetischen Texten des 11. Jahrhunderts finden sich sogar Hinweise auf große Städte, die der Gelehrsamkeit vorbehalten waren und die man nur erreichen konnte, wenn man in »die verborgenen Tiefen des Geistes« reiste. Edwin Bernbaum,[111] ein Sanskritforscher an der University of California in Berkeley, geht davon aus, daß James

Hiltons Roman *Der verlorene Horizont,* in dem das fiktive Gemeinwesen Shangri-La dargestellt wird, eine Reminiszenz dieser tibetischen Legenden ist.*

Das einzige Problem ist, daß solche Beschreibungen einer »imaginalen« Welt nicht allzuviel hergeben. Man kann nie mit Sicherheit sagen, ob diese ganzen spektakulären Bauwerke real oder bloß allegorische Phantasiegebilde sind. Sowohl Moody als auch Ring berichten beispielsweise von Fällen, in denen Leute behaupteten, die von ihnen besuchten Lehrgebäude seien nicht nur dem Streben nach Wissen gewidmet, sondern buchstäblich *aus Wissen erbaut*.[112] Diese seltsame Wortwahl legt den Verdacht nahe, daß die Besuche in diesen Gebäuden im Grunde Begegnungen mit einem Bereich sind, der das menschliche Vorstellungsvermögen so sehr übersteigt, daß die Übertragung in das Hologramm eines Bauwerks oder eine Bibliothek die einzige Möglichkeit ist, ihn geistig zu verarbeiten.

Das gleiche trifft auf die Wesen zu, mit denen man in den subtileren Dimensionen zusammentrifft. Aus ihrer äußeren Erscheinung kann nie geschlossen werden, wer oder was sie in Wirklichkeit sind. George Russell, ein bekannter irischer Wahrsager um die Jahrhundertwende und ein außergewöhnlich talentierter OBEer, begegnete auf seinen Reisen in die von ihm so genannte »innere Welt« zahlreichen »Lichtwesen«. Als er in einem Interview einmal gefragt wurde, wie diese Wesen aussähen, gab er folgendes zu Protokoll:

> An das erste Wesen, das ich gesehen habe, erinnere ich mich noch sehr genau, auch an die Art seines Erscheinens: Da war zuerst ein gleißendes Licht, und dann erkannte ich, daß es aus dem Herzen einer

---

* Während meiner High-School- und College-Zeit habe ich wiederholt geträumt, ich würde Kurse über spirituelle Themen an einer fremdartig schönen Universität in einer grandiosen außerirdischen Gegend besuchen. Es waren keine Angstträume eines Schülers, sondern unglaublich angenehme Flugträume, in denen ich schwerelos zu Vorträgen über das menschliche Energiefeld und die Seelenwanderung einschwebte. Zuweilen begegnete ich dabei Menschen, die ich gekannt hatte, die aber inzwischen gestorben waren, und sogar solchen, die sich mir als Seelen vor der Wiedergeburt zu erkennen gaben. Interessant ist, daß ich mehrere Leute getroffen habe, meist Personen mit überdurchschnittlich großer übersinnlicher Begabung, die ebenfalls derartige Träume hatten (einer davon, ein texanischer Hellseher namens Jim Gordon, fand seine Erlebnisse dermaßen irritierend, daß er des öfteren seine konsternierte Mutter fragte, warum er zweimal zur Schule gehen müsse, einmal am Tage mit allen anderen Kindern und einmal in der Nacht, während er schlief). Hier sei angemerkt, daß Monroe und zahlreiche andere OBE-Forscher solche Flugträume für weitgehend vergessene OBEs halten. Ich frage mich also, ob vielleicht einzelne Menschen diese imaginären Schulen besuchen, solange sie noch unter den Lebenden weilen. Sollte jemand, der dieses Buch liest, einschlägige Erfahrungen gemacht haben, würde ich mich freuen, von ihm zu hören.

großen Gestalt kam, deren Leib aus halb transparenter oder opalisierender Luft bestand, und der ganze Leib war von einem strahlenden elektrischen Feuer umhüllt, dessen Zentrum das Herz zu sein schien. Rings um den Kopf des Wesens und in seinem wallenden, leuchtenden Haar, das wie lebendige Goldsträhnen den gesamten Körper umwehte, erschienen flammende schwingenähnliche Auren. Das Wesen selbst strahlte Licht in alle Richtungen aus; und der Eindruck, der nach der Vision in mir haftenblieb, war das Gefühl einer außergewöhnlichen Leichtigkeit, Freude oder Ekstase.[113]

Auf der anderen Seite erklärt Monroe, daß ein solches körperloses Wesen seine äußere Erscheinung abstreifte, wenn er sich eine Weile in seiner Nähe aufhielt und er nichts mehr wahrnahm, obwohl er weiterhin »die Ausstrahlung, die die Entität darstellt«, verspürte.[114] Wiederum stellt sich hier die Frage: Wenn ein Besucher der inneren Dimensionen einem Lichtwesen begegnet, ist dieses Wesen dann eine Realität oder nur eine allegorische Phantasiegestalt? Die Antwort lautet selbstverständlich, daß es ein bißchen von beidem ist, denn in einem holographischen Universum sind *alle* Erscheinungen Illusionen, hologrammartige Bilder, entstanden aus der Interaktion des betreffenden Bewußtseins, aber es sind Illusionen, die, wie Pribram sagt, auf *etwas* beruhen, das vorhanden ist. Solcherart sind die Dilemmas, mit denen man in einem Universum konfrontiert wird, das sich uns in expliziter Form darstellt, aber seinen Ursprung stets in etwas Ungreifbarem, im Impliziten, hat.

Wir können uns mit der Tatsache trösten, daß die hologrammähnlichen Bilder, die unser Geist im Nachlebensbereich konstruiert, zumindest eine gewisse Beziehung zu dem *Etwas* haben, das dort vorhanden ist. Wenn wir eine körperlose Wolke aus reinem Wissen erblicken, verwandeln wir sie in eine Schule oder eine Bibliothek. Wenn ein Mann während eines Nah-Todeserlebnisses einer Frau begegnet, der er in Liebe oder Haß verbunden war, sieht er sie halb als Rose und halb als Kobra, also als ein Symbol, das immer noch die Quintessenz ihres Charakters repräsentiert. Und wenn Reisende in der anderen Welt einem hilfsbereiten entkörperlichten Bewußtsein begegnen, erblicken sie in ihm ein engelhaftes Lichtwesen.

Was die eigentliche Identität dieser Wesen betrifft, so können wir aus ihrem Verhalten schließen, daß sie älter und weiser sind als wir und daß sie eine tiefe und liebevolle Beziehung zur Spezies Mensch unterhalten, doch es läßt sich nicht sagen, ob sie Götter, Engel, die Seelen von Menschen nach Vollendung ihrer Reinkarnationen oder irgend etwas anderes sind, das sich dem menschlichen Begriffsvermögen schlechthin entzieht. Darüber weiter zu spekulieren wäre vermessen insofern, als es hier um ein Problem geht, das in den Jahrtausenden der Menschheitsgeschichte nicht gelöst werden konnte, und man würde damit auch Shrī Aurobindos Warnung ignorieren, die sich dagegen richtet, spirituelle Erkenntnisse in religiöse umzuwandeln. Je mehr Belegmaterial die Wissenschaft zusammenträgt, desto eindeutiger wird sicherlich auch die Antwort ausfallen, aber bis es so weit ist, bleibt die Frage offen, wer oder was diese Wesen sind.

Das omnijektive Universum

Das Jenseits ist nicht der einzige Bereich, in dem uns hologrammartige Erscheinungen begegnen. Offensichtlich können wir gelegentlich solche Erfahrungen sogar auf unserer eigenen Daseinsebene machen. Der Philosoph Michael Grosso meint zum Beispiel, daß Erscheinungen der Jungfrau Maria ebenfalls als hologrammähnliche Projektionen aufgefaßt werden können, die durch den kollektiven Glauben der Menschen hervorgebracht werden. Eine besonders holographisch wirkende marianische Vision ist die bekannte Marienerscheinung von 1879 im irischen Knock. Damals sahen vierzehn Personen drei leuchtende und merkwürdig unbewegliche Gestalten, Maria, Joseph und den Evangelisten Johannes (kenntlich dank seiner großen Ähnlichkeit mit einer Statue des Heiligen in einem Nachbardorf), die auf einer Wiese neben der Dorfkirche standen. Die hell schimmernden Gestalten waren so real, daß die Augenzeugen, als sie sich näher heranwagten, sogar die Schrift auf einem Buch, das Johannes in der Hand hielt, lesen konnten. Als jedoch eine der anwesenden Frauen die Heilige Jungfrau zu umarmen versuchte, hielt sie nur leere Luft in den Armen. »Die Gestalten wirkten so echt und lebendig, daß ich nicht verstehen konnte, warum meine Hände nicht spürten, was ich so klar und deutlich vor mir sah«, schrieb die Frau später.[115]

Eine andere auffallend holographische Marienerscheinung ist der nicht minder berühmte Auftritt der Heiligen Jungfrau in Zeitoun in Ägypten. Er begann 1968, als zwei moslemische Automechaniker auf dem Sims der Zentralkuppel einer koptischen Kirche in dem Kairoer Vorort ein leuchtendes Abbild der Jungfrau Maria erblickten. In den nächsten drei Jahren tauchten allwöchentlich dreidimensionale »Lichtbilder« Marias, Josephs und des Christuskindes über der Kirche auf; manchmal schwebten sie bis zu sechs Stunden lang mitten in der Luft.

Im Unterschied zu den Gestalten in Knock bewegten sich die Zeitoun-Erscheinungen und winkten der Menschenmenge zu, die sich regelmäßig hier einfand. Dennoch wiesen sie viele holographische Merkmale auf. Ihr Auftreten kündigte sich stets durch einen grellen Lichtblitz an. Gleich Hologrammen, die ihre Frequenzaspekte verschieben und allmählich in den Brennpunkt rücken, waren sie zunächst amorph und fügten sich dann langsam zu menschlichen Gestalten zusammen. Häufig waren sie begleitet von Tauben »aus reinem Licht«, die in großem Bogen über der Menge kreisten, aber niemals mit den Flügeln schlugen. Am bezeichnendsten war jedoch, daß die Zeitoun-Erscheinungen nach drei Jahren, als das Interesse an dem Phänomen zu erlöschen begann, ebenfalls »erlahmten«. Sie wurden immer unschärfer, bis sie bei ihren letzten Auftritten nur noch als leuchtende Nebelschleier zu erkennen waren. Doch während ihrer großen Zeit wurden die Erscheinungen von Hunderttausenden beobachtet und ausgiebig photographiert. »Ich habe viele dieser Leute interviewt, und wenn man sie über das, was sie gesehen haben, reden hört, wird man das Gefühl nicht los, daß sie eine Art holographische Projektion beschreiben«, berichtet Grosso.[116]

In seinem anregenden Buch *The Final Choice* versichert Grosso, nach der Überprüfung des Belegmaterials habe er die Überzeugung gewonnen, daß solche Visionen nicht Erscheinungen der historischen Maria, sondern übersinnliche holographische Projektionen des kollektiven Unbewußten sind. Interessanterweise sind nicht alle Marienerscheinungen stumm. Einige, so etwa die von Fatima und Lourdes, können sprechen, und die Botschaft, die sie verkünden, ist jedesmal eine Warnung vor einer Apokalypse, die uns Menschen droht, falls wir unser Leben nicht ändern. Grosso interpretiert dies als ein Indiz dafür, daß das kollektive Unbewußte der Menschheit zutiefst beunruhigt ist durch die gewaltigen Auswirkungen der modernen Wissenschaft auf das menschliche Leben und die Ökologie der Erde. Unsere kollektiven Träume warnen uns, kurz gesagt, vor der Möglichkeit unserer Selbstzerstörung.

Andere sind der Ansicht, daß der Marienglaube die Triebkraft ist, die derartige Projektionen Gestalt werden läßt. Rogo verweist darauf, daß im Jahr 1925, als die koptische Kirche, die Stätte der Zeitoun-Erscheinungen, gebaut wurde, der für den Bau verantwortliche Philanthrop einen Traum hatte, in dem ihm die Heilige Jungfrau mitteilte, sie werde gleich nach der Fertigstellung des Gotteshauses erscheinen. Sie erschien zwar nicht zum angegebenen Zeitpunkt, aber die Verheißung war in der Gemeinde allgemein bekannt. Somit »bestand eine vierzigjährige Überlieferung, daß bei der Kirche schließlich eine Marienerscheinung stattfinden würde«, stellt Rogo fest. »Diese Stimmung könnte nach und nach eine übersinnliche ›Blaupause‹ der Jungfrau innerhalb der Kirche aufgebaut haben, d.h. einen sich stetig vergrößernden Pool psychischer Energie, den die Gedanken der Zeitouner erzeugten und der 1968 so sehr angeschwollen war, daß ein Bild der Jungfrau Maria zur physikalischen Realität wurde!«[117] In früheren Abhandlungen habe ich eine ähnliche Deutung marianischer Visionen vorgelegt.[118]

Einiges deutet darauf hin, daß auch manche UFOs so etwas wie ein holographisches Phänomen sein könnten. Als in den späten vierziger Jahren die ersten Berichte über Sichtungen von Gebilden auftauchten, die man für Raumschiffe von anderen Planeten hielt, äußerten Forscher, die sich intensiv mit diesen Berichten befaßten und zumindest einige als seriös einstuften, die Vermutung, daß sie genau das waren, was sie zu sein schienen: Sichtungen von unbekannten Fluggeräten intelligenter Wesen, die weiter fortgeschrittenen und offensichtlich extraterrestrischen Zivilisationen angehören. Da sich jedoch Begegnungen mit UFOs häufen – vor allem solche, bei denen es zu Kontakten mit UFO-Besatzungen kommt –, vertreten immer mehr Experten die Ansicht, daß diese sogenannten Raumschiffe keinen außerirdischen Ursprung haben können.

Es gibt einige Anhaltspunkte, die gegen einen extraterrestrischen Ursprung des Phänomens sprechen: Zum ersten werden zu viele Sichtungen gemeldet; es sind Tausende von Begegnungen mit UFOs registriert worden, so viele, daß schwer zu glauben ist, es handle sich dabei ausnahmslos um echte Besuche aus dem Weltraum. Zum zweiten weisen die UFO-Insassen vielfach nicht die Merkmale auf, die man von einer außerirdischen Lebensform erwarten würde; zu oft werden sie als humanoide Wesen beschrieben, die unsere Luft atmen, keine Angst vor einer Ansteckung durch irdische Viren zeigen, sehr gut an die Schwerkraft der Erde und die elektromagnetischen Emissionen der Sonne angepaßt sind, mit ihrem Gesicht erkennbare Emotionen ausdrücken und unsere Sprache sprechen – all dies sind mögliche, aber unwahrscheinliche Kennzeichen von extraterrestrischen Besuchern.

Zum dritten verhalten sie sich nicht wie Außerirdische. Statt die sprichwörtliche Landung auf dem Rasen des Weißen Hauses zu versuchen, zeigen sie sich Bauern und einsamen Autofahrern. Sie jagen Düsenflugzeuge, greifen sie aber nicht an. Sie rasen am Himmel umher, so daß Dutzende oder gar Hunderte von Augenzeugen sie sehen können, doch sie bekunden kein Interesse an einer formellen Kontaktaufnahme. Und wenn sie mit einzelnen Personen Kontakt aufnehmen, scheint ihr Verhalten vielfach jeder Logik zu entbehren. Bei einer der am häufigsten berichteten Kontaktformen geht es um die Entführung von Menschen für irgendwelche medizinischen Versuche. Doch man sollte meinen, daß eine Zivilisation, die die technologische Fähigkeit besitzt, schier unvorstellbar weite Raumflüge zu unternehmen, auch über das wissenschaftliche Know-how verfügt, solche Informationen auch ohne jeden physischen Kontakt zu erlangen, oder daß sie es zumindest nicht nötig hat, dutzendweise Menschen zu entführen.

Der letzte und aufschlußreichste Punkt ist, daß sich UFOs nicht einmal wie physikalische Objekte verhalten. Auf Radarschirmen wurde beobachtet, daß sie bei enormen Geschwindigkeiten plötzliche Wendemanöver um 90 Grad ausführen – dabei würde jedes physikalische Objekt auseinandergerissen werden. Sie können ihre Größe verändern, sich unvermittelt in nichts auflösen, ebenso schnell aus dem Nichts auftauchen, die Farbe und sogar die Form wechseln (all das gilt auch für die Insassen). Kurzum, sie verhalten sich ganz und gar nicht so, wie man es von einem physikalischen Objekt erwartet, sondern von etwas ganz anderem, das uns bei der Lektüre dieses Buchs schon recht vertraut geworden ist. Oder wie es Jacques Vallée, einer der angesehensten UFO-Forscher und das Vorbild des Lacombe in dem Film *Unheimliche Begegnung der dritten Art,* vor kurzem formuliert hat: »Es ist das Verhalten eines Bildes oder eine holographische Projektion.«[119]

Nachdem die Experten die nichtphysikalischen und hologrammtypischen Eigenschaften der UFOs zunehmend durchschaut haben, sind einige zu dem Ergebnis gekommen, daß UFOs nicht von anderen Sternsystemen stammen, sondern Besucher aus anderen Dimensionen oder Wirklichkeitsebenen sind. (Es muß hier angemerkt werden, daß nach wie vor eine Reihe von Forschern davon überzeugt ist, daß es sich um extraterrestrische Flugobjekte handelt.) Diese Deutung erklärt freilich immer noch nicht viele absonderliche Aspekte des Phänomens, etwa warum die UFOs keinen formellen Kontakt aufnehmen, warum sie sich so absurd verhalten und so weiter.

Die Unzulänglichkeit der extradimensionalen Erklärung, zumindest in ihrer ursprünglichen Form, wird noch offenkundiger, je mehr ungewöhnliche Aspekte des UFO-Phänomens zutage treten. Es mehren sich zum Beispiel die Anzeichen dafür, daß UFO-Begegnungen weniger den Charakter einer objektiven als den einer subjektiven, psychischen Erfahrung haben. Die allbekannte »unterbrochene Reise« von Betty und Barney Hill, einer der am sorgfältigsten dokumentierten UFO-Entführungsfälle, wirkt in jeder Hinsicht wie ein echter Kontakt mit Außerirdischen, bis auf einen Punkt: Der Kommandant des UFOs trug eine Naziuniform, ein Umstand, der keinen Sinn ergibt, wenn die Entführer der Hills tatsächlich Besucher aus dem All waren, er tut dies aber sehr wohl, wenn das Ereignis psychischer Art und so etwas wie ein Traum- oder Halluzinationserlebnis war. In solchen Fällen nämlich kommen häufig naheliegende Symbole und irritierende Verstöße gegen die Logik vor.[120]

Andere UFO-Begegnungen wirken sogar noch irrealer und traumhafter. In der Literatur werden Fälle beschrieben, in denen UFO-Insassen verrückte Lieder singen oder mit merkwürdigen Gegenständen (etwa Kartoffeln) nach den Zuschauern werfen; Fälle, in denen sich an eine handfeste Entführung an Bord des Raumschiffs eine halluzinogene Reise durch danteske Landschaften anschließt; oder Fälle, in denen sich humanoide Außerirdische in Vögel, Rieseninsekten und andere Phantasiegeschöpfe verwandeln.

Bereits 1959, als von alledem noch kaum etwas bekannt war, veranlaßte die psychologische und archetypische Komponente des UFO-Phänomens Carl Gustav Jung zu der These, die »fliegenden Untertassen« seien in Wirklichkeit ein Produkt des kollektiven Unbewußten und ein in der Entstehung begriffener moderner Mythos. 1969, als sich die mythische Dimension der UFO-Erlebnisse schon deutlicher abzeichnete, ging Vallée noch einen Schritt weiter. In seinem wegweisenden Buch *Passport to Magonia* erklärt er, UFOs seien keineswegs ein neues Phänomen, sondern offensichtlich ein sehr altes in einem neuen Gewand und wiesen eine große Ähnlichkeit mit verschiedenen Volksüberlieferungen auf, die von den Schilderungen der Elfen und Gnome in europäischen Ländern über die mittelalterlichen Engelsdarstellungen bis zu den übernatürlichen Wesen in den Legenden der amerikanischen Ureinwohner reichten.

Das absurd wirkende Benehmen der UFO-Insassen gleicht laut Vallée dem mutwilligen Treiben der keltischen Elfen und Feen, der altnordischen Götter und der Gaunerfiguren bei den Indianern. Wenn man all diese Phänomene auf die ihnen zugrunde liegenden Archetypen zurückführt, sind sie Bestandteile desselben unerschöpflichen, lebendigen Etwas, eines Etwas, das sein Erscheinungsbild der jeweiligen Kultur und Zeit, in der es sich manifestiert, anpaßt, aber schon seit sehr langer Zeit das Menschengeschlecht begleitet. Was nun ist dieses Etwas? In *Passport to Magonia* gibt Vallée keine eindeutige Antwort; er sagt lediglich, daß es intelligent, zeitlos und die Grundlage aller Mythen sei.[121]

Was aber sind dann die UFOs und verwandte Phänomene? Nach Vallée können wir die Möglichkeit nicht ausschließen, daß es sich hier um die Ausdrucksform irgendeiner außergewöhnlich hoch entwickelten nichtmenschlichen Intelligenz handelt, die uns so überlegen ist, daß ihre Logik uns absurd erscheint. Doch wenn das zutrifft, wie läßt sich dies dann vereinbaren mit den Erkenntnissen der Mythenforscher von Mircea Eliade bis Joseph Campbell, die behaupten, Mythen seien eine organische und notwendige Ausdrucksform des Menschen und eine ebenso selbstverständliche menschliche Hervorbringung wie die Sprache und die Kunst? Können wir uns wirklich damit abfinden, daß die kollektive menschliche Psyche so unfruchtbar und unschöpferisch sein soll, daß sie Mythen lediglich als Reaktion auf eine andere Intelligenz entwickeln konnte?

Falls jedoch UFOs und ähnliche Erscheinungen nichts weiter sind als psychische Projektionen, wie sollen wir dann die konkret wahrnehmbaren Spuren erklären, die sie hinterlassen, die kreisförmigen Brandstellen und tiefen Abdrücke an den Landeplätzen, die unverwechselbaren Signale auf den Radarschirmen, die Narben und Einschnitte am Körper von Personen, die UFO-Besatzungen für ihre medizinischen Versuche benutzt haben? In einem 1976 veröffentlichten Aufsatz habe ich die Ansicht vertreten, daß derartige Phänomene schwer einzuordnen seien, weil wir versucht sind, die gewaltsam in ein Bild der Wirklichkeit einzupassen, das fundamental falsch ist.[122] Ausgehend davon, daß die Quantenphysik die Wechselbeziehung zwischen Geist und Materie nachgewiesen hat, habe ich vorgeschlagen, die UFOs und verwandte Phänomene als weiteren Beleg für die letztlich unmögliche Trennung von psychischer und physischer Welt aufzufassen. Sie sind in der Tat Produkte der kollektiven menschlichen Psyche, *aber auch ganz real*. Sie stellen, anders ausgedrückt, etwas dar, das die Menschheit bis jetzt noch nicht richtig zu verstehen gelernt hat, ein Phänomen, das weder subjektiv noch objektiv, sondern »omnijektiv« ist – ein Begriff, den ich geprägt habe, um diesen ungewöhnlichen Seinszustand zu charakterisieren (es war mir entgangen, daß Corbin für denselben schwer faßbaren Wirklichkeitszustand bereits den Begriff »imaginal« erfunden hatte, allerdings nur im Hinblick auf die mystischen Erfahrungen der Sufis).

Diese Auffassung setzt sich in der Forschung immer mehr durch. In einem kürzlich erschienenen Aufsatz erläutert Ring, daß UFO-Begegnungen imaginale Erfahrungen seien, vergleichbar nicht nur der Konfrontation mit der realen, wenngleich geistgeschaffenen Welt in der Nah-Todeserfahrung, sondern auch den mythischen Wirklichkeiten, wie sie Schamanen auf ihren Reisen durch die subtileren Dimensionen kennengelernt haben. Sie seien, mit einem Wort, ein weiteres Indiz dafür, daß die Wirklichkeit ein vielschichtiges und vom Geist erzeugtes Hologramm ist.[123]

»Ich fühle mich immer stärker zu Ansichten hingezogen, die es mir erlauben, nicht nur die Realität dieser verschiedenartigen Erfahrungen zu akzeptieren und zu würdigen, sondern auch die Verbindungen zwischen Bereichen zu erkennen, die weitgehend von Wissenschaftlern unterschiedlicher Ausrichtung erforscht worden sind«, erklärt Ring. »Das Schamanentum ordnet man gewöhnlich der Anthropologie zu. UFOs werden im allgemeinen der sogenannten Ufologie zugeteilt. Nah-Todesforschung ist ein Betätigungsfeld von Parapsychologen und Medizinern. Und Stan Grof befaßt sich mit psychedelischen Erfahrungen aus der Sicht der Transpersonalen Psychologie. Ich glaube, es besteht Grund zu der Hoffnung, daß das Imaginale und möglicherweise auch das Holographische Perspektiven eröffnen, die es uns gestatten, zwar nicht die Übereinstimmungen, wohl aber die Verbindungen und Gemeinsamkeiten zwischen diesen verschiedenen Erfahrungstypen zu erkennen.«[124] Ring ist von den tiefgreifenden Beziehungen zwischen den auf den ersten Blick so disparat erscheinenden Phänomenen so sehr überzeugt, daß er vor kurzem ein Forschungsstipendium für eine vergleichende Untersuchung über Menschen mit UFO-Erlebnissen und solche mit Nah-Todeserfahrung erwirkt hat.

Peter M. Rojcewicz, ein Volkskundler an der Juilliard School in New York, ist ebenfalls zu dem Ergebnis gekommen, daß UFOs omnijektiv sind. Er meint, die Zeit sei reif für die Einsicht, daß wahrscheinlich alle Phänomene, die Vallée in *Passport to Magonia* behandelt hat, ebenso real sind, wie sie Vorgänge in den Tiefen der menschlichen Psyche symbolisieren. »Es existiert ein Erfahrungskontinuum, in dem Realität und Imagination unmerklich ineinander übergehen«, konstatiert er. Für Rojcewicz ist dieses Kontinuum ein weiterer Beleg für die Bohmsche Einheit aller Dinge, und angesichts der Evidenz, daß solche Phänomene imaginal bzw. omnijektiv sind, sei es nicht mehr vertretbar, daß die Volkskunde sie einfach als Aberglauben abtut.[125]

Zahlreiche andere Fachleute, darunter Vallée, Grosso und Whitley Strieber, Autor des Bestsellers *Communion* und eines der berühmtesten und aussagefähigsten Opfer einer UFO-Entführung, anerkennen gleichfalls die offensichtliche omnijektive Natur des Phänomens. Strieber zufolge sind Begegnungen mit UFOs »vielleicht unsere erste echte Quantenentdeckung im Makrokosmos: Schon ihre Beobachtung könnte sie als eine konkrete Aktualität mit Bedeutung, Abgrenzung und einem eigenen Bewußtseinsgehalt hervorbringen.«[126]

Kurz, es herrscht unter den Erforschern dieses geheimnisvollen Phänomens zunehmend Einigkeit darüber, daß das Imaginale sich nicht nur auf den Nachlebensbereich beschränkt, sondern auch auf die scheinbar handfeste Erfahrungswelt übergreift. Die alten Götter spuken nicht mehr nur in den Visionen von Schamanen herum, sie haben ihre Himmelsbarken direkt bis vor die Türschwelle der Computergeneration gesteuert, nur daß sie ihre Drachenkopfschiffe mit Raumschiffen und ihre Blauhäherköpfe mit Astronautenhelmen vertauscht haben. Eigentlich hätten wir dieses Übergreifen, diese Verschmelzung des Totenreichs mit unserer eigenen Welt, schon längst bemerken müssen, denn Orpheus, der Sänger der griechischen Mythologie, hat uns einst gemahnt: »Die Pforten Plutos dürfen nicht entriegelt werden, dahinter lebt ein Traumvolk.«

So bedeutend diese Einsicht auch ist – daß nämlich das Universum nicht objektiv, sondern omnijektiv ist und daß sich gleich hinter der Umzäunung unseres eigenen sicheren Lebensbereichs eine unermeßliche andere Welt, eine numinose Landschaft oder vielmehr »Seelenlandschaft« erstreckt, die zugleich ein Teil unserer Psyche und eine Terra incognita ist –, sie vermag noch immer kein Licht in das letzte Geheimnis zu bringen. Wie Carl Raschke, Mitglied der religionswissenschaftlichen Fakultät der University of Denver, dazu anmerkt: »In dem omnijektiven

Kosmos, in dem UFOs genauso ihren Platz haben wie Quasare oder Salamander, wird die Frage, ob die leuchtenden kreisförmigen Erscheinungen echt oder halluziniert sind, zweitrangig. Das Problem ist *nicht, ob oder in welcher Form sie existieren, sondern, welchem Ziel sie letztlich dienen.*«[127]

Was ist, anders ausgedrückt, die eigentliche Identität dieser Wesen? Wie bei den Entitäten, denen man in der Nachlebensdimension begegnet, ist auch hier keine präzise Antwort möglich. An dem einen Ende des Spektrums neigen Forscher wie Ring und Grosso zu der Auffassung, daß sie trotz ihrer Einbindung in die Welt der Materie eher psychische Projektionen als nichtmenschliche Intelligenzen sind. Grosso meint zum Beispiel, sie seien, genauso wie die Marienvisionen, ein weiterer Anhaltspunkt dafür, daß sich die Psyche der Menschheit in einem Zustand der Unruhe befindet: »UFOs und andere außergewöhnliche Phänomene sind Manifestationen einer Störung im kollektiven Unbewußten der Spezies Mensch.«[128]

Am anderen Ende des Spektrums stehen jene Experten, welche die UFOs, ungeachtet ihrer archetypischen Merkmale, eher für Vertreter einer außerirdischen Intelligenz als für eine psychische Projektion halten. Raschke sieht in den UFOs »eine holographische Materialisation aus einer parallelen Dimension des Universums« und fordert, diese Interpretation müsse »Vorrang haben vor der Projektionshypothese, die zusammenbricht, wenn man die staunenswerten, einprägsamen, komplexen und konsistenten Merkmale der ›Außerirdischen‹ und ihrer ›Raumschiffe‹ sorgfältig untersucht, die von den Entführten beschrieben werden«.[129]

Auch Vallée gehört zu diesem Lager: »Ich glaube, daß das UFO-Phänomen eines der Mittel ist, mit denen sich eine fremde Intelligenzform von unvorstellbarer Komplexität auf *symbolische* Weise mit uns verständigt. Nichts deutet darauf hin, daß sie extraterrestrisch ist. Eher mehren sich die Hinweise, daß sie ... *anderen Dimensionen außerhalb der Raumzeit* entstammt, einem *Multiversum,* das uns allenthalben umgibt und dessen Existenz in Erwägung zu ziehen wir uns hartnäckig weigern, ungeachtet der Beweise, die uns seit Jahrhunderten zur Verfügung stehen.«[130]

Was mich angeht, so meine ich, daß wahrscheinlich keine Einzelerklärung all die vielfältigen Aspekte des UFO-Phänomens zu erfassen vermag. In Anbetracht der enormen Ausdehnung der subtileren Wirklichkeitsebenen fällt es mir leicht anzunehmen, daß es in den höheren Schwingungsbereichen ungezählte nichtphysische Spezies gibt. Die Häufigkeit von UFO-Sichtungen mag gegen eine extraterrestrische Herkunft sprechen – wenn man bedenkt, welche immensen Entfernungen zwischen der Erde und den anderen Milchstraßensternen bestehen –, doch in einem holographischen Universum, in dem vielleicht unendlich viele Wirklichkeiten im selben Raum wie unsere eigene Welt existieren, ist dies kein stichhaltiger Einwand mehr, sondern im Gegenteil ein Beweis dafür, wie unermeßlich reich an intelligentem Leben das Superhologramm ist.

Die Wahrheit ist, daß wir einfach noch nicht genug wissen, um einschätzen zu können, wie viele nichtphysische Arten unseren Lebensraum teilen. Der physische Kosmos mag sich zwar als eine ökologische Wüste entpuppen, aber die raum- und zeitlosen Weiten des inneren Kosmos können so reich an Leben sein wie der Regenwald und die Korallenriffe. Schließlich hat uns die Erforschung der Nah-Todeserlebnisse und der schamanistischen Erfahrungen bislang nur ein kleines Grenzgebiet dieses Nebelreichs erschlossen. Wir wissen nicht einmal, wie groß seine Kontinente sind oder wie viele Ozeane und Gebirgsketten es umfaßt.

Und falls wir von Wesen besucht werden, die so unstofflich und verformbar sind wie die Körper, in denen sich die Menschen wiederfinden, die eine Nah-Todeserfahrung machen, wäre es keineswegs verwunderlich, wenn sie in einer chamäleonartigen Gestaltenfülle aufträten. Ihr tatsächliches Erscheinungsbild entzieht sich möglicherweise so sehr unserem Vorstellungsvermögen, daß sie diese mannigfaltigen Gestalten unserem eigenen holographisch organisierten Geist verdanken. So wie sich die Lichtwesen bei den Nah-Todeserlebnissen in historische Persönlichkeiten und die Wolken schieren Wissens in Bibliotheken oder Lehranstalten verwandeln, so formt unser Geist vielleicht auch die äußere Erscheinung des UFO-Phänomens.

Wenn dem so ist, bedeutet dies, daß die wahre Realität dieser Wesen offensichtlich so unirdisch und fremdartig ist, daß wir die tiefsten Regionen unserer Volksüberlieferung und des mythischen Unbewußten ausloten müssen, um für die Beschreibung ihrer Gestalt die erforderlichen Symbole zu finden. Es bedeutet auch, daß wir bei der Deutung ihrer Aktivitäten äußerst vorsichtig sein müssen. Zum Beispiel könnten die medizinischen Untersuchungen, die das Kernstück vieler UFO-Entführungen bilden, lediglich eine *symbolische* Interpretation des Vorgangs sein. Statt unsere physischen Körper zu inspizieren, erforschen diese unkörperlichen intelligenten Wesen vielleicht tatsächlich irgendeinen Teil von uns, für den wir heute noch keinen Namen haben, etwa die geheimnisvolle Anatomie unseres Energie-Ichs oder sogar unsere Seele. Solcherart sind die Probleme, mit denen wir konfrontiert sind, falls das Phänomen wirklich die omnijektive Manifestation einer nichtmenschlichen Intelligenz ist.

Wenn es andererseits möglich ist, daß die Bürger von Knock und Zeitoun kraft ihres Glaubens leuchtende Bilder der Jungfrau Maria heraufbeschworen, daß der Geist der Physiker die Realität des Neutrinos beeinflußt und daß Yogis wie Sai Baba handfeste Objekte aus der Luft materialisieren, dann liegt es doch wohl auf der Hand, daß auch wir anderen von holographischen Projektionen unserer Glaubensvorstellungen und Mythologien überflutet werden. Zumindest einige anomale Ereignisse lassen sich dieser Kategorie zuordnen.

Aus der Geschichte wissen wir beispielsweise, daß Konstantin der Große und seine Soldaten ein riesiges Flammenkreuz am Himmel erblickten – eine Erscheinung, die offenkundig nichts anderes war als eine übersinnliche Verkörperung der Emotionen, die das Heer, das nichts Geringeres vorhatte als die Christianisierung der heidnischen Welt, am Vorabend seines historischen Unternehmens empfand. Die bekannte Manifestation der »Engel von Mons«, bei der Hunderte von britischen Soldaten des Ersten Weltkriegs eine gewaltige Erscheinung des heiligen Georg und eines Geschwaders von Engeln am Himmel erlebten, während sie im belgischen Mons eine zunächst aussichtslose Schlacht schlugen, scheint ebenfalls in die Kategorie der psychischen Projektionen zu fallen.

Es dürfte klar sein, daß das, was wir als UFOs oder als Aberglauben bezeichnen, eine große Bandbreite von Phänomenen umfaßt und wahrscheinlich alle obengenannten beinhaltet. Ich bin auch seit langem der Meinung, daß die beiden angeführten Deutungen sich nicht gegenseitig ausschließen. Es kann sein, daß Konstantins Flammenkreuz zugleich die Manifestation einer extradimensionalen Intelligenz war. Mit anderen Worten: Wenn unsere kollektiven Überzeugungen und Emotionen eine solche Hochspannung entstehen lassen, daß sie eine psychische Projektion bewirken, stoßen wir in Wirklichkeit eine Tür zwischen dieser Welt und der anderen auf. Vielleicht können diese Intelligenzen nur dann erscheinen und mit uns interagieren, wenn unsere Glaubenskraft eine Art übersinnliche Nische für sie schafft.

Ein weiteres Konzept der neuen Physik könnte hier weiterführen. Aus der Erkenntnis, daß das Bewußtsein das Agens ist, das ein subatomares Teilchen, etwa ein Elektron, existent werden läßt, sollten wir nicht voreilig schließen, wir seien die einzigen Agenzien in diesem schöpferischen Prozeß, warnt der Physiker John Wheeler von der University of Texas. Wir erschaffen zwar subatomare Teilchen und damit das gesamte Universum, meint Wheeler, aber umgekehrt erschaffen sie auch uns. Eins erschafft das andere im Rahmen einer von ihm so genannten »selbstregulierenden Kosmologie«.[131] So gesehen, könnten UFO-Wesen durchaus Archetypen des kollektiven Unbewußten der Menschheit sein, aber andererseits sind auch wir vielleicht Archetypen in ihrem kollektiven Unbewußten. Wir sind somit möglicherweise ebenso ein Bestandteil ihrer unterschwelligen psychischen Prozesse wie umgekehrt.

Strieber schließt sich dieser Auffassung an, wenn er sagt, daß das Universum der Wesen, die ihn entführt haben, und unser eigenes in einer kosmischen Vereinigung »miteinander verwirbeln«.[132]

Das Spektrum der Vorgänge, die wir unter dem unscharfen Begriff »UFO-Begegnungen« subsumieren, kann im übrigen auch Phänomene umfassen, von denen wir heute noch keine Ahnung haben. Die Forscher, die das Ganze für eine Art psychische Projektion halten, vermuten zum Beispiel, daß es sich um eine Projektion des menschlichen Kollektivgeistes handelt. Doch wie wir in diesem Buch erfahren haben, dürfen wir in einem holographischen Universum das Bewußtsein nicht mehr allein dem Gehirn zuordnen. Die Tatsache, daß Carol Dryer mit meiner Milz kommunizieren und mir erklären konnte, sie, die Milz, sei gestört, weil ich sie beschimpft hätte, läßt den Schluß zu, daß auch andere Organe unseres Körpers womöglich über spezifische Formen eines Eigenbewußtseins verfügen. Psychoneuroimmunologen behaupten das gleiche von den Zellen unseres Immunsystems, und laut Bohm und anderen Physikern besitzen sogar subatomare Teilchen diese Eigenschaft. So befremdlich es auch klingen mag, gewisse Aspekte der UFOs und verwandter Phänomene könnten Projektionen dieser Spielarten des kollektiven Eigenbewußtseins sein. Bestimmte Eigentümlichkeiten von Michael Harners Begegnung mit den Drachenwesen deuten zweifellos darauf hin, daß er so etwas wie eine visuelle Manifestation der Intelligenz des DNA-Moleküls wahrgenommen hat. In diesem Sinne hält Strieber es für möglich, daß UFO-Insassen sichtbarer Ausdruck »der Evolutionskraft sind, wenn sie auf ein Bewußtsein einwirkt«.[133] Wir müssen uns alle diese Möglichkeiten offenhalten. In einem Universum, das bis in seine tiefsten Urgründe hinein mit einem Bewußtsein begabt ist, können Tiere, Pflanzen und sogar die Materie selbst an der Hervorbringung dieser Phänomene beteiligt sein.

Eines wissen wir mit Sicherheit: In einem holographischen Universum, in dem die Trennung aufgehoben ist und die innersten psychischen Prozesse überschwappen und genauso wie die Blumen und Bäume zu einem Bestandteil der objektiven Landschaft werden können, ist die Wirklichkeit an sich kaum mehr als ein kollektiver Traum. In den höheren Dimensionen des Seins treten diese traumartigen Aspekte noch deutlicher zutage, und dieser Sachverhalt hat ja auch in vielen Überlieferungen seinen Niederschlag gefunden. Das tibetische Totenbuch betont immer wieder die Traumeigenschaften des Jenseits, einer Sphäre, die die australischen Ureinwohner als Traumzeit bezeichnen. Sobald wir die Einsicht akzeptieren, daß die Wirklichkeit auf allen Ebenen omnijektiv ist und den gleichen ontologischen Status hat wie ein Traum, stellt sich die Frage: Um wessen Traum handelt es sich?

Die meisten Religionen und Mythen, die sich mit dieser Frage befassen, geben die gleiche Antwort: Es ist der Traum einer einzigen göttlichen Intelligenz, der Traum Gottes. In den Veden und Yoga-Texten der Hindus wird immer wieder erklärt, das Universum sei Gottes Traum. Im Christentum findet sich die häufig wiederholte Aussage, wir alle seien Gedanken im Geist Gottes oder, wie es der Dichter Keats ausgedrückt hat, wir alle hätten teil an Gottes »langem unsterblichem Traum«.

Aber werden wir von einer einzigen göttlichen Intelligenz, also von Gott, geträumt, oder werden wir geträumt vom kollektiven Bewußtsein aller Dinge – von allen Elektronen, Z-Teilchen, Schmetterlingen, Neutronensternen, Seegurken, menschlichen und nichtmenschlichen Intelligenzen im Universum? Hier stoßen wir abermals an die Gitterstäbe unseres beschränkten Vorstellungsvermögens, denn in einem holographischen Universum ist diese Frage sinnlos. Wir können nicht fragen, ob der Teil das Ganze oder ob das Ganze den Teil erschafft, denn *der Teil ist das Ganze*. Ob wir nun das Kollektivbewußtsein aller Dinge »Gott« oder einfach »das Bewußtsein aller Dinge« nennen – es ändert nichts an der Situation. Das Universum wird durch einen Akt von so gewaltiger und unbeschreiblicher Kreativität in Gang gehalten, daß es sich einfach nicht auf solche Begriffe reduzieren läßt. Wir haben es, wie gesagt, mit einer selbstregulierenden Kosmologie zu tun. Oder wie es die Buschleute der Kalahari so treffend formulieren: »Der Traum träumt sich selber.«

9

Rückkehr in die Traumzeit

Nur die Menschen sind an einem Punkt angelangt, an dem sie nicht mehr wissen, weshalb sie existieren. Sie benutzen ihr Gehirn nicht, und sie haben das geheime Wissen ihrer Körper, ihrer Sinne oder ihrer Träume vergessen. Sie verwenden nicht das Wissen, das der Geist jedem einzelnen eingegeben hat; sie sind sich dessen nicht einmal bewußt, und so stolpern sie blind dahin auf dem Weg ins Nirgendwo – auf einer gepflasterten Straße, die sie selber mit Bulldozern ebnen, damit sie noch schneller das große leere Loch erreichen, das sie am Ende vorfinden und das darauf wartet, sie zu verschlingen. Es ist eine schnelle und bequeme Superautobahn, aber ich weiß, wohin sie führt. Ich habe sie gesehen. Ich bin in meiner Vision dort gewesen, und es schaudert mich, wenn ich nur daran denke.

Der Lakota-Schamane »Lame Deer«
in *Lame DeerSeeker of Visions*

Wie wird sich das holographische Modell weiterentwickeln? Bevor wir uns mit den möglichen Antworten auseinandersetzen, wollen wir der Frage nachgehen, wo das Problem schon früher aufgetaucht ist. In diesem Buch habe ich das holographische Konzept als eine neue Theorie vorgestellt, und das stimmt insofern, als es hier zum erstenmal in einem wissenschaftlichen Kontext präsentiert wird. Doch wie wir gesehen haben, sind mehrere Aspekte dieser Theorie bereits in verschiedenen alten Kulturen vorweggenommen worden. Das ist eine faszinierende Erkenntnis, denn sie bezeugt, daß auch andere sich veranlaßt gesehen haben, das Universum als holographisch aufzufassen oder zumindest seine holographischen Eigenschaften intuitiv zu erahnen.

Bohms Idee zum Beispiel, daß sich das Universum aus zwei Grundordnungen, der impliziten und der expliziten, zusammensetzt, findet sich in einer ganzen Reihe von Überlieferungen. Die tibetischen Buddhisten bezeichnen diese beiden Aspekte als die »Leere« und die »Nicht-Leere«. Die Nicht-Leere ist die Wirklichkeit der sichtbaren Dinge. Die Leere ist, wie die implizite Ordnung, die Geburtsstätte aller Dinge im

Universum, die in einem »endlosen Strom« aus ihr hervorgehen. Nur die Leere aber ist real, und alle Formen in der objektiven Welt sind Illusionen und existieren nur dank dem unaufhörlichen Strom zwischen den beiden Ordnungen.[1]

Die Leere wiederum wird als »subtil«, »unteilbar« und »frei von erkennbaren Merkmalen« beschrieben. Ihre nahtlose Totalität läßt sich nicht in Worte fassen.[2] Genaugenommen kann selbst die Nicht-Leere nicht sprachlich wiedergegeben werden, weil auch sie eine Totalität darstellt, in der Bewußtsein und Materie und alles andere unauflöslich eins sind. Darin liegt ein Paradoxon, denn trotz ihrer illusionären Natur enthält die Nicht-Leere eine »unendliche Vielfalt von Universen«. Gleichwohl bleibt ihre Unteilbarkeit stets erhalten. Der Tibetforscher John Blofeld meint dazu: »In einem so zusammengesetzten Universum durchdringt alles alles andere und wird alles von allem durchdrungen; wie mit der Leere verhält es sich auch mit der Nicht-Leere – der Teil *ist* das Ganze.«[3]

Die Tibeter haben auch einige der Einsichten Pribrams vorweggenommen. Milarepa, ein tibetischer Yogi des 11. und 12. Jahrhunderts und der berühmteste tibetisch-buddhistische Heilige, führt unser Unvermögen, die Leere unmittelbar wahrzunehmen, darauf zurück, daß unser Unterbewußtsein (oder, wie Milarepa sagt, unser »inneres Bewußtsein«) hinsichtlich seiner Wahrnehmungen viel zu stark »konditioniert« sei. Diese Konditionierung hindere uns nicht nur daran, das zu erkennen, was er »die Grenze zwischen Geist und Materie« nennt oder was wir als Frequenzbereich bezeichnen würden, sondern bewirke auch, daß wir uns einen Körper schaffen, wenn wir uns im Zwischenstadium befinden und keinen Körper mehr besitzen. »Im unsichtbaren Reich des Himmels ... ist der illusorische Geist der Hauptschuldige«, schreibt Milarepa, der seine Schüler anwies, sie sollten die »vollkommene Wahrnehmung und Kontemplation« üben, um diese »Höchste Wirklichkeit« zu erkennen.[4]

Zen-Buddhisten gehen ebenfalls davon aus, daß die Wirklichkeit letztlich unteilbar ist, und das Hauptziel des Zen besteht darin, die Wahrnehmung dieser Ganzheit zu erlernen. In ihrem Buch *Games Zen Masters Play* erläutern Robert Sohl und Audrey Carr mit Worten, die einem Aufsatz von Bohm entstammen könnten, diesen Standpunkt: »Die Vermengung der unteilbaren Natur der Wirklichkeit mit den begrifflichen Kategorien der Sprache ist der grundlegende Irrtum, von dem uns das Zen zu befreien sucht. Die letzten Antworten auf die Seinsfrage ergeben sich nicht aus intellektuellen Vorstellungen und Philosophien, so aufwendig sie auch sein mögen, sondern vielmehr aus einer Ebene der unmittelbaren nichtbegrifflichen Erfahrung [der Wirklichkeit].«[5]

Die Hindus bezeichnen die implizite Wirklichkeitsebene als Brahman.[6] Brahman ist gestaltlos, aber der Ursprung aller Formen in der sichtbaren Wirklichkeit, die in einem endlosen Strom aus ihr hervorgehen und sich dann wieder in ihr verhüllen.[7] Wie Bohm, der erklärt, man könne die implizite Ordnung ebensogut Geist nennen, vermenschlichen die Hindus zuweilen diese Wirklichkeitsebene und erklären, sie bestehe aus reinem Bewußtsein. Somit ist das Bewußtsein nicht nur eine subtilere Form der Materie, sondern auch fundamentaler als die Materie; in der hinduistischen Kosmogonie ist die Materie aus dem Bewußtsein entstanden und nicht umgekehrt. Die physische Welt ist, wie es in den Veden heißt, sowohl von den »verhüllenden« als auch von den »projizierenden« Kräften des Bewußtseins hervorgebracht worden.[8]

Weil das stoffliche Universum nur eine Wirklichkeit der zweiten Generation ist, eine Schöpfung des verhüllten Bewußtseins, betrachten die Hindus es als vergänglich und irreal oder *maya*. In der *Shvetāshvatara-Upanishad* heißt es: »Man sollte wissen, daß die Natur eine Illusion *(maya)* und Brahman der Illusionist ist. Die ganze Welt ist durchdrungen von Wesen, die Teil von ihm sind.«[9] Ähnlich wird Brahman in der *Kena-Upanishad* als ein unheimliches Etwas aufgefaßt, »das seine Form jeden Augenblick von einer menschlichen Gestalt in einen Grashalm verwandelt«.[10]

Da sich alles aus der elementaren Totalität des Brahman entfaltet, ist auch die Welt für die Hindus ein nahtloses Ganzes, und wiederum ist es *maya*, das uns an der Einsicht hindert, daß es so etwas wie Trennung letztlich nicht gibt. »*Maya* spaltet das vereinte Bewußtsein, so daß das Objekt als etwas anderes als das Ich wahrgenommen wird und dann als Aufsplitterung in die zahllosen Objekte im Universum«, meint der Vedenforscher Sir John Woodroffe. »Und eine solche Objektivität besteht, solange das Bewußtsein (der Menschheit) verhüllt oder beschränkt ist. Doch auf der elementarsten Stufe der Erfahrung verschwindet die Divergenz, denn auf ihr ruhen als undifferenzierte Masse der Erfahrende, die Erfahrung und das Erfahrene.«[11]

Eine gleichartige Auffassung findet sich im jüdischen Denken. Der kabbalistischen Überlieferung zufolge »ist die gesamte Schöpfung eine illusorische Projektion der transzendentalen Aspekte Gottes«, sagt der Schweizer Kabbala-Fachmann Leo Schaya. Doch ungeachtet ihres illusorischen Charakters ist sie kein völliges Nichts, »denn jede Reflexion der Wirklichkeit, sei sie auch noch so schwach, gebrochen und vergänglich, besitzt notwendigerweise etwas von ihrer Ursache«.[12] Der Gedanke, daß die vom Gott der Genesis in Gang gesetzte Schöpfung eine Illusion ist, spiegelt sich sogar in der hebräischen Sprache wider; im Buch Sohar, einem kabbalistischen Thora-Kommentar aus dem 13. Jahrhundert und dem berühmtesten esoterischen Text des Judentums, wird angemerkt, daß in dem Verb *baro* (»erschaffen«) die Bedeutung »eine Illusion schaffen« mitschwingt.[13]

Auch das schamanische Denken enthält zahlreiche holographische Ansätze. Die hawaiischen Kahunas erklären, daß im Universum alles miteinander verbunden ist und daß man sich diese Wechselbeziehungen fast wie ein Gewebe vorstellen kann. Der Schamane, der die Verwobenheit aller Dinge erkennt, sieht sich selbst als das Zentrum dieses Gewebes und ist somit imstande, jeden anderen Teil des Universums zu beeinflussen (hier ist die Feststellung interessant, daß auch *maya* im hinduistischen Denken häufig mit einem Gewebe verglichen wird).[14]

Wie Bohm, für den das Bewußtsein seinen Ursprung stets im Impliziten hat, glauben die Aborigines, daß die wahre Quelle des Geistes und der Seele in der transzendenten Wirklichkeit der Traumzeit angesiedelt ist. Gewöhnliche Menschen erkennen dies nicht und meinen, ihr Bewußtsein sei in ihrem Körper. Die Schamanen wissen jedoch, daß das nicht zutrifft, und deswegen können sie Kontakt mit den subtileren Wirklichkeitsebenen aufnehmen.[15]

Das Volk der Dogon in Mali ist gleichfalls davon überzeugt, daß die physische Welt das Erzeugnis einer tieferen und fundamentaleren Wirklichkeitsebene ist und unaufhörlich aus dieser primären Seinsschicht ausströmt und wieder in sie zurückfließt. Ein Dogon-Ältester hat das einmal so beschrieben: »Etwas hervorholen und dann das Hervorgeholte wieder zurückgeben – das ist das Leben der Welt.«[16]

Die Idee des Impliziten und Expliziten ist in nahezu sämtlichen Schamanenkulturen anzutreffen. In seinem Buch *Wizard of the Four Winds: A Shaman's Story* konstatiert Douglas Sharon: »Die zentrale Vorstellung des Schamanismus, wo immer in der Welt man ihm auch begegnet, ist wahrscheinlich die Einsicht, daß allen Erscheinungsformen, den belebten wie den unbelebten, eine vitale Essenz zugrunde liegt, aus der sie hervorgehen und durch die sie gespeist werden. Letzten Endes kehrt alles zu diesem unnennbaren, geheimnisvollen, unpersönlichen Unbekannten zurück.«[17]

Die Kerze und der Laser

Zu den faszinierendsten Eigenschaften eines holographischen Films gehört zweifellos die »Nicht-Örtlichkeit« des Bildes. Wie wir gesehen haben, vertritt Bohm die Ansicht, daß das Universum auf die gleiche Weise organisiert ist, und um zu erklären, warum es ähnlich nicht-örtlich ist, bedient er sich seines Gedankenexperiments mit einem Fisch und zwei Fernsehmonitoren. Zahlreiche Denker der Antike scheinen diesen Aspekt der Wirklichkeit ebenfalls erkannt oder wenigstens intuitiv erfaßt zu haben. Die Sufis des 12. Jahrhunderts erläuterten diesen Sachverhalt durch die knappe Aussage: »Der Makrokosmos ist der Mikrokosmos« – eine ältere Version von Blakes Erkenntnis, daß die Welt in einem Körnchen Sand zu erblicken sei.[18] Die griechischen Philosophen Anaximenes von Milet, Pythagoras, Heraklit und Platon, die alten Gnostiker, der um die Zeitenwende lebende jüdische Philosoph Philon von Alexandria und der mittelalterliche jüdische Philosoph Maimonides – sie alle waren Anhänger der Makrokosmos-Mikrokosmos-Idee.

Hermes Trismegistos zufolge ist einer der wichtigsten Schlüssel zur Erkenntnis das Wissen, daß »das Äußere gleich dem Innern der Dinge ist und das Kleine gleich dem Großen«.[19] Die Alchimisten des Mittelalters, die den Hermes Trismegistos gleichsam als ihren Schutzpatron betrachteten, verkürzten diesen Gedanken zu der Formel »Wie oben, so unten«. In bezug auf denselben Grundgedanken verwendet das hinduistische *Vishvasara-Tantra* eine etwas gröbere Formulierung; dort heißt es einfach: »Was hier ist, ist überall.«[20]

Black Elk, der Medizinmann der Oglala-Sioux, hob die »Nicht-Örtlichkeit« noch stärker hervor. Auf dem Harney Peak in den Schwarzen Bergen hatte er eine »große Vision«, in deren Verlauf er »mehr sah, als ich sagen kann, und mehr verstand, als ich sah; denn ich sah auf heilige Weise im Geist die Gestalt aller Dinge und die Form aller Gestalten, wie sie als ein einziges Wesen zusammenleben müssen«. Eine der tiefsten Einsichten, die er nach dieser Begegnung mit dem Numinosen gewann, war die, daß der Harney Peak der Mittelpunkt der Welt sei. Diese Aussage bezog sich indes nicht allein auf den Harney Peak, denn Black Elk versicherte: »Der Mittelpunkt der Welt ist überall.«[21] Nahezu 2500 Jahre früher war der griechische Philosoph Empedokles auf die gleiche numinose Entgrenzung gestoßen, als er schrieb: »Gott ist ein Kreis, dessen Zentrum überall und dessen Umfang nirgendwo ist.«[22]

Einige Denker begnügten sich nicht mit bloßen Worten, sondern bemühten kunstvolle Analogien, um die holographischen Attribute der Wirklichkeit zu verdeutlichen. So verglich das *Avatamsaka-Sūtra* das Universum dem Perlengeflecht, das angeblich über dem Palast des Gottes Indra hing und »dergestalt beschaffen ist, daß man, wenn man eine Perle betrachtet, alle andere in ihr widergespiegelt sieht«. Der Verfasser des Sutra fährt dann fort: »In gleicher Weise ist jeder Gegenstand in der Welt nicht nur er selbst, sondern umfaßt alle anderen Gegenstände und *ist* tatsächlich alles andere.«[23]

Fa-tsang, der Begründer der buddhistischen Hua-yen-Schule im 7. Jahrhundert, bediente sich einer verblüffend ähnlichen Analogie, als er das elementare Verwobensein und die wechselseitige Durchdringung aller Dinge zu veranschaulichen suchte. Fa-tsang, für den sich der gesamte Kosmos in allen seinen Teilen verbarg (und der ebenfalls glaubte, daß jeder Punkt im Kosmos dessen Mittelpunkt sei), verglich das Universum mit einem multidimensionalen Netzwerk von Edelsteinen, von denen jeder einzelne alle anderen ad infinitum reflektiert.[24]

Als die Kaiserin Wu verkündete, sie verstehe nicht, was Fa-tsang mit diesem Bild meine, und ihn um weitere Erläuterungen bat, hängte er mitten in einem Raum voller Spiegel eine freischwebende Kerze auf. Dies, erklärte er der Kaiserin, stelle die Beziehung des Einen zu dem Vielen dar. Dann nahm er einen geschliffenen Kristall und brachte ihn im Zentrum des Raumes an, so daß er alles ringsum reflektierte. Dies, sagte er, zeige die Beziehung des Vielen zu dem Einen. Wie Bohm, der immer wieder betont, daß das Universum nicht bloß ein Hologramm, sondern eine Holobewegung ist, legte jedoch Fa-tsang Wert auf die Feststellung, daß sein Modell statisch sei und nicht die Dynamik und die ständige Bewegung der kosmischen Wechselbeziehungen zwischen allen Dingen im Universum widerspiegle.[25]

Kurzum, schon lange vor der Erfindung des Hologramms hatten viele Denker die nicht-örtliche Organisation des Universums erfaßt und diese Einsicht in der ihnen gemäßen Form ausgedrückt. Diesen Versuchen, so unzulänglich sie uns auch erscheinen mögen, die wir über weit mehr technologisches Wissen verfügen, kommt offensichtlich eine größere Bedeutung zu, als man vermuten könnte. So hat es beispielsweise den Anschein, als wäre der deutsche Mathematiker und Philosoph Leibniz bereits im 17. Jahrhundert mit der buddhistischen Hua-yen-Schule vertraut gewesen. Manche Fachleute haben die These aufgestellt, darauf basiere die Leibnizsche Monadenlehre, derzufolge das Universum aus fundamentalen geistigen Krafteinheiten oder »Monaden« besteht, die jeweils ein Spiegelbild des gesamten Universums sind. Im übrigen hat Leibniz der Welt auch die Integralrechnung geschenkt, und eben die Integralrechnung war es, die Dennis Gábor die Erfindung des Hologramms ermöglichte.

Die Zukunft der holographischen Idee

Für eine uralte Idee, eine Idee, die in nahezu allen philosophischen und metaphysischen Traditionen der Welt ihren Niederschlag gefunden zu haben scheint, schließt sich damit der Kreis. Wenn diese Erkenntnis zur Erfindung des Hologramms und diese wiederum zur Ausformung des holographischen Modells bei Bohm und Pribram geführt haben, zu welchen weiteren Fortschritten und Entdeckungen könnte dann das holographische Modell führen? Schon heute zeichnen sich mehrere Möglichkeiten ab.

Holophoner Klang
Ausgehend von Pribrams holographischem Gehirnmodell, hat der argentinische Physiologe Hugo Zuccarelli kürzlich ein neues Aufzeichnungsverfahren entwickelt, das die Erzeugung eines Hologramms aus Tönen und nicht mehr aus Licht gestattet. Diese Technik beruht auf der merkwürdigen Tatsache, daß das menschliche Ohr tatsächlich Laute aussendet. Die Erkenntnis nutzend, daß diese auf natürliche Weise entstehenden Laute das akustische Gegenstück des »Referenzlasers« sind, der für die Herstellung eines holographischen Bildes verwendet wird, gelang es Zuccarelli, Töne zu reproduzieren, die noch echter und plastischer wirken als der Stereoklang. Er bezeichnet dieses Phänomen als »holophonen Klang«.[26]

Nach Anhörung einer holophonen Aufnahme Zuccarellis schrieb vor kurzem ein Reporter der Londoner *Times*: »Ich warf heimlich einen Blick auf das Zifferblatt meiner Uhr, um mich zu vergewissern, wo ich mich befand. Leute näherten sich mir von hinten, wo, wie ich wußte, nur eine Wand war ... Am Ende der sieben Minuten hatte ich den Eindruck, ich sähe menschliche Gestalten, die Verkörperung der Stimmen, die vom Band kamen. Es ist ein vieldimensionales ›Bild‹, geschaffen aus Klängen.«[27]

Da Zuccarellis Technik auf dem holographischen Lautverarbeitungsverfahren des Gehirns basiert, kann sie offenbar das Ohr genauso erfolgreich täuschen, wie Lichthologramme das Auge zu narren vermögen. Das hat zur Folge, daß die Hörer oft die Füße bewegen, wenn sie die Aufnahme eines vor ihnen gehenden Menschen hören, und den Kopf abwenden, wenn sie allzu dicht neben ihrem Gesicht das Anzünden eines Streichholzes zu vernehmen meinen (manche Leute können nachweislich sogar das Streichholz riechen). Weil eine holophone Aufnahme nichts mit der konventionellen Stereophonie zu tun hat, behält sie erstaunlicherweise auch dann ihre unheimliche Dreidimensionalität bei, wenn man sie nur mit einer Seite eines Kopfhörers empfängt. Die hier angewandten holographischen Prinzipien sind wohl auch die Erklärung dafür, daß Menschen mit einseitiger Taubheit trotzdem eine Schallquelle orten können, ohne den Kopf bewegen zu müssen.

Verschiedene bekannte Plattenstars, darunter Paul McCartney, Peter Gabriel und Vangelis, haben sich bereits mit Zuccarelli in Verbindung gesetzt, doch aus Gründen des Patentschutzes hat er noch nicht alle Informationen preisgegeben, die für ein volles Verständnis seiner Technik notwendig sind.*

---

* Eine Probekassette mit holophonen Aufnahmen kann für 15 Dollar von Interface Press, Box 42211, Los Angeles, California 90042, bezogen werden.

Ungelöste Rätsel der Chemie

Der Physiker und Chemiker Ilya Prigogine hat vor einiger Zeit erklärt, Bohms Konzept der impliziten und expliziten Ordnung könnte sich bei der Deutung gewisser anomaler Phänomene in der Chemie als hilfreich erweisen. In der Wissenschaft gilt seit langem als unumstößliches Gesetz, daß Dinge stets einem Zustand größerer Unordnung zustreben. Wenn Sie einen Plattenspieler vom Empire State Building fallen lassen, verwandelt er sich, wenn er auf dem Bürgersteig aufschlägt, nicht in eine höhere Ordnung, etwa in einen Videorecorder. Er weist vielmehr weniger Ordnung auf und wird zu einem Haufen Schrott.

Prigogine hat die Entdeckung gemacht, daß dies nicht auf alle Dinge im Universum zutrifft. Bestimmte Chemikalien bringen, wenn sie vermischt werden, einen Zustand größerer Ordnung und nicht Unordnung hervor. Er nennt diese spontan auftretenden geordneten Systeme »dissipative Strukturen« und erhielt den Nobelpreis für die Entschleierung ihrer Geheimnisse. Wie aber kann ein neues und komplexeres System so unvermittelt in Erscheinung treten? Anders gefragt: Woher stammen die dissipativen Strukturen? Prigogine und andere vertreten die Ansicht, daß sie sich keineswegs aus dem Nichts materialisieren, sondern ein Indiz für eine tiefere Ordnungsebene des Universums sind, ein Beleg dafür, daß die impliziten Aspekte der Wirklichkeit explizit werden.[28]

Wenn das stimmt, könnte es ungeahnte Folgen haben und, unter anderem, zu einem besseren Verständnis der Art und Weise führen, wie neue Komplexitätsebenen - etwa neue Einstellungen und Verhaltensmuster - im menschlichen Bewußtsein entstehen, oder gar entschleiern helfen, wie die faszinierendste Komplexität überhaupt, nämlich das Leben selbst, vor mehreren Milliarden Jahren auf der Erde erschienen ist.

Neue Computertypen

Das holographische Gehirnmodell hat neuerdings auch Eingang in die Welt der Computer gefunden. Früher war nach Ansicht von Computerwissenschaftlern der beste Weg zu einem leistungsfähigeren Computer der Bau eines größeren Computers. Seit ungefähr einem halben Jahrzehnt jedoch haben die Forscher eine neue Strategie entwickelt; statt monolithische Einzelmaschinen zu bauen, haben einige Experten damit begonnen, Dutzende von kleinen Computern zu »neuralen Netzwerken« zusammenzuschalten, die mehr Ähnlichkeit mit den biologischen Strukturen des menschlichen Gehirns aufweisen. Kürzlich hat Marcus S. Cohen, ein Computerwissenschaftler an der New Mexico State University, dargelegt, daß Prozessoren, die Lichtinterferenzwellen nutzen, die durch »holographische Mehrfach-Beugungsgitter« geschickt werden, möglicherweise eine noch bessere Analogie der neuralen Hirnstrukturen ergeben.[29] Und die Physikerin Dana Z. Anderson von der University of Colorado hat kürzlich demonstriert, wie holographische Beugungsgitter zum Bau eines »optischen Gedächtnisses« mit assoziativem Erinnerungsvermögen verwendet werden könnten.[30]

So aufregend diese Entwicklungen auch sind, sie stellen im Grunde nur weitere Verfeinerungen des mechanistischen Weltbildes dar, Fortschritte, die sich allein im Bezugsrahmen der stofflichen Realität vollziehen. Doch wie wir erfahren haben, besagt die Grundthese des holographischen Konzepts, daß die Stofflichkeit des Universums vielleicht nur eine Illusion ist und die physische Wirklichkeit lediglich ein kleiner Bestandteil eines riesigen, empfindungsfähigen nichtphysischen Kosmos. Wenn das zutrifft, was bedeutet dies dann für die Zukunft? Wie fangen wir es an, die Geheimnisse dieser subtileren Dimensionen wirklich zu ergründen?

Die Notwendigkeit eines grundlegenden Umbaus der Wissenschaft

Zweifellos ist die Wissenschaft bis heute eines der besten Instrumentarien zur Erforschung der unbekannten Aspekte der Wirklichkeit. Und doch hat sie wiederholt versagt, wenn es darum ging, die übersinnlichen und spirituellen Dimensionen der menschlichen Existenz zu deuten. Wenn sie auf diesen Gebieten weiterkommen will, muß sie sich grundlegend umstrukturieren – aber worin könnte eine solche Neuorientierung im einzelnen bestehen?

Der erste und unerläßlichste Schritt liegt auf der Hand: Man muß die Existenz übersinnlicher und spiritueller Phänomene akzeptieren. Willis Harman, der Präsident des Institute of Noetic Sciences und früher Sozialwissenschaftler am Stanford Research Institute International, ist der Ansicht, daß dies nicht nur für die Wissenschaft, sondern auch für das Überleben der menschlichen Zivilisation von entscheidender Bedeutung ist. Harman, der sich in vielen Veröffentlichungen über die Notwendigkeit eines wissenschaftlichen Umdenkens ausgelassen hat, zeigt sich nachgerade verwundert darüber, daß es zu einer solchen Akzeptanz noch nicht gekommen ist. »Warum wollen wir nicht einsehen, daß die mannigfaltigen Erfahrungen und Phänomene, die für alle Epochen und quer durch die Kulturen belegt sind, einen ›Nennwert‹ besitzen, der sich nicht bestreiten läßt?« fragt er.[31]

Wie schon gesagt, ist sicherlich einer der Gründe in der seit langem bestehenden Voreingenommenheit der westlichen Wissenschaft gegenüber derartigen Phänomenen zu suchen, aber ganz so einfach liegen die Dinge auch wieder nicht. Nehmen wir zum Beispiel die Nachlebenserinnerungen von Menschen unter Hypnose. Ob es sich dabei um tatsächliche Erinnerungen an frühere Existenzen handelt oder nicht, konnte bislang noch nicht geklärt werden, aber die Tatsache bleibt bestehen, daß das menschliche Unterbewußtsein von Natur aus dazu neigt, zumindest scheinbare Erinnerungen an frühere Inkarnationen zu produzieren. Diese Tatsache wird von der orthodoxen Psychiatrie generell ignoriert. Weshalb?

Auf den ersten Blick könnte die Antwort lauten: Weil die meisten Psychiater an solche Dinge einfach nicht glauben. Doch das ist nur bedingt der Fall. Der Psychiater Brian L. Weiss aus Florida, Yale-Absolvent und derzeit Leiter der psychiatrischen Abteilung des Mount Sinai Medical Center in Miami, berichtet, er sei nach der Publikation seines erfolgreichen Buchs *Many Lives, Many Masters* (1988), in dem er seine Bekehrung vom Skeptiker zum Reinkarnationsanhänger schildert, förmlich überschwemmt worden mit Briefen und Anrufen von Fachkollegen, die versicherten, ebenfalls heimliche Gefolgsleute dieser Richtung zu sein. »Ich glaube, das ist bloß die Spitze des Eisbergs«, meint Weiss. »Manche Psychiater schreiben mir, daß sie seit zehn oder zwanzig Jahren Regressionstherapie in ihrer abgeschirmten Privatpraxis betreiben – doch ›erzählen Sie es bitte nicht weiter, denn sonst ...‹ Viele *sind* dafür aufgeschlossen, aber sie möchten es nicht zugeben.«[32]

Ähnliches erfuhr ich, als ich mich kürzlich mit Whitton unterhielt. Auf meine Frage, ob er den Eindruck habe, die Reinkarnation könnte jemals ein wissenschaftlich anerkanntes Faktum werden, antwortete er: »Ich denke, das ist sie bereits. Ich habe die Erfahrung gemacht, daß viele Wissenschaftler an die Reinkarnation glauben, wenn sie die einschlägige Literatur gelesen haben. Das Beweismaterial ist so stichhaltig, daß die Zustimmung fast so etwas wie eine intellektuelle Notwendigkeit ist.«[33]

Die Einschätzung von Weiss und Whitton wird durch eine neuere Umfrage zum Thema übersinnliche Phänomene bestätigt. Nachdem man ihnen Anonymität zugesichert hatte, erklärten 58 Prozent der 228 Psychiater, die bei der Erhebung mitmachten (darunter viele Institutsleiter und Dekane medizinischer Fakultäten), »ein Verständnis für übersinnliche Phänomene« sei wichtig für angehende Psychiater! 44 Prozent meinten, übersinnliche Faktoren würden eine bedeutende Rolle im Heilungsprozeß spielen.[34]

Es hat demnach den Anschein, daß die Furcht, sich lächerlich zu machen, womöglich ein noch größeres Hindernis ist als der fehlende Glaube, wenn es darum geht, das wissenschaftliche Establishment dahin zu bringen, die Erforschung des Übersinnlichen so ernst zu nehmen, wie sie es verdient. Wir brauchen mehr Pioniere wie Weiss und Whitton (und die zahllosen anderen mutigen Forscher, deren Arbeiten in diesem Buch gewürdigt wurden), die mit ihren Überzeugungen und Entdeckungen an die Öffentlichkeit treten.

Ein weiteres Element, das Teil einer Neuorientierung in der Wissenschaft werden muß, ist eine Erweiterung der Definition dessen, was einen wissenschaftlichen Beweis konstituiert. Übersinnliche und spirituelle Erscheinungen haben in der Menschheitsgeschichte eine wesentliche Rolle gespielt und einen Beitrag zu einigen fundamentalen Aspekten unserer Kultur geleistet. Weil sie aber nicht einfach zu erfassen und im Labor zu analysieren sind, neigt die Wissenschaft dazu, sie zu ignorieren.

Schlimmer noch, wenn man sie tatsächlich untersucht, werden nicht selten gerade die unwichtigsten Komponenten der Phänomene isoliert und katalogisiert. Eine der wenigen OBE-Entdeckungen, die als wissenschaftlich gesichert gelten, ist beispielsweise die Tatsache, daß sich die Hirnstromwellen verändern, sobald ein OBEer den Körper verläßt. Doch wenn man Berichte wie die von Monroe liest, wird einem klar, daß seine Erfahrungen, falls sie real sind, Tatbestände in sich bergen, die den Gang der Geschichte unter Umständen stärker beeinflußt haben als die Entdeckung der Neuen Welt durch Columbus oder die Entwicklung der Atombombe. Wer einmal einem wirklich begabten Hellseher bei der Arbeit zugeschaut hat, spürt unmittelbar, daß er Zeuge eines Vorgangs geworden ist, der sehr viel tiefer wirkt, als die trockenen Statistiken von R. B. und Louisa Rhine ahnen lassen.

Damit will ich nicht sagen, daß die Arbeit des Ehepaars Rhine nicht von Bedeutung wäre. Aber wenn sehr viele Menschen über die gleichen Erlebnisse berichten, sollte man ihre anekdotischen Darstellungen ebenfalls als wichtiges Beweismittel anerkennen. Man darf sie nicht nur deshalb beiseite schieben, weil sie sich nicht so solide dokumentieren lassen wie andere und oft belanglosere Aspekte des gleichen Phänomens. Mit den Worten von Ian Stevenson: »Ich glaube, es ist besser, bei wichtigen Dingen zu erkennen, was wahrscheinlich ist, als bei trivialen Dingen Gewißheit zu haben.«[35]

Es ist bemerkenswert, daß diese Faustregel auf anderen Gebieten schon längst angewandt wird. Der Gedanke, daß das Universum mit einer einzigen gewaltigen Explosion, dem Urknall, seinen Anfang genommen hat, wird von den meisten Wissenschaftlern anstandslos akzeptiert. Obgleich es überzeugende Gründe für die Richtigkeit dieser Theorie gibt, hat noch keiner sie jemals beweisen können. Wenn aber ein Psychologe ungeschützt konstatiert, daß das Lichtreich, das bei der Nah-Todeserfahrung aufgesucht wird, einer anderen Wirklichkeitsebene angehört, wird er angegriffen, weil er eine nicht beweisbare Aussage gemacht hat. Und dabei gibt es sehr wohl überzeugende Gründe dafür, daß sie richtig ist. Mit anderen Worten: Die Wissenschaft begnügt sich bereits mit Wahrscheinlichkeiten bei sehr wichtigen Problemen, falls diese Probleme in die Kategorie der »modischen Vorstellungen« fallen, nicht aber, wenn sie dem Zeitgeschmack nicht entsprechen. Diese »Doppelmoral« muß eliminiert werden, bevor die Wissenschaft anfangen kann, sich ernsthaft mit der Erforschung übersinnlicher und spiritueller Phänomene zu beschäftigen.

Am wichtigsten ist jedoch, daß die Wissenschaft ihre Verliebtheit in die Objektivität – die Vorstellung, das Studium der Natur solle abgehoben, analytisch und leidenschaftslos objektiv betrieben werden – durch einen mehr partizipatorischen Ansatz ersetzt. Die Bedeutung dieses Umdenkens ist von zahlreichen Forschern unterstrichen worden, unter anderem von Harman. Wie notwendig es ist, haben wir auch in diesem Buch immer wieder betont. In einer Welt, in der das Bewußtsein eines Physikers die Realität eines subatomaren Teilchens, die Einstellung eines Arztes die Wirkung eines Placebos und der Geist eines Experimentators die Funktion eines Geräts beeinflußt und in der das Imaginale in die physische Wirklichkeit übergreift, können wir nicht mehr so tun, als existierten wir getrennt von unserem Forschungsobjekt. In einem holographischen und omnijektiven Universum, in dem alle Dinge Teile eines fortwährenden Kontinuums sind, ist strikte Objektivität nicht mehr möglich.

Dies gilt insbesondere für das Studium übersinnlicher und spiritueller Erscheinungen und ist offensichtlich der Grund dafür, daß manche Laboratorien bei Fernsichtexperimenten spektakuläre Resultate erzielen, während andere kläglich scheitern. Einige Forscher auf dem Gebiet des Paranormalen haben sich in der Tat bereits von einem streng objektiven Ansatz auf einen eher partizipatorischen umgestellt. Valerie Hunt hat zum Beispiel entdeckt, daß ihre Versuchsergebnisse durch die Anwesenheit von Personen, die Alkohol getrunken hatten, verfälscht wurden, und sie duldet deshalb solche Leute nicht mehr in ihrem Labor, wenn sie Messungen vornimmt. Die russischen Parapsychologen Dubrow und Puschkin haben herausgefunden, daß sie die Experimente anderer Parapsychologen mit mehr Erfolg wiederholen können, wenn sie alle anwesenden Testpersonen hypnotisieren. Die Hypnose scheint die Interferenz auszuschalten, die von den bewußten Gedanken und Überzeugungen der Probanden erzeugt wird, und trägt so dazu bei, daß »sauberere« Resultate zustande kommen.[36] Solche Praktiken mögen uns heute noch höchst sonderbar erscheinen, vielleicht aber werden sie sogar einmal zum Standard, wenn die Wissenschaft weitere Geheimnisse des holographischen Universums entschlüsselt hat.

Ein Wechsel von der Objektivität zur Partizipation, zur »Teilhabe«, wird mit Sicherheit auch die Rolle des Wissenschaftlers verändern. Da immer offenkundiger wird, daß es auf die *Erfahrung* der Beobachtung ankommt und nicht bloß auf den Akt selbst, ist anzunehmen, daß sich die Wissenschaftler ihrerseits immer weniger als Beobachter und immer mehr als Erfahrende und Erlebende verstehen werden. Wie Harman sagt: »Die Bereitschaft, sich zu wandeln, ist ein wesentliches Merkmal des partizipatorischen Wissenschaftlers.«[37]

Einiges deutet darauf hin, daß ein solcher Wandel bereits im Gange ist. Ein Beispiel ist Harner: Statt nur zu beobachten, was passierte, nachdem die Conibo-Indianer die »Seelenrebe« *ayahuasca* zu sich genommen hatten, trank er selber von dem halluzinogenen Gebräu. Sicherlich wären nicht alle Anthropologen bereit, ein derartiges Risiko einzugehen, aber andererseits liegt es auf der Hand, daß Harner, indem er zum Teilhaber und nicht bloß zum Beobachter wurde, sehr viel mehr erfahren konnte, als wenn er nur dabeigesessen und sich Notizen gemacht hätte.

Harners Erfolg läßt vermuten, daß die partizipatorischen Wissenschaftler der Zukunft sich nicht mehr darauf beschränken werden, OBEer, Menschen mit Nah-Todeserfahrung und andere Besucher der subtileren Welten zu interviewen, sondern daß sie nach Mitteln und Wegen suchen werden, um selbst dorthin zu reisen. Traumforscher erkunden und kommentieren bereits ihre eigenen »lichten« Träume. Andere werden vielleicht andere und noch ungewöhnlichere Methoden entwickeln, um die inneren Dimensionen erforschen zu können. Monroe, der zwar kein Wissenschaftler im strengsten Wortsinn ist, hat zum Beispiel Aufnahmen von spezifischen rhythmischen Klangfolgen ausgetüftelt, die seiner Meinung nach die OBE-Experimente erleichtern. Außerdem hat er ein Forschungszentrum, das Monroe Institute of Applied Sciences, in den Blue Ridge Mountains gegründet und laut eigener Aussage schon Hunderte von Menschen auf die gleichen »körperlosen« Reisen geschickt, die er selber unternommen hat. Sind solche Entwicklungen Vorboten der Zukunft, Vorzeichen einer Zeit, in der nicht nur Astronauten, sondern auch »Psychonauten« die Helden sind, die wir in den Fernsehnachrichten bewundern?

Ein Evolutionsschub zu einem höheren Bewußtsein

Die Wissenschaft ist möglicherweise nicht die einzige Macht, die uns Reisen in das Land Nirgendwo ermöglicht. In seinem Buch *Den Tod erfahren – das Leben gewinnen* führt Ring handfeste Belege dafür an, daß es immer mehr Leute gibt, die ein Nah-Todeserlebnis hatten. Wie wir gesehen haben, machen solche Personen in Stammeskulturen häufig eine so starke Verwandlung durch, daß sie zu Schamanen werden. Sind die Betroffenen Angehörige der westlichen Zivilisation, so erleben sie ebenfalls eine spirituelle Verwandlung; sie »mutieren« zu liebevolleren, mitfühlenderen und sogar zu medial begabteren Menschen. Daraus zieht Ring den Schluß, daß wir derzeit Zeugen »der *Schamanisierung der modernen Menschheit*« sind.[38] Doch was ist der Grund dafür, daß Nah-Todeserfahrungen zunehmen? Ring weiß darauf eine ebenso einfache wie tiefgründige Antwort: Was wir erleben, ist, so erklärt er, »*ein Evolutionsschub hin zu einem höheren Bewußtsein der gesamten Menschheit*«.

Und Nah-Todeserfahrungen sind vermutlich nicht das einzige Verwandlungsphänomen, das aus der menschlichen Kollektivseele emporsteigt. Grosso glaubt, daß der Zunahme der Marienerscheinungen im letzten Jahrhundert gleichfalls eine evolutionäre Bedeutung zukommt. Viele Forscher, unter anderem Raschke und Vallée, haben den Eindruck, daß auch die explosionsartige Vermehrung der UFO-Sichtungen in den letzten Jahrzehnten evolutionsgeschichtlich signifikant ist. Ring und andere Experten verweisen auf die Ähnlichkeit zwischen UFO-Begegnungen und schamanistischen Initiationen und sehen darin ein mögliches Indiz für die Schamanisierung der modernen Menschheit. Strieber ist der gleichen Ansicht: »Für mich ist es ziemlich eindeutig, daß wir es ... mit einem exponentiellen Sprung von einer Spezies zu einer anderen zu tun haben. Ich vermute, daß das, was wir beobachten, ein Evolutionsgeschehen in Aktion ist.«[39]

Falls solche Spekulationen zutreffen, was ist dann der Sinn und Zweck dieses evolutionären Wandels? Zwei Antworten scheinen möglich zu sein. In vielen alten Überlieferungen ist die Rede von einer Zeit, in der das Hologramm der physischen Wirklichkeit sehr viel plastischer war, als es heute ist, sehr viel ähnlicher der amorphen und fließenden Wirklichkeit der Nachlebensdimension. Die australischen Ureinwohner beispielsweise behaupten, es habe einmal eine Zeit gegeben, in der die ganze Welt »Traumzeit« war. Edgar Cayce hat diese Idee aufgegriffen und daraus die These abgeleitet, daß die Erde »anfangs lediglich in der Art von Denkformen oder Bildvorstellungen bestand, die sich aus sich selber in jeder gewünschten Manier entfalteten ... Dann kam die Stofflichkeit als solche in die Welt, und zwar durch den Geist, der sich in Materie verwandelte.«[40]

Die Aborigines versichern, es werde der Tag kommen, an dem die Erde in die Traumzeit zurückkehrt. Rein spekulativ könnten wir uns fragen, ob wir vielleicht die Erfüllung dieser Prophezeiung erleben werden, da wir ja immer besser mit dem Hologramm der Wirklichkeit umzugehen verstehen. Ist es möglich, daß wir eine Realität kennenlernen werden, die wieder formbar ist, wenn wir das, was Jahn und Dunne die Grenzfläche zwischen Bewußtsein und Außenwelt genannt haben, mit zunehmender Geschicklichkeit bearbeiten? Wenn ja, müssen wir noch sehr viel mehr lernen, als wir heute wissen, damit wir mit einer solchen plastischen Umwelt richtig verfahren können, und möglicherweise ist dies ein Zweck der evolutionären Prozesse, die sich mitten unter uns zu entfalten scheinen.

In vielen alten Überlieferungen heißt es auch, daß das Menschengeschlecht seinen Ursprung nicht auf der Erde hatte und daß unsere wahre Heimat bei Gott ist oder wenigstens in einem nichtphysischen und paradiesischen Reich des reinen Geistes. Einem Mythos der Hindus zufolge nahm das menschliche Bewußtsein seinen Anfang in einer kleinen Welle, die sich entschloß, das Meer des »absoluten, zeit- und raumlosen, unendlichen und ewigen Bewußtseins« zu verlassen.[41] Als sie zu sich kam, vergaß sie, daß sie ein Teil dieses endlosen Meeres war, und sie fühlte sich isoliert und einsam. Loye meint, die Vertreibung von Adam und Eva aus dem Garten Eden könnte eine Abwandlung dieses Mythos sein, eine uralte Erinnerung daran, daß das menschliche Bewußtsein irgendwann in seiner unergründlichen Vergangenheit seine Heimat im Impliziten aufgegeben und dann vergessen hat, daß es einmal ein Bestandteil der kosmischen Ganzheit war.[42] So gesehen, ist die Erde eine Art Spielzeug, »auf dem man die Freiheit hat, alle Freuden des Fleisches zu erleben, sofern man sich bewußt bleibt, daß man eine holographische Projektion einer... räumlichen Dimension höherer Ordnung ist«.[43]

Sollte das wahr sein, könnten die evolutionären Funken, die in unserer Kollektivseele zu sprühen und umherzutanzen beginnen, unser Weckruf sein, der Trompetenstoß, der uns verkündet, daß unsere wahre Heimat anderswo ist und daß wir zu ihr zurückkehren können, wenn wir wollen. Strieber jedenfalls sieht genau darin das Motiv für die UFO-Erscheinungen: »Ich vermute, daß die UFOs Hebammendienste leisten für uns, die hineingeboren werden in die nichtphysische Welt, die die Heimat der UFOs ist. Für mein Gefühl ist das Physische nur ein kleiner Moment in einem viel größeren Kontext, und die Realität enthüllt sich primär auf eine nichtphysische Weise. Ich glaube nicht, daß die physische Wirklichkeit der Urgrund des Seins ist. Ich meine vielmehr, daß das Sein in Form des Bewußtseins wahrscheinlich dem Physischen vorausgeht.«[44]

Der Schriftsteller Terence McKenna, ebenfalls seit langem ein Anhänger des holographischen Modells, denkt ähnlich:

»Es scheint so zu sein, daß zwischen der Zeit, als das Bewußtsein von der Existenz der Seele erwachte, bis zur Auslösung des apokalyptischen Potentials rund 50 000 Jahre liegen. Wir befinden uns heute, daran kann kein Zweifel bestehen, in den letzten historischen Sekunden dieser Krise – einer Krise, die das Ende der Geschichte, unseren Abschied von der

Erde und den Triumph über den Tod bedeutet. Wir kommen in der Tat dem einschneidendsten Ereignis, das einen Planeten treffen kann, immer näher – der Befreiung des Lebens aus der finsteren Puppenhülle der Materie.«[45]

Natürlich sind das alles nur Spekulationen. Doch ob wir nun an der Schwelle eines Übergangs stehen, wie Strieber und McKenna vermuten, oder ob diese Phase noch eine Weile auf sich warten läßt, es ist offenkundig, daß wir uns auf dem Weg einer spirituellen Evolution befinden. Setzt man die holographische Natur des Universums voraus, ist ebenso unverkennbar, daß etwas von der Art der beiden vorgenannten Möglichkeiten irgendwo und irgendwann auf uns wartet.

Und sofern wir nicht der Versuchung erliegen, die Befreiung aus dem Physischen für das Ende der Evolution zu halten, dürfen wir davon ausgehen, daß die nachfolgende plastischere, imaginale Welt auch nur ein Trittstein ist. Swedenborg behauptet, daß jenseits des Himmels, den er besuchte, ein weiterer Himmel lag, der ihm so leuchtend und gestaltlos erschien, daß er ihn nur als »ein Verströmen von Licht« wahrnahm.[46] Menschen mit Nah-Todeserfahrung haben gelegentlich ebenfalls von diesen unaussprechlich subtilen Bereichen berichtet. »Es gibt viele höhere Ebenen, und um zu Gott zurückzufinden und die Ebene zu erreichen, wo sein Geist wohnt, mußt du jedesmal deine Gewandung ablegen, bis dein Geist wahrhaft frei ist ... Zuweilen wird uns ein kurzer Blick auf diese höheren Ebenen gestattet – jede ist heller und strahlender als die vorherige«, erzählt ein Whitton-Proband.[47]

Manch einen mag der Gedanke erschrecken, daß die Wirklichkeit zunehmend frequenzartig zu werden scheint, je tiefer man in das Implizite vordringt. Das ist verständlich. Offensichtlich sind wir immer noch wie Kinder, die ein Malbuch brauchen und noch zu ungeschickt sind, um frei und ohne Vorlagen zeichnen zu können. Das Eintauchen in Swedenborgs Welt der Lichtströme wäre gleichbedeutend mit dem Eintauchen in eine vollkommen hemmungslose LSD-Halluzination. Doch wir sind noch nicht reif genug oder können unsere Emotionen, Einstellungen und Überzeugungen noch nicht genügend kontrollieren, um mit den Ungeheuern fertig zu werden, die unsere Psyche »drüben« hervorbringen würde.

Aber vielleicht ist dies der Grund dafür, daß wir hier den Umgang mit dem Omnijektiven in kleinen Dosen erlernen, und zwar in Gestalt der relativ begrenzten Konfrontationen mit dem Imaginalen, die uns UFOs und ähnliche Erfahrungen bescheren.

Und womöglich erinnern uns deshalb die Lichtwesen immer wieder daran, daß der Sinn des Lebens das Lernen ist.

Wir sind tatsächlich auf einem Schamanentrip, Kinder, die sich bemühen, Experten für das Heilige zu werden. Wir sind dabei, die Handhabung der Plastizität zu erlernen, die das Wesensmerkmal eines Universums ist, in dem Geist und Realität ein Kontinuum bilden, und auf dieser Entdeckungsreise hat eine Lektion Vorrang vor allen anderen: Solange wir zurückschrecken vor der Gestaltlosigkeit und der atemberaubenden Freiheit der jenseitigen Welt, werden wir uns weiterhin ein Hologramm erträumen, das beruhigend stabil und fest umgrenzt ist.

Wir müssen jedoch stets Bohms warnende Worte bedenken, daß der Begriffsapparat, mit dessen Hilfe wir das Universum zergliedern, unsere eigene Erfindung ist. Er existiert nicht »dort draußen«, denn »dort draußen« gibt es allein die unteilbare Totalität, das Brahman. Und wenn wir den vorgegebenen Vorstellungs- und Begriffsrahmen sprengen, müssen wir bereit sein, uns weiterzubewegen und fortzuschreiten von Seelenzustand zu Seelenzustand, wie Shrī Aurobindo sagt, und von Erleuchtung zu Erleuchtung. Denn unser Ziel ist, so scheint es, ebenso einfach wie unendlich.

Wir sind, wie die Aborigines meinen, gerade erst dabei, das Überleben in alle Ewigkeit zu erlernen.

Anmerkungen

Einführung

1. Irvin L. Child, »Psychology and Anomalous Observations«, *American Psychologist* 40, Nr. 11 (November 1895), S. 1219-30.

1 Das Gehirn als Hologramm

1. Wilder Penfield, *The Mystery of the Mind: A Critical Study of Consciousness and the Human Brain* (Princeton, N.J.: Princeton University Press, 1975).
2. Karl Lashley, »In Search of the Engram«, in *Physiological Mechanisms in Animal Behavior* (New York: Academic Press, 1950), S. 454-82.
3. Karl Pribram, »The Neurophysiology of Remembering«, *Scientific American* 220 (Januar 1969), S. 75.
4. Karl Pribram, *Languages of the Brain* (Monterey, Calif.: Wadsworth Publishing, 1977), S. 123.
5. Daniel Goleman, »Holographic Memory: Karl Pribram Interviewed by Daniel Goleman«, *Psychology Today* 12, Nr. 9 (Februar 1979), S. 72.
6. J. Collier, C.B. Burckhardt und L.H. Lin, *Optical Holography* (New York: Academic Press, 1971).
7. Pieter van Heerden, »Models for the Brain«, *Nature* 227 (25. Juli 1970), S. 410f.
8. Paul Pietsch, *Shufflebrain: The Quest for the Hologramic Mind* (Boston: Houghton Mifflin, 1981), S. 78.
9. Daniel A. Pollen und Michael C. Tractenberg, »Alpha Rhythm and Eye Movements in Eidetic Imagery«, *Nature* 237 (12. Mai 1972), S. 109.
10. Pribram, *Languages*, S. 169.
11. Paul Pietsch, »Shuffle Brain«, *Harper's Magazine* 244 (Mai 1972), S. 66.
12. Karen K. DeValois, Russell L. DeValois und W.W. Yund, »Responses of Striate Cortex Cells to Grating and Checkerboard Patterns«, *Journal of Physiology*, Bd. 291 (1979), S. 483-505.
13. Goleman, *Psychology Today*, S. 71.
14. Larry Dossey, *Space, Time, and Medicine* (Boston: New Science Library, 1982), S. 108f. (dt.: *Die Medizin von Raum und Zeit*).
15. Richard Restak, »Brain Power: A New Theory«, *Science Digest* (März 1981), S. 19.
16. Richard Restak, *The Brain* (New York: Warner Books, 1979), S. 253.

2 Der Kosmos als Hologramm

1. Basil J. Hiley und F. David Peat, »The Development of David Bohm's Ideas from the Plasma to the Implicate Order«, in *Quantum Implications*, hg. v. Basil J. Hiley und F. David Peat (London: Routledge & Kegan Paul, 1987), S. 1.
2. Nick Herbert, »How Large is Starlight? A Brief Look at Quantum Reality«, *Revision* 10, Nr. 1 (Sommer 1987), S. 31-35.

3 Albert Einstein, Boris Podolsky und Nathan Rosen, »Can Quantum-Mechanical Description of Physical Reality Be Considered Complete?« *Physical Review* 47 (1935), S. 777.
4 Hiley und Peat, *Quantum*, S. 3.
5 John P. Briggs und F. David Peat, *Looking Glass Universe* (New York: Simon & Schuster, 1984), S. 96.
6 David Bohm, »Hidden Variables and the Implicate Order«, in *Quantum Implications*, hg. v. Basil J. Hiley und F. David Peat (London: Routledge & Kegan Paul, 1987), S. 38.
7 »Nonlocality in Physics and Psychology: An Interview with John Stewart Bell«, *Psychological Perspectives* (Herbst/Winter 1988), S. 306.
8 Robert Temple, »An Interview with David Bohm«, *New Scientist* (11. November 1982), S. 362.
9 Bohm, in *Quantum*, S. 40.
10 David Bohm, »Wholeness and the Implicate Order (London: Routledge & Kegan Paul, 1980), S. 205 (dt.: *Ganzheit und die implizite Ordnung*).
11 Persönliche Mitteilung des Autors, 28. Oktober 1988.
12 Bohm, *Wholeness*, S. 192.
13 Paul Davies, *Superforce* (New York: Simon & Schuster, 1984), S. 48.
14 Lee Smolin, »What is Quantum Mechanics Really About?« *New Scientist* (24. Oktober 1985), S. 43.
15 Persönliche Mitteilung des Autors, 14. Oktober 1988.
16 Saybrook Publishing Company, *The Reach of the Mind: Nobel Prize Conversations* (Dallas, Texas: Saybrook Publishing Co., 1985), S. 91.
17 Judith Hooper, »An Interview with Karl Pribram«, *Omni* (Oktober 1982), S. 135.
18 Persönliche Mitteilung des Autors, 8. Februar 1989.
19 Renée Weber, »The Enfolding-Unfolding Universe: A Conversation with David Bohm«, in *The Holographic Paradigm*, hg. v. Ken Wilber (Boulder, Col.: New Science Library, 1982), S. 83f. (dt.: *Das holographische Weltbild*).
20 Ebd., S. 73.

3 Das holographische Modell und die Psychologie

1 Renée Weber, »The Enfolding-Unfolding Universe: A Conversation with David Bohm«, in *The Holographic Paradigm*, hg. v. Ken Wilber (Boulder, Colo.: New Science Library, 1982), S. 72.
2 Robert M. Anderson jr., »A Holographic Model of Transpersonal Consciousness«, *Journal of Transpersonal Psychology* 9, Nr. 2 (1977), S. 126.
3 Jon Tolaas und Montague Ullman, »Extrasensory Communication and Dreams«, in *Handbook of Dreams*, hg. v. Benjamin B. Wolman (New York: Van Nostrand Reinhold, 1979), S. 178-79.
4 Persönliche Mitteilung des Autors, 31. Oktober 1988.
5 Montague Ullman, »Wholeness and Dreaming«, in *Quantum Implications*, hg. v. Basil J. Hiley und F. David Peat (New York: Routledge & Kegan Paul, 1987), S. 393.
6 I. Matte-Blanco, »A Study of Schizophrenic Thinking: Its Expression in Terms of Symbolic Logic and Its Representation in Terms of Multidimensional Space«, *International Journal of Psychiatry* 1, Nr. 1 (Januar 1965), S. 93.
7 Montague Ullman, »Psi and Psychopathology«, Referat vor der American

Society for Psychical Research Conference on Psychic Factors in Psychotherapy, 8. November 1986.
8 Vgl. Stephen LaBerge, *Lucid Dreaming* (Los Angeles: Jeremy P. Tarcher, 1985).
9 Fred Alan Wolf, *Star Wave* (New York: Macmillan, 1984), S. 238.
10 Jayne Gackenbach, »Interview with Physicist Fred Alan Wolf on the Physics of Lucid Dreaming«, *Lucidity Letter* 6, Nr. 1 (Juni 1987), S. 52.
11 Fred Alan Wolf, »The Physics of Dream Consciousness: Is the Lucid Dream a Parallel Universe?« *Second Lucid Dreaming Symposium Proceedings/Lucidity Letter* 6, Nr. 2 (Dezember 1987), S. 133.
12 Stanislav Grof, *Realms of the Human Unconscious* (New York: E. P. Dutton, 1976), S. 20 (dt.: *Topographie des Unbewußten*).
13 Ebd., S. 236.
14 Ebd., S. 159f.
15 Stanislav Grof, *The Adventure of Self-Discovery* (Albany, N. Y.: State University of New York Press, 1988), S. 108f. (dt.: *Das Abenteuer der Selbstentdeckung*).
16 Stanislav Grof, *Beyond the Brain* (Albany, N. Y.: State University of New York Press, 1985), S. 31 (dt.: *Geburt, Tod und Transzendenz*).
17 Ebd., S. 78.
18 Ebd., S. 89.
19 Edgar A. Levenson, »A Holographic Model of Psychoanalytic Change«, *Contemporary Psychoanalysis* 12, Nr. 1 (1975), S. 13.
20 Ebd., S. 19.
21 David Shainberg, »Vortices of Thought in the Implicate Order«, in *Quantum Implications*, hg. v. Basil J. Hiley und F. David Peat (New York: Routledge & Kegan Paul, 1987), S. 402.
22 Ebd., S. 411.
23 Frank Putnam, *Diagnosis and Treatment of Multiple Personality Disorder* (New York: Guilford, 1988), S. 68.
24 »Science and Synchronicity: A Conversation with C. A. Meier«, *Psychological Perspectives* 19, Nr. 2 (Herbst/Winter 1988), S. 324.
25 Paul Davies, *The Cosmic Blueprint* (N.Y.: Simon & Schuster, 1988), S. 162.
26 F. David Peat, *Synchronicity: The Bridge between Mind and Matter* (New York: Bantam Books, 1987), S. 235.
27 Ebd., S. 239.

4. »Ich singe den Leib, den holographischen ...«

1 Stephanie Matthews-Simonton, O. Carl Simonton und James L. Creighton, *Getting Well Again* (New York: Bantam Books, 1980), S. 6–12.
2 Jeanne Achterberg, »Mind and Medicine: The Role of Imagery in Healing«, *ASPR Newsletter* 14, Nr. 3 (Juni 1988), S. 20.
3 Jeanne Achterberg, *Imagery in Healing* (Boston, Mass.: New Science Library, 1985), S. 134 (dt.: *Die heilende Kraft der Imagination*).
4 Persönliche Mitteilung des Autors, 28. Oktober 1988.
5 Achterberg, *ASPR Newsletter*, S. 20.
6 Achterberg, *Imagery*, S. 78f.
7 Jeanne Achterberg, Ira Collerain und Pat Craig, »A Possible Relationship between Cancer, Mental Retardation, and Mental Disorders«, *Journal of Social Science and Medicine* 12 (Mai 1978), S. 135–39.

8 Bernie S. Siegel, *Love, Medicine, and Miracles* (New York: Harper & Row, 1986), S. 32.
9 Achterberg, *Imagery*, S. 182–87.
10 Bernie S. Siegel, *Love*, S. 29.
11 Charles A. Garfield, *Peak Performance: Mental Training Techniques of the World's Greatest Athletes* (New York: Warner Books, 1984), S. 16.
12 Ebd., S. 62.
13 Mary Orser und Richard Zarro, *Changing Your Destiny* (New York: Harper & Row, 1989), S. 60.
14 Barbara Brown, *Supermind: The Ultimate Energy* (New York: Harper & Row, 1980), S. 274; Larry Dossey, *Space, Time, and Medicine* (Boston, Mass.: New Science Library, 1982), S. 112.
15 Brown, *Supermind*, S. 275; Dossey, *Space*, S. 112f.
16 Larry Dossey, *Space, Time, and Medicine* (Boston, Mass.: New Science Library, 1982), S. 112.
17 Persönliche Mitteilung des Autors, 8. Februar 1989.
18 Brendan O'Regan, »Healing, Remission, and Miracle Cures«, *Institute of Noetic Sciences Special Report* (Mai 1987), S. 3.
19 Lewis Thomas, *The Medusa and the Snail* (New York: Bantam Books, 1980), S. 63 (dt.: *Die Meduse und die Schnecke*).
20 Thomas J. Hurley III, »Placebo Effects: Unmapped Territory of Mind/Body Interactions«, *Investigations* 2, Nr. 1 (1985), S. 9.
21 Ebd.
22 Steven Locke und Douglas Colligan, *The Healer Within* (New York: New American Library, 1986), S. 224.
23 Ebd., S. 227.
24 Bruno Klopfer, »Psychological Variables in Human Cancer«, *Journal of Prospective Techniques* 31 (1957), S. 331–40.
25 O'Regan, *Special Report*, S. 4.
26 G. Timothy Johnson und Stephen E. Goldfinger, *The Harvard Medical School Health Letter Book* (Cambridge, Massachusetts: Harvard University Press, 1981), S. 416.
27 Herbert Benson und David P. McCallie jr., »Angina pectoris and the Placebo Effect«, *New England Journal of Medicine* 300, Nr. 25 (1979), S. 1424–29.
28 Johnson und Goldfinger, *Health Letter Book*, S. 418.
29 Hurley, *Investigations*, S. 10.
30 Richard Alpert, *Be Here Now* (San Cristobal, N.M.: Lama Foundation, 1971).
31 Lyall Watson, *Beyond Supernature* (New York: Bantam Books, 1988), S. 215.
32 Ira L. Mintz, »A Note on the Addictive Personality«, *American Journal of Psychiatry* 134, Nr. 3 (1977), S. 327.
33 Alfred Stelter, *PSI-Heilung* (Bern/München/Wien: Scherz, 1973), S. 18.
34 Thomas J. Hurley III, »Placebo Learning: The Placebo Effect as a Conditioned Response«, *Investigations* 2, Nr. 1 (1985), S. 23.
35 O'Regan, *Special Report*, S. 3.
36 Zitiert nach Thomas J. Hurley III, »Varieties of Placebo Experience: Can One Definition Encompass Them All?«, *Investigations* 2, Nr. 1 (1985), S. 13.
37 Daniel Seligman, »Great Moments in Medical Research«, *Fortune* 117, Nr. 5 (29. Februar 1988), S. 25.
38 Daniel Goleman, »Probing the Enigma of Multiple Personality«, *New York Times* (25. Juni 1988), S. C1.
39 Persönliche Mitteilung des Autors, 11. Januar 1990.

40 Richard Restak, »People with Multiple Minds«, *Science Digest* 92, Nr. 6 (Juni 1984), S. 76.
41 Daniel Goleman, »New Focus on Multiple Personality«, *New York Times* (21. Mai 1985), S. C1.
42 Truddi Chase, *When Rabbit Howls* (New York: E. P. Dutton, 1987), S. x
43 Thomas J. Hurley III, »Inner Faces of Multiplicity«, *Investigations* 1, Nr. 3/4 (1985), S. 4.
44 Thomas J. Hurley III, »Multiplicity & the Mind-Body Problem: New Windows to Natural Plasticity«, *Investigations* 1, Nr. 3/4 (1985), S. 19.
45 Bronislaw Malinowski, »Baloma: The Spirits of the Dead in the Trobriand Islands«, *Journal of the Royal Anthropological Institute of Great Britain and Ireland* 46 (1916), S. 353-430.
46 Watson, *Beyond Supernatural*, S. 58-60.
47 Joseph Chilton Pearce, *The Crack in the Cosmic Egg* (New York: Pocket Books, 1974), S. 86.
48 Pamela Weintraub, »Preschool?«, *Omni* 11, Nr. 11 (August 1989), S. 38.
49 Kathy A. Fackelmann, »Hostility Boosts Risk of Heart Trouble«, *Science News* 135, Nr. 4 (28. Januar 1989), S. 60.
50 Steven Locke in *Longevity* (November 1988), zitiert nach »Your Mind's Healing Powers«, *Reader's Digest* (September 1989), S. 5.
51 Bruce Bower, »Emotion-Immunity Link in HIV Infection«, *Science News* 134, Nr. 8 (20. August 1988), S. 116.
52 Donald Robinson, »Your Attitude Can Make You Well«, *Reader's Digest* (April 1987), S. 75.
53 Daniel Goleman in der *New York Times* (20. April 1989), zitiert nach »Your Mind's Healing Powers«, *Reader's Digest* (September 1989), S. 6.
54 Robinson, *Reader's Digest*, S. 75.
55 Signe Hammer, »The Mind as Healer«, *Science Digest* 92, Nr. 4 (April 1984), S. 100.
56 John Raymond, »Jack Schwarz: The Mind Over Body Man«, *New Realities* 11, Nr. 1 (April 1978), S. 72-76; siehe auch »Jack Schwarz: Probing ... but No Needles Anymore«, *Brain/Mind Bulletin* 4, Nr. 2 (4. Dezember 1978), S. 2.
57 Stelter, *PSI-Heilung*, S. 162-164.
58 Donna und Gilbert Grosvenor, »Ceylon«, *National Geographic* 129, Nr. 4 (April 1966).
59 D. D. Kosambi, »Living Prehistory in India«, *Scientific American* 216, Nr. 2 (Februar 1967), S. 104.
60 A. A. Mason, »A Case of Congenital Ichthyosiform«, *British Medical Journal* 2 (1952), S. 422f.
61 O'Regan, *Special Report*, S. 9.
62 D. Scott Rogo, *Miracles* (New York: Dial Press, 1982), S. 74.
63 Herbert Thurston, *The Physical Phenomena of Mysticism* (Chicago: Henry Ragnery Company, 1952), S. 120-29 (dt.: *Die körperlichen Begleiterscheinungen der Mystik*).
64 Thomas von Celano, *Vita prima* (1229), zitiert nach Thurston, *Physical Phenomena*, S. 45f.
65 Alexander P. Dubrow und Wenjamin N. Puschkin, *Parapsychology and Contemporary Science*, übersetzt v. Aleksandr Petrovich (New York: Plenum, 1982), S. 50.
66 Thurston, *Physical Phenomena*, S. 68.
67 Ebd.

68 Charles Fort, *The Complete Books of Charles Fort* (New York: Dover, 1974), S. 1022.
69 Ebd., S. 964.
70 Persönliche Mitteilung des Autors, 3. November 1988.
71 Candace Pert mit Harris Dienstfrey, »The Neuropeptide Network«, in *Neuroimmunomodulation: Interventions in Aging and Cancer*, hg. v. Walter Pierpaoli und Novera Herbert Spector (New York: New York Academy of Sciences, 1988), S. 189–94.
72 Terrence D. Oleson, Richard J. Kroening und David E. Bresler, »An Experimental Evaluation of Auricular Diagnosis: The Somatotopic Mapping of Musculoskeletal Pain at Ear Acupuncture Points«, *Pain* 8 (1980), S. 217–29.
73 Persönliche Mitteilung des Autors, 24. September 1988.
74 Terrence D. Oleson und Richard J. Kroening, »Rapid Narcotic Detoxification in Chronic Pain Patients Treated with Auricular Electroacupuncture and Naloxone«, *International Journal of the Addictions* 20, Nr. 9 (1985), S. 1347–60.
75 Richard Leviton, »The Holographic Body«, *East West* 18, Nr. 8 (August 1988), S. 42.
76 Ebd., S. 45.
77 Ebd., S. 36–47.
78 »Fingerprints, a Clue to Senility«, *Science Digest* 91, Nr. 11 (November 1983), S. 91.
79 Michael Meyer, »The Way the Whorls Turn«, *Newsweek* (13. Feb. 1989), S. 73.

5 Eine Handvoll Wunder

1 D. Scott Rogo, *Miracles* (New York: Dial Press, 1982), S. 79.
2 Ebd., S. 58; siehe auch Herbert Thurston, *The Physical Phenomena of Mysticism* (London: Burns Oates, 1952), und A. P. Schimberg, *The Story of Therese Neumann* (Milwaukee, Wis.: Bruce Publishing Co., 1947).
3 David J. Bohm, »A New Theory of the Relationship of Mind and Matter«, *Journal of the American Society for Psychical Research* 80, Nr. 2 (April 1986), S. 128.
4 Ebd., S. 132.
5 Robert G. Jahn und Brenda J. Dunne, *Margins of Reality: The Role of Consciousness in the Physical World* (New York: Harcourt Brace Jovanovich, 1987), S. 91–123.
6 Ebd., S. 144.
7 Persönliche Mitteilung des Autors, 16. Dezember 1988.
8 Jahn und Dunne, *Margins,* S. 142.
9 Persönliche Mitteilung des Autors, 16. Dezember 1988.
10 Persönliche Mitteilung des Autors, 16. Dezember 1988.
11 Steve Fishman, »Questions for the Cosmos«, *New York Times Magazine* (26. November 1989), S. 55.
12 Persönliche Mitteilung des Autors, 25. November 1988.
13 Rex Gardner, »Miracles of Healing in Anglo-Celtic Northumbria as Recorded by the Venerable Bede and His Contemporaries: A Reappraisal in the Light of Twentieth-Century Experience«, *British Medical Journal* 287 (Dezember 1983), S. 1931.
14 Max Freedom Long, *The Secret Science behind Miracles* (New York: Robert Collier Publications, 1948), S. 191f.

15 Louis-Basile Carré de Montgeron, *La Vérité des Miracles* (Paris 1737), Bd. I, S. 380, zitiert nach H. P. Blavatsky, *Isis Unveiled*, Bd. I (New York: J. W. Bouton, 1877), S. 374.
16 Ebd., S. 374.
17 B. Robert Kreiser, *Miracles, Convulsions, and Ecclesiastical Politics in Early Eighteenth-Century Paris* (Princeton, N. J.: Princeton University Press, 1978), S. 260f.
18 Charles Mackey, *Extraordinary Popular Delusions and the Madness of Crowds* (London: 1841), S. 318.
19 Kreiser, *Miracles*, S. 174.
20 Stanislav Grof, *Beyond the Brain* (Albany, N. Y.: State University of New York Press, 1985), S. 91.
21 Long, *Secret Science*, S. 31-39.
22 Frank Podmore, *Mediums of the Nineteenth Century*, Bd. 2 (New Hyde Park, N. Y.: University Books, 1963), S. 264.
23 Vincent H. Gaddis, *Mysterious Fires and Lights* (New York: Dell, 1967), S. 114f.
24 Blavatsky, *Isis*, S. 370.
25 Podmore, *Mediums*, S. 264.
26 Will und Ariel Durant, *The Age of Louis XIV*, Bd. XIII (New York: Simon & Schuster, 1963), S. 73.
27 Franz Werfel, *Das Lied von Bernadette* (Frankfurt a. M.: Fischer, 1975), S. 277.
28 Gaddis, *Mysterious Fires*, S. 106f.
29 Ebd., S. 106.
30 Berthold Schwarz, »Ordeals by Serpents, Fire, and Strychnine«, *Psychiatric Quarterly* 34 (1960), S. 405-29.
31 Persönliche Mitteilung des Autors, 17. Juli 1989.
32 Karl H. Pribram, »The Implicate Brain«, in *Quantum Implications*, hg. v. Basil J. Hiley und F. David Peat (London: Routledge & Kegan Paul, 1987), S. 367.
33 Persönliche Mitteilung des Autors, 8. Februar 1989; siehe auch Karl H. Pribram, »The Cognitive Revolution and Mind/Brain Issues«, *American Psychologist* 41, Nr. 5 (Mai 1986), S. 507-19.
34 Persönliche Mitteilung des Autors, 25. November 1988.
35 Gordon G. Globus, »Three Holonomic Approaches to the Brain«, in *Quantum Implications*, hg. v. Basil J. Hiley und F. David Peat (London: Routledge & Kegan Paul, 1987), S. 372-85; siehe auch Judith Hooper und Dick Teresi, *The Three-Pound Universe* (New York: Dell, 1986), S. 295-300 (dt.: *Das Drei-Pfund-Universum*).
36 Persönliche Mitteilung des Autors, 16. Dezember 1988.
37 Malcolm W. Browne, »Quantum Theory: Disturbing Questions Remain Unresolved«, *New York Times* (11. Februar 1986), S. C3.
38 Ebd.
39 Jahn und Dunne, *Margins*, S. 319f.; siehe auch Dietrick E. Thomson, »Anomalons Get More and More Anomalous«, *Science News* 125 (25. Februar 1984).
40 Christine Sutton, »The Secret Life of the Neutrino«, *New Scientist* 117, Nr. 1595 (14. Januar 1988), S. 53-57; siehe auch »Soviet Neutrinos Have Mass«, *New Scientist* 105, Nr. 1446 (7. März 1985), S. 23, und Dietrick E. Thomson, »Ups and Downs of Neutrino Oscillation«, *Science News* 117, Nr. 24 (14. Juni 1980), S. 377-83.

41 S. Edmunds, *Hypnotism and the Supernormal* (London: Aquarian Press, 1967), zitiert nach Lyall Watson, *Supernature*, (New York: Bantam Books, 1973), S. 236.
42 Leonid L. Wasiljew, *Experiments in Distant Influence* (New York: E.P. Dutton, 1976).
43 Vgl. Russell Targ und Harold Puthoff, *Mind-Reach* (New York: Delacorte Press, 1977).
44 Fishman, *New York Times Magazine*, S. 55; siehe auch Jahn und Dunne, *Margins*, S. 187.
45 Charles T. Tart, »Physiological Correlates of Psi Cognition«, *International Journal of Neuropsychiatry* 5, Nr. 4 (1962).
46 Targ und Puthoff, *Mind-Reach*, S. 130–33.
47 E. Douglas Dean, »Plethysmograph Recordings of ESP Responses«, *International Journal of Neuropsychiatry* 2 (September 1966).
48 Charles T. Tart, »Psychedelic Experiences Associated with a Novel Hypnotic Procedure, Mutual Hypnosis«, in *Altered States of Consciousness*, hg. v. Charles T. Tart (New York: John Wiley & Sons, 1969), S. 291–308.
49 Ebd.
50 John P. Briggs und F. David Peat, *Looking Glass Universe* (New York: Simon & Schuster, 1984), S. 87.
51 Targ und Puthoff, *Mind-Reach*, S. 130–33.
52 Russell Targ et al., *Research in Parapsychology* (Metuchen, N.J.: Scarecrow, 1980).
53 Bohm, *Journal of the American Society for Psychical Research*, S. 132.
54 Jahn und Dunne, *Margins*, S. 257–59.
55 Gardner, *British Medical Journal*, S. 1930.
56 Lyall Watson, *Beyond Supernature* (New York: Bantam Books, 1988), S. 189–91.
57 A.R.G. Owen, *Can We Explain the Poltergeist?* (New York: Garrett Publications, 1964).
58 Erlendur Haraldsson, *Modern Miracles: An Investigative Report on Psychic Phenomena Associated with Sathya Sai Baba* (New York: Fawcett Columbine Books, 1987), S. 26f. (dt.: *Sai Baba – ein modernes Wunder*).
59 Ebd., S. 35f.
60 Ebd., S. 290.
61 Paramahamsa Yogānanda, *Autobiography of a Yogi* (Los Angeles: Self-Realization Fellowship, 1973), S. 134 (dt.: *Autobiographie eines Yogi*).
62 Rogo, *Miracles*, S. 173.
63 Lyall Watson, *Gifts of Unknown Things* (New York: Simon & Schuster, 1976), S. 203f.
64 Persönliche Mitteilung des Autors, 9. Februar 1989.
65 Persönliche Mitteilung des Autors, 17. Oktober 1988.
66 Persönliche Mitteilung des Autors, 16. Dezember 1988.
67 Hooper/Teresi, The Three-Pound Universe, S. 300.
68 Carlos Castaneda, *Tales of Power* (New York: Simon & Schuster, 1974), S. 100 (dt.: *Der Ring der Kraft*).
69 Marilyn Ferguson, »Karl Pribram's Changing Reality«, in *The Holographic Paradigm*, hg. v. Ken Wilber (Boulder, Colo.: New Science Library, 1982), S. 24.
70 Erlendur Haraldsson und Loftur R. Gissurarson, *The Icelandic Physical Medium: Indridi Indridason* (London: Society for Psychical Research, 1989).

6 Holographisches Sehen

1. Karl Pribram, »The Neurophysiology of Remembering«, *Scientific American* 220 (Januar 1969), S. 76-78.
2. Judith Hooper, »Interview: Karl Pribram«, *Omni* 5, Nr. 1 (Oktober 1982), S. 172.
3. Wil van Beek, *Hazrat Inayat Khan* (New York: Vantage Press, 1983), S. 135.
4. Barbara Ann Brennan, *Hands of Light* (New York: Bantam Books, 1987), S. 3f.
5. Ebd., S. 4.
6. Ebd., Klappentextzitat.
7. Ebd., Klappentextzitat.
8. Ebd., S. 26.
9. Persönliche Mitteilung des Autors, 13. November 1988.
10. Shafica Karagulla, *Breakthrough to Creativity* (Marina Del Rey, Calif.: DeVorss, 1967), S. 61.
11. Ebd., S. 78f.
12. W. Brugh Joy, *Joy's Way* (Los Angeles: J. P. Tarcher, 1979), S. 155f.
13. Ebd., S. 48.
14. Michael Crichton, *Travels* (New York: Knopf, 1988), S. 262.
15. Ronald S. Miller, »Bridging the Gap: An Interview with Valerie Hunt«, *Science of Mind* (Oktober 1983), S. 12.
16. Persönliche Mitteilung des Autors, 7. Februar 1990.
17. Ebd.
18. Ebd.
19. Ebd.
20. Valerie V. Hunt, »Infinite Mind«, *Magical Blend*, Nr. 25 (Jan. 1990), S. 22.
21. Persönliche Mitteilung des Autors, 28. Oktober 1988.
22. Robert Temple, »David Bohm«, *New Scientist* (11. Nov. 1982), S. 362.
23. Persönliche Mitteilung des Autors, 13. November 1988.
24. Persönliche Mitteilung des Autors, 18. Oktober 1988.
25. Persönliche Mitteilung des Autors, 13. November 1988.
26. Ebd.
27. Ebd.
28. George F. Dole, *A View from Within* (New York: Swedenborg Foundation, 1985), S. 26.
29. George F. Dole, »An Image of God in a Mirror«, in *Emanuel Swedenborg: A Continuing Vision,* hg. v. Robin Larsen (New York: Swedenborg Foundation, 1988), S. 376.
30. Brennan, *Hands,* S. 26.
31. Persönliche Mitteilung des Autors, 13. September 1988.
32. Karagulla, *Breakthrough,* S. 39.
33. Ebd., S. 132.
34. D. Scott Rogo, »Shamanism, ESP, and the Paranormal«, in *Shamanism,* hg. von Shirley Nicholson (Wheaton, Ill.: Theosophical Publishing House, 1987), S. 135.
35. Michael Harner und Gary Doore, »The Ancient Wisdom in Shamanic Cultures«, in *Shamanism,* hg. v. Shirley Nicholson (Wheaton, Ill.: Theosophical Publishing House, 1987), S. 10.
36. Michael Harner, *The Way of the Shaman* (New York: Harper & Row, 1980), S. 17 (dt.: *Der Weg des Schamanen*).

37 Richard Gerber, *Vibrational Medicine* (Santa Fe, N.M.: Bear & Co., 1988), S. 115.
38 Ebd., S. 154.
39 William A. Tiller, »Consciousness, Radiation, and the Developing Sensory System«, zitiert nach *The Psychic Frontiers of Medicine*, hg. v. Bill Schul (New York: Ballantine Books, 1977), S. 95.
40 Ebd., S. 94.
41 Hiroshi Motoyama, *Theories of the Chakras* (Wheaton, III.: Theosophical Publishing House, 1981), S. 239.
42 Richard M. Restak, »Is Free Will a Fraud?«, *Science Digest* (Oktober 1983), S. 52.
43 Ebd.
44 Persönliche Mitteilung des Autors, 7. Februar 1990.
45 Persönliche Mitteilung des Autors, 13. November 1988.

7 Die zeitlose Zeit

1 Siehe Stephan A. Schwartz, *The Secret Vaults of Time* (New York: Grosset & Dunlap, 1978); Stanislaw Poniatowski, »Parapsychological Probing of Prehistoric Cultures«, in *Psychic Archaeology*, hg. v. J. Goodman (New York: G. P. Putnam & Sons, 1977); und Andrzey Borzmowski, »Experiments with Ossowiecki«, *International Journal of Parapsychology* 7, Nr. 3 (1965), S. 259-84.
2 J. Norman Emerson, »Intuitive Archaeology«, *Midden* 5, Nr. 3 (1973).
3 J. Norman Emerson, »Intuitive Archaeology: A Psychic Approach«, *New Horizon* 1, Nr. 3 (1974), S. 14.
4 Jack Harrison Pollack, *Croiset the Clairvoyant* (New York: Doubleday, 1964).
5 Lawrence LeShan, *The Medium, the Mystic, and the Physicist* (New York: Ballantine Books, 1974), S. 30f.
6 Stephan A. Schwartz, *The Secret Vaults of Time* (New York: Grosset & Dunlap, 1978), S. 226-37; siehe auch Clarence W. Weiant, »Parapsychology and Anthropology«, *Manas* 13, Nr. 15 (1960).
7 Schwartz, op. cit., S. x und 314.
8 Persönliche Mitteilung des Autors, 28. Oktober 1988.
9 Persönliche Mitteilung des Autors, 18. Oktober 1988.
10 Vgl. Glenn D. Kittler, *Edgar Cayce on the Dead Sea Scrolls* (New York: Warner Books, 1970).
11 Marilyn Ferguson, »Quantum Brain-Action Approach Complements Holographic Model«, *Brain-Mind Bulletin*, überarbeiteter Sonderdruck (1978), S. 3.
12 Edmund Gurney, F.W.H. Myers und Frank Podmore, *Phantasms of the Living* (London: Trubner's, 1886).
13 Siehe J. Palmer, »A Community Mail Survey of Psychic Experiences«, *Journal of the American Society for Psychical Research* 73 (1979), S. 221-51; H. Sidgwick und Komitee, »Report on the Census of Hallucinations«, *Proceedings of the Society for Psychical Research* 10 (1894), S. 25-422; und D.J. West, »A Mass-Observation Questionnaire on Hallucinations«, *Journal of the Society for Psychical Research* 34 (1948), S. 187-96.
14 W.Y. Evans-Wentz, *The Fairy-Faith in Celtic Countries* (Oxford: Oxford University Press, 1911), S. 485.

15 Ebd., S. 123.
16 Charles Fort, *New Lands* (New York: Boni & Liveright, 1923), S. 111.
17 Siehe Max Freedom Long, *The Secret Science behind Miracles* (Tarrytown, N.Y.: Robert Collier Publications, 1948), S. 206-8.
18 Editors of Time-Life Books, *Ghosts* (Alexandria, Va.: Time-Life Books, 1984), S. 75.
19 Editors of Reader's Digest, *Strange Stories, Amazing Facts* (Pleasantville, N.Y.: Reader's Digest Association, 1976), S. 384f.
20 J.B. Rhine, »Experiments Bearing on the Precognition Hypothesis: III. Mechanically Selected Cards«, *Journal of Parapsychology* 5 (1941).
21 Helmut Schmidt, »Psychokinesis«, in *Psychic Exploration: A Challenge to Science*, hg. v. Edgar Mitchell und John White (New York: Putnam, 1974), S. 179-93.
22 Montague Ullman, Stanley Krippner und Alan Vaughan, *Dream Telepathy* (New York: Macmillan, 1973).
23 Russell Targ und Harold Puthoff, *Mind-Reach* (New York: Delacorte Press, 1977), S. 116.
24 Robert G. Jahn und Brenda J. Dunne, *Margins of Reality* (New York: Harcourt Brace Jovanovich, 1987), S. 160, 185.
25 Jule Eisenbud, »A Transatlantic Experiment in Precognition with Gerard Croiset«, *Journal of American Society of Psychological Research* 67 (1973), S. 1-25; siehe auch W.H.C. Tenhaeff, »Seat Experiments with Gerard Croiset«, *Proceedings Parapsychology* 1 (1960), S. 53-65; und U. Timm, »Neue Experimente mit dem Sensitiven Gerard Croiset«, *Z. f. Parapsychologie und Grenzgeb. der Psychologie* 9 (1966), S. 30-59.
26 Marilyn Ferguson, *Bulletin*, S. 4.
27 Persönliche Mitteilung des Autors, 26. September 1989.
28 David Loye, *The Sphinx and the Rainbow* (Boulder, Col.: Shambhala, 1983); dt.: *Die Sphinx und der Regenbogen*.
29 Bernard Gittelson, *Intangible Evidence* (New York: Simon & Schuster, 1987), S. 174.
30 Eileen Garrett, *My Life as a Search for the Meaning of Mediumship* (London: Ryder & Company, 1949), S. 179.
31 Edith Lyttelton, *Some Cases of Prediction* (London: Bell, 1937).
32 Louisa E. Rhine, »Frequency of Types of Experience in Spontaneous Precognition«, *Journal of Parapsychology* 18, Nr. 2 (1954); siehe auch »Precognition and Intervention«, *Journal of Parapsychology* 19 (1955); und *Hidden Channels of the Mind* (New York: Sloane Associates, 1961).
33 E. Douglas Dean, »Precognition and Retrocognition«, in *Psychic Exploration*, hg. v. Edgar D. Mitchell und John White (New York: G.P. Putnam's Sons, 1974), S. 163.
34 Siehe A. Foster, »ESP Tests with American Indian Children«, *Journal of Parapsychology* 7, Nr. 94 (1943); Dorothy H. Pope, »ESP Tests with Primitive People«, *Parapsychology Bulletin* 30, Nr. 1 (1953); Ronald Rose und Lyndon Rose, »Psi Experiments with Australian Aborigines«, *Journal of Parapsychology* 15, Nr. 122 (1951); Robert L. Van de Castle, »Anthropology and Psychic Research«, in *Psychic Exploration*, hg. v. Edgar D. Mitchell und John White (New York: G.P. Putnam's Sons, 1974); und Robert L. Van de Castle, »Psi Abilities in Primitive Groups«, *Proceedings of the Parapsychological Association* 7, Nr. 97 (1970).
35 Ian Stevenson, »Precognition of Disasters«, *Journal of the American Society for Psychical Research* 64, Nr. 2 (1970).

36 Karlis Osis und J. Fahler, »Space and Time Variables in ESP«, *Journal of the American Society for Psychical Research* 58 (1964).
37 Alexander P. Dubrow und Wenjamin N. Puschkin, *Parapsychology and Contemporary Science*, übers. v. Aleksandr Petrovich (New York: Consultants Bureau, 1982), S. 93-104.
38 Arthur Osborn, *The Future Is Now: The Significance of Precognition* (New York: University Books, 1961).
39 Ian Stevenson, »A Review and Analysis of Paranormal Experiences Connected with the Sinking of the *Titanic*«, *Journal of the American Society for Psychical Research* 54 (1960), S. 153-71; siehe auch Ian Stevenson, »Seven More Paranormal Experiences Associated with the Sinking of the *Titanic*«, *Journal of the American Society for Psychical Research* 59 (1965), S. 211-25.
40 Loye, *Sphinx*, S. 158-65.
41 Persönliche Mitteilung des Autors, 28. Oktober 1988.
42 Gittelson, *Evidence*, S. 175.
43 Ebd., S. 125.
44 Long, op. cit., S. 165.
45 Shafica Karagulla, *Breakthrough to Creativity* (Marina Del Rey, Calif.: DeVorss, 1967), S. 206.
46 Nach H. N. Banerjee in *Americans Who Have Been Reincarnated* (New York: Macmillan Publishing Company, 1980), S. 195, geht aus einer Untersuchung von James Parejko, Professor für Philosophie an der Chicago State University, hervor, daß 93 von 100 hypnotisierten Probanden sich an eine mögliche frühere Existenz erinnerten; Whitton selbst fand heraus, daß *alle* seine Testpersonen solche Erinnerungen hatten.
47 M. Gerald Edelstein, *Trauma, Trance and Transformation* (New York: Brunner/Mazel, 1981).
48 Michael Talbot, »Lives between Lives: An Interview with Dr. Joel Whitton«, *Omni Whole Mind Newsletter* 1, Nr. 6 (Mai 1988), S. 4.
49 Joel L. Whitton und Joe Fisher, *Life between Life* (New York: Doubleday, 1986), S. 116-27.
50 Ebd., S. 154.
51 Ebd., S. 156.
52 Persönliche Mitteilung des Autors, 9. November 1987.
53 Whitton und Fisher, *Life*, S. 43.
54 Ebd., S. 47.
55 Ebd., S. 152f.
56 Ebd., S. 52.
57 William E. Cox, »Precognition: An Analysis I and II«, *Journal of the American Society for Psychical Research* 50 (1956).
58 Whitton und Fisher, *Life*, S. 186.
59 Siehe Ian Stevenson, *Twenty Cases Suggestive of Reincarnation* (Charlottesville: University Press of Virginia, 1974); *Cases of the Reincarnation Type* (Charlottesville: University Press of Virginia, 1974), Bd. 1-4; und *Children Who Remember Their Past Lives* (Charlottesville: University Press of Virginia, 1987).
60 Siehe obige Angaben.
61 Ian Stevenson, *Children Who Remember Previous Lives* (Charlottesville, Va.: University Press of Virginia, 1987), S. 240-43.
62 Ebd., S. 259f.
63 Stevenson, *Twenty Cases*, S. 180.
64 Ebd., S. 196, 233.

65 Ebd., S. 92.
66 Sylvia Cranston und Carey Williams, *Reincarnation: A New Horizon in Science, Religion, and Society* (New York: Julian Press, 1984), S. 67 (dt.: *Wiederverkörperung – Ein neuer Horizont in Wissenschaft, Religion und Gesellschaft*).
67 Ebd., S. 260.
68 Ian Stevenson, »Some Questions Related to Cases of the Reincarnation Type«, *Journal of the American Society for Psychical Research* (Oktober 1974), S. 407.
69 Stevenson, *Children*, S. 255.
70 *Journal of the American Medical Association* (1. Dezember 1975), zitiert nach Cranston und Williams, *Reincarnation*, S. x.
71 J. Warneck, *Die Religion der Batak* (Göttingen, 1909), zitiert nach Holger Kalweit, *Traumzeit und innerer Raum. Die Welt der Schamanen* (Bern/München/Wien: Scherz, 1984), S. 39.
72 Basil Johnston, *Und Manitu erschuf die Welt. Mythen und Visionen der Ojibwa* (Köln 1979), zitiert nach Holger Kalweit, *Traumzeit und innerer Raum. Die Welt der Schamanen*, S. 37.
73 Long, op. cit., S. 165–69.
74 Ebd., S. 193.
75 John Blofeld, *The Tantric Mysticism of Tibet* (New York: E. P. Dutton, 1970), S. 84; siehe auch Alexandra David-Néel, *Magic and Mystery in Tibet* (Baltimore, Md.: Penguin Books, 1971), S. 293.
76 Henry Corbin, *Creative Imagination in the Sufism of Ibn'Arabi*, übers. v. Ralph Manheim (Princeton, N.J.: Princeton University Press, 1969), S. 221–36.
77 Hugh Lynn Cayce, *The Edgar Cayce Reader*, Bd. II (New York: Paperback Library, 1969), S. 25f.; siehe auch Noel Langley, *Edgar Cayce on Reincarnation* (New York: Warner Books, 1967), S. 43.
78 Paramahamsa Yogānanda, *May's Eternal Quest* (Los Angeles: Self-Realization Fellowship, 1982), S. 238.
79 Thomas Byron, *The Dhammapada: The Sayings of Buddha* (New York: Vintage Books, 1976), S. 13.
80 Svāmi Prabhavananda und Frederick Manchester (Übers.), *The Upanishads* (Hollywood, Calif.: Vedanta Press, 1975), S. 177.
81 Iamblichos, *The Egyptian Mysteries*, übers. v. Alexander Wilder (New York: Metaphysical Publications, 1911), S. 122, 175, 259f.
82 Matthäus 7: 7, 17: 20.
83 Rabbi Adin Steinsaltz, *The Thirteen-Petaled Rose* (New York: Basic Books, 1980), S. 64f.
84 Jean Houston, *The Possible Human* (Los Angeles: J. P. Tarcher, 1982), S. 204f. (dt.: *Der mögliche Mensch*).
85 Mary Orser und Richard A. Zarro, *Changing Your Destiny* (San Francisco: Harper & Row, 1989), S. 213.
86 Florence Graves, »The Ultimate Frontier: Edgar Mitchell, the Astronaut-Turned-Philosopher Explores Star Wars, Spirituality, and How We Create Our Own Reality«, *New Age* (Mai/Juni 1988), S. 87.
87 Helen Wambach, *Reliving Past Lives* (New York: Harper & Row, 1978), S. 116.
88 Ebd., S. 128–34.
89 Chet B. Snow und Helen Wambach, *Mass Dreams of the Future* (New York: McGraw-Hill, 1989), S. 218.

90 Henry Reed, »Reaching into the Past with Mind over Matter«, *Venture Inward* 5, Nr. 3 (Mai/Juni 1989), S. 6.
91 Anne Moberly und Eleanor Jourdain, *An Adventure* (London: Faber, 1904).
92 Andrew Mackenzie, *The Unexplained* (London: Barker, 1966), zitiert nach Ted Holiday, *The Goblin Universe* (St. Paul, Minn.: Llewellyn Publications, 1986), S. 96.
93 Gardner Murphy und H. L. Klemme, »Unfinished Business«, *Journal of the American Society for Psychical Research* 60, Nr. 4 (1966), S. 5.

8 Reisen im Superhologramm

1 Dean Shields, »A Cross-Cultural Study of Beliefs in out-of-the-Body Experiences«, *Journal of the Society for Psychical Research* 49 (1978), S. 697–741.
2 Erika Bourguignon, »Dreams and Altered States of Consciousness in Anthropological Research«, in *Psychological Anthropology*, hg. v. F. L. K. Hsu (Cambridge, Mass.: Schenkman, 1972), S. 418.
3 Celia Green, *Out-of-the-Body Experiences* (Oxford, England: Institute of Psychophysical Research, 1968).
4 D. Scott Rogo, *Leaving the Body* (New York: Prentice Hall, 1983), S. 5.
5 Ebd.
6 Stuart W. Twemlow, Glen O. Gabbard und Fowler C. Jones, »The Out-of-Body Experience: I, Phenomenology; II, Psychological Profile; III, Differential Diagnosis« (Referate, gehalten 1980 vor der Convention of the American Psychiatric Association); siehe auch Twemlow, Gabbard und Jones, »The Out-of-Body Experience: A Phenomenological Typology Based on Questionnaire Responses«, *American Journal of Psychiatry* 139 (1982), S. 450–55.
7 Ebd.
8 Bruce Greyson und C. P. Flynn, *The Near-Death Experience* (Chicago: Charles C. Thomas, 1984), zitiert nach Stanislav Grof, *The Adventure of Self-Discovery* (Albany, N. Y.: SUNY Press, 1988), S. 71f.
9 Michael B. Sabom, *Recollections of Death* (New York: Harper & Row, 1982), S. 184 (dt.: *Erinnerungen an den Tod*).
10 Jean-Noël Bassior, »Astral Travel«, *New Age Journal* (November/Dezember 1988), S. 46.
11 Charles T. Tart, »A Psychophysiological Study of Out-of-the-Body Experiences in a Selected Subject«, *Journal of the American Society for Psychical Research* 62 (1968), S. 3–27.
12 Karlis Osis, »New ASPR Research on Out-of-the-Body Experiences«, *Newsletter of the American Society for Psychical Research* 14 (1972); siehe auch Karlis Osis, »Out-of-Body Research at the American Society for Psychical Research«, in *Mind beyond the Body*, hg. v. D. Scott Rogo (New York: Penguin, 1978), S. 162–69.
13 D. Scott Rogo, *Psychic Breakthroughs Today* (Wellingborough, Great Britain: Aquarian Press, 1987), S. 163f.
14 J. H. M. Whiteman, *The Mystical Life* (London: Faber & Faber, 1961).
15 Robert A. Monroe, *Journeys Out of the Body* (New York: Anchor Press/Doubleday, 1971), S. 183 (dt.: *Der Mann mit den zwei Leben*).
16 Robert A. Monroe, *Far Journeys* (New York: Doubleday, 1985), S. 64 (dt.: *Der zweite Körper*).

17 David Eisenberg mit Thomas Lee Wright, *Encounters with Qi* (New York: Penguin, 1987), S. 79–87.
18 Frank Edwards, »People Who Saw Without Eyes«, *Strange People* (London: Pan Books, 1970).
19 A. Iwanow, »Soviet Experiments in Eyeless Vision«, *International Journal of Parapsychology* 6 (1964); siehe auch M. M. Bongard und M. S. Smirnow, »About the ›Dermal Vision‹ of R. Kuleshova«, *Biophysics* 1 (1965).
20 A. Rosenfeld, »Seeing Colors with the Fingers«, *Life* (12. Juni 1964); eine ausführlichere Darstellung der Kuleschowa und des »augenlosen Sehens« findet sich in Sheila Ostrander und Lynn Schroeder, *Psychic Discoveries behind the Iron Curtain* (New York: Bantam Books, 1970), S. 170–85 (dt.: *Psi*).
21 Rogo, *Psychic Breakthroughs*, S. 161.
22 Ebd.
23 Janet Lee Mitchell, *Out-of-Body Experiences* (New York: Ballantine Books, 1987), S. 81.
24 August Strindberg, *Legenden,* zitiert nach Colin Wilson, *The Occult* (New York: Vintage Books, 1973), S. 56f.
25 Monroe, *Journeys Out of the Body,* S. 184.
26 Whiteman, *Mystical Life,* zitiert nach Mitchell, *Experiences,* S. 44.
27 Karlis Osis und Erlendur Haraldsson, »Deathbed Observations by Physicians and Nurses: A Cross-Cultural Survey«, *The Journal of the American Society for Psychical Research* 71 (Juli 1977), S. 237–59.
28 Raymond A. Moody jr. mit Paul Perry, *The Light Beyond* (New York: Bantam Books, 1988), S. 14f.
29 Ebd.
30 Elisabeth Kübler-Ross, *On Children and Death* (New York: Macmillan, 1983), S. 208 (dt.: *Kinder und Tod*).
31 Kenneth Ring, *Life at Death* (New York: Quill, 1980), S. 238f.
32 Kübler-Ross, *Children,* S. 210.
33 Moody und Perry, *Light,* S. 103–7.
34 Moody und Perry, *Light,* S. 151.
35 George Gallup jr. mit William Proctor, *Adventures in Immortality* (New York: McGraw-Hill, 1982), S. 31 (dt.: *Begegnungen mit der Unsterblichkeit*).
36 Ring, *Life at Death,* S. 98.
37 Ebd., S. 97f.
38 Ebd., S. 247.
39 Persönliche Mitteilung des Autors, 24. Mai 1990.
40 F. W. H. Myers, *Human Personality and Its Survival of Bodily Death* (London: Longmans, Green & Co., 1904), S. 315–21.
41 Ebd.
42 Moody und Perry, *Light,* S. 8.
43 Joel L. Whitton und Joe Fisher, *Life between Life* (New York: Doubleday, 1986), S. 32.
44 Michael Talbot, »Lives between Lives: An Interview with Joel Whitton«, *Omni WholeMind Newsletter* 1, Nr. 6 (Mai 1988), S. 4.
45 Persönliche Mitteilung des Autors, 9. November 1987.
46 Whitton und Fisher, *Life between Life,* S. 35.
47 Myra Ka Lange, »To the Top of the Universe«, *Venture Inward* 4, Nr. 3 (Mai/Juni 1988), S. 42.
48 F. W. H. Myers, *Human Personality.*
49 Moody und Perry, *Light,* S. 129.

50 Raymond A. Moody jr., *Reflections on Life after Life* (New York: Bantam Books, 1978), S. 38 (dt.: *Nachgedanken über das Leben nach dem Tod*).
51 Whitton und Fisher, *Life between Life*, S. 39.
52 Raymond A. Moody jr., *Life after Life* (New York: Bantam Books, 1976), S. 68.
53 Moody, *Reflections on Life after Life*, S. 35.
54 Es handelt sich um die Mutter des englischen Schriftstellers Thomas de Quincey, und der Vorfall wird geschildert in seinen *Confessions of an English Opium Eater with Its Sequels Suspiria De Profundis and the English Mail-Coach*, hg. v. Malcolm Elwin (London: Macdonald & Co., 1956), S. 511f. (dt.: *Bekenntnisse eines englischen Opiumessers*).
55 Whitton und Fisher, *Life between Life*, S. 42f.
56 Moody und Perry, *Light*, S. 50.
57 Ebd., S. 35.
58 Kenneth Ring, *Heading toward Omega* (New York: William Morrow, 1985), S. 58f. (dt.: *Den Tod erfahren – das Leben gewinnen*).
59 Siehe Ring, *Heading toward Omega*, S. 199; Moody, *Reflections on Life after Life*, S. 9–14; Moody und Perry, *Light*, S. 35.
60 Moody und Perry, *Light*, S. 35.
61 Monroe, *Far Journeys*, S. 73.
62 Ring, *Life at Death*, S. 248.
63 Ebd., S. 242.
64 Moody, *Life after Life*, S. 75.
65 Moody und Perry, *Light*, S. 13.
66 Ring, *Heading toward Omega*, S. 186f.
67 Moody und Perry, *Light*, S. 22.
68 Ring, *Heading toward Omega*, S. 217f.
69 Moody und Perry, *Light*, S. 34.
70 Ian Stevenson, *Children Who Remember Previous Lives* (Charlottesville, Va.: University Press of Virginia, 1987), S. 110.
71 Whitton und Fisher, *Life between Life*, S. 43.
72 Wil van Beek, *Hazrat Inayat Khan* (New York: Vantage Press, 1983), S. 29.
73 Monroe, *Journeys Out of the Body*, S. 101–15.
74 Siehe Leon S. Rhodes, »Swedenborg and the Near-Death Experience«, in *Emanuel Swedenborg: A Continuing Vision*, hg. v. Robin Larsen et al. (New York: Swedenborg Foundation, 1988), S. 237-40.
75 Wilson Van Dusen, *The Presence of Other Worlds* (New York: Swedenborg Foundation, 1974), S. 75.
76 Emanuel Swedenborg, *The Universal Human and Soul-Body Interaction*, hg. u. übers. v. George F. Dole (New York: Paulist Press, 1984), S. 43.
77 Ebd.
78 Ebd., S. 156.
79 Ebd., S. 45.
80 Ebd., S. 161.
81 George F. Dole, »An Image of God in a Mirror«, in *Emanuel Swedenborg: A Continuing Vision*, hg. v. Robin Larsen et al. (New York: Swedenborg Foundation, 1988), S. 374-81.
82 Ebd.
83 Theophilus Parsons, *Essays* (Boston: Otis Clapp, 1845), S. 225.
84 Henry Corbin, *Mundus Imaginalis* (Ipswich, England: Golgonooza Press, 1976), S. 4.
85 Ebd., S. 7.

86 Ebd., S. 5.
87 Kübler-Ross, *Children*, S. 222.
88 Persönliche Mitteilung des Autors, 28. Oktober 1988.
89 Paramahamsa Yogānanda, *Autobiography of a Yogi* (Los Angeles: Self-Realization Fellowship, 1973), S. VIII.
90 Ebd., S. 475-97.
91 Satprem, *Sri Aurobindo or the Adventure of Consciousness* (New York: Institute for Evolutionary Research, 1984), S. 195 (dt.: *Sri Aurobindo oder das Abenteuer des Bewußtseins*).
92 Ebd., S. 219.
93 E. Nandisvara Nayake Thero, »The Dreamtime, Mysticism, and Liberation: Shamanism in Australia«, in *Shamanism*, hg. v. Shirley Nicholson (Wheaton, Ill.: Theosophical Publishing House, 1987), S. 223-32.
94 Holger Kalweit, *Traumzeit und innerer Raum* (Bern/München/Wien: Scherz, 1984), S. 25-27.
95 Michael Harner, *The Way of the Shaman* (New York: Harper & Row, 1980), S. 1-8.
96 Kalweit, *Traumzeit*, S. 67, 25.
97 Ring, *Heading toward Omega*, S. 143-64.
98 Ebd., S. 114-20.
99 Bruce Greyson, »Increase in Psychic and Psi-Related Phenomena Following Near-Death Experiences«, *Theta*, zitiert nach Ring, *Heading toward Omega*, S. 180.
100 Jeff Zaleski, »Life after Death: Not Always Happily-Ever-After«, *Omni WholeMind Newsletter* 1, Nr. 10 (September 1988), S. 5.
101 Kenneth Ring, *Heading toward Omega*, S. 50.
102 John Gliedman, »Interview with Brian Josephson«, *Omni* 4, Nr. 10 (Juli 1982), S. 114-16.
103 P.C.W. Davies, »The Mind-Body Problem and Quantum Theory«, in *Proceedings of the Symposium on Consciousness and Survival*, hg. v. John S. Spong (Sausalito, Calif.: Institute of Noetic Sciences, 1987), S. 113f.
104 Candace Pert, *Neuropeptides, the Emotions and Bodymind in Proceedings of the Symposium on Consciousness and Survival*, hg. v. John S. Spong (Sausalito, Calif.: Institute of Noetic Sciences, 1987), S. 113f.
105 David Bohm und Renée Weber, »Nature as Creativity«, *ReVision* 5, Nr. 2 (Herbst 1982), S. 40.
106 Persönliche Mitteilung des Autors, 9. November 1987.
107 Monroe, *Journeys Out of the Body*, S. 51 und 70.
108 Dole in *Emanuel Swedenborg*, S. 44.
109 Whitton und Fisher, *Life between Life*, S. 45.
110 Siehe z. B. Moody, *Reflections on Life after Life*, S. 13f., und Ring, *Heading toward Omega*, S. 71f.
111 Edwin Bernbaum, *The Way to Shambhala* (New York: Anchor Books, 1980), S. XIV, 3-5.
112 Moody, *Reflections on Life after Life*, S. 14, und Ring, *Heading toward Omega*, S. 71.
113 W.Y. Evans-Wentz, *The Fairy-Faith in Celtic Countries* (Oxford: Oxford University Press, 1911), S. 61.
114 Monroe, *Journeys Out of the Body*, S. 50f.
115 Jacques Vallée, *Passport to Magonia* (Chicago: Henry Regnery Co., 1969), S. 134.
116 Persönliche Mitteilung des Autors, 3. November 1988.

117 D. Scott Rogo, *Miracles* (New York: Dial Press, 1982), S. 256f.
118 Michael Talbot, »UFOs: Beyond Real and Unreal«, in *Gods of Aquarius*, hg. v. Brad Steiger (New York: Harcourt Brace Jovanovich, 1976), S. 28-33.
119 Jacques Vallée, *Dimensions: A Casebook of Alien Contact* (Chicago: Contemporary Books, 1988), S. 259.
120 John G. Fuller, *The Interrupted Journey* (New York: Dial Press, 1966), S. 91.
121 Jacques Vallée, *Passport to Magonia*, S. 160-62.
122 Talbot in *Gods of Aquarius*, S. 28-33.
123 Kenneth Ring, »Toward an Imaginal Interpretation of ›UFO Abductions‹«, *ReVision* 11, Nr. 4 (Frühjahr 1989), S. 17-24.
124 Persönliche Mitteilung des Autors, 19. September 1988.
125 Peter M. Rojcewicz, »The Folklore of the ›Men in Black‹: A Challenge to the Prevailing Paradigm«, *ReVision* 11, Nr. 4 (Frühjahr 1989), S. 5-15.
126 Whitley Strieber, *Communion* (New York: Beech Tree Books, 1987), S. 295.
127 Carl Raschke, »UFOs: Ultraterrestrial Agents of Cultural Deconstruction«, in *Cyberbiological Studies of the Imaginal Component in the UFO Contact Experience*, hg. v. Dennis Stillings (St. Paul, Minn.: Archaeus Project, 1989), S. 24.
128 Michael Grosso, »UFOs and the Myth of the New Age«, in *Cyberbiological Studies of the Imaginal Component in the UFO Contact Experience*, hg. v. Dennis Stillings (St. Paul, Minn.: Archaeus Project, 1989), S. 81.
129 Raschke, in *Cyberbiological Studies*, S. 24.
130 Jacques Vallée, *Dimensions: A Casebook of Alien Contact*, S. 284-289
131 John A. Wheeler mit Charles Misner und Kip S. Thorne, *Gravitation* (San Francisco: Freeman, 1973).
132 Strieber, *Communion*, S. 295.
133 Persönliche Mitteilung des Autors, 8. Juni 1988.

9 Rückkehr in die Traumzeit

1 John Blofeld, *The Tantric Mysticism of Tibet* (New York: E. P. Dutton, 1970), S. 61f.
2 Garma C.C. Chuang, *Teachings of Tibetan Yoga* (Secaucus, N.J.: Citadel Press, 1974), S. 26.
3 Blofeld, *Tantric Mysticism*, S. 61f.
4 Lobsang P. Lhalungpa (Übers.), *The Life of Milarepa* (Boulder, Colo.: Shambhala Publications, 1977), S. 181f.
5 Reginald Horace Blyth, *Games Zen Masters Play*, hg. v. Robert Sohl und Audrey Carr (New York: New American Library, 1976), S. 15.
6 Margaret Stutley, *Hinduism* (Wellingborough, England: Aquarian Press, 1985), S. 9, 163.
7 Svami Prabhavananda und Frederick Manchester (Übers.), *The Upanishads* (Hollywood, Calif.: Vedanta Press, 1975), S. 197.
8 Sir John Woodroffe, *The Serpent Power* (New York: Dover, 1974), S. 33 (dt.: *Die Schlangenkraft*).
9 Stutley, *Hinduism*, S. 27.
10 Ebd., S. 27f.
11 Woodroffe, *Serpent Power*, S. 29, 33.
12 Leo Schaya, *The Universal Meaning of the Kabbalah* (Baltimore, Md.: Penguin, 1973), S. 67.
13 Ebd.

14 Serge King, »The Way of the Adventure«, in *Shamanism*, hg. v. Shirley Nicholson (Wheaton, III.: Theosophical Publishing House, 1987), S. 193.
15 E. Nandisvara Nayake Thero, »The Dreamtime, Mysticism, and Liberation: Shamanism in Australia«, in *Shamanism*, hg. v. Shirley Nicholson (Wheaton, III.: Theosophical Publishing House, 1987), S. 226.
16 Marcel Griaule, *Conversations with Ogotemmeli* (London: Oxford University Press, 1965), S. 108.
17 Douglas Sharon, *Wizard of the Four Winds: A Shaman's Story* (New York: Free Press, 1978), S. 49 (dt.: *Magier der vier Winde*).
18 Henry Corbin, *Creative Imagination in the Sufism of Ibn'Arabi*, übers. v. Ralph Manheim (Princeton, N.J.: Princeton University Press, 1969), S. 259.
19 Brian Brown, *The Wisdom of the Egyptians* (New York: Brentano's, 1923), S. 156.
20 Woodroffe, *Serpent Power*, S. 22.
21 John G. Neihardt, *Black Elk Speaks* (New York: Pocket Books, 1972), S. 36 (dt.: *Schwarzer Hirsch: Ich rufe mein Volk*).
22 Tryon Edwards, *A Dictionary of Thought* (Detroit: F.B. Dickerson Co., 1901), S. 196.
23 Sir Charles Eliot, *Japanese Buddhism* (New York: Barnes & Noble, 1969), S. 109f.
24 Alan Watts, *Tao: The Watercourse Way* (New York: Pantheon Books, 1975), S. 35 (dt.: *Der Lauf des Wassers*).
25 F. Franck, *Book of Angelus Silesius* (New York: Random House, 1976), zitiert nach Stanislav Grof, *Beyond the Brain* (Albany, N.Y.: SUNY Press, 1985), S. 76.
26 »›Holophonic‹ Sound Broadcasts Directly to Brain«, *Brain/Mind Bulletin* 8, Nr. 10 (30. Mai 1983), S. 1.
27 »European Media See Holophony as Breakthrough«, *Brain/Mind Bulletin* 8, Nr. 10 (30. Mai 1983), S. 3.
28 Ilya Prigogine und Yves Elskens, »Irreversibility, Stochasticity and Non-Locality in Classical Dynamics«, in *Quantum Implications*, hg. v. Basil J. Hiley und F. David Peat (London: Routledge & Kegan Paul, 1987), S. 214; siehe auch »A Holographic Fit?«, *Brain/Mind Bulletin* 4, Nr. 13 (21. Mai 1979), S. 3.
29 Marcus S. Cohen, »Design of a New Medium for Volume Holographic Information Processing«, *Applied Optics* 25, Nr. 14 (15. Juli 1986), S. 2288-94.
30 Dana Z. Anderson, »Coherent Optical Eigenstate Memory«, *Optics Letters* 11, Nr. 1 (Januar 1986), S. 56-58.
31 Willis W. Harman, »The Persistent Puzzle: The Need for a Basic Restructuring of Science«, *Noetic Sciences Review*, Nr. 8 (Herbst 1988), S. 23.
32 »Interview: Brian L. Weiss, M.D.«, *Venture Inward* 6, Nr. 4 (Juli/August 1990), S. 17-18.
33 Persönliche Mitteilung des Autors, 9. November 1987.
34 Stanley R. Dean, C.O. Plyler jr. und Michael L. Dean, »Should Psychic Studies Be Included in Psychiatric Education? An Opinion Survey«, *American Journal of Psychiatry* 137, Nr. 10 (Oktober 1980), S. 1247-49.
35 Ian Stevenson, *Children Who Remember Previous Lives* (Charlottesville, Va.: University Press of Virginia, 1987), S. 9.
36 Alexander P. Dubrow und Wenjamin N. Puschkin, *Parapsychology and Contemporary Science* (New York: Consultants Bureau, 1982), S. 13.

37 Harman, *Noetic Sciences Review*, S. 25.
38 Kenneth Ring, »Near-Death and UFO Encounters as Shamanic Initiations: Some Conceptual and Evolutionary Implications«, *ReVision* 11, Nr. 3 (Winter 1989), S. 16.
39 Richard Daab und Michael Peter Langevin, »An Interview with Whitley Strieber«, *Magical Blend* 25 (Januar 1990), S. 41.
40 Lytle Robinson, *Edgar Cayce's Story of the Origin and Destiny of Man* (New York: Berkley Medallion, 1972), S. 34, 42.
41 Aus dem *Lankāvatāra-Sūtra*, zitiert nach Ken Wilber, »Physics, Mysticism, and the New Holographic Paradigm«, in Ken Wilber, *The Holographic Paradigm* (Boulder, Colo.: New Science Library, 1982), S. 161.
42 David Loye, *The Sphinx and the Rainbow* (Boulder, Colo.: Shambhala Publications, 1983), S. 156.
43 Terence McKenna, »New Maps of Hyperspace«, *Magical Blend* 22 (April 1989), S. 58, 60.
44 Daab und Langevin, *Magical Blend*, S. 41.
45 McKenna, *Magical Blend*, S. 60.
46 Emanuel Swedenborg, *The Universal Human and Soul-Body Interaction*, hg. u. übers. v. George F. Dole (New York: Paulist Press, 1984), S. 54.
47 Joel L. Whitton und Joe Fisher, *Life between Life* (New York: Doubleday, 1986), S. 45f.

Danksagung

Schreiben ist immer eine Gemeinschaftsleistung, und viele Personen haben auf unterschiedliche Weise zu diesem Buch beigetragen. Es ist unmöglich, sie alle zu nennen, doch einige verdienen ein besonderes Wort des Dankes: David Bohm, Ph. D., und Karl Pribram, Ph. D., die sich, was ihre Zeit und ihre Ideen angeht, als sehr großzügig erwiesen haben und ohne deren Arbeit dieses Buch nicht hätte geschrieben werden können.

Barbara Brennan, M.S., Larry Dossey, M.D., Brenda Dunne, Ph.D., Elizabeth W. Fenske, Ph. D., Gordon Globus, Jim Gordon, Stanislav Grof, M. D., Francine Howland, M. D., Valerie Hunt, Ph. D., Robert Jahn, Ph. D., Ronald Wong Jue, Ph. D., Mary Orser, F. David Peat, Ph. D., Elizabeth Rauscher, Ph. D., Beatrice Rich, Peter M. Rojcewicz, Ph. D., Abner Shimony, Ph. D., Bernie S. Siegel, M. D., T. M. Srinivasan, M. D., Whitley Strieber, Russell Targ, William A. Tiller, Ph. D., Montague Ullman, M. D., Lyall Watson, Ph. D., Joel L. Whitton, M. D., Ph. D., Fred Alan Wolf, Ph. D., und Richard Zarro, die allesamt ebenso großzügig ihre Zeit und ihre Ideen zur Verfügung gestellt haben.

Carol Ann Dryer für ihre Freundschaft, Einsicht und Unterstützung und für die grenzenlose Uneigennützigkeit bei der Demonstration ihrer überragenden Begabung.

Kenneth Ring, Ph. D., für die stundenlangen faszinierenden Gespräche und dafür, daß er mich mit den Schriften von Henry Corbin bekannt gemacht hat.

Stanley Krippner, Ph. D., für seine Bereitschaft, mich anzurufen oder mir ein paar Zeilen zu schreiben, wenn er neue Hinweise auf das holographische Konzept aufgespürt hatte.

Terry Oleson, Ph. D., für die Zeit, die er mir geopfert hat, und für die freundliche Erlaubnis, seine Zeichnung des »kleinen Mannes im Ohr« zu verwenden.

Michael Grosso, Ph. D., für die anregenden Gespräche und für seine Mithilfe bei der Suche nach mehreren entlegenen Quellenwerken zum Thema Wunder.

Brendan O'Regan vom Institute of Noetic Sciences für seine wichtigen Beiträge zur selben Materie und für seine Unterstützung bei der Beschaffung einschlägiger Informationen.

Mein langjähriger Freund Peter Brunjes, Ph. D., dem es dank seinen Beziehungen zu den Universitäten gelang, verschiedene schwer zugängliche Handbücher für mich aufzutreiben.

Judith Hooper, die mir zahlreiche Bücher und Aufsätze aus ihrer umfangreichen Sammlung von Materialien zur holographischen Idee leihweise überlassen hat.

Susan Cowles, M. D., vom Museum of Holography in New York für ihre Mitarbeit bei der Auswahl von Illustrationen für mein Buch.

Kerry Brace, der mich mit seinen Ansichten über die Anwendung des holographischen Konzepts auf das hinduistische Denken vertraut machte und dessen Schriften ich die Idee verdanke, mein Buch mit dem Hologramm der Prinzessin Leia aus dem Film *Krieg der Sterne* zu eröffnen.

Marilyn Ferguson, Gründerin des *Brain/Mind Bulletin,* die als eine der ersten die Bedeutung der holographischen Theorie erkannt und kommentiert hat und die immer Zeit für einen Gedankenaustausch hatte. Dem aufmerksamen Leser wird nicht entgangen sein, daß meine am Ende des 2. Kapitels wiedergegebene Zusammenfassung des Weltbildes, das sich aus der Kombination der Auffassungen von Bohm und Pribram ergibt, im Grunde nur eine leicht veränderte Version von Marilyn Fergusons einschlägiger Darstellung in ihrem Bestseller *Die sanfte Verschwörung* ist. Mein Unvermögen, mit einem anderen und besseren Resümee des holographischen Konzepts aufzuwarten, sollte als ein Zeichen der Hochachtung vor der Klarheit und Präzision ihrer Formulierungskunst betrachtet werden.

Die Mitarbeiter der American Society for Psychical Research für ihre Unterstützung bei der Überprüfung von Hinweisen, Quellen und Personennamen.

Martha Visser und Sharon Schuyler für ihre Mithilfe bei den Recherchen für dieses Buch.

Ross Wetzsteon von der *Village Voice,* der mich bat, jenen Aufsatz zu schreiben, mit dem alles angefangen hat.

Claire Zion von Simon & Schuster, der ich die erste Anregung zu einem Buch über die holographische Idee verdanke.

Lucy Kroll und Barbara Hogenson dafür, daß sie die besten literarischen Agenten sind, die man sich denken kann.

Lawrence P. Ashmead von HarperCollins dafür, daß er an dieses Buch glaubte, und John Michel für seine behutsame und sachkundige Textbearbeitung.

Sollte ich aus Versehen jemanden übergangen haben, so bitte ich ihn um Vergebung. Allen, den Genannten und den Ungenannten, die das Zustandekommen dieses Buches gefördert haben, gilt mein tiefempfundener Dank.

Personenregister

A

Aborigines 282, 306, 317
Achterberg, Jeanne 93-97, 103, 202
Aharonov, Yakir 55
Alpert, Richard 106
Anaximenes von Milet 307
Anderson, Dana Z. 311
Anderson, Robert M. 70f
Aspect, Alain 63f
Atwater, Phyllis 286
Augustinus 131
Aurobindo Ghose, Shri 279ff, 291, 319

B

Barrett, Sir William 154
Batak (Indonesien) 234
Beda Venerabilis 139, 255
Békésy, Georg von 35f, 39, 65
Bell, John Stewart 54, 63
Benson, Herbert 105
Bentov, Itzhak 176
Bernadette von Lourdes 148
Bernbaum, Edwin 288
Bernstein, Nikolai 39f
Bescherand, Abbé 143
Black Elk (Schamane) 307
Blake, William 61, 308
Blofeld, John 304
Bohm, David: 11, 41-48, 55-65
 - Bewußtsein 69, 72, 81-85, 151f, 303f
 - Implizite Ordnung 94-97, 303ff
 - OBEs und Nah-Todeserf. 252, 274-280, 287, 297, 307ff
 - Präkognition 222ff, 226f
 - Psychokinese 132ff, 137f, 144f, 158, 166, 171, 207
 - Quantenrelation 46-55
Bohr, Niels 46-52
Bourguignon, Erika 245
Braun, Dr. Bennett G. 86, 103
Brennan, Barbara 181-184, 188, 200, 204
Breznitz, Shlomo 97
Briggs, John P. 43
Brigham, William Tufts 140, 146f
Brody, Jane 108
Brunner, Dr. Werner 115
Buddha 236
Buffalo Bill 87ff

C

Campbell, Joseph 295
Carr, Audrey 304
»Cassandra« (multiple Pers.) 111f
Castaneda, Carlos 151, 158, 169, 172
Cavalier, Jean 148
Cayce, Edgar 215, 236, 316
Chayla, Abbé du 147f
Claris (Anführer der Kamisarden) 149
Clark, Kimberly 246f
Coggin, Ruth 159f
Cohen, Marcus S. 311
Coker, Nathan 148
Combs, J. A. K. 140
Conibo-Indianer 315
Corbin, Henry 276, 296
Cordero, Tony 222, 226
Cox, William 231
Crichton, Michael 188
Croiset, Gérard 213, 221f, 225
Crookall, Robert 245

D

Dajo, Mirin 114ff
Dale, Ralph Alan 128f
Dalibard, Jean 63f
Davies, John 218
Davies, Paul 64, 89, 286
Descartes, Rene 262
d'Espagnat, Bernard 65
De Valois, Karen u. Russell 38
Dogon (Mali) 306
Dole, George F. 275
Don Juan (Schamane) 151, 169-172, 174
Dorsett, Sybil 110
Dossey, Larry 41, 99f, 211
Dryer, Carol 183ff, 194-197, 200f, 207, 301
Dubrow, Alexander P. 122, 314
Dunne, Brenda 135-138, 151f, 158, 211, 223, 272, 317
Dychtwal, Ken 67

E

Einstein, Albert 46-49, 59, 71
Eisenberg, David 251
Eisenbud, Jule 221
Eliade, Mircea 295
Emerson, Norman 212f

Empedokles 307
Estebany, Oscar 186
Evans-Wentz, W. Y. 217f, 278

F

Fahler, J. 224
Fa-tsang 307f
Feen 217f
Feinberg, Leonard 149
Feinstein, Bertram 206
Fenske, Elizabeth W. 261
Floyd, Keith 174
Forhan, Marcel Louis 254
Fourier, Jean B. J. 37-40
Franz von Assisi, Hl. 120ff
Franz von Paula, Hl. 145
Fromm, Erich 196

G

Gabbard, Glen 245f
Gábor, Dennis 37, 308
Galgani, Gemma 120
Gallup, George 254, 259
Gardner, Rex 139f, 159f
Garfield, Charles A. 98
Garrett, Eileen 213, 222
Gawain, Shakti 237
Gerber, Richard 203
Globus, Gordon 151, 173
Goethe, Johann Wolfgang von 34, 244
Gordon, Jim 289
Gott 301f
Green, Celia 245
Greyson, Bruce 286
Griech. Philosophen 307
Grof, Christina 82
Grof, Stanislav 12, 69, 76-82, 106, 145, 264, 267, 296
Grosso, Michael 123, 292, 297f, 316
Grosvenor, Gilbert 115, 148
Guajiro (Südamerika) 282

H

Halifax, Joan 264
Hammid, Hella 220
Haraldsson, Erlendur 164-167, 174, 245, 256
Harary, Keith 248, 253
Harman, Willis 311, 314
Harner, Michael 201, 283f, 301, 315
Hay, Louise L. 237
Heerden, Pieter van 33
Helmholtz, Hermann von 38
Henderson, Sir David K. 185
Heraklit 307
Herbert, Nick 46

Hermes Trismegistos 307
Hill, Barney u. Betty 294
Hilton, James 289
Honorton, Charles 220
Houston, Jean 237
Howland, Francine 109
Hume, David 143
Hunt, Valerie 188-193, 197, 250, 314
Huxley, Aldous 244
Huxley, T. H. 13

I

Iamblichos 236
Indridason, Indridi 176
Irwin, Harvey 245

J

Jahenny, Marie-Julie 123
Jahn, Robert C. 134-138, 151f, 155, 157f, 223, 272, 317
Jakuten (Sibirien) 282
Jansen, C. 140
Janseniten 141-147
Januarius, St. 131f, 173
Jivaro-Indianer 201
Jones, Fowler 245f
Josephson, Brian 65, 158, 286
Jourdain, Eleanor 241f
Joy, W. Brugh 187f
Jue, Ronald Wong 198
Jung, Carl Gustav 69f, 87-90, 295

K

Kahunas (Hawaii) 140, 146f, 226f, 234f
Kalweit, Holger 209, 282f
Kamisarden 147f
Kamro 159f
Kant, Immanuel 273
Karagulla, Shafica 185f, 188, 199f
Karibu-Eskimos 282
Khan, Hazrat Inayat 271
Kikuyu (Kenia) 282
Klopfer, Bruno 103
Koch, Robert 113
Konstantin der Große 300
Krieger, Dolores 186
Krippner, Stanley 220
Kübler-Ross, Elisabeth 182, 254, 256f
Kuleschowa, Rosa 252
Kunz, Dora 186f

L

Lame Deer (Schamane) 303
Langs, Dr. Robert 106
Lashley, Karl 22f, 28f, 185
Lawlis, Y. Frank 97

Lawrence, D. H. 244
LeShan, Lawrence 213
Leibniz, Gottfried Wilhelm 308
Levenson, Edgar A. 82f
Leviton, Richard 128
Libet, Benjamin 206
Linton, Dr. Harriet 106
Lombroso, Cesare 251
London, Jack 244
Loye, David 222, 225ff, 239, 270, 317
Ludlow, Christy 110
Ludwig XV., König von Frankreich 141, 143, 146f
Lukas, Hl. 180
Lytelton, Dame Edith 223

M

Maimonides 307
Marie Antoinette 242
Maslow, Abraham 80
Mason, A. A. 117
Matthews-Simonton, Stephanie 97
Maulet, Jeanne 142, 145
McCallie, Dr. David P. 105
McCarthy 54
McDonnell III, James S. 138
McDougall, William 144
McKenna, Terence 318f
McMullen, George 213f, 216
Meier, Carl Alfred 88f
Mentawai-Insulaner 282
Mermin, N. David 152
Michelli, Vittorio 117-120, 124
Milarepa 304
Mitchell, Edgar 237
Mitchell, Janet Lee 248, 252
Moberly, Anne 241f
Mohotty 115f, 120f, 125, 148
Moler, Gabrielle 147
Monroe, Robert 247f, 250, 253, 263, 267, 272, 288ff, 313, 315
Montgeron, Louis-Basile de 142f, 145, 147
Moody jr., Raymond A. 254, 256, 259, 265, 269f, 286, 289
Morris, Robert 248
Morse, Melvin 257f
Motoyama, Hiroshi 205
Mu-dang (Korea) 282
Murphy, Gardner 242
Muza, Irène 225

N

Naegeli-Osjord, Hans 115
Nebukadnezar 146

Neumann, John von 31
Neumann, Therese 122, 132, 166f, 179, 272
Nogier, Paul 125

O

Oglala-Indianer 282, 307
Ojibwa-Indianer 234
Oleson, Terry 126ff
Orser, Mary 237
Osborn, Arthur 224
Osis, Karlis 165, 248, 252, 256
Ossowiecki, Stefan 211-216
Oven, A.R.G. 162

P

Patañjali 256
Paris, François de 140f, 143
Pauli, Wolfgang 89, 136, 153
Peat, F. David 43, 90
Pecci, Ernest 198
Pell, Caliborne 286
Penfield, Wilder 21ff, 185
Penrose, Roger 65
Pert, Candace 124, 291, 287
Phillips, Robert A. 110
Philon von Alenxandria 307
Pietsch, Paul 36f
Pio, Padre 122f, 132
Plato 255f, 307
Podalsky, Boris 47
Pollen, Daniel 33f
Poniatowski, Stanislaw 211f
Pribram, Karl: 11, 66, 73, 100, 185, 205, 254, 274, 280, 304, 308
- Gehirnstudien 21, 23, 29ff, 34-40, 42
- Realitätsbetrachtung 41f, 150, 176, 178, 182
- Vergangenheit 216, 222
Prigogine, Ilya 310
Proust, Marcel 31
Puschkin, Benjamin N. 112, 314
Puthoff, Harold 155, 220ff, 226
Putnam, Frank 86
Pythagoras 270, 307

Q

Quinn, Janet 187

R

Raschke, Carl 297, 316
Restak, Richard 41
Rhine, J. B. u. Louisa 220, 223, 313
Rich, Beatrice 194, 215
Richardson, Alan 98

Ring, Kenneth 12, 244, 259–262, 267, 269, 285, 289, 298
Roberts, Jane 237
Roger, Gérard 63
Rogo, D. Scott 120, 132, 173, 292
Rohrlich, Fritz 152
Rojcewicz, Peter M. 297
Rosen, Nathan 47
Russell, George 289

S

Sabom, Michael B. 247
Sai Baba, Sathya 163–167, 174, 179, 272, 299
Schaya, Leo 305
Schlitz, Marilyn 240f
Schmidt, Helmut 220, 240f
Schwartz, Stephan, A. 214
Schwarz, Berthold 149
Schwarz, Jack 114
Seidl, Dr. 167
Seneca 282
Shainberg, David 83–85
Sharon, Douglas 307
Shiels, Dean 245
Shimony, Abner 65
Siegel, Bernie 96, 182, 202
Simonton, O. Carl 92f
Smolin, Lee 64
Snow, Chet 239f
Sobel, David 102
Sohk, Robert 304
Sohrawardi 277
Solimani, Giovanna Maria 122
Sonnet, Marie 147
Steinsaltz, Rabbi 237
Stelter, Alfred 115
Stevenson, Ian 231–235, 313
Striebel, Whitley 297, 301, 317f
Strindberg, August 244, 253
Sufis (Persien) 236, 275ff, 288, 308
Sullivan, Robert 263
Swedenborg, Emmanuel von 197, 272–275, 288, 318

T

Tanous, Alex 252
Targ, Russell 155, 220ff, 226
Tart, Charles 156, 172, 248, 262
Tenhaeff, W. H. C. 213
Teresa von Avila 123

Thero, E. Nandisvara Nayake 282
Thomas, Lewis 101
Thomas von Celano 121f
Thurston, Herbert 121, 132, 179
Tia (Schamanin) 168f
Tiller, William 171f, 175, 203, 235
Trachtenberg, Michael 33f
Twemlow, Stuart 246

U

Ullikummi (Gott) 115, 117
Ullman, Montague 71–74, 172, 197

V

Valkhoff, Marius 213
Vallée, Jacques 294f, 297f, 316
Veronica Giuliana 122, 124
Voltaire 143

W

Wambach, Helen 238f
Wasiljew, Leonid 155
Watson, Lyall 138f, 150f, 160ff, 168
Weiant, Clarence W. 213
Weinreb, Herman 128
Weiss, Brian L. 312f
Wheeler, John 300
White, John 179
Whiteman, J. H. M. 250
Whiting, Christine 252
Whitman, Walt 92
Whitton, Joel 227–234, 262, 264–267, 269, 271, 276, 287f, 312f
Willbur, Cornelia 110
Wilfrid, Hl. 140
Wissen, K. R. 148
Wolf, Fred Alan 12, 75
Wood, Frank 40
Woodroffe, Sir John 305

Y

Yaqui-Schamane 169
Yeats, William Butler 217
Yogananda, Paramahamsa 166, 236
Yogis 235, 248, 280, 288, 299
Yukteshvar Giri, Shri 278f

Z

Zaleski, Carol 255
Zarro, Richard A. 237
Zuccarelli, Hugo 309

Sachregister

A

Aggressionstest 113
Aharonov-Bohm-Effekt 55
AIDS 113
Akausales Prinzip 89
Akupunktur-Mikrosysteme 125-131, 179
Alzheimersche Krankheit 129
Amphetamine 107
Angina pectoris 101f
Anomalon 152, 172, 174
Antibiotika 107
Archäologie 213f
Archetypen 70, 81
Aspirin 102, 108
Auge →Blinder Fleck, Sehen
Auras (→Energiefelder) 179-198, 202-205
Autosuggestion 121
Ayahuasca 201, 283, 315

B

Beta-Gehirnwellen 114
Bewußtsein:
- Bohm ... 60-65, 152
- Drogen ... 78ff
- Evolutionsschub ... 316-319
- Hologramm ... 12, 161-175
- Materie ... 60f
- Menschheit ... 70f
- Nicht-Örtlichkeit ... 249
- OBEs ... 249ff
- Physik ... 12
- Psyche ... 90f
- Schwingungen ... 83f, 280f
- Wunder ... 133, 149-159
Bildvorstellung 92ff
Bildvorstellungstherapie 93
Bilokation 174f
Blinder Fleck (Auge) 177f
Brocqsche Krankheit 116f, 120
Buddhismus:
- Tibetanischer ... 236, 307
- Zen- ... 303-306

C

Ceylones. Feuerbegehungsritual 149
Chakras 180ff, 186-189, 205, 236
Chaos-Phänomene 188-192, 197

Chiromantie 128f
cis-Platin 105
Computer 310ff

D

Diabetes 106
Dissipative Strukturen 310
DNA 117, 159, 283
Doppelblindstudien (Placebos) 102
Down-Syndrom 129
Dreidimensionalität (Hologramm) 25ff
Drogen 105-110

E

EEG 155, 158, 188, 190, 192, 257
EKG 188, 190, 192
Elektron 44, 49, 58, 172
Elektronenmikroskop 38
EMG (Energiefeld) 188ff, 192
Energie im Universum (Bohm) 62-66
Energiefeld des Menschen (Aura). 179-297
- Hologramm ... 187f
- Individualität ... 184f, 190
- Medizin. Diagnose ... 181-184, 199f
- Mikrokosmos ... 202-204
- Verstand ... 205ff
Engramme 21ff
Entität 290, 298
Epilepsie 99f
EPR-Paradox (Einstein-Podolsky-Rosen) 48, 54
Erbkrankheiten 128f
ESP-Traumexperimente 71
Esp-Tests 223
Evolution des Bewußtseins 316-319
Explizite Ordnung 58, 73, 80

F

Fatima 292
Feuerunempfindlichkeit 146ff
Fourier-Transformationen 37ff
Fragmentationsthese: 85-88
- Aurobindos 281
- Bohms 59, 88
- Synchronizität 91
Frankreich, Massenpsychokinese 140-144
Frequenzen:
- Nah-Todeserfahrung 260-263

- OBEs 249f
- Sinne 37–42
- Töne 263
- Wirklichkeit 177f

G

Geburtenkontrolle, unbewußte 112f
Gedächtnis:
- assoziatives 21ff, 31ff
- Hologramm 31,34
- photographisches 33
- Verlust 24

Gedanken als Schicksal 237f
Gehirn: 11f, 21
- Ejektion 122f
- Erinnern und Vergessen 21ff, 27f
- Hologramm 21–42
- Körperfunktionen 39f
- Sehen 29ff
- Theorien 40ff

Geist (Verstand) 61, 99, 222
Geist und Körper 92-131
Geruchssinn (Osmiumfrequenzen) 38
Gesichtssinne 29
Gesundheit (Krankheit) 99ff
Glaube (Visionen) 225ff

H

Halluzinationen 70, 282ff
Heilen:
- Auras 201–204
- Bildvorstellung und Glaube 92–96, 118ff
- Hypnose 116f
- Multiple Persönlichkeiten 110f
- Placebos 112ff

Heiler 160f
Hellsehen (PK) 143, 22–224, (OBEs) 253
Hellseher 199f, 205ff, 211–222, 236
Himmel 261ff, (Swedenborg) 274f
Hinduismus 192f, 205, 305
Hirnstrommuster: 30, 86f, 114, 313
- Multiple Persönlichkeiten 108
- Energiefelder 189f

Höhere Sinnesperzeption (HSP) 185ff
Hören → Ohr
Holobewegung 59ff, 280, 308, (PK) 150
Holodeck, Realität als 171ff
Holographie:
- Denkmodell 82ff
- Geist 98f
- Modell 11f
- Rekognition 33
- Sehen 28ff

Holographische Idee:
- Erklärung 25
- Fragment 27–30
- Gehirn 21–42, 93f
- Himmel 65f, 86f, 122, 261ff
- Nah-Todeserfahrung 259–261

Holographische Idee:
- Organismus 107
- Psychologie 69–91
- Speicherkapazitäten 31
- Träume 75f
- Universum 43–66
- Weißlicht-Hologramm 215
- Zukunft 308f

Holophoner Klang 309f
Holosprünge 226
Holotropische Therapie 82
Hormonspiegel, Streß 98
Hypnose 116f, 120, 154–158, 165, 168, 175, 227, 264, 312

I

Imaginal 276, 296, 319
Imagination 92–99
Immunfunktionen 96
Immunologie 124
Immunsystem 113
Implizite Ordnung: 57–63
- Bewußtsein 61, 70, 84, 175
- Energiefeld 199f
- Frequenzbereich 178
- Gehirnfunktion 94
- Präkognition 226
- Psyche 70f
- Psychokinese 149ff
- Psychosen 73f, 94
- Synchronizität 90f
- Transpersonal 81
- Träume 73f, 91

Implizite Ordnung:
- Zeit 207, 211

Insulin 106
Interferenz 24, 30, 34, 36, 38, 41
Interferenzmuster 44
International Association for Near-Death Studies (IANDS) 261
Iridiologie 128

K

Karma 232ff
Kausalität (Ursache-Wirkung) 51f
Knock (Irland) 299
»Koboldeffekt« (PK) 136
Koffein 107f
Kollektives Bewußtsein 71, 77–80–301f
Kollektives Unbewußtsein 69f, 291f, 295f, 298, 316
- Kollektiver Glaube 291

- Kollektive Seele 316f
Körperfunktionen (Wille) 114ff
Kortex, visueller 38, 176
Kortexoberfläche 30
Kosmos als Hologramm 43-65
Krankheit: 89f, 188f
- Diagnose 199ff
- Bildvorstellung 99f
- Geist 96
- Heilen 100ff
Krebiozen 104ff
Krebs 92f, 95, 103-113, 200
Krebstherapie 93, 104ff
Kulturbedingte Überzeugung 112

L

Laser 24ff, 31ff, 38
Levitation 143
Lichtgeschwindigkeit 47
Lichtwelt 279ff
Lichtwesen 255f, 258, 262, 265f, 269, 287-291, 319
Lourdes 118, 292
LSD 77-81, 106
Lymphknotenkrebs 103ff

M

Manisch-Depressive 74
Marienerscheinungen 291f
Massenpsychokinese 140-145
Materialisationen 160, 163-168, 171, 173
Medikamente 104ff, 207
Meditation 92f, 203, 241, 279
Merkmaldetektoren 38
Metabewußtsein 230f, 234, 265
Metaphysik 237f
Monadenlehre (Leibniz) 308
Multiple Persönlichkeiten 82-86, 108-112, 116, 229
Muttermale 233
Mystik 12, 41, 73
Mystizismus 106, 178
Mythen 295, 299
Mythologie 69, 283f

N

Nachlebensrealität 271-278, 282, 290, 298, 312
Nah-Todeserfahrung:
- Amnesie 276
- Hologramm 259f
- Kinder 258ff
- Lebensrückblick 256, 262-265
- Lichtwesen 255f, 258, 262, 265f, 269, 287-291, 319
- Liebe 266, 278

Naturgesetze (PK) 144f, 150
Neurop 21, 30, 40
Neuropeptide 124
Neurose 149
Neutrino 153
Nicht-Leere 304
Nicht-Örtlichkeit: 52, 54f, 59, 64, 89f, 307
- Bewußtsein 249
- Energiefelder 183
- Psyche 89f, 277, 307
- Realität 58f
- Retrokognition 215
- Universum 307
Numinosen 307

O

OBEs (Out-of-Body-Experiences = Entkörperlichungsphänomene) 244-254, 256, 260f, 272, 277, 289, 313, 315
Objektive Wissenschaft 311-315
Ohr: 38
- Akupunktur 125ff
- Hologramm 127
- Holophoner Klang 309f
Omnijektives Universum 291-302
Organverpflanzungen 113
Örtlichkeit 52
Oszilloskop 189, 191

P

Parallelverarbeitung (Multiple Persönlichkeiten) 111
Parallelwelten (Universum) 225
Paranormale Kommunikation 156
Paranormale Phänomene 161-164, 170f, 312
Parapsyche 12
Parapsychologie 162,312f
Phantomdouble (OBE) 249
Phantomschmerzen 35f, 65, 94
Photographisches Gedächtnis 33f
Photon 47
Physikalische Gesetze 149-151, 159
Placeboeffekt 100-108, 112, 116
Planetary Commission 240
Plasma 61
Plasmaforschung 49
Plasmonene 49
Plenum (Vakuum) 63
Polarisation 47, 64
Poltergeist 162ff
Positronium 47, 54, 58
Präkognition 12, 222-225
Primitive Kulturen 223f

Prinaton Engineering Anomalies
 Research (PEAR) 135-139
Proton 44
PSI-Heilung 115, 286
Psychokinese (= PK): 12, 132-145, 149,
 152, 158, 162, 167, 171, 175, 240f, 280
- Forschung 133-145
- Massen- 140-145
Psychologie, Hologramm 69-91
Psychometrie 159, 211, 215, 220
Psychonauten 315
Psychopathen 73
Psyhotherapie 79, 82f

Q

Quanten 45f, 58, 133f, (UFOs) 297
Quantenmechanik 54
Quantenphysik 11f, 43f, 46-52, 54, 205
Quantenpotential 50-54
Quantentheorie (Bohms) 46ff

R

Random Event Generator (REG) 135
Raum 59, 62f
Raum und Zeit 66, 79
Raumlosigkeit 244
Raum-Zeit-Kontinuum 59
Realität:
- Hologramm 171ff
- Illusion 41, 94
- Imagination 98, 150, 156
- LSD 79
- Nachlebensr. 277
- OBEs 252f
- Objektive 41f, 57ff, 65, 91
Realitätsverschiebungen 170f
Reflexologie 128
Regression 228, 230f
Reinkarnation: 227-231, 233
- Karma 232
- Kinder, 231f
Schablonenkörper 233ff
- Zwischenphasen 229ff, 239, 312
Relativitätstheorie (Einstein) 46f
Religionen 69
Resonanz 82, 137, 158
Retrokognition 213-216, 218, 222
Rituale 101, 116, 149

S

San Gennaro, Wunder von 131f, 173
Schamane 201, 282ff, 288
Schamanismus 151, 168f, 201f, 296, 299, 306
Scheinoperationen 101

Schicksal 230-239
Schizophrenie 74
Schläfenlappen (Gehirn) 22f
Schneller-als-Licht-Vorgänge 48, 64
Schwangerschaft 112f
Schwarze Löcher 65
Seele: 184, 227-234
- Alter 252
- Gestaltung 232f
- Nah-Todeserfahrung 278
- Sprache 196f
Seelengärten 230
Sehen:
- Eins-zu-eins-Entsprechung 29f
- Entfernungssehen 155, 158, 220f
- Fernwahrnehmung 183f
- holographisch 176-208
- Rundumsicht 263
Sehvorgang 177f
Selbsterkenntnis (Traum) 72
Selbstkontrolle 114ff
Signaturen (PK) 135f
Simulation 171f
Sinnesorgane 153, 155 (OBEs) 251f
Sinnesrezeptoren 36
Skorbut 106
Soma-signifikante Krankheiten 97
Spiritualität 234-237, 284-288, 311-315
Stigmatisation 121-125, 132, 202
Strahlentherapie 92
Subatomare Teilchen 43f, 47f, 152, 159
Subquantumebene 192f
Subtotalität 60f
Sucht (Akupuntur) 127
Synchronizität 87-91, 204

T

Tantra 205
Telepathie 12, 134, 154, 158, 223, 274
Tibet 303, 304
Tinte-Glyzerin-Versuch 55ff
Transfiguration 271
Transpersonale Psychologie 80f
Träume: 12, 69-75, 220
- Arterhaltung 72f
- Experimente 72
- Implizite Ordnung 73, 91
- Lichte Träume 75
- Massenträume 238ff
- Nah-Todeserfahrung 267
- OBEs 249
- Omnijektive Wirklichkeit 301f
- Parallelwelt 76
- Persönlichkeit 75
- Synchronizität 89

- Wachbewußtsein 12
Traumzeit 303-319
Tuberkulose 113

U

UFOs 293-302
Universum:
- Erregungsmuster 63
- Holobewegung 59
- Hologramm 11, 41-66, 171ff, 277, 301
- Nicht-Örtlichkeit 307f
- Omnijektives 291-302, 314
- Ordnung 310
- Paralleles 259
- Präkognitives 224f, 298ff
Unterbewußtsein: 172, 231f, 241
- Konditioniertes 304f
Urknalltheorie 313

V

Vakuum 63
Vergangenheit:
- Dreidimensionalität 211-219
- Hologramm 214ff
- OBEs 252
- Phantombilder 216-219
- Reinkarnation 227-231
- Grenzen zur Gegenwart 242f
Vorgeburtliches Wissen 77f

W

Wechselbeziehungen, im hologr. Universum 155ff
Wellenphänomene 24, 30
Willensstärke 114ff
Wunder 120-125, 131f, 141-148, 151, 159-175
Wunderheilungen s.a. PK

Y

Yoga (-Schrifttum, Tantras) 180, 205, 235, 256, 302
Yoga-Tradition 278f

Z

Zeitoun-Erscheinungen (Ägypten) 291f, 299
Zen 303-306
Zufall 88, 220f
Zufallstest 220f
Zukunft:
- Hologramm 219-223
- OBEs 252
- Nah-Todeserfahrung 269
- Reinkarnation 231-234
- Selbstgestaltung 234-240
- Visionen 223-227
Zwillingsteilchen 47f, 52,63f

Literaturhinweise

A

Das Abenteuer der Selbstentdeckung, Grof 82
Ägyptisches Totenbuch 255f
Auf der Suche nach der verlorenen Zeit, Proust 32
Autobiographie eines Yogi, Yogananda 166
Avatamsaka-Sutra 307

B

Die Begegnung mit dem Tod, Grof u. Halifax 264
Beyond the Brain, Grof 69
Bibel 236
Breakthrough to Creativity, Karagulla 186
Brihadaranyaka-Upanishad 236
British Medical Journal, Gardner 139

C

CCan We Explain the Poltergeist, Oven 162
Causality and Chanca in Modern Physics, Bohm 51
Changing your Destiny, Orser u. Zarro 237
Communion, Strieber 297
A Course in Miracles, Roberts 237
Creative Visualization, Gawain 237
A Cry from the Desert, Cavalier 148

F

The Fairy-Faith in Celtic Countries, Evans-Wentz 218
Far Journeys, Monroe 248
The Final Choice, Grosso 292

G

Games Zen Masters Play, Carr u. Sohl 304f

H

Hands of Light, Brennen 183
Die heilende Kraft der Imagination, Achterberg 95

J

Jenseits der Quanten, Talbot 162, 246
Journeys out of the Body, Monroe 248

K

Kabbala 179, 265, 305
Kena-Upanishad 305
Kirchengeschichte des englischen Volkes, Beda Venerabilis 255
Die körperlichen Begleiterscheinungen der Mystik, Thurston 121, 145, 167
Krieg der Sterne 11

L

Languages of the Brain, Pribram 11
Leben nach dem Tod, Moody 254, 269
Legenden, Strindberg 253
Life at Death, Ring 244, 259
Looking Glass Universe, Brigg u. Peat 43
Love, Medicine and Miracles, Siegel 96

M

Many Lives, Many Masters, Weiss 312
Mass Dreams of the Future, Snow 239
The Mystical Life, Whiteman 250
The Mistery of the Mind, Pennfield 22

N

Naturerklärung und Psyche, Jung 89

O

On Yoga, Aurobindo 280
Otherworld Journeys, Zaleski 255

P

Passport to Magonia, Vallée 295, 297
Peak Performance: Mental Training Techniques of the Worlds Greatest Athletes, Garfield 98
Phantasms of the Living 216
Philosophical Essays, Hume 143
Physics of Electric Propulsion, Jahn 135
The Possible Human, Houston 237
Praktische Astralprojektion, Forhan 254

Q

Quantum Theory, Bohm 50

R

Recovering the Soul, Dossey 211
Reise nach Ixtlan, Castaneda 169

S

SaiBaba – ein modernes Wunder, Haraldsson 164
The Secret Vaults of Time, Schwartz 214
Seth-Bücher, Roberts 237
Shufflebrain, Pietsch 37
Shvetaishva-Upanishad 305
Der Staat, Plato 255, 256
Stalking the Wild Pendulum, Bentov 176
Star Trek: The Next Generation 171
Supernature, Watson 138

T

The Thirteen-Petaled Rose, Steinsaltz 237
Tibetanisches Totenbuch 255f
Den Tod erfahren – das Leben gewinnen, Ring 244
Trauma, Trance and Transformation, Whitton 228
Träume eines Geistersehers, Kant 273
Traumzeit und innerer Raum, Kalweit 209
Travels, Chrichton 188
Treatise of Auriculotherapy, Nogier 125

U

Unheimliche Begegnung der dritten Art 294

V

La Verité des Miracles, Montgeron 142
Der verlorene Horizont, Hilton 289
Vishvasara-Tantra 307

W

Wholeness and Implicated Order, Bohm 57
Wizard of the Four Winds: A Shamans Story, Sharon 307
You Can Heal Your Life, Hay 237